非線形分散型波動方程式

【岩波数学叢書】

非線形分散型波動方程式

解の漸近挙動

林　仲夫
Nakao Hayashi

岩波書店

Iwanami Studies in Advanced Mathematics

Nonlinear Dispersive Wave Equations
Asymptotics of Solutions

Nakao Hayashi

Mathematics Subject Classification(2000):
35Q53, 35Q55, 35C20, 35P25, 35L70

【編集委員】

第Ⅰ期(2005-2008)　　第Ⅱ期(2009-)

儀我美一　　岩田　覚

深谷賢治　　斎藤　毅

宮岡洋一　　坪井　俊

室田一雄　　舟木直久

序　文

　非線形 Schrödinger 方程式，Korteweg-de Vries 方程式，修正 Korteweg-de Vries 方程式，Benjamin-Ono 方程式，あるいは非線形 Schrödinger 方程式の相対論版である，非線形 Klein-Gordon 方程式（なぜ相対論版と呼ばれるかの理由については 5.5 節参照）に代表される，非線形分散型波動方程式は，自然現象を記述する方程式として，自然科学の各分野で広く用いられている．これらの方程式の解の存在，性質を調べることは基本的な問題としてあげられる．解の性質には，時間発展に関する保存則（エネルギー保存則，運動量保存則等），あるいは解の漸近挙動が考えられる．上で述べた方程式の場合，解の存在，保存則に関してはよく知られているが，解の時間無限大での振る舞いに関しては，特別な場合を除いてよく知られているとはいえない．例えば，非線形 Klein-Gordon 方程式

$$u_{tt} + (-\Delta + 1)u = - |u|^2 u, \quad (t,x) \in \mathbb{R} \times \mathbb{R}$$

の初期値問題を考えた場合，時間大域解の存在は，エネルギーが保存することを用いれば容易に求められる．しかし解の時間減衰評価は，最近求められたばかりである（文献 [25]，[35] 参照）．

　本書の目的は，上述の線形方程式の解が持つ固有振動数と，非線形項が持つ固有振動数が，非線形問題の解の漸近的振る舞いにどのような影響を与えるかを，修正 Korteweg-de Vries 方程式，3 次の非線形項を持った非線形 Schrödinger 方程式，非線形 Klein-Gordon 方程式を例にとり考えることである．

　これらの方程式は，逆散乱法によってソリトン解を持つことが知られているが，ここでは，初期値あるいは最終値が，ソリトン解を生成しない問題に集中することにする（ソリトン解，方程式の導出については文献 [2] および [144] を

vi 　序　文

参照されるとよい）．この場合，線形方程式の解が持つ固有振動数と，非線形項が持つ固有振動数が，共鳴現象を起こす場合と考えることができ，非線形問題の解の時間無限大における漸近的振る舞いは，線形問題のそれとは異なる．すなわち，線形解の近傍に非線形問題の解を見つけることが不可能であるので，別の方法を考える必要があるということになる．不可能であるという事実は，文献[4]，[47]，[80]，[102]等により非線形 Klein-Gordon 方程式，非線形 Schrödinger 方程式において知られている（正確には，これらの論文では初期値問題の解を，自由解の近傍で求められないことが示されている）．この事実を数学的に明らかにするために，第 2 章から第 4 章では，線形方程式の解の性質について調べ，第 5 章から第 7 章において，その結果を非線形問題に応用することを考える．特に第 5, 6 章では，波動作用素の非存在を示した．

第 2 章では Schrödinger 型方程式，第 3 章では Korteweg-de Vries 方程式の線形部分を形成する Airy 型方程式，第 4 章では Klein-Gordon 方程式の解の振る舞いについて調べることにする．

Schrödinger 方程式

$$(0.1) \qquad \begin{cases} iu_t + \dfrac{1}{2}\partial_x^2 u = 0, & (t, x) \in \mathbb{R} \times \mathbb{R}, \\ u(0, x) = \phi(x), & x \in \mathbb{R} \end{cases}$$

の解 $u_\mathrm{S}(t)$ は，フーリエ変換およびフーリエ逆変換をそれぞれ $\mathcal{F}$, $\mathcal{F}^{-1}$ とし，自由 Schrödinger 発展群を $U_\mathrm{S}(t) = \mathcal{F}^{-1} \exp\left(-it\,|\xi|^2/2\right)\mathcal{F}$ とすると，$u_\mathrm{S}(t) = U_\mathrm{S}(t)\phi$ と書ける．この解に対する主要項，すなわち，近似解は

$$(0.2) \qquad i^{\frac{1}{2}} t^{-\frac{1}{2}} e^{\frac{i}{2}\frac{x^2}{t}} \phi\left(\frac{x}{t}\right)$$

と書け，また，Airy 方程式

$$(0.3) \qquad \begin{cases} u_t - \dfrac{1}{3}\left(-\partial_x^2\right)\partial_x u = 0, & (t, x) \in \mathbb{R} \times \mathbb{R}, \\ u(0, x) = \phi(x), & x \in \mathbb{R} \end{cases}$$

の場合は，Airy 発展群を $U_\mathrm{A}(t) = \mathcal{F}^{-1} \exp\left(it\,|\xi|^2\xi/3\right)\mathcal{F}$ とすると，解 $u_\mathrm{A}(t)$ は $u_\mathrm{A}(t) = U_\mathrm{A}(t)\phi$ と書けることがわかる．近似解 $v_\phi(t, q)$ は，ϕ が実数で，ある対称性の条件を満たすとすると，

$$(0.4) \qquad v_\phi(t, q) = \begin{cases} t^{-\frac{1}{2}} |q|^{-\frac{1}{2}} 2 \operatorname{Re}(C_1 e^{i \frac{2}{3} t |q|^3} \widehat{\phi}(q)), & x > 0, \\ 0, & x \leqq 0 \end{cases}$$

と表せることが，第3章において示される．ここで，

$$q = \left(\frac{x}{t}\right)^{\frac{1}{2}}, \quad C_1 = (2i)^{\frac{1}{2}},$$

$\operatorname{Re} v$ は v の実数部分を表すものとする．最後に，Klein-Gordon 方程式

$$(0.5) \qquad \begin{cases} u_{tt} + \left(1 - \partial_x^2\right) u = 0, & (t, x) \in \mathbb{R} \times \mathbb{R}, \\ u(0, x) = u_0(x), \quad u_t(0, x) = u_1(x), & x \in \mathbb{R} \end{cases}$$

は，因数分解により

$$\left(\partial_t + i\sqrt{1 - \partial_x^2}\right)\left(\partial_t - i\sqrt{1 - \partial_x^2}\right) u = 0$$

と書けるから，初期値が実数のとき

$$(0.6) \qquad \left(\partial_t + i\sqrt{1 - \partial_x^2}\right) v = 0, \quad v(0) = f$$

を考えればよい．なぜならば，方程式 (0.6) の解 $v_{\mathrm{KG}}(t)$ は，発展群を

$$U_{\mathrm{KG}}(t) = \mathcal{F}^{-1} \exp\left(it\sqrt{1 + \xi^2}\right) \mathcal{F}$$

とすると，$v_{\mathrm{KG}}(t) = U_{\mathrm{KG}}(t)f$ と書け，方程式 (0.5) の解を u としたとき，

$$f = (u_0 + i(1 - \partial_x^2)^{-1/2} u_1)/2$$

とすると，$u(t) = 2 \operatorname{Re} v_{\mathrm{KG}}(t)$ となるからである．第4章では，方程式 (0.6) の近似解を v_f とすると，

$$(0.7)$$

$$v_f(t) = \begin{cases} \sqrt{\dfrac{1}{it}} \left(1 - \eta^2\right)^{-3/4} e^{it\sqrt{1 - \eta^2}} \widehat{f}\left(\dfrac{\eta}{(1 - \eta^2)^{1/2}}\right), & |\eta| < 1, \\ 0, & |\eta| \geqq 1, \ \eta = \dfrac{x}{t} \end{cases}$$

と書けることを証明する．以上のことからわかるように，それぞれの方程式の

viii　序　文

解は，固有の振動数 $e^{it\eta^2/2}$, $e^{2it|q|^3/3}$, $e^{it\sqrt{1-\eta^2}}$, $\eta = x/t$, $q = (x/t)^{1/2}$ を持った波動であることがわかる．この振動数が非線形項にどのような影響を与えるかを第 5, 6, 7 章で調べるのだが，もう少し具体的に説明してみることにする．非線形偏微分方程式の解法には，その非線形積分方程式を用いることが普通である．

今，$U(t)$ を，$U_{\mathrm{S}}(t)$, $U_{\mathrm{A}}(t)$ あるいは $U_{\mathrm{KG}}(t)$ のいずれかとし，非線形積分方程式を

$$u(t) = U(t - t_0)u(t_0) + i \int_{t_0}^t U(t - \tau)F(u(\tau))\,d\tau, \quad u(t_0) = u_{t_0}$$

とおく．この積分方程式は，線形方程式 (0.1), (0.3), (0.6) の右辺に，非線形項 $F(u)$ を付けたときの非線形問題に，初期条件 $u(t_0) = u_{t_0}$ を与えたときのものである．$t_0 = 0$ のときが初期値問題，$t_0 = \infty$ あるいは $t_0 = -\infty$ のときが最終値問題と呼ばれるものである．今，$\displaystyle\lim_{t_0 \to \infty} U(-t_0)u(t_0) = u_+$ とおき，最終値問題

$$u(t) = U(t)u_+ - i \int_t^\infty U(t - \tau)F(u(\tau))\,d\tau$$

を考えてみよう．この方程式の一意的な解 u を，関数 u_+ に対して条件

$$(0.8) \qquad \lim_{t \to \infty} \|u(t) - U(t)u_+\| = 0$$

のもとで見つけることができたと仮定しよう．ここで，$\|\cdot\|$ は L^2 ノルムとする．非線形積分方程式を形式的に時間 t で微分すれば

$$(0.9) \qquad i\,(U(-t)u(t))_t = U(-t)F(u)$$

となり，非線形分散型方程式の解を求めたことになる．このとき，写像

$$W_+ : u_+ \to u(t)$$

が十分大きな t に対して定義できるので，これを波動作用素と呼ぶことにしよう．また，u_+ を時間無限大における $U(-t)u(t)$ の値と考えて，最終状態と呼ぶことにする．このように，非線形問題の解を，線形問題の解の近傍で求めることと，波動作用素の存在は同等である．この方面の研究は，非線形項の次数

が高いときに限り，数多くおこなわれてきた．例えば，文献[40], [41], [42], [79], [137], [147]を参照．

ところで，第5, 6, 7章で取り扱う非線形問題においては，波動作用素の存在を示すことは不可能であることが，前で述べたようにわかっている．そこで，問題の枠組みを修正することが必要である．どのように修正するかというと，まず，関数 u_+ をある関数空間から持ってきて，この u_+ を用いて，適当な関数 $f(u_+, t)$ を作る．そして，条件(0.8)のもとで解を見つける代わりに，条件

$$(0.10) \qquad \lim_{t \to \infty} \|u(t) - U(t)f(u_+, t)\| = 0$$

のもとで，一意的な非線形問題(0.9)の解を見つけることを考える．すなわち，条件(0.10)のもとで，一意的な非線形問題(0.9)の解が見つけられるような関数 f を，非線形項の構造を考慮に入れて探すことが問題となる．そのような問題が肯定的に解けたとすると，写像

$$MW_+ : u_+ \to u(t)$$

が，十分大きな t に対して定義できる．この MW_+ を修正波動作用素と呼ぶことにしよう．

なぜこのように問題の枠組みを修正する必要があるかということを説明してみよう．今，仮に非線形問題の解が，線形問題の摂動と見ることができるとする．すなわち，非線形項の振る舞いは線形解を非線形項に代入したものになる．そうすると，非線形項の振幅は，線形解のそれとは異なるが，振動数は線形解のそれと同じになる項が，非線形問題では現れる．もちろん，高次の非線形項は，時間減衰が速いので振動数は問題にならない．こういう項を共鳴項と呼ぶことにしよう．さらに，非線形項の次数が3の場合，非線形項の L^2 ノルムでの時間減衰は，時間 t に関して t^{-1} でしか減衰しないことがわかり，時間に関して可積分とはならず，発散してしまうことがわかる．このことが通常の枠組み（線形問題の解の近傍で解を求める）で，これらの問題を取り扱うことができない主な理由である．

修正 Korteweg-de Vries 方程式および非線形 Klein-Gordon 方程式の場合

x　　序　文

は，非線形 Schrödinger 方程式の場合と状況が若干異なり，非線形項の L^2 ノルムでの時間減衰は t^{-1} でしか減衰しないが，振動数が線形解のそれと異なる項が現れる．これらの項は非共鳴項と考えることができ，共鳴項より安定であるので，取り扱うことが可能である．本書では部分積分を用いて時間減衰を引き出す方法を採用し，この事実を証明することにする（第 6, 7 章参照）．それゆえ，第 5 章では一般の階数を持つ非線形 Schrödinger 型方程式を取り扱ったが，第 6 章では修正 Korteweg-de Vries 方程式だけに話を限定した．

このように，第 2 章から第 7 章までは，修正波動作用素の存在および波動作用素の非存在に焦点を当てた．第 2 章から第 4 章までの線形解の評価は，初期値が十分滑らかで，無限遠方で速く減衰していること，および，ある種の対称性を満足していることを仮定すれば，ソボレフ空間の知識がなくとも部分積分と Hölder の不等式だけで十分理解できるように配慮した．

次に，第 8 章以降の内容について簡単に説明しておく．非線形 Schrödinger 方程式の重要な問題のひとつは，上で定義した波動作用素の定義域と値域について研究することである．波動作用素 W_+ の存在がいえるとは，

$$W_+ : u_+ \to u(0)$$

が定義できることと上で説明したが，定義域と値域に関してはなにも述べていなかった．今，X をバナッハ空間とし，

$$W_+ : X \to X$$

が定義できたとする．すなわち任意の u_+ に対して，一意的な非線形問題の解 $u(t) \in C([0, \infty); X)$ が存在して，

$$(0.11) \qquad \lim_{t \to \infty} \|u(t) - U(t)u_+\|_X = 0$$

を満足するとする．さらに，この解 $u(t)$ から決まる $u(0)$ を初期値とする初期値問題を，時間 $-\infty < t \leqq 0$ で考える．もし，この初期値問題が時間大域解 $u(t) \in C((-\infty, 0]; X)$ を持ち，この $u(t)$ に対して一意的な $u_- \in X$ が存在し，

$$\lim_{t \to -\infty} \|U(-t)u(t) - u_-\|_X = 0$$

を満たすとすれば，写像

$$W_-^{-1} : u(0) \in X \to u_- \in X$$

が定義できたことになり，このことから，作用素

$$S = W_-^{-1} W_+ : X \to X$$

が定義できる．この作用素を，散乱作用素と呼ぶことにする．これは明らかなことだが，波動作用素の存在を証明し，初期値問題の解の漸近的振る舞いを証明したからといって，散乱作用素の存在が示されたわけではない．話を，臨界冪以上の非線形項を持った非線形 Schrödinger 方程式に限れば，いくつかの成果が文献[40], [41], [42], [79], [137], [147]等によって与えられている．また，本書第 16 章では，臨界冪以上の非線形項を持った非線形 Klein-Gordon 方程式を考え，散乱作用素の存在を証明した．しかし，非線形項が臨界冪のときは，ほとんど研究されていない．第 8, 10 章では，非線形 Schrödinger 方程式に対して，修正波動作用素の定義域と値域について考え，修正散乱作用素が定義できることを示す．

第 11 章から第 15 章では初期値問題を考え，解の漸近的振る舞いについて研究する．これは，逆波動作用素，あるいは逆修正波動作用素の存在を意味する．第 11 章では，プラズマ物理の研究で用いられる微分型 Schrödinger 方程式の初期値問題

$$(0.12) \quad \begin{cases} iu_t + u_{xx} + ia(|u|^2 u)_x = 0, & (t,x) \in \mathbb{R} \times \mathbb{R},\ a \in \mathbb{R}, \\ u(0,x) = u_0(x), & x \in \mathbb{R} \end{cases}$$

を考察し，解の漸近的振る舞い，すなわち，逆修正波動作用素について文献[52]で得られた結果を参考にして紹介する．第 12 章では，さらに非線形性の強い 2 次の非線形項を持った非線形 Schrödinger 方程式

$$(0.13) \quad \begin{cases} iu_t + u_{xx} = (\overline{u_x})^2, & (t,x) \in \mathbb{R} \times \mathbb{R}, \\ u(0,x) = u_0(x), & x \in \mathbb{R} \end{cases}$$

の初期値問題について，時間大域解および逆修正波動作用素の存在について，

xii　序　文

文献[60]に従って考える．上記の問題の難しさは，線形の部分が非線形の部分よりも速く減衰する，臨界冪以下の問題と予想されるからである．また，この方程式に対する修正波動作用素の存在に関しては，未解決問題であることに注意しておく．第13, 14章では臨界冪以上の非線形項を持った，一般化Korteweg-de Vries 方程式の初期値問題

$$(0.14) \quad \begin{cases} u_t + (|u|^{\rho-1}u)_x + \dfrac{1}{3}u_{xxx} = 0, & (t,x) \in \mathbb{R} \times \mathbb{R}, \\ u(0,x) = u_0(x), & x \in \mathbb{R} \end{cases}$$

および修正 Korteweg-de Vries 方程式の初期値問題

$$(0.15) \quad \begin{cases} u_t + \partial_x u^3 + \dfrac{1}{3}u_{xxx} = 0, & (t,x) \in \mathbb{R} \times \mathbb{R}, \\ u(0,x) = u_0(x), & x \in \mathbb{R} \end{cases}$$

をそれぞれ考え，解の漸近的振る舞いについて明らかにする．ここで初期値 u_0 は実数値関数で，さらに，修正 Korteweg-de Vries 方程式に関しては $\int u_0(x)\,dx = 0$ を仮定する．第15章は，上の2つの方程式において，線形部分をヒルベルト変換 H を用いて $u_t + \dfrac{1}{2}H\partial_x^2 u$ に変えた，Benjamin-Ono 型方程式と呼ばれるものを対象とした．第16章では，前でも述べたが非線形 Klein-Gordon 方程式の初期値問題を考え，非線形項が臨界冪以上の場合には，大域解の存在および漸近公式を示すことが可能であることを述べる．また，このことを用いて散乱作用素の存在を示す．

　第9, 17章では，未解決問題および本書では述べられなかった話題についての文献を紹介した．

　本書を書くにあたって特に参考にした文献をあげておく．局所解の存在および大域解を示すための先験的評価については松村昭孝・西原健二著[103]，第1章で述べた不等式，ルベーグ空間については柴田良弘著[128]，関数解析については宮寺功著[105]を参考にした．本書を読むにあたっての基礎知識としては，これらの文献を参考にするとよい．

　最後になるが，第I部の修正 Korteweg-de Vries 方程式および非線形 Klein-Gordon 方程式の部分に関しては，本書の構成を考えたとき，初期値問題に比

べ最終値問題の研究が十分におこなわれていないことがわかり，考えはじめたものである．また第II部第16章，非線形 Klein-Gordon 方程式の初期値問題に関する成果も，本書を執筆しているときに見つけたものである．その意味でも，本書の執筆を勧めてくださった，東京大学教授の儀我美一氏に感謝したい．

東北大学の久保英夫氏(現北海道大学)，大阪大学の砂川秀明氏，早稲田大学の小澤徹氏，千葉大学の佐々木浩宣氏には，初稿を通読していただき，数々の貴重な助言を得たこと，また岩波書店の樋口祐美氏，加美山亮氏，濱門麻美子氏には執筆を通して大変お世話になったことを記しておく．

大阪大学大学院博士課程学生，李春花さん(現延辺大学)には，セミナーで丁寧に読んでもらい，多くの指摘をもらった．その結果，大学院生にも読みやすいものになったと思う．ここで感謝を述べたい．

2018 年 3 月

林　仲夫

目　次

序　文

第 I 部　最終値問題

1 準　備 3
1.1 記号および関数空間　3
1.2 本書で用いられる不等式　6

2 Schrödinger 型方程式 9

3 Airy 型方程式 27

4 Klein-Gordon 方程式 33

5 非線形 Schrödinger 型方程式 43
5.1 解の漸近挙動　43
5.2 修正波動作用素の存在　49
5.3 波動作用素の非存在　55
5.4 一般化　57
5.5 非線形 Klein-Gordon 型方程式　62

6 修正 Korteweg-de Vries 方程式 65
6.1 解の漸近挙動　65
6.2 修正波動作用素の存在　74
6.3 波動作用素の非存在　81
6.4 一般化　82

xvi 目　次

7 非線形 Klein-Gordon 方程式 ························· 85

   7.1　解の漸近挙動　85

   7.2　修正波動作用素の存在　90

   7.3　一般化　99

8 共鳴型非線形 Schrödinger 方程式 ··················· 103

   8.1　解の漸近挙動　103

   8.2　修正波動作用素の存在　109

   8.3　修正波動作用素の存在および滑らかさ（1 次元の場合）　114

   8.4　修正散乱作用素の存在（1 次元の場合）　117

9 最終値問題に対する研究の発展 ····················· 125

第 II 部　初期値問題

10 共鳴型非線形 Schrödinger 方程式 ················· 129

   10.1　解の漸近挙動　129

   10.2　修正散乱状態（逆修正波動作用素）の存在　133

11 微分共鳴型非線形 Schrödinger 方程式 ············· 143

   11.1　解の漸近挙動　143

   11.2　修正散乱状態（逆修正波動作用素）の存在　148

   11.3　一般化　163

12 2 次の非線形項を持つ非線形 Schrödinger 方程式 ······ 183

   12.1　解の漸近挙動　183

   12.2　修正散乱状態（逆修正波動作用素）の存在　200

   12.3　散乱状態の非存在　207

13 臨界冪以上の非線形項を持つ
Korteweg-de Vries 型方程式 ····················· 209

   13.1　解の漸近挙動　209

   13.2　Airy 方程式の解の評価　213

   13.3　$x > 0$ における Airy 方程式の解の評価　223

目　次　xvii

13.4　時間大域解の存在　228

13.5　散乱状態(逆波動作用素)の存在　231

14　修正 Korteweg-de Vries 方程式 ･･････････････････････ 237

14.1　解の漸近挙動　237

14.2　Airy 方程式の解の評価再考　240

14.3　停留位相法による評価　246

14.4　修正散乱状態(逆修正波動作用素)の存在　255

15　Benjamin-Ono 型方程式 ･･････････････････････････････ 263

15.1　解の漸近挙動　263

15.2　非線形項が臨界冪以上の場合　280

15.3　非線形項が臨界冪の場合　285

16　臨界冪以上の非線形項を持つ
　　非線形 Klein-Gordon 方程式 ･･････････････････････････ 293

16.1　解の漸近挙動　293

16.2　散乱状態(逆波動作用素)の存在　300

16.3　波動作用素の存在　304

17　初期値問題に対する研究の発展 ････････････････････････ 307

参考文献　309

索　引　319

第 I 部
最終値問題

1 準 備

1.1 記号および関数空間

n 次元空間 $\mathbb{R}^n$ におけるフーリエ変換を

$$\mathcal{F}\phi(\xi) = \widehat{\phi}(\xi) = \frac{1}{(2\pi)^{n/2}} \int_{\mathbb{R}^n} e^{-ix\cdot\xi} \phi(x)\,dx,$$

フーリエ逆変換を $\mathcal{F}^{-1}$ とし,空間変数に関する微分を $\partial_{x_j} = \partial/\partial x_j$, $1 \leqq j \leqq n$, $\partial^l = \partial_{x_1}^{l_1} \cdots \partial_{x_n}^{l_n}$ とし,$l = (l_1, \cdots, l_n) \in (\mathbb{N} \cup \{0\})^n$ を多重指数とする.掛け算作用素を $M = M(t) = e^{i|x|^2/2t}$ で定義し,$U_{\mathrm{S}}(t)$ を自由 **Schrödinger** 発展群と呼び,

$$U_{\mathrm{S}}(t)\phi = \frac{1}{(2\pi it)^{n/2}} \int_{\mathbb{R}^n} e^{\frac{i|x-y|^2}{2t}} \phi(y)\,dy = \mathcal{F}^{-1} e^{-\frac{it|\xi|^2}{2}} \mathcal{F}\phi$$

によって定義する.線形 Schrödinger 作用素 $i\partial_t + \Delta/2 = i\partial_t + (1/2)\sum_{j=1}^{n} \partial_{x_j}^2$ と交換可能な作用素を,

$$J_j = U_{\mathrm{S}}(t)x_j U_{\mathrm{S}}(-t),$$

$$J = (J_1, \cdots, J_n) = U_{\mathrm{S}}(t)x U_{\mathrm{S}}(-t)$$

と書くことにし,分数冪微分に相当するものを

$$|J|^{\beta} = U_{\mathrm{S}}(t)\,|x|^{\beta}\,U_{\mathrm{S}}(-t), \quad \beta \in [0, \infty)$$

によって定義する.

次に,いくつかの関数空間を導入しよう.まず $\mathcal{S}'(\mathbb{R}^n)$ を,急減少関数空間 $\mathcal{S}(\mathbb{R}^n)$ の双対空間である,緩増加超関数空間とする.p 乗可積分なルベーグ空間を,$L^p = \left\{ \phi \in \mathcal{S}'(\mathbb{R}^n); \|\phi\|_p < \infty \right\}$ と書くことにし,ノルムは次のように定義する.p が $1 \leqq p < \infty$ のときは,$\|\phi\|_p = \left(\int_{\mathbb{R}^n} |\phi(x)|^p\,dx \right)^{1/p}$ とし,$p =$

∞ のときは, $\|\phi\|_\infty = \sup\{|\phi(x)|\,;\, x \in \mathbb{R}^n\}$ によって定義する. 簡単のために, $\|\phi\| = \|\phi\|_2$ と書くことにしよう. ルベーグ空間, 急減少関数空間 $\mathcal{S}(\mathbb{R}^n)$, およびその双対空間である緩増加超関数空間 $\mathcal{S}'(\mathbb{R}^n)$ については, 文献[128]を参照. 重み付きのソボレフ空間 $H_p^{m,s}$ を, $\Delta = \sum\limits_{j=1}^{n} \partial_{x_j}^2$ とするとき,

$$H_p^{m,s} = \left\{ \phi \in \mathcal{S}'(\mathbb{R}^n);\, \|\phi\|_{m,s,p} = \left\| \left(1 + |x|^2\right)^{s/2} (1-\Delta)^{m/2}\, \phi \right\|_p < \infty \right\},$$

$m, s \geqq 0$, $1 \leqq p \leqq \infty$, $H^{m,s} = H_2^{m,s}$, $\|\cdot\|_{m,s} = \|\cdot\|_{m,s,2}$ によって定義すると, $H_p^{m,s}$ はバナッハ空間となる. 特に $p = 2$ のときは, ヒルベルト空間となることに注意しておく. 斉次ベソフ空間を $\dot{B}_{p,q}^s$ とし, そのセミノルムを

$$\|\psi\|_{\dot{B}_{p,q}^s} = \left(\int_0^\infty t^{-\sigma q} \sup_{|k| \leqq t} \sum_{|\alpha| \leqq [s]} \|\partial^\alpha(\psi_k - \psi)\|_p^q\, \frac{dt}{t} \right)^{1/q}$$

で定義することにする. ここで, $s = [s] + \sigma$, $0 < \sigma < 1$, $\psi_k(x) = \psi(x+k)$. また, $[s]$ は s 以下のもっとも大きい整数とする.

また, L^2 内積を $(\psi, \phi) = \displaystyle\int_{\mathbb{R}^n} \psi \cdot \overline{\phi}\, dx$ とし, $C(I;E)$ を区間 I からバナッハ空間 E への連続関数の空間とする. 混乱を引き起こさない限り, 異なった正の定数を同じ文字 C で記述することにし, 必要なら, 記号 $C(*, \cdots, *)$ によって, 括弧のなかに現れる量に依存した定数を記述することにする.

次に等式

$$U_S(t) = \mathcal{F}^{-1} e^{-\frac{it|\xi|^2}{2}} \mathcal{F} = M(t) D(t) \mathcal{F} M(t), \quad D(t)^{-1} = i^n D\left(\frac{1}{t}\right)$$

および

$$U_S(-t) = M(-t) \mathcal{F}^{-1} D(t)^{-1} M(-t) = M(-t) i^n \mathcal{F}^{-1} D\left(\frac{1}{t}\right) M(-t)$$

が成立することに注意しておく. ここで, $D(t)$ は, 等距離作用素と呼ばれるもので,

$$\left(D(t)\psi\right)(x) = \frac{1}{(it)^{n/2}} \psi\left(\frac{x}{t}\right)$$

によって定義され,

$$\|D(t)\psi\|_2 = \|\psi\|_2$$

となることに注意しておく．上の等式を用いると，次の命題を示すことができる．

命題 1.1

$$U_{\mathrm{S}}(t)x_j U_{\mathrm{S}}(-t) = M(t)\left(it\partial_{x_j}\right)M(-t) = x_j + it\partial_{x_j},$$

$$U_{\mathrm{S}}(t)|x|^{\beta}U_{\mathrm{S}}(-t) = M(t)(-t^2\Delta)^{\beta/2}M(-t), \quad \beta \in [0,\infty)$$

$\Box$

［証明］　前に述べた等式

$$U_{\mathrm{S}}(t) = M(t)D(t)\mathcal{F}M(t), \quad U_{\mathrm{S}}(-t) = M(-t)i^n\mathcal{F}^{-1}D\left(\frac{1}{t}\right)M(-t)$$

を用いると，

$$U_{\mathrm{S}}(t)x_j U_{\mathrm{S}}(-t)$$

$$= M(t)D(t)\mathcal{F}M(t)x_j M(-t)\mathcal{F}^{-1}i^n D\left(\frac{1}{t}\right)M(-t)$$

$$= M(t)D(t)i^n\left(i\partial_{x_j}\right)D\left(\frac{1}{t}\right)M(-t)$$

$$= M(t)D(t)i^n D\left(\frac{1}{t}\right)\left(it\partial_{x_j}\right)M(-t)$$

$$= M(t)\left(it\partial_{x_j}\right)M(-t)$$

が求まる．簡単な微分演算により，右辺が $x_j + it\partial_{x_j}$ となることがわかる．2番目の等式も，同様に得られることが容易にわかる． ∎

　これらの事実は，第10章から第12章までの，非線形 Schrödinger 方程式の初期値問題を取り扱うときに，重要な働きをする．

6   1 準 備

1.2 本書で用いられる不等式

Sobolev の不等式

補題 1.2 q, r を $1 \leqq q,\ r \leqq \infty$, j, m を $0 \leqq j < m$ を満たす任意定数とする. $u \in H_r^{m,0} \cap L^q$ とすると,

$$\left\| (-\Delta)^{\frac{j}{2}} u \right\|_p \leqq C \left\| (-\Delta)^{\frac{m}{2}} u \right\|_r^a \|u\|_q^{1-a}$$

が成立する. ここで C は n, m, j, q, r, a に依存する定数. また, a は区間 $j/m \leqq a \leqq 1$ にある $1/p = j/n + a(1/r - m/n) + (1-a)/q$ を満たす定数とする. ただし次の例外がある：$m - j - n/r$ が非負の整数なら a の区間は $j/m \leqq a < 1$ とする. □

Sobolev の不等式に関しては, 文献[31], [106], [128]参照.

本書では, 第 8, 10 章以外では, 空間次元 n が 1 の場合を扱っており, Sobolev の不等式としては等式

$$|u(x)|^2 = -\int_x^\infty \partial_x |u(x)|^2\,dx = -2\,\mathrm{Re} \int_x^\infty \overline{u}(x)\partial_x u(x)\,dx$$

に, Schwarz の不等式を用いて示すことができる $\|u\|_\infty \leqq C\|u\|^{1/2}\|\partial_x u\|^{1/2}$ を, 主に利用しているだけであることに注意しておく.

Hölder の不等式

補題 1.3 $1 \leqq p, q \leqq \infty$, $1/p + 1/q = 1$ とする. このとき, 次の不等式

$$\|fg\|_1 \leqq \|f\|_p\,\|u\|_q$$

が成立する. □

Hölder の不等式に関しては, 文献[36], [128]参照. なお, Hölder の不等式の特別な場合 $p = q = 2$ を, Schwarz の不等式と呼ぶ.

Riesz-Thorin の補間定理

補題 1.4 $1 \leqq p_0, p_1, q_0, q_1 \leqq \infty$ とし, 線形作用素 S が, 次の不等式

$$\|Sf\|_{q_0} \leqq T_0 \|f\|_{p_0}, \quad \|Sf\|_{q_1} \leqq T_1 \|f\|_{p_1}$$

を満たすとする. このとき, 次の不等式

$$\|Sf\|_{q_\theta} \leqq T_0^\theta T_1^{1-\theta} \|f\|_{p_\theta}$$

が成立する. ここで, $\theta, q_\theta, p_\theta$ は, $0 < \theta < 1$ で

$$\frac{1}{q_\theta} = \frac{\theta}{q_0} + \frac{1-\theta}{q_1}, \quad \frac{1}{p_\theta} = \frac{\theta}{p_0} + \frac{1-\theta}{p_1}$$

を満たす定数である. □

　証明については, 文献[128]参照.

　Riesz-Thorin の補間定理の応用として, 次の Young の不等式が示される.

Young の不等式

補題 1.5　$1 \leqq p, q, r \leqq \infty$, $1/r = 1/p + 1/q - 1$ とすると, 次の不等式

$$\|f * g\|_r \leqq \|f\|_p \|g\|_q$$

が成立する. ここで合成積 $*$ は

$$f * g(x) = \int_{\mathbb{R}^n} f(x-y)g(y)\,dy$$

で定義する. □

Hardy-Littlewood-Sobolev の不等式

補題 1.6　$0 < \mu < 1$, $1 < p < \infty$, $1/q = 1/p - \mu$, $1 < q < \infty$ とすると, 次の不等式

$$\left\| \int \frac{g(y)}{|x-y|^{1-\mu}}\,dy \right\|_q \leqq C\|g\|_p$$

が成立する. □

　Hardy-Littlewood-Sobolev の不等式については, 文献[128]参照.

8　1　準　備

Gronwall の不等式

補題 1.7　$[0, \infty)$ 上の非負値連続関数 f, g, および正定数 C が, 次の不等式

$$f(t) \leqq C + \int_0^t g(\tau) f(\tau)\, d\tau, \quad t \geqq 0$$

を満たすとする. このとき, 次の不等式

$$f(t) \leqq C \exp\left(\int_0^t g(\tau)\, d\tau\right)$$

が成立する.　　　　　　　　　　　　　　　　　　　　　　　　　□

　［証明］　右辺を $F(t)$ とおくと,

$$\frac{dF}{dt} = g(t) f(t) \leqq g(t) F(t).$$

この不等式の両辺に, $\exp\left(-\int_0^t g(\tau)\, d\tau\right)$ を掛けると,

$$\frac{d}{dt} F(t) \exp\left(-\int_0^t g(\tau)\, d\tau\right) \leqq 0.$$

時間変数に関して積分して

$$F(t) \leqq F(0) \exp\left(\int_0^t g(\tau)\, d\tau\right) = C \exp\left(\int_0^t g(\tau)\, d\tau\right)$$

が得られる. この不等式と $f(t) \leqq F(t)$ より結果が従う.　　　■

2 Schrödinger 型方程式

この章では，次の形の Schrödinger 型方程式

$$(2.1) \qquad \begin{cases} u_t - \dfrac{i}{\rho} \left(-\partial_x^2\right)^{\frac{\rho}{2}} u = 0, & (t,x) \in \mathbb{R} \times \mathbb{R}, \\[2mm] u(0,x) = \phi(x), & x \in \mathbb{R} \end{cases}$$

の解の漸近公式を求める．解とは (2.1) の積分方程式の解とする．ここで，$\rho \geqq 2$，分数冪微分作用素を，$\left(-\partial_x^2\right)^{\frac{\rho}{2}} = \mathcal{F}^{-1} |\xi|^\rho \, \mathcal{F}$ で定義する．簡単のため，次の記号，

$$\|v\|_{\mathbb{Z}^\alpha} = \begin{cases} \left\| \{\xi\}^{-\alpha} v(\xi) \right\|_\infty + \left\| \{\xi\}^{1-\alpha} \, \partial_\xi v(\xi) \right\|_\infty + \left\| |\xi|^{1-\alpha} \, \partial_\xi v(\xi) \right\|_\infty, \\[2mm] \hspace{6.5cm} 0 \leqq \alpha \leqq 1, \\[3mm] \left\| \{\xi\}^{-\alpha} v(\xi) \right\|_\infty + \left\| \{\xi\}^{1-\alpha} \, \partial_\xi v(\xi) \right\|_\infty, \hspace{1.2cm} 1 < \alpha \end{cases}$$

を用いることにする．ここで，$\{\xi\} = |\xi|/\langle\xi\rangle$ である．$\rho = 2$ の場合が，通常の Schrödinger 方程式と呼ばれるものである．Schrödinger 方程式の物理的背景については，文献 [98] の第 4 章を参照するとよい．

この章の目的は，次の漸近公式を求めることにある．

定理 2.1 $\rho \geqq 2$, $U(t) = \mathcal{F}^{-1} \exp(it |\xi|^\rho /\rho) \, \mathcal{F}$ とすると，方程式 (2.1) の解は $U(t)\phi$ と書ける．この解に対して，評価式

$$(2.2) \qquad \|U(t)\phi\|_\infty \leqq Ct^{-\frac{1+\alpha}{\rho}} \left\| \left(-\partial_x^2\right)^{-\frac{\alpha}{2}} \phi \right\|_1$$

が，すべての $t > 0$ と $\alpha \in [0, \rho/2 - 1]$ を満たす α に対して成立する．

また，次の漸近公式

10   2 Schrödinger 型方程式

$$(2.3) \qquad U(t)\phi = u_\phi(t,q) + R(t,x)$$

が成立する．ここで，主要項は，$\widehat{\phi}(q) = \mathcal{F}\phi(q)$ とすると，

$$u_\phi(t,q) = C_1 t^{-\frac{1}{2}} |q|^{1-\frac{\rho}{2}} e^{-i\left(1-\frac{1}{\rho}\right)|q|^\rho t} \widehat{\phi}(q),$$

$$q = -\left(\frac{|x|}{t}\right)^{\frac{1}{\rho-1}} \frac{x}{|x|}, \quad C_1 = (i(\rho-1))^{-\frac{1}{2}}$$

と書け，剰余項は，$0 < \alpha < \rho - 1$ のとき，評価式

$$\|R(t)\|_\infty \leqq C t^{-\frac{\alpha}{\rho}-\frac{1}{\rho}} \left\|\widehat{\phi}\right\|_{\mathbb{Z}^\alpha}$$

を，そして $0 < \alpha < \rho/2 - 1/2$ のとき，評価式

$$\|R(t)\| \leqq C t^{-\frac{\alpha}{\rho}-\frac{1}{2\rho}} \left\|\widehat{\phi}\right\|_{\mathbb{Z}^\alpha}$$

を満足する． □

最初に，時間減衰評価(2.2)式における α の範囲と，(2.3)式における剰余項の評価における α 範囲が，異なることに注意しておく．

非線形 Schrödinger 型方程式の初期値問題に用いられる評価式

$$\|U(t)\phi\|_\infty \leqq C t^{-\frac{1}{\rho}} \|\phi\|_1$$

は，よく知られた L^∞-L^1 評価式である．この評価と，文献[150]による，共役空間評価と呼ばれるものを用いると，Strichartz 評価と呼ばれる時空間評価を示すことができる(第5, 7章参照)．

しかし，ρ が大きくなれば，時間減衰評価が悪くなることを意味しているので，低階の非線形項を持った非線形問題を扱うことが困難であることは，文献[137]を見るとわかるであろう．

定理 2.1 の評価式(2.2)は，L^∞-L^1 評価式の拡張となっている．相違点は，初期値のフーリエ変換が原点で消えているという条件 $\left|\widehat{\phi}(\xi)\right| \leqq C|\xi|^{\rho/2-1}$ を付けると，$\rho = 2$ のときと，時間減衰が同じになることである．この評価式により，$\rho > 2$ のときも $\rho = 2$ と同様に，1次元の場合，3次の非線形項を持った非線形方程式の最終値問題を扱うことが可能である(定理 5.1, 6.1 参照)．ま

た，漸近公式は最終値問題に対する近似解の構成にも有効である．

これは技術的な点であるが，漸近公式のもう 1 つの重要な利点は，剰余項 $R(t)$ の評価であり，$R(t)$ の L^2 ノルムの時間減衰が，ϕ, α に対する適当な条件のもと，$t^{-\frac{\rho-1}{2\rho}}$ より速く減衰するというところにある．この事実は，第 5-7 章で詳しく述べた．

臨界冪非線形項を持った，非線形 Schrödinger 型方程式の大域解を求めるためには，剰余項が，ある程度の時間減衰評価を満たすことが，現在のところ必要である．ただし，通常の非線形 Schrödinger 方程式 $(\rho = 2)$ の場合は，第 1 章で定義した，方程式固有の作用素 $J = x - it\partial_x$ を用いることによって，このことを回避することができる．すなわち，剰余項が主要項に比べて十分速く時間減衰している必要はない．作用素 J の有効性に関しては，第 8 章で述べることにする．

最後に，評価式 (2.2) は，文献 [5] において $\rho = 4$ のとき，文献 [54] において $\rho = 3$ のとき，そして文献 [51] において $\rho > 3$ のとき，示された．それゆえ，(2.2) 式はよく知られた結果といえることに注意しておく．

さて，定理の証明に入ることにする．

[定理 2.1 の証明]　フーリエ変換の性質を用いると，

$$
\begin{aligned}
U(t)\phi &= \mathcal{F}^{-1} e^{it\frac{|\xi|^\rho}{\rho}} \mathcal{F}\phi \\
&= \mathcal{F}^{-1} e^{it\frac{|\xi|^\rho}{\rho}} |\xi|^\alpha \, \mathcal{F}\mathcal{F}^{-1} |\xi|^{-\alpha} \, \mathcal{F}\phi \\
&= \mathcal{F}^{-1} e^{it\frac{|\xi|^\rho}{\rho}} |\xi|^\alpha \left(\mathcal{F} \left(-\partial_x^2\right)^{-\frac{\alpha}{2}} \phi \right)(\xi) \\
&= (2\pi)^{-\frac{1}{2}} \left(\mathcal{F}^{-1} e^{it\frac{|\xi|^\rho}{\rho}} |\xi|^\alpha \right) * \left(-\partial_x^2\right)^{-\frac{\alpha}{2}} \phi \\
&= (2\pi)^{-1} \int_{\mathbb{R}} \left(\int_{\mathbb{R}} e^{it\frac{|\xi|^\rho}{\rho} + i(x-y)\xi} |\xi|^\alpha \, d\xi \right) \left(-\partial_y^2\right)^{-\frac{\alpha}{2}} \phi(y) \, dy
\end{aligned}
$$

であることがわかる．変数変換 $t^{\frac{1}{\rho}}\xi = \widetilde{\xi}$ をおこなうと，

$$
\begin{aligned}
U(t)\phi &= (2\pi)^{-1} t^{-\frac{1+\alpha}{\rho}} \int_{\mathbb{R}} \left(\int_{\mathbb{R}} e^{i\frac{|\widetilde{\xi}|^\rho}{\rho} + it^{-\frac{1}{\rho}}(x-y)\widetilde{\xi}} \left|\widetilde{\xi}\right|^\alpha d\widetilde{\xi} \right) \left(-\partial_y^2\right)^{-\frac{\alpha}{2}} \phi(y) \, dy \\
&= (2\pi)^{-1} t^{-\frac{1+\alpha}{\rho}} \int_{\mathbb{R}} G_\alpha \left(t^{-\frac{1}{\rho}}(x-y) \right) \left(-\partial_y^2\right)^{-\frac{\alpha}{2}} \phi(y) \, dy
\end{aligned}
$$

12   2 Schrödinger 型方程式

となる. ここで,

$$(2.4) \qquad G_\alpha(\eta) = \int_{\mathbb{R}} \left|\widetilde{\xi}\right|^\alpha e^{i\frac{|\widetilde{\xi}|^\rho}{\rho} + i\eta\widetilde{\xi}} \, d\widetilde{\xi} = \int_{\mathbb{R}} |\xi|^\alpha e^{i\frac{|\xi|^\rho}{\rho} + i\eta\xi} \, d\xi$$

である. まず, この関数の変数 η についての振る舞いを考察する. 次のように,

$$G_\alpha(\eta) = G_-(\eta) + G_+(\eta) \equiv \int_0^\infty \xi^\alpha e^{-i\xi\eta + \frac{i}{\rho}\xi^\rho} \, d\xi + \int_0^\infty \xi^\alpha e^{i\xi\eta + \frac{i}{\rho}\xi^\rho} \, d\xi$$

と分割する. $\eta \leqq 0$ の場合も, $\eta > 0$ の場合と同様に扱うことができるので, $\eta > 0$ の場合だけを考えることにしよう. $\mu = \eta^{1/(\rho-1)}$ とおくと, $\eta \geqq 1$ に対して, 等式

$$\begin{aligned} G_-(\eta) &= \int_0^{2\mu} \frac{\xi^\alpha}{1 - i(\xi - \mu)\left(\mu^{\rho-1} - \xi^{\rho-1}\right)} \partial_\xi \left((\xi - \mu)e^{-i\xi\eta + \frac{i}{\rho}\xi^\rho}\right) d\xi \\ &\quad + \int_{2\mu}^\infty \frac{i\xi^\alpha}{\mu^{\rho-1} - \xi^{\rho-1}} \partial_\xi e^{-i\xi\eta + \frac{i}{\rho}\xi^\rho} \, d\xi \\ &= I_1 + I_2 \end{aligned}$$

が成り立つことがわかる. $\eta \geqq 1$, $0 \leqq \alpha \leqq \rho/2 - 1$ のときを考える. 部分積分をおこなうことによって

$$\begin{aligned} I_1 &= \int_0^{2\mu} \partial_\xi \left(\frac{\xi^\alpha}{1 - i(\xi - \mu)\left(\mu^{\rho-1} - \xi^{\rho-1}\right)} \left((\xi - \mu)e^{-i\xi\eta + \frac{i}{\rho}\xi^\rho}\right)\right) d\xi \\ &\quad - \int_0^{2\mu} \left(\partial_\xi \frac{\xi^\alpha}{1 - i(\xi - \mu)\left(\mu^{\rho-1} - \xi^{\rho-1}\right)}\right) \left((\xi - \mu)e^{-i\xi\eta + \frac{i}{\rho}\xi^\rho}\right) d\xi \\ &= \frac{2^\alpha \mu^{\alpha+1}}{1 - i(1 - 2^{\rho-1})\mu^\rho} + I_3. \end{aligned}$$

ここで, 右辺の最後の項 I_3 は, 簡単な微分の計算によって

$$\begin{aligned} |I_3| &\leqq \int_0^{2\mu} \left|\frac{\alpha\xi^{\alpha-1}(\xi - \mu)}{1 - i(\xi - \mu)\left(\mu^{\rho-1} - \xi^{\rho-1}\right)}\right| d\xi \\ &\quad + \int_0^{2\mu} \left|\frac{\xi^\alpha(\xi - \mu)\left(\mu^{\rho-1} - \xi^{\rho-1} + (\rho-1)\left(\mu\xi^{\rho-2} - \xi^{\rho-1}\right)\right)}{\left(1 - i(\xi - \mu)\left(\mu^{\rho-1} - \xi^{\rho-1}\right)\right)^2}\right| d\xi \\ &\leqq C\mu^\alpha \int_0^{2\mu} \frac{d\xi}{1 + (\xi - \mu)^2 \mu^{\rho-2}} \end{aligned}$$

と評価されることがわかる. ここで, 平均値の定理より適当な $\theta \in (0,1)$ が存在して, 不等式

$$\left| \mu^{\rho-1} - \xi^{\rho-1} \right| = |\mu - \xi| \, (\rho-1)(\theta\mu + (1-\theta)\xi)^{\rho-2} \geqq |\mu - \xi| \, |\theta\mu|^{\rho-2}$$

が成立することを用いた. 変数変換 $y = (\xi - \mu)\mu^{\frac{\rho-2}{2}}$ をおこなうと,

$$\mu^\alpha \int_0^{2\mu} \frac{d\xi}{1 + (\xi-\mu)^2 \mu^{\rho-2}} = \mu^{\alpha+1-\frac{\rho}{2}} \int_{-\mu^{\frac{\rho}{2}}}^{\mu^{\frac{\rho}{2}}} \frac{1}{1+y^2} \, dy \leqq C\mu^{\alpha+1-\frac{\rho}{2}}$$

となることがわかるので, 評価式 $|I_3| \leqq C\mu^{\alpha+1-\frac{\rho}{2}}$ が求まる. 結局 I_1 に対して, $|I_1| \leqq C\mu^{\alpha+1-\frac{\rho}{2}} \leqq C$ が $\eta \geqq 1$ で成り立つ. 次に項 I_2 を考えよう. 部分積分によって, 条件 $0 \leqq \alpha \leqq \rho - 1$ から

$$|I_2| \leqq \left| \frac{2^\alpha \mu^\alpha}{(1 - 2^{\rho-1})\mu^{\rho-1}} \right| + \left| \int_{2\mu}^\infty \partial_\xi \left(\frac{i\xi^\alpha}{\mu^{\rho-1} - \xi^{\rho-1}} \right) e^{-i\xi\eta + \frac{i}{\rho}\xi^\rho} \, d\xi \right|$$
$$\leqq C\mu^{\alpha+1-\rho} + C \int_{2\mu}^\infty \xi^{\alpha-\rho} \, d\xi \leqq C\mu^{\alpha+1-\rho}.$$

以上まとめると, 評価式

$$|G_-(\eta)| \leqq C$$

が成立することがわかる. 同様にして, $|G_+(\eta)| \leqq C$ を $\eta \geqq 1$ に対して示すことができる. $0 \leqq \eta < 1$ のときは,

$$G_-(\eta) = \int_0^2 \xi^\alpha e^{-i\xi\eta + \frac{i}{\rho}\xi^\rho} \, d\xi + \int_2^\infty \xi^\alpha e^{-i\xi\eta + \frac{i}{\rho}\xi^\rho} \, d\xi$$

とおくと, 最初の項は

$$\left| \int_0^2 \xi^\alpha e^{-i\xi\eta + \frac{i}{\rho}\xi^\rho} \, d\xi \right| \leqq \left| \int_0^2 \xi^\alpha \, d\xi \right| \leqq C$$

によって評価される. 2 番目の項は部分積分によって, 条件 $0 \leqq \alpha < \rho - 1$ を再び用いて,

$$\int_2^\infty \xi^\alpha e^{-i\xi\eta + \frac{i}{\rho}\xi^\rho} \, d\xi = \int_2^\infty \xi^\alpha \frac{-i}{\xi^{\rho-1} - \eta} \partial_\xi e^{-i\xi\eta + \frac{i}{\rho}\xi^\rho} \, d\xi$$
$$= -\int_2^\infty e^{-i\xi\eta + \frac{i}{\rho}\xi^\rho} \partial_\xi \left(\xi^\alpha \frac{-i}{\xi^{\rho-1} - \eta} \right) d\xi$$

であることがわかる．ゆえに，項 I_2 の評価と同様にして評価でき，

$$|G_-(\eta)| \leqq C + C \int_2^\infty \xi^{\alpha-\rho}\, d\xi \leqq C$$

が $0 \leqq \alpha < \rho - 1$ に対してわかる．同様に，$\|G_+\|_\infty \leqq C$ も成立することがわかる．このように，$\|G_\alpha\|_\infty \leqq C$ が示せたことになる．この評価式と，Young あるいは Hölder の不等式から，

$$\|U(t)\phi\|_\infty \leqq Ct^{-\frac{\alpha+1}{\rho}} \|G_\alpha\|_\infty \|(-\partial_x^2)^{-\frac{\alpha}{2}}\phi\|_1$$

が $t > 0$, $\alpha \in [0, \rho/2 - 1]$ に対して成立することがわかる．これは評価式 (2.2) である．

次に，漸近公式 (2.3) を示す．$x > 0$, $\eta = xt^{-1/\rho} > 0$ の場合だけを考える．等式

$$U(t)\phi$$
$$= \frac{1}{\sqrt{2\pi}t^{\frac{1}{\rho}}} \int_{-\infty}^\infty e^{i\xi\eta + \frac{i}{\rho}|\xi|^\rho} \widehat{\phi}\left(\xi t^{-\frac{1}{\rho}}\right) d\xi$$
$$= \frac{1}{\sqrt{2\pi}t^{\frac{1}{\rho}}} \left(\int_0^\infty e^{-i\xi\eta + \frac{i}{\rho}\xi^\rho} \widehat{\phi}\left(-\xi t^{-\frac{1}{\rho}}\right) d\xi + \int_0^\infty e^{i\xi\eta + \frac{i}{\rho}\xi^\rho} \widehat{\phi}\left(\xi t^{-\frac{1}{\rho}}\right) d\xi \right)$$

を考える．漸近公式を求めるために，停留位相法と呼ばれるものが有効である．それを説明することにする．上の式の位相部分を，

$$\widetilde{S}_+(\xi, \eta) = \xi\eta + \frac{1}{\rho}\xi^\rho, \quad \widetilde{S}_-(\xi, \eta) = -\xi\eta + \frac{1}{\rho}\xi^\rho$$

とおく．$\partial_\xi \widetilde{S}_+(\xi, \eta) = 0$ あるいは $\partial_\xi \widetilde{S}_-(\xi, \eta) = 0$ となる点が，停留点の候補となる．$\mu = \eta^{1/(\rho-1)}$ とおくと，$\partial_\xi \widetilde{S}_-(\xi, \eta) = \xi^{\rho-1} - \eta = \xi^{\rho-1} - \mu^{\rho-1} = 0$ から，停留点の候補は $\xi = \mu > 0$ となることがわかる．$\widetilde{S}_-(\xi, \eta)$ を $\xi = \mu$ の周りでテイラー展開すると，

$$\widetilde{S}_-(\xi, \eta) = \widetilde{S}_-(\mu, \eta) + \frac{1}{2}\partial_\xi^2 \widetilde{S}_-(\mu, \eta)(\xi - \mu)^2 + \cdots$$
$$= -\left(1 - \frac{1}{\rho}\right)\mu^\rho + \frac{1}{2}(\rho - 1)\mu^{\rho-2}(\xi - \mu)^2 + \cdots$$

となることがわかり，主要項が計算できることになる．テイラー展開が可能で

ないので，この点を詳しく計算する必要がある．そこで，$U(t)\phi$ を次のように

(2.5)
$$U(t)\phi = \frac{1}{\sqrt{2\pi}t^{\frac{1}{\rho}}} \int_{-\infty}^{\infty} e^{i\xi\eta + \frac{i}{\rho}|\xi|^{\rho}} \widehat{\phi}\left(\xi t^{-\frac{1}{\rho}}\right) d\xi$$
$$= \frac{1}{\sqrt{2\pi}t^{\frac{1}{\rho}}} \left(\widehat{\phi}(q) \int_0^{\infty} e^{-i\xi\eta + \frac{i}{\rho}\xi^{\rho}} d\xi + \int_0^{\infty} e^{i\xi\eta + \frac{i}{\rho}\xi^{\rho}} \widehat{\phi}\left(\xi t^{-\frac{1}{\rho}}\right) d\xi \right.$$
$$\left. + \int_0^{\infty} e^{-i\xi\eta + \frac{i}{\rho}\xi^{\rho}} \left(\widehat{\phi}\left(-\xi t^{-\frac{1}{\rho}}\right) - \widehat{\phi}(q) \right) d\xi \right)$$

と分解する．ここで，$\eta = xt^{-1/\rho}$, $q = -\mu t^{-1/\rho} = -x/|x|\,(|x|/t)^{1/(\rho-1)}$, そし
て，$\mu = \eta^{1/(\rho-1)} > 0$ とおいた．右辺における最初の項が主要項となること
を，以下示すことにする．等式(2.5)の右辺における最初の項は，μ が小さい
ときは明らかに剰余項となることが，等式

$$\frac{1}{\sqrt{2\pi}t^{\frac{1}{\rho}}} \widehat{\phi}(q) \int_0^{\infty} e^{-i\xi\eta + \frac{i}{\rho}\xi^{\rho}} d\xi = \frac{1}{\sqrt{2\pi}t^{\frac{1}{\rho}}} \widehat{\phi}(q) G_-(\eta)$$
$$= \frac{1}{\sqrt{2\pi}t^{\frac{1}{\rho}}} \left(\widehat{\phi}(q)\{q\}^{-\alpha} \right) \{q\}^{\alpha} G_-(\eta)$$

と，評価式 $|G_-(\eta)| \leqq C$, $\|\phi\|_{\mathbb{Z}^{\alpha}} \leqq C$ より，

$$\left| \frac{1}{\sqrt{2\pi}t^{\frac{1}{\rho}}} \widehat{\phi}(q) \int_0^{\infty} e^{-i\xi\eta + \frac{i}{\rho}\xi^{\rho}} d\xi \right| \leqq Ct^{-\frac{1}{\rho}} \{q\}^{\alpha} \leqq Ct^{-\frac{1}{\rho}} \mu^{\alpha} t^{-\frac{\alpha}{\rho}} \leqq Ct^{-\frac{1+\alpha}{\rho}}$$

となることでわかる．次に，等式(2.5)の右辺における最初の項の $\mu \to \infty$ に
おける漸近的振る舞いを考えることにする．ここで用いられるのが停留位相
法と呼ばれるものである．ここで考えている場合は，ξ^{ρ} が滑らかでないので，
文献[29]，(1.27)の結果が直接使えない．そこで，停留位相法の考え方に従
って証明することにする．

$$\int_0^{\infty} e^{-i\xi\eta + \frac{i}{\rho}\xi^{\rho}} d\xi = \int_0^{\infty} e^{-i\xi\mu^{\rho-1} + \frac{i}{\rho}\xi^{\rho}} d\xi$$

であるから，停留位相法の説明で述べたように，

$$S(\xi, \mu) = -\xi\mu^{\rho-1} + \frac{1}{\rho}\xi^{\rho} + \left(1 - \frac{1}{\rho}\right)\mu^{\rho} = \frac{1}{\rho}\left(\xi^{\rho} - \mu^{\rho} - \rho\mu^{\rho-1}(\xi - \mu)\right)$$

とおくと，

$$\int_0^\infty e^{-i\xi\mu^{\rho-1}+\frac{i}{\rho}\xi^\rho}\,d\xi = e^{-i\left(1-\frac{1}{\rho}\right)\mu^\rho}\int_0^\infty e^{iS(\xi,\mu)}\,d\xi$$

となる．新しい変数を，$\widetilde{S}_-(\xi,\eta)$ の $\xi=\mu$ の周りでの展開を考慮に入れて，

$$S(\xi,\mu) = \frac{1}{2}(\rho-1)\mu^{\rho-2}\left(z(\xi,\mu)-\mu\right)^2$$

となるように，すなわち

$$z(\xi,\mu) = \mu + \mu^{1-\frac{\rho}{2}}\sqrt{\frac{2}{\rho-1}S(\xi,\mu)}\,\mathrm{sign}(\xi-\mu)$$

で定義する．ここで問題となる積分を，次のように，

$$\int_0^\infty e^{iS(\xi,\mu)}\,d\xi$$
$$= \int_0^\infty e^{iS(\xi,\mu)}\left(\partial_\xi z(\xi,\mu)\right)d\xi + \int_0^\infty e^{iS(\xi,\mu)}\left(1-(\partial_\xi z(\xi,\mu))\right)d\xi$$
$$= \int_{z(0,\mu)}^\infty e^{i\frac{\rho-1}{2}\mu^{\rho-2}(z-\mu)^2}dz + \int_0^\infty e^{iS(\xi,\mu)}\left(1-(\partial_\xi z(\xi,\mu))\right)d\xi$$

と分解しておく．ただし，$z(0,\mu) = \mu\left(1-\sqrt{2/\rho}\right)$ であることに注意しておく．最初に，右辺第 1 項が $\mu\to\infty$ のとき，

$$\int_{z(0,\mu)}^\infty e^{i\frac{\rho-1}{2}\mu^{\rho-2}(z-\mu)^2}dz = \sqrt{\frac{2\pi}{i(\rho-1)}}\mu^{1-\frac{\rho}{2}} + O(\mu^{1-\rho})$$

となることを証明する．等式

$$\int_{z(0,\mu)}^\infty e^{i\frac{\rho-1}{2}\mu^{\rho-2}(z-\mu)^2}dz$$
$$= \int_\mathbb{R} e^{i\frac{\rho-1}{2}\mu^{\rho-2}(z-\mu)^2}dz - \int_{-\infty}^{z(0,\mu)} e^{i\frac{\rho-1}{2}\mu^{\rho-2}(z-\mu)^2}dz$$
$$= \sqrt{\frac{2\pi}{i(\rho-1)}}\mu^{1-\frac{\rho}{2}} - \int_{-\infty}^{\mu\left(1-\sqrt{\frac{2}{\rho}}\right)} e^{i\frac{\rho-1}{2}\mu^{\rho-2}(z-\mu)^2}dz$$

の右辺第 2 項において，変数変換 $\widetilde{z} = \sqrt{\dfrac{\rho-1}{2}}\,\mu^{\frac{\rho}{2}-1}(z-\mu)$ を用いると，

$$\int_{-\infty}^{\mu\left(1-\sqrt{\frac{2}{\rho}}\right)} e^{i\frac{\rho-1}{2}\mu^{\rho-2}(z-\mu)^2}dz = \sqrt{\frac{2}{\rho-1}}\mu^{1-\frac{\rho}{2}}\int_{-\infty}^{-\sqrt{\frac{\rho-1}{\rho}}\mu^{\frac{\rho}{2}}} e^{i\widetilde{z}^2}d\widetilde{z}$$

となるので，部分積分を利用すると，評価式

$$
\left| \int_{-\infty}^{-\sqrt{\frac{\rho-1}{\rho}}\,\mu^{\frac{\rho}{2}}} e^{i\tilde{z}^2} d\tilde{z} \right|
$$

$$
= \left| \int_{-\infty}^{-\sqrt{\frac{\rho-1}{\rho}}\,\mu^{\frac{\rho}{2}}} \frac{1}{2i\tilde{z}} de^{i\tilde{z}^2} \right| \leqq C\mu^{-\frac{\rho}{2}} + C \int_{-\infty}^{-\sqrt{\frac{\rho-1}{\rho}}\,\mu^{\frac{\rho}{2}}} \frac{1}{\tilde{z}^2} d\tilde{z} \leqq C\mu^{-\frac{\rho}{2}}
$$

が求まる．以上より，

$$
\left| \int_{z(0,\mu)}^{\infty} e^{i\,\frac{\rho-1}{2}\,\mu^{\rho-2}(z-\mu)^2} dz - \sqrt{\frac{2\pi}{i(\rho-1)}}\,\mu^{1-\frac{\rho}{2}} \right| \leqq C\mu^{1-\rho}
$$

がわかり，目的の評価式が示されたことになる．

次に，

$$
\int_0^{\infty} e^{iS(\xi,\mu)} \left(1 - \partial_\xi z(\xi,\mu) \right) d\xi
$$

が剰余項となることを示す．以後，簡単のため記号 $\partial_\xi z = z_\xi$ を用いることにする．次の恒等式

$$
e^{iS(\xi,\mu)} = \frac{1}{1 + i(\xi-\mu)\left(\xi^{\rho-1} - \mu^{\rho-1}\right)} \partial_\xi \left((\xi-\mu)e^{iS(\xi,\mu)} \right)
$$

に注意して，部分積分をおこなうと，

$$
(2.6) \qquad \int_0^{\infty} e^{iS(\xi,\mu)} \left(1 - z_\xi(\xi,\mu) \right) d\xi
$$

$$
= - \int_0^{\infty} (\xi-\mu)e^{iS(\xi,\mu)} \partial_\xi \left(\frac{1 - z_\xi(\xi,\mu)}{1 + i(\xi-\mu)\left(\xi^{\rho-1} - \mu^{\rho-1}\right)} \right) d\xi
$$

$$
+ \mu e^{iS(0,\mu)} \left(\frac{1 - z_\xi(0,\mu)}{1 + i\mu^\rho} \right)
$$

となる．等式

$$
(2.7) \qquad S(\xi,\mu) = \frac{1}{\rho} \left(\xi^\rho - \mu^\rho - \rho\mu^{\rho-1}(\xi-\mu) \right)
$$

$$
= \frac{1}{2}(\rho-1)\mu^{\rho-2} \left(z(\xi,\mu) - \mu \right)^2
$$

に注意する．最初の等式に，テイラー展開を使うと，適当な $\theta \in (0,1)$ が存在して，

18   2 Schrödinger 型方程式

$$(2.8) \qquad S(\xi,\mu) = \frac{1}{\rho}(\xi-\mu)\left(\frac{\xi^\rho-\mu^\rho}{\xi-\mu}-\rho\mu^{\rho-1}\right)$$
$$= \frac{1}{2}(\rho-1)(\xi-\mu)^2\,(\theta\xi+(1-\theta)\mu)^{\rho-2}$$

となることがわかる．(2.7)の2番目の等式より，

$$\partial_\xi S(\xi,\mu) = (\rho-1)\mu^{\rho-2}\,(z(\xi,\mu)-\mu)\,z_\xi(\xi,\mu)$$

となるので，(2.7)と(2.8)から

(2.9)

$$z_\xi(\xi,\mu) = \frac{1}{(\rho-1)}\mu^{2-\rho}\left(\xi^{\rho-1}-\mu^{\rho-1}\right)(z(\xi,\mu)-\mu)^{-1}$$
$$= \frac{1}{\sqrt{2(\rho-1)}}\mu^{1-\frac{\rho}{2}}\left(\xi^{\rho-1}-\mu^{\rho-1}\right)\frac{1}{\sqrt{S(\xi,\mu)}\,\mathrm{sign}(\xi-\mu)}$$
$$= \frac{1}{(\rho-1)}\mu^{1-\frac{\rho}{2}}\left(\xi^{\rho-1}-\mu^{\rho-1}\right)\frac{1}{(\xi-\mu)\sqrt{(\theta\xi+(1-\theta)\mu)^{\rho-2}}}$$

が求まる．それゆえ，

$$(2.10) \qquad\qquad\qquad z_\xi(\mu,\mu) = 1$$

がわかる．また，(2.9)の2番目の等式と $S(0,\mu) = (1-1/\rho)\,\mu^\rho$ から，

$$(2.11) \qquad\qquad\qquad z_\xi(0,\mu) = \frac{\sqrt{\rho}}{\sqrt{2\,(\rho-1)}}$$

が計算できる．(2.11)を(2.6)の右辺第2項に使うと

$$\left|\int_0^\infty e^{iS(\xi,\mu)}\left(1-z_\xi(\xi,\mu)\right)d\xi\right|$$
$$\leqq \left|\int_0^\infty (\xi-\mu)e^{iS(\xi,\mu)}\partial_\xi\left(\frac{1-z_\xi(\xi,\mu)}{1+i(\xi-\mu)\left(\xi^{\rho-1}-\mu^{\rho-1}\right)}\right)d\xi\right| + O(\mu^{1-\rho})$$
$$\leqq \int_0^\infty\left|(\xi-\mu)\partial_\xi\left(\frac{1-z_\xi(\xi,\mu)}{1+i(\xi-\mu)\left(\xi^{\rho-1}-\mu^{\rho-1}\right)}\right)\right|d\xi + O(\mu^{1-\rho})$$

となる．この評価式の右辺第1項を考える．簡単な微分計算により，右辺第1項は

(2.12)
$$\int_0^\infty \left(\left| \frac{(\xi-\mu)z_{\xi\xi}(\xi,\mu)}{1+i(\xi-\mu)\left(\xi^{\rho-1}-\mu^{\rho-1}\right)} \right| \right.$$
$$\left. + \left| \frac{(\xi-\mu)\left(1-z_\xi(\xi,\mu)\right)\left(\rho\xi^{\rho-1}-\mu^{\rho-1}-(\rho-1)\mu\xi^{\rho-2}\right)}{\left(1+i(\xi-\mu)\left(\xi^{\rho-1}-\mu^{\rho-1}\right)\right)^2} \right| \right) d\xi$$

により評価されることがわかる.（2.9)式に平均値の定理を用いると，適当な $\widetilde{\theta} \in (0,1)$ が存在して,

$$z_\xi(\xi,\mu) = \frac{1}{(\rho-1)}\mu^{1-\frac{\rho}{2}}\left(\xi^{\rho-1}-\mu^{\rho-1}\right)(\xi-\mu)^{-1}\left(\theta\xi+(1-\theta)\mu\right)^{1-\frac{\rho}{2}}$$
$$= \mu^{1-\frac{\rho}{2}}\left(\widetilde{\theta}\xi+\left(1-\widetilde{\theta}\right)\mu\right)^{\rho-2}\left(\theta\xi+(1-\theta)\mu\right)^{1-\frac{\rho}{2}}.$$

それゆえ,

$$z_{\xi\xi}(\xi,\mu) = (\rho-2)\mu^{1-\frac{\rho}{2}}\widetilde{\theta}\left(\widetilde{\theta}\xi+\left(1-\widetilde{\theta}\right)\mu\right)^{\rho-3}\left(\theta\xi+(1-\theta)\mu\right)^{1-\frac{\rho}{2}}$$
$$+ \left(1-\frac{\rho}{2}\right)\theta\mu^{1-\frac{\rho}{2}}\left(\widetilde{\theta}\xi+\left(1-\widetilde{\theta}\right)\mu\right)^{\rho-2}\left(\theta\xi+(1-\theta)\mu\right)^{-\frac{\rho}{2}}$$

となる．このことより，$0 \leqq \xi \leqq 2\mu$ の場合は,

$$|z_{\xi\xi}(\xi,\mu)| \leqq C\mu^{-1},$$

そして，$\xi \geqq 2\mu$ の場合は,

$$|z_{\xi\xi}(\xi,\mu)| \leqq C\mu^{1-\frac{\rho}{2}}\xi^{\frac{\rho}{2}-2}$$

が成立する．このことを用いると，(2.12)式の第 1 項は

(2.13)
$$\int_0^\infty \left| \frac{(\xi-\mu)z_{\xi\xi}(\xi,\mu)}{1+i(\xi-\mu)\left(\xi^{\rho-1}-\mu^{\rho-1}\right)} \right| d\xi$$
$$\leqq C\mu^{-1}\int_0^{2\mu} \frac{|\xi-\mu|\, d\xi}{1+(\xi-\mu)^2\mu^{\rho-2}} + C\mu^{1-\frac{\rho}{2}}\int_{2\mu}^\infty \xi^{-1-\frac{\rho}{2}}\, d\xi$$
$$\leqq C\mu^{1-\rho}\log\left(1+\mu^\rho\right)$$

と評価される．(2.12)式の第 2 項を考えるために (2.9) を用いる.

20   2 Schrödinger 型方程式

$$1 - z_\xi(\xi, \mu) = z_\xi(\mu, \mu) - z_\xi(\xi, \mu)$$

であるから，平均値の定理より，適当な $\theta \in (0, 1)$ が存在して，

$$|1 - z_\xi(\xi, \mu)| \leqq |z_{\xi\xi} (\theta\mu + (1 - \theta)\xi, \mu) (\mu - \xi)|$$

となる．この式に $z_{\xi\xi}$ の表現式から，

$$\begin{cases} |1 - z_\xi(\xi, \mu)| \leqq C\mu^{-1} |\xi - \mu|, & 0 \leqq \xi \leqq 2\mu, \\ |1 - z_\xi(\xi, \mu)| \leqq C\mu^{1 - \frac{\rho}{2}} \xi^{\frac{\rho}{2} - 2} |\xi - \mu|, & 2\mu \leqq \xi, \end{cases}$$

また，評価式

$$\begin{cases} \left| \rho\xi^{\rho-1} - \mu^{\rho-1} - (\rho - 1)\mu\xi^{\rho-2} \right| \leqq C |\xi - \mu| \mu^{\rho-2}, & 0 \leqq \xi \leqq 2\mu, \\ \left| \rho\xi^{\rho-1} - \mu^{\rho-1} - (\rho - 1)\mu\xi^{\rho-2} \right| \leqq C |\xi - \mu| \xi^{\rho-2}, & 2\mu \leqq \xi \end{cases}$$

が成立するので，

(2.14)

$$\begin{aligned}
&\int_0^\infty \left| \frac{(\xi - \mu) (1 - z_\xi(\xi, \mu)) \left(\rho\xi^{\rho-1} - \mu^{\rho-1} - (\rho - 1)\mu\xi^{\rho-2}\right)}{\left(1 + i(\xi - \mu) (\xi^{\rho-1} - \mu^{\rho-1})\right)^2} \right| d\xi \\
&\leqq C\mu^{-1} \int_0^{2\mu} \frac{|\xi - \mu| \, d\xi}{1 + (\xi - \mu)^2 \mu^{\rho-2}} + C\mu^{1 - \frac{\rho}{2}} \int_{2\mu}^\infty \xi^{-1 - \frac{\rho}{2}} \, d\xi \\
&\leqq C\mu^{1-\rho} \log \left(1 + \mu^\rho\right)
\end{aligned}$$

が従う．すなわち，(2.12), (2.13), (2.14)より (2.5)式の右辺の第 1 項が

(2.15)
$$\begin{aligned}
&\frac{1}{\sqrt{2\pi}t^{1/\rho}} \widehat{\phi}(q) \int_0^\infty e^{-i\xi\eta + \frac{i}{\rho}\xi^\rho} \, d\xi \\
&= u_\phi(t, q) + O\left(t^{-\frac{1}{\rho}} \widehat{\phi}(q)\mu^{1-\rho} \log \left(1 + \mu^\rho\right)\right)
\end{aligned}$$

と表現できることがわかった．ここで，剰余項

$$O\left(t^{-\frac{1}{\rho}} \widehat{\phi}(q)\mu^{1-\rho} \log \left(1 + \mu^\rho\right)\right) = O\left(t^{-\frac{1}{\rho}} \widehat{\phi}\left(-t^{-\frac{1}{\rho}}\mu\right) \mu^{1-\rho} \log \left(1 + \mu^\rho\right)\right)$$

が定理の評価式を満足することは，

$$\left| O\left(t^{-\frac{1}{\rho}} \widehat{\phi}\left(-t^{-\frac{1}{\rho}}\mu \right) \mu^{1-\rho} \log\left(1+\mu^\rho \right) \right) \right|$$

$$\leqq C t^{-\frac{\alpha}{\rho}-\frac{1}{\rho}} \left\| \widehat{\phi} \right\|_{\mathbb{Z}^\alpha} \mu^{\alpha-\rho+1} \log\left(1+\mu^\rho \right) \leqq C t^{-\frac{\alpha}{\rho}-\frac{1}{\rho}} \left\| \widehat{\phi} \right\|_{\mathbb{Z}^\alpha},$$

また，$\mu = \eta^{1/(\rho-1)}$，$\eta = xt^{-1/\rho}$，$\mu \geqq 1$ に注意して計算をおこなうと，$0 < \alpha < \rho/2 - 1/2$ のとき，

$$t^{-\frac{1}{\rho}} \left(\int_{t^{1/\rho}}^\infty \mu^{2(1-\rho)} |\log\left(1+\mu^\rho \right)|^2 \left| \widehat{\phi}(q) \right|^2 dx \right)^{\frac{1}{2}}$$

$$\leqq C t^{-\frac{\alpha}{\rho}-\frac{1}{2\rho}} \left(\int_{t^{1/\rho}}^\infty \mu^{2\alpha-\rho} |\log\left(1+\mu^\rho \right)|^2 d\mu \right)^{\frac{1}{2}} \left\| \widehat{\phi} \right\|_{\mathbb{Z}^\alpha}$$

$$\leqq C t^{-\frac{\alpha}{\rho}-\frac{1}{2\rho}} \left\| \widehat{\phi} \right\|_{\mathbb{Z}^\alpha}$$

よりわかる．次に，(2.5)式右辺の第2項が剰余項になることを示す．恒等式

$$e^{i\xi\eta+\frac{i}{\rho}\xi^\rho} = \frac{1}{1+i\xi\left(\xi^{\rho-1}+\mu^{\rho-1} \right)} \partial_\xi \left(\xi e^{i\xi\eta+\frac{i}{\rho}\xi^\rho} \right)$$

を利用して，ξ に関して部分積分をおこなうと，

$$\int_0^\infty e^{i\xi\eta+\frac{i}{\rho}\xi^\rho} \widehat{\phi}\left(\xi t^{-\frac{1}{\rho}} \right) d\xi$$

$$= -t^{-\frac{1}{\rho}} \int_0^\infty \frac{\xi}{1+i\xi\left(\xi^{\rho-1}+\mu^{\rho-1} \right)} e^{i\xi\eta+\frac{i}{\rho}\xi^\rho} \left(\partial_\xi \widehat{\phi} \right)\left(\xi t^{-\frac{1}{\rho}} \right) d\xi$$

$$+ i \int_0^\infty \frac{\xi\mu^{\rho-1}+\rho\xi^\rho}{\left(1+i\xi\left(\xi^{\rho-1}+\mu^{\rho-1} \right) \right)^2} e^{i\xi\eta+\frac{i}{\rho}\xi^\rho} \widehat{\phi}\left(\xi t^{-\frac{1}{\rho}} \right) d\xi$$

$$= M_1 + M_2$$

となる．それゆえ，$0 < \alpha < \rho - 1$ であれば，

$$|M_1| \leqq t^{-\frac{1}{\rho}} \int_0^\infty \left| \frac{\xi}{1+i\xi\left(\xi^{\rho-1}+\mu^{\rho-1} \right)} \left(\partial_\xi \widehat{\phi} \right)\left(\xi t^{-\frac{1}{\rho}} \right) \right| d\xi$$

$$= t^{-\frac{1}{\rho}} \int_0^\infty \left| \frac{\xi}{1+i\xi\left(\xi^{\rho-1}+\mu^{\rho-1} \right)} \left| \xi t^{-\frac{1}{\rho}} \right|^{\alpha-1} \left| \xi t^{-\frac{1}{\rho}} \right|^{1-\alpha} \left(\partial_\xi \widehat{\phi} \right)\left(\xi t^{-\frac{1}{\rho}} \right) \right| d\xi$$

$$\leqq C t^{-\frac{\alpha}{\rho}} \left\| \widehat{\phi} \right\|_{\mathbb{Z}^\alpha} \int_0^\infty \frac{\xi^\alpha d\xi}{1+\xi^\rho} \leqq C t^{-\frac{\alpha}{\rho}} \left\| \widehat{\phi} \right\|_{\mathbb{Z}^\alpha},$$

$$|M_2| \leqq \int_0^\infty \left| \frac{\xi\mu^{\rho-1}+\rho\xi^\rho}{\left(1+i\xi\left(\xi^{\rho-1}+\mu^{\rho-1} \right) \right)^2} \widehat{\phi}\left(\xi t^{-\frac{1}{\rho}} \right) \right| d\xi$$

$$= \int_0^\infty \left| \frac{\xi\mu^{\rho-1} + \rho\xi^\rho}{\left(1 + i\xi\left(\xi^{\rho-1} + \mu^{\rho-1}\right)\right)^2} \left|\xi t^{-\frac{1}{\rho}}\right|^\alpha \left|\xi t^{-\frac{1}{\rho}}\right|^{-\alpha} \widehat{\phi}\left(\xi t^{-\frac{1}{\rho}}\right) \right| d\xi$$

$$\leqq Ct^{-\frac{\alpha}{\rho}} \left\|\widehat{\phi}\right\|_{\mathbb{Z}^\alpha} \int_0^\infty \frac{\xi^\alpha d\xi}{1 + \xi^\rho} \leqq Ct^{-\frac{\alpha}{\rho}} \left\|\widehat{\phi}\right\|_{\mathbb{Z}^\alpha}$$

となる. η は x の関数であるので,変数 $x > 0$ で L^∞ ノルムをとれば,

$$(2.16) \qquad \left\| \int_0^\infty e^{i\xi\eta + \frac{i}{\rho}\xi^\rho} \widehat{\phi}\left(\xi t^{-\frac{1}{\rho}}\right) d\xi \right\|_\infty \leqq Ct^{-\frac{\alpha}{\rho}} \left\|\widehat{\phi}\right\|_{\mathbb{Z}^\alpha}$$

が成り立つことがわかる.

$0 < \alpha < \rho/2 - 1/2$ のとき,

$$(2.17) \qquad \left\| \int_0^\infty e^{i\xi\eta + \frac{i}{\rho}\xi^\rho} \widehat{\phi}\left(\xi t^{-\frac{1}{\rho}}\right) d\xi \right\|_2 \leqq Ct^{\frac{1}{2\rho} - \frac{\alpha}{\rho}} \left\|\widehat{\phi}\right\|_{\mathbb{Z}^\alpha}$$

となることを示す. ただし,ここでの記号 $\|\cdot\|_2$ は $x > 0$ での L^2 ノルムを意味する. $x < 0$ のときも同様に評価できることに注意しておく. M_1, M_2 の定義から

$$|M_1| + |M_2| \leqq Ct^{-\frac{\alpha}{\rho}} \left\|\widehat{\phi}\right\|_{\mathbb{Z}^\alpha} \int_0^\infty \frac{\xi^\alpha}{1 + \xi\left(\xi^{\rho-1} + \mu^{\rho-1}\right)} d\xi$$

がわかる. $\mu \geqq 1$, $\alpha < \rho - 1$ のとき,

$$\int_0^\infty \frac{\xi^\alpha}{1 + \xi\left(\xi^{\rho-1} + \mu^{\rho-1}\right)} d\xi$$

$$\leqq \mu^{1-\rho} \int_0^\infty \frac{\xi^{\alpha-1}}{1 + \left(\frac{\xi}{\mu}\right)^{\rho-1}} d\xi = \mu^{\alpha-\rho+1} \int_0^\infty \frac{\eta^{\alpha-1}}{1 + \eta^{\rho-1}} d\eta$$

$$\leqq C\mu^{\alpha-\rho+1},$$

そして,$0 \leqq \mu \leqq 1$, $\alpha < \rho - 1$ のとき,

$$\int_0^\infty \frac{\xi^\alpha}{1 + \xi\left(\xi^{\rho-1} + \mu^{\rho-1}\right)} d\xi \leqq \int_0^\infty \frac{\xi^\alpha}{1 + \xi^\rho} d\xi \leqq C$$

となるので,評価式

$$|M_1| + |M_2| \leqq Ct^{-\frac{\alpha}{\rho}} \left\|\widehat{\phi}\right\|_{\mathbb{Z}^\alpha} \langle\mu\rangle^{\alpha-\rho+1}$$

が求まる. 定義から

$$\mu^{\rho-1} = xt^{-\frac{1}{\rho}}, \quad dx = t^{\frac{1}{\rho}}(\rho-1)\mu^{\rho-2}d\mu$$

であるので，$\rho \geqq 2$, $2\alpha - \rho < -1$ のとき，

$$\|M_1\|_2 + \|M_2\|_2$$
$$\leqq Ct^{-\frac{\alpha}{\rho}} \left\|\widehat{\phi}\right\|_{\mathbb{Z}^\alpha} \left(\int_0^\infty \langle\mu\rangle^{2(\alpha-\rho+1)}\,dx\right)^{\frac{1}{2}}$$
$$\leqq Ct^{\frac{1}{2\rho}-\frac{\alpha}{\rho}} \left\|\widehat{\phi}\right\|_{\mathbb{Z}^\alpha} \left(\int_0^\infty \langle\mu\rangle^{2(\alpha-\rho+1)}\,\mu^{\rho-2}\,d\mu\right)^{\frac{1}{2}}$$
$$\leqq Ct^{\frac{1}{2\rho}-\frac{\alpha}{\rho}} \left\|\widehat{\phi}\right\|_{\mathbb{Z}^\alpha} \left(\int_0^\infty \langle\mu\rangle^{2\alpha-\rho}\,d\mu\right)^{\frac{1}{2}} \leqq Ct^{\frac{1}{2\rho}-\frac{\alpha}{\rho}} \left\|\widehat{\phi}\right\|_{\mathbb{Z}^\alpha}$$

が成立することがわかる．よって，目的の (2.17) 式が示されたことになる．

(2.5)式の右辺の第 3 項に対しては，次の恒等式

$$e^{-i\xi\eta+\frac{i}{\rho}\xi^\rho} = \frac{1}{1+i(\xi-\mu)(\xi^{\rho-1}-\mu^{\rho-1})} \partial_\xi\left((\xi-\mu)e^{-i\xi\eta+\frac{i}{\rho}\xi^\rho}\right)$$

と，条件 $\left\|\widehat{\phi}\right\|_{\mathbb{Z}^\alpha} < \infty$ を用いて，部分積分をおこなうと

$$\int_0^\infty e^{-i\xi\eta+\frac{i}{\rho}\xi^\rho}\left(\widehat{\phi}\left(-\xi t^{-\frac{1}{\rho}}\right) - \widehat{\phi}\left(-\mu t^{-\frac{1}{\rho}}\right)\right)d\xi$$
$$= -\frac{\mu}{1+i\mu^\rho}\widehat{\phi}\left(-\mu t^{-\frac{1}{\rho}}\right)$$
$$+ t^{-\frac{1}{\rho}}\int_0^\infty \frac{(\xi-\mu)e^{-i\xi\eta+\frac{i}{\rho}\xi^\rho}\left(\partial_\xi\widehat{\phi}\right)\left(-\xi t^{-\frac{1}{\rho}}\right)d\xi}{1+i(\xi-\mu)(\xi^{\rho-1}-\mu^{\rho-1})}$$
$$+ i\int_0^\infty \frac{(\xi-\mu)\left(\xi^{\rho-1}-\mu^{\rho-1}\right) + (\rho-1)(\xi-\mu)^2\xi^{\rho-2}}{\left(1+i(\xi-\mu)(\xi^{\rho-1}-\mu^{\rho-1})\right)^2}$$
$$\times \left(\widehat{\phi}\left(-\xi t^{-\frac{1}{\rho}}\right) - \widehat{\phi}\left(-\mu t^{-\frac{1}{\rho}}\right)\right)e^{-i\xi\eta+\frac{i}{\rho}\xi^\rho}\,d\xi$$
$$\equiv \sum_{j=1}^3 I_j(t,x)$$

と書けることがわかるので，これらを評価すればよい．

最初の項 $I_1(t,x)$ は，$t \geqq 1$, $0 < \alpha < \rho - 1$ に対して評価式

$$|I_1(t,x)| \leqq C\frac{\mu}{\langle\mu\rangle^\rho} \left|\widehat{\phi}\left(-\mu t^{-\frac{1}{\rho}}\right)\right|$$

24   2 Schrödinger 型方程式

$$
\begin{aligned}
&= C \frac{\mu}{\langle\mu\rangle^\rho} \left\{ -\mu t^{-\frac{1}{\rho}} \right\}^{-\alpha} \left| \widehat{\phi}\left(-\mu t^{-\frac{1}{\rho}} \right) \right| \left\{ -\mu t^{-\frac{1}{\rho}} \right\}^\alpha \\
&\leqq C \left\| \widehat{\phi} \right\|_{\mathbb{Z}^\alpha} \frac{\mu}{\langle\mu\rangle^\rho} \left\{ -\mu t^{-\frac{1}{\rho}} \right\}^\alpha \\
&\leqq C \left\| \widehat{\phi} \right\|_{\mathbb{Z}^\alpha} \frac{\mu^{\alpha+1}}{\langle\mu\rangle^\rho} t^{-\frac{\alpha}{\rho}} \leqq C t^{-\frac{\alpha}{\rho}} \left\| \widehat{\phi} \right\|_{\mathbb{Z}^\alpha}
\end{aligned}
$$

より,

$$
(2.18) \qquad \| I_1(t) \|_\infty \leqq C t^{-\frac{\alpha}{\rho}} \left\| \widehat{\phi} \right\|_{\mathbb{Z}^\alpha}
$$

が得られ, $0 < \alpha < \rho/2 - 1/2$ とすれば, 評価式

$$
\begin{aligned}
(2.19) \quad \| I_1(t) \|_2 &\leqq t^{-\frac{\alpha}{\rho}} \left\| \widehat{\phi} \right\|_{\mathbb{Z}^\alpha} \left(\int_0^\infty \frac{\mu^{2\alpha+2}}{\langle\mu\rangle^{2\rho}} \, dx \right)^{\frac{1}{2}} \\
&\leqq C t^{\frac{1}{2\rho}-\frac{\alpha}{\rho}} \left\| \widehat{\phi} \right\|_{\mathbb{Z}^\alpha} \left(\int_0^\infty \frac{\mu^{2\alpha+2}}{\langle\mu\rangle^{2\rho}} \mu^{\rho-2} \, d\mu \right)^{\frac{1}{2}} \\
&\leqq C t^{\frac{1}{2\rho}-\frac{\alpha}{\rho}} \left\| \widehat{\phi} \right\|_{\mathbb{Z}^\alpha} \left(\int_0^\infty \langle\mu\rangle^{2\alpha-\rho} \, d\mu \right)^{\frac{1}{2}} \\
&\leqq C t^{\frac{1}{2\rho}-\frac{\alpha}{\rho}} \left\| \widehat{\phi} \right\|_{\mathbb{Z}^\alpha}
\end{aligned}
$$

が得られる. $\mu > 0$, $0 < \alpha < \rho - 1$ のとき, 評価式

$$
\begin{aligned}
\int_0^\infty &\frac{|\xi|^{\alpha-1} |\xi-\mu| \, d\xi}{1 + |\xi-\mu| \, |\xi^{\rho-1} - \mu^{\rho-1}|} \\
&\leqq C \langle\mu\rangle^{1-\rho} \int_0^{\frac{\mu}{2}} |\xi|^{\alpha-1} \, d\xi + C \mu^{\alpha-1} \int_{\frac{\mu}{2}}^{2\mu} \frac{|\xi-\mu| \, d\xi}{1 + (\xi-\mu)^2 \mu^{\rho-2}} \\
&\quad + C \int_{2\mu}^\infty \frac{|\xi-\mu|^\alpha \, d\xi}{1 + |\xi-\mu|^\rho} \\
&\leqq C \langle\mu\rangle^{\alpha+1-\rho} + C \mu^{\alpha-1} \int_{\frac{\mu}{2}}^{2\mu} \frac{|\xi-\mu| \, d\xi}{1 + (\xi-\mu)^2 \mu^{\rho-2}}
\end{aligned}
$$

が求まる. 上式の右辺第2項は変数変換 $\eta = (\xi-\mu)\mu^{\frac{\rho}{2}-1}$ を用いると, $\mu \geqq 1$ のとき,

$$
C \mu^{\alpha+1-\rho} \int_{-\frac{1}{2}\mu^{\frac{\rho}{2}}}^{\mu^{\frac{\rho}{2}}} \frac{|\eta| \, d\eta}{1 + \eta^2} \leqq C \mu^{\alpha+1-\rho} \log\left(1 + \mu^\rho\right),
$$

$\mu \leqq 1$ のとき,

$$\mu^{\alpha-1} \int_{\frac{\mu}{2}}^{2\mu} \frac{|\xi - \mu|\, d\xi}{1 + (\xi - \mu)^2 \mu^{\rho-2}} \leqq C\mu^{\alpha} \int_{\frac{\mu}{2}}^{2\mu} \frac{d\xi}{1 + \mu^{\rho}} \leqq C$$

と評価されるので $I_2(t,x)$ についての評価

(2.20)

$$|I_2(t,x)| \leqq t^{-\frac{1}{\rho}} \left| \int_0^{\infty} \frac{(\xi - \mu)e^{-i\xi\eta + \frac{i}{\rho}\xi^{\rho}}}{1 + i(\xi - \mu)\left(\xi^{\rho-1} - \mu^{\rho-1}\right)} \left(\partial_{\xi}\widehat{\phi}\right)\left(-\xi t^{-\frac{1}{\rho}}\right) d\xi \right|$$

$$\leqq Ct^{-\frac{\alpha}{\rho}} \left\| \widehat{\phi} \right\|_{\mathbb{Z}^{\alpha}} \left| \int_0^{\infty} \frac{|\xi|^{\alpha-1}|\xi - \mu|\, d\xi}{1 + |\xi - \mu|\,|\xi^{\rho-1} - \mu^{\rho-1}|} \right|$$

$$\leqq Ct^{-\frac{\alpha}{\rho}} \left\| \widehat{\phi} \right\|_{\mathbb{Z}^{\alpha}} \langle \mu \rangle^{\alpha+1-\rho} \log\left(1 + \mu^{\rho}\right)$$

が求まる．それゆえ，(2.19)式と同様にして，

(2.21)
$$\|I_2(t)\|_2 \leqq Ct^{\frac{1}{2\rho} - \frac{\alpha}{\rho}} \left\| \widehat{\phi} \right\|_{\mathbb{Z}^{\alpha}}$$

が，$0 < \alpha < \rho/2 - 1/2$ のとき成立する．3番目の積分 $I_3(t,x)$ の評価を考えることにしよう．$\mu > 0$，$0 < \alpha < \rho - 1$ のとき(2.20)を導いたのと同様にして，

$$\int_0^{\infty} \frac{|\xi^{\alpha} - \mu^{\alpha}|}{1 + |\xi - \mu|\,|\xi^{\rho-1} - \mu^{\rho-1}|} \, d\xi$$

$$\leqq C \int_0^{\frac{\mu}{2}} \frac{\mu^{\alpha}}{1 + \mu^{\rho}}\, d\xi + C\mu^{\alpha-1} \int_{\frac{\mu}{2}}^{2\mu} \frac{|\xi - \mu|\, d\xi}{1 + (\xi - \mu)^2 \mu^{\rho-2}}$$

$$+ C \int_{2\mu}^{\infty} \frac{|\xi - \mu|^{\alpha}\, d\xi}{1 + |\xi - \mu|^{\rho}}$$

$$\leqq C \langle \mu \rangle^{\alpha+1-\rho} \log\left(1 + \mu^{\rho}\right)$$

となることを用いると，

(2.22)

$$|I_3(t,x)| \leqq C \int_0^{\infty} \frac{1}{1 + |\xi - \mu|\,|\xi^{\rho-1} - \mu^{\rho-1}|} \left| \int_{-\mu t^{-\frac{1}{\rho}}}^{-\xi t^{-\frac{1}{\rho}}} \left(\partial_y \widehat{\phi}\right)(y)dy \right| d\xi$$

$$\leqq Ct^{-\frac{\alpha}{\rho}} \left\| |\xi|^{1-\alpha} \left(\partial_{\xi}\widehat{\phi}\right)(\xi) \right\|_{\infty} \int_0^{\infty} \frac{|\xi^{\alpha} - \mu^{\alpha}|}{1 + |\xi - \mu|\,|\xi^{\rho-1} - \mu^{\rho-1}|} \, d\xi$$

$$\leqq Ct^{-\frac{\alpha}{\rho}} \left\| \widehat{\phi} \right\|_{\mathbb{Z}^\alpha} \langle \mu \rangle^{\alpha+1-\rho} \log\left(1+\mu^\rho\right)$$

が得られる．評価式 (2.19) を示したのと同様にして，$0 < \alpha < \rho/2 - 1/2$ とすれば，

$$(2.23) \qquad\qquad \|I_3(t)\|_2 \leqq Ct^{\frac{1}{2\rho}-\frac{\alpha}{\rho}} \left\| \widehat{\phi} \right\|_{\mathbb{Z}^\alpha}$$

がわかる．それゆえ，評価式 (2.5)，(2.15)-(2.23) より，$x > 0$ の場合に，定理の結果が成立することがわかる．$x < 0$ の場合も同様に証明される．このように定理 2.1 は証明された． ∎

3 Airy 型方程式

この章では，次の形の Airy 型方程式

$$(3.1) \quad \begin{cases} u_t - \dfrac{1}{\rho} \left(-\partial_x^2\right)^{\frac{\rho-1}{2}} \partial_x u = 0, & (t,x) \in \mathbb{R} \times \mathbb{R}, \\ u(0,x) = \phi(x), & x \in \mathbb{R} \end{cases}$$

の解の漸近公式を求める．ここで解とは，前章同様，(3.1) の積分方程式の解とする．証明の方針は，前章と同じであるが，次の事実に注意する必要がある．Airy 型方程式の性質は，x の符号によって異なることが知られており，方程式 (3.1) の場合，解は $x < 0$ では，Schrödinger 型方程式の解と同じように振る舞い，$x > 0$ の領域では，熱方程式の基本解と同じように，非常に速く減衰することが知られている．

前章で示された，自由発展群 $\mathcal{F}^{-1} \exp(it\,|\xi|^\rho/\rho)\,\mathcal{F}$ の漸近公式の証明との相違点は，方程式 (3.1) の基本解

$$\mathcal{F}^{-1} \exp\left(\frac{i}{\rho} t\,|\xi|^{\rho-1}\xi\right)\widehat{\phi} = \sqrt{\frac{2}{\pi}}\, t^{-\frac{1}{\rho}}\, \mathrm{Re} \int_0^\infty e^{i\xi\eta + \frac{i}{\rho}\xi^\rho}\,\widehat{\phi}\left(\xi t^{-\frac{1}{\rho}}\right) d\xi$$

をみればわかる．ここで，$\eta = x t^{-1/\rho}$ である．位相関数

$$S(\xi,\eta) = \xi\eta + \frac{1}{\rho}\xi^\rho$$

の停留点の候補は，$\partial_\xi S(\xi,\eta) = \eta + \xi^{\rho-1} = 0$ より，$\xi = (-\eta)^{1/(\rho-1)}$ であるから，$\eta < 0$，すなわち，$x < 0$ に停留点の候補が存在することがわかる．また，領域 $x > 0$ では，以下の証明でもわかるように，$\widehat{\phi}$ が原点で 0 になるという仮定により，解の評価が剰余項になることを意味している．$\widehat{\phi}$ が原点で 0 でないときには，値 $\widehat{\phi}(0)$ で書かれる主要項を，領域 x が正の部分で考慮に入れる必要があることは，以下の定理 3.1 をみればわかるであろう．

28   3 Airy 型方程式

方程式 (3.1) は，$\rho = 2$ のときは，Benjamin-Ono 方程式，$\rho = 3$ のときは，Korteweg-de Vries 方程式の線形部分をなすものであり，これらの非線形方程式の研究をおこなう上で，以下の定理は重要な役割を果たすものである．第 6 章では，特に，$\rho = 3$ の場合を考えるので，階数 ρ の Airy 型発展作用素を

$$U_\rho^{(\mathrm{A})}(t) = \mathcal{F}^{-1} \exp\left(\frac{i}{\rho} t \,|\xi|^{\rho-1} \xi\right) \mathcal{F}$$

と記述することにしよう．また，前章と同様に記号 $\|\cdot\|_{\mathbb{Z}^\alpha}$ を用いる．

定理 3.1　方程式 (3.1) の解は，$U_\rho^{(\mathrm{A})}(t)\phi$ と書ける．この解に対して，評価式

$$(3.2) \qquad \left\| U_\rho^{(\mathrm{A})}(t)\phi \right\|_\infty \leqq C t^{-\frac{1+\alpha}{\rho}} \left\| (-\partial_x^2)^{-\frac{\alpha}{2}} \phi \right\|_1$$

が，任意の $t > 0$ に対して成立する．ここで，$\alpha \in [0, \rho/2 - 1]$ である．

さらに，初期値 ϕ を実数値関数とすると，次の漸近公式

$$(3.3) \qquad U_\rho^{(\mathrm{A})}(t)\phi = t^{-\frac{1}{2}} \operatorname{Re}\left(e^{-i\left(1-\frac{1}{\rho}\right)t|\chi|^{\rho-1}\chi} F(\chi)\, \widehat{\phi}(\chi) \right) + R(t, x)$$

が成り立つ．ここで，

$$\chi = \left(\frac{|x|}{t}\right)^{\frac{1}{\rho-1}} \frac{x}{|x|}, \quad F(\chi) = \sqrt{\frac{4}{i(\rho-1)} \theta(\chi) |\chi|^{1-\frac{\rho}{2}}},$$

そして，$\theta(\chi)$ は $\chi < 0$ のとき $\theta(\chi) = 1$，$\chi \geqq 0$ のとき $\theta(\chi) = 0$ で定義されるものとする．剰余項 $R(t, x)$ は，$0 < \alpha < \rho - 1$ のとき，評価式

$$\|R(t)\|_\infty \leqq C t^{-\frac{\alpha}{\rho} - \frac{1}{\rho}} \left\| \widehat{\phi} \right\|_{\mathbb{Z}^\alpha}$$

を，そして $0 < \alpha < \rho/2 - 1/2$ のとき，評価式

$$\|R(t)\|_2 \leqq C t^{-\frac{\alpha}{\rho} - \frac{1}{2\rho}} \left\| \widehat{\phi} \right\|_{\mathbb{Z}^\alpha}$$

を満足する．　　　　　　　　　　　　　　　　　　　　　　　　　　　□

前章と同様に，時間減衰評価式における α の範囲と，剰余項の評価における α の範囲が，異なることに注意しておく．

［証明］　今

$$G_\alpha(\eta) = \int_{\mathbb{R}} |\xi|^\alpha\, e^{i\xi\eta + \frac{i}{\rho}|\xi|^{\rho-1}\xi}\, d\xi = 2\,\mathrm{Re}\int_0^\infty \xi^\alpha e^{i\xi\eta + \frac{i}{\rho}\xi^\rho}\, d\xi$$

とおく．ここで，$\eta = xt^{-1/\rho}$ とすると，自由 **Airy** 発展群は，

$$
\begin{aligned}
U_\rho^{(\mathrm{A})}(t)\phi &= \mathcal{F}^{-1}\,|\xi|^\alpha \exp\left(\frac{it}{\rho}\,|\xi|^{\rho-1}\,\xi\right)\mathcal{F}\left(-\partial_x^2\right)^{-\frac{\alpha}{2}}\phi \\
&= (2\pi)^{-1}\, t^{-\frac{1+\alpha}{\rho}}\int_{\mathbb{R}} G_\alpha\left((x-y)\,t^{-\frac{1}{\rho}}\right)\left(-\partial_y^2\right)^{-\frac{\alpha}{2}}\phi(y)\, dy
\end{aligned}
$$

と書くことができる．Schrödinger 型方程式と同様に，$|\eta| \leqq 1$，$\eta < -1$，$\eta > 1$ に分けて考える．問題となる領域は停留点が存在する $\eta < -1$ であるが，恒等式

$$
\begin{aligned}
&\int_0^\infty \xi^\alpha e^{i\xi\eta + \frac{i}{\rho}\xi^\rho}\, d\xi \\
&= \int_0^{2\mu} \frac{\xi^\alpha}{1 + i\left(\xi - \mu\right)\left(\xi^{\rho-1} - \mu^{\rho-1}\right)}\,\partial_\xi\left((\xi - \mu)\,e^{i\xi\eta + \frac{i}{\rho}\xi^\rho}\right) d\xi \\
&\quad + \int_{2\mu}^\infty \frac{\xi^\alpha}{i\left(\xi^{\rho-1} - \mu^{\rho-1}\right)}\,\partial_\xi e^{i\xi\eta + \frac{i}{\rho}\xi^\rho}\, d\xi, \quad \mu^{\rho-1} = -\eta
\end{aligned}
$$

において部分積分をおこなうと，$|G_\alpha(\eta)| \leqq C$ となることが，Schrödinger 型方程式と同様にわかる．この評価式と Young あるいは Hölder の不等式から，評価式 (3.2) が得られる．

次に，漸近公式 (3.3) を示す．領域 $x < 0$ を考える．ϕ は実数値関数であるから，$\widehat{\phi}(-\xi) = \overline{\widehat{\phi}(\xi)}$ となり，$\eta = xt^{-1/\rho}$，$\chi = \mu t^{-1/\rho} = (|x|/t)^{1/(\rho-1)}$．そして，$\mu = |\eta|^{1/(\rho-1)} > 0$ とすると，停留点が $\xi = \mu$ であることを考慮に入れて

$$
\begin{aligned}
(3.4)\quad U_\rho(t)\phi &= \sqrt{\frac{2}{\pi}}\, t^{-\frac{1}{\rho}}\,\mathrm{Re}\int_0^\infty e^{i\xi\eta + \frac{i}{\rho}\xi^\rho}\widehat{\phi}\left(\xi t^{-\frac{1}{\rho}}\right) d\xi \\
&= \sqrt{\frac{2}{\pi}}\, t^{-\frac{1}{\rho}}\,\mathrm{Re}\left(\widehat{\phi}(\chi)\int_0^\infty e^{i\xi\eta + \frac{i}{\rho}\xi^\rho}\, d\xi\right. \\
&\qquad\qquad \left. + \int_0^\infty e^{i\xi\eta + \frac{i}{\rho}\xi^\rho}\left(\widehat{\phi}\left(\xi t^{-\frac{1}{\rho}}\right) - \widehat{\phi}(\chi)\right) d\xi\right)
\end{aligned}
$$

と書くことにする．前章の証明と同様にして，(3.4) 式右辺最初の項の漸近的振る舞いが，

$$(3.5)\qquad \sqrt{\frac{2}{\pi}}\, t^{-\frac{1}{\rho}}\,\mathrm{Re}\left(\widehat{\phi}(\chi)\int_0^\infty e^{i\xi\eta + \frac{i}{\rho}\xi^\rho}\, d\xi\right)$$

$$
= t^{-\frac{1}{2}} \operatorname{Re} \left(F(\chi) e^{-i\left(1-\frac{1}{\rho}\right)t|\chi|^{\rho-1}\chi} \widehat{\phi}\,(\chi) \right)
$$
$$
+ O\left(t^{-\frac{1}{\rho}} \widehat{\phi}\,(\chi) \langle \mu \rangle^{1-\rho} \log(1+\mu^\rho) \right)
$$

となることが示される．ここで，剰余項 $O\left(t^{-\frac{1}{\rho}} \widehat{\phi}\,(\chi) \langle \mu \rangle^{1-\rho} \log(1+\mu^\rho) \right)$ が定理で述べられた評価を満足することは，Schrödinger 型の場合をみれば容易にわかることに注意しておく．(3.4)式右辺の第 2 項に関しては，等式

$$
e^{i\xi\eta+\frac{1}{\rho}\xi^\rho} = \frac{1}{1+i\left(\xi-\mu\right)\left(\xi^{\rho-1}-\mu^{\rho-1}\right)} \partial_\xi \left(\left(\xi-\mu\right) e^{i\xi\eta+\frac{1}{\rho}\xi^\rho} \right)
$$

を用いて，部分積分をおこなうと

$$
\int_0^\infty e^{i\xi\eta+\frac{1}{\rho}\xi^\rho} \left(\widehat{\phi}\left(\xi t^{-\frac{1}{\rho}}\right) - \widehat{\phi}\,(\chi) \right) d\xi
$$
$$
= -\frac{\mu}{1+i\mu^\rho} \widehat{\phi}\,(\chi) - t^{-\frac{1}{\rho}} \int_0^\infty \frac{\left(\xi-\mu\right) e^{i\xi\eta+\frac{1}{\rho}\xi^\rho} \widehat{\phi}'\left(\xi t^{-\frac{1}{\rho}}\right)}{1+i\left(\xi-\mu\right)\left(\xi^{\rho-1}-\mu^{\rho-1}\right)} d\xi
$$
$$
+ i \int_0^\infty \frac{\left(\xi-\mu\right)\left(\xi^{\rho-1}-\mu^{\rho-1}\right) + \left(\rho-1\right)\left(\xi-\mu\right)^2 \xi^{\rho-2}}{\left(1+i\left(\xi-\mu\right)\left(\xi^{\rho-1}-\mu^{\rho-1}\right)\right)^2}
$$
$$
\times \left(\widehat{\phi}\left(\xi t^{-\frac{1}{\rho}}\right) - \widehat{\phi}\left(\mu t^{-\frac{1}{\rho}}\right) \right) e^{i\xi\eta+\frac{1}{\rho}\xi^\rho} d\xi
$$
$$
\equiv \sum_{j=1}^3 I_j(t,x)
$$

となることがわかる．この形は，前章で取り扱ったものと同じであるので，前章の証明と同様にして，$0 < \alpha < \rho - 1$ に対して

$$
\sum_{j=1}^3 \left\| I_j(t) \right\|_\infty \leqq C t^{-\frac{\alpha}{\rho}} \left\| \widehat{\phi} \right\|_{\mathbb{Z}^\alpha}
$$

が求まる．また，$0 < \alpha < \rho/2 - 1/2$ ならば，評価式

$$
\sum_{j=1}^3 \left\| I_j(t) \right\|_2 \leqq C t^{\frac{1}{2\rho}-\frac{\alpha}{\rho}} \left\| \widehat{\phi} \right\|_{\mathbb{Z}^\alpha}
$$

が従う．それゆえ，(3.4)，(3.5)式と上の評価式より，領域 $x < 0$ において，定理の主張が示せたことになる．

次に，領域 $x \geqq 0$ の場合を考えることにする．これは，(2.5)式右辺第 2 項の評価のしかたと同様に評価することができる．実際，等式

$$e^{i\xi\eta+\frac{i}{\rho}\xi^\rho} = \frac{1}{1+i\xi\left(\xi^{\rho-1}+\mu^{\rho-1}\right)}\,\partial_\xi\left(\xi e^{i\xi\eta+\frac{i}{\rho}\xi^\rho}\right)$$

を用いて，ξ に関して部分積分をおこなうと，等式

$$\int_0^\infty e^{i\xi\eta+\frac{i}{\rho}\xi^\rho}\widehat{\phi}\left(\xi t^{-\frac{1}{\rho}}\right)d\xi$$

$$= -t^{-\frac{1}{\rho}}\int_0^\infty \frac{\xi}{1+i\xi\left(\xi^{\rho-1}+\mu^{\rho-1}\right)}e^{i\xi\eta+\frac{i}{\rho}\xi^\rho}\widehat{\phi}'\left(\xi t^{-\frac{1}{\rho}}\right)d\xi$$

$$-i\int_0^\infty \frac{\xi\mu^{\rho-1}+\rho\xi^\rho}{\left(1+i\xi\left(\xi^{\rho-1}+\mu^{\rho-1}\right)\right)^2}e^{i\xi\eta+\frac{i}{\rho}\xi^\rho}\widehat{\phi}\left(\xi t^{-\frac{1}{\rho}}\right)d\xi$$

が得られる．それゆえ，$0<\alpha<\rho-1$ とすると，評価式

$$\left\|\int_0^\infty e^{i\xi\eta+\frac{i}{\rho}\xi^\rho}\widehat{\phi}\left(\xi t^{-\frac{1}{\rho}}\right)d\xi\right\|_\infty \leq Ct^{-\frac{\alpha}{\rho}}\left\|\widehat{\phi}\right\|_{\mathbb{Z}^\alpha},$$

また，$0<\alpha<\rho/2-1/2$ とすると，評価式

$$\left\|\int_0^\infty e^{i\xi\eta+\frac{i}{\rho}\xi^\rho}\widehat{\phi}\left(\xi t^{-\frac{1}{\rho}}\right)d\xi\right\|_2 \leq Ct^{\frac{1}{2\rho}-\frac{\alpha}{\rho}}\left\|\widehat{\phi}\right\|_{\mathbb{Z}^\alpha}$$

が求まる．以上より，定理 3.1 は証明された． ∎

注意 3.2　主結果において，漸近公式 (3.3) における剰余項の L^2 ノルムが，$\alpha > \rho/2-1$，$\rho \geq 2$ のとき，$t^{1/(2\rho)-1/2}$ より速く減衰することが，非線形問題に用いるとき重要になってくることは，前章の Schrödinger 型方程式で述べた理由と同じである．

最終値に関する条件と，通常のソボレフ空間との関係を考えてみることにする．$0 \leq j \leq k = [\alpha]$ に対して，$\widehat{\phi}^{(j)}(0) = 0$ かつ $\phi \in H^{0,k+2}$ ならば，

$$\left\|\widehat{\phi}\right\|_{\mathbb{Z}^\alpha} \leq C\left\|\widehat{\phi}\right\|_\infty + C\left\|\widehat{\phi}^{(k+1)}\right\|_\infty \leq C\left\|\widehat{\phi}\right\|_{k+2,0} = C\left\|\phi\right\|_{0,k+2}$$

となる．特に，$\rho=3$ の場合は，$1/2<\alpha<1$ と選ぶことができるので，$\widehat{\phi}(0)=0$ かつ $\phi \in H^{0,2}$ であれば，

$$\left\|\widehat{\phi}\right\|_{\mathbb{Z}^\alpha} \leq C\left\|\phi\right\|_{0,2}$$

となり，定理の条件を満足することに注意しておく．

4 Klein-Gordon 方程式

この章では，線形 Klein-Gordon 方程式の解に関係した，自由 Klein-Gordon 発展群 $U_{\mathrm{KG}}(t) = \mathcal{F}^{-1} e^{-it\langle\xi\rangle} \mathcal{F}$, $\langle\xi\rangle = (1+\xi^2)^{1/2}$ の漸近公式を考えることにしよう．重み付きのソボレフ空間を

$$H_p^{m,s} = \left\{ \phi \in \mathcal{S}'(\mathbb{R}); \|\phi\|_{m,s,p} = \left\| \left(1+x^2\right)^{s/2} \left(1-\partial_x^2\right)^{m/2} \phi \right\|_p < \infty \right\},$$

$$m, s \geqq 0, \ 1 \leqq p \leqq \infty$$

とする．次のように，ノルム

$$\|v\|_{\mathbb{Z}_p} = \|\widehat{v}\|_{0,2,\infty} + \|\partial_\xi \widehat{v}\|_{0,3-3/(2p),p}$$

を定義する．

この章における主結果を述べることにする．

定理 4.1 任意の $t \geqq 1$ に対して，評価式

$$(4.1) \qquad \|U_{\mathrm{KG}}(t)v\|_\infty \leqq Ct^{-\frac{1}{2}} \|v\|_{3/2,0,1}$$

が成立する．さらに，$v \in \mathbb{Z}_p$ であれば，次の漸近公式

$$(4.2) \qquad \left\| U_{\mathrm{KG}}(t)v - \mathcal{D}_t BM \left(\mathcal{F}v \left(\frac{x}{\langle ix \rangle} \right) \right) \right\|_r$$

$$\leqq \begin{cases} O\left(\|v\|_{\mathbb{Z}_p} t^{\frac{1}{r} + \frac{1}{2p} - 1} \right), & 2 \leqq p < \infty, \\ O\left(\|v\|_{\mathbb{Z}_\infty} t^{\frac{1}{r} - 1} \log t \right), & p = \infty \end{cases}$$

が，$t \geqq 1$ に対して成立する．ただし，$2 \leqq r \leqq \infty$ で $\mathcal{D}_t \phi = (it)^{-1/2}\phi(x/t)$，$M = e^{-it\langle ix \rangle}$，$B = \theta(x) \langle ix \rangle^{-\frac{3}{2}}$，$\langle ix \rangle = \sqrt{1-x^2}$ とする．さらに，関数 θ は，$|x| < 1$ のとき $\theta(x) = 1$ で，$|x| \geqq 1$ のとき $\theta(x) = 0$ であるとする． $\square$

L^∞-L^1 評価式(4.1)は，すでに文献[101]において証明されているものであ

34　4　Klein-Gordon 方程式

るが，1 次元の場合は，容易に証明できるので，読者の便利のために，証明を与えておく．評価式(4.1)は，非線形問題を考えるとき必要となる Strichartz 型の時空間評価式を証明するときに用いられる．

評価式(4.2)において，$p = 2$ とし，v を $U_{\mathrm{KG}}(-t)v$ によって置き換えると，

$$\left\| v - \mathcal{D}_t B M \mathcal{F} U_{\mathrm{KG}}(-t)v\left(\frac{x}{\langle ix\rangle}\right)\right\|_r$$
$$\leqq C t^{\frac{1}{r} - \frac{3}{4}}\left(\|\mathcal{F}U_{\mathrm{KG}}(-t)v\|_{0,2,\infty} + \|xU_{\mathrm{KG}}(-t)v\|_{9/4,0,2}\right)$$

となることがわかる．作用素 $\mathcal{D}_t, B, M$ の性質から，

$$\left\|\mathcal{D}_t B M \mathcal{F} U_{\mathrm{KG}}(-t)v\left(\frac{x}{\langle ix\rangle}\right)\right\|_r \leqq C t^{\frac{1}{r} - \frac{1}{2}}\|\mathcal{F}U_{\mathrm{KG}}(-t)v\|_{0,3/2,r}$$

となるので，$\|\mathcal{F}U_{\mathrm{KG}}(-t)v\|_\infty$ および $\|xU_{\mathrm{KG}}(-t)v\|$ の先験的評価を求めることが，解の時間減衰評価を求めるとき，大切であることがわかる．また，これらの評価が，非線形問題を考えるときに重要な働きをすることは，非線形 Schrödinger 方程式の初期値問題を，文献[53]において研究したとき，$\|\mathcal{F}U_{\mathrm{S}}(-t)v\|_\infty$ および $\|xU_{\mathrm{S}}(-t)v\|$ の評価が有効に用いられたことをみれば明らかである．

［定理 4.1 の証明］　自由発展群は，核

$$G(t,x) = \int_{-\infty}^{\infty} e^{ix\xi - it\langle\xi\rangle}\langle\xi\rangle^{-\frac{3}{2}}\,d\xi$$

を用いると，

$$U_{\mathrm{KG}}(t)v = \mathcal{F}^{-1}e^{-it\langle\xi\rangle}\langle\xi\rangle^{-\frac{3}{2}}\mathcal{F}\langle i\partial_x\rangle^{\frac{3}{2}}v$$
$$= \frac{1}{2\pi}\int_{-\infty}^{\infty} G(t,x-y)\langle i\partial_y\rangle^{\frac{3}{2}}v(y)\,dy$$

と表現できることがわかる．変数変換 $\xi = \eta/\langle i\eta\rangle$ をおこなうと，$\eta = \xi/\langle\xi\rangle$，$\langle\xi\rangle = \langle i\eta\rangle^{-1}$ および $d\xi/d\eta = \langle i\eta\rangle^{-3}$ であるので，核は

$$G(t,x) = \int_{-\infty}^{\infty} e^{it(\chi\xi - \langle\xi\rangle)}\langle\xi\rangle^{-\frac{3}{2}}\,d\xi = \int_{-1}^{1} e^{it\frac{\chi\eta-1}{\langle i\eta\rangle}}\langle i\eta\rangle^{-\frac{3}{2}}\,d\eta$$

と，$\chi = x/t \in \mathbb{R}$ を用いて書き直すことができる．$A = \left(\langle i\eta\rangle^3 - it(\eta - \chi)^2\right)^{-1}$ と定義し，等式

$$(4.3) \qquad e^{it\frac{\chi\eta-1}{\langle i\eta\rangle}} = A\langle i\eta\rangle^3 \partial_\eta\left((\eta-\chi)e^{it\frac{\chi\eta-1}{\langle i\eta\rangle}}\right)$$

を用い，η に関して部分積分をおこなうと，

$$G(t,x)$$
$$= \int_{-1}^1 A\langle i\eta\rangle^{\frac{3}{2}}\,\partial_\eta\left((\eta-\chi)e^{it\frac{\chi\eta-1}{\langle i\eta\rangle}}\right)d\eta$$
$$= \int_{-1}^1 e^{it\frac{\chi\eta-1}{\langle i\eta\rangle}}(\eta-\chi)\left(\frac{3}{2}\eta\langle i\eta\rangle^{-2} - 3A\eta\langle i\eta\rangle + 2itA(\eta-\chi)\right)A\langle i\eta\rangle^{\frac{3}{2}}\,d\eta$$

となる．それゆえ，核に対する評価式

$$|G(t,x)| \leqq C\int_{-1}^1 \frac{|\eta-\chi|\langle i\eta\rangle^{-\frac{1}{2}} + \langle i\eta\rangle^{\frac{3}{2}}}{\langle i\eta\rangle^3 + t(\eta-\chi)^2}\,d\eta$$
$$\leqq C\int_0^1 \frac{|\eta-\chi|(1-\eta)^{-\frac{1}{4}} + (1-\eta)^{\frac{3}{4}}}{(1-\eta)^{\frac{3}{2}} + t(\eta-\chi)^2}\,d\eta$$
$$+ C\int_0^1 \frac{|\eta+\chi|(1-\eta)^{-\frac{1}{4}} + (1-\eta)^{\frac{3}{4}}}{(1-\eta)^{\frac{3}{2}} + t(\eta+\chi)^2}\,d\eta$$

が得られる．積分変数を $\eta = 1-z$ と変換すると，

$$|G(t,x)| \leqq C\int_0^1 \frac{|1-z-\chi|\,z^{-\frac{1}{4}} + z^{\frac{3}{4}}}{z^{\frac{3}{2}} + t(1-z-\chi)^2}\,dz$$
$$+ C\int_0^1 \frac{|1-z+\chi|\,z^{-\frac{1}{4}} + z^{\frac{3}{4}}}{z^{\frac{3}{2}} + t(1-z+\chi)^2}\,dz$$

となる．$0 \leqq \chi \leqq 2$ のとき，$a = |1-\chi|$ とすると，評価式

$$|G(t,x)| \leqq C\int_0^1 \frac{|z-a|\,z^{-\frac{1}{4}} + z^{\frac{3}{4}}}{z^{\frac{3}{2}} + t(z-a)^2}\,dz + C\int_0^1 \frac{|z-(1+\chi)|\,z^{-\frac{1}{4}} + z^{\frac{3}{4}}}{z^{\frac{3}{2}} + t(z-(1+\chi))^2}\,dz$$
$$\leqq C\int_0^1 \frac{az^{-\frac{1}{4}} + z^{\frac{3}{4}}}{z^{\frac{3}{2}} + t(z-a)^2}\,dz + C\int_0^1 \frac{z^{-\frac{1}{4}}}{z^{\frac{3}{2}} + t(z-1)^2}\,dz$$

が得られる．ここで，$0 \leqq a \leqq 1$ であるので，最初に $0 < a \leqq 1$ を考える．上式右辺の第 1 項は，$t \geqq 1$ に対して，

$$\int_0^1 \frac{az^{-\frac{1}{4}} + z^{\frac{3}{4}}}{z^{\frac{3}{2}} + t(z-a)^2}\,dz$$

36　4　Klein-Gordon 方程式

$$= \int_0^{a/2} + \int_{a/2}^a + \int_a^1 \frac{az^{-\frac{1}{4}} + z^{\frac{3}{4}}}{z^{\frac{3}{2}} + t(z-a)^2} \, dz$$

$$\leqq C \int_0^{a/2} \frac{az^{-\frac{1}{4}}}{z^{\frac{3}{2}} + ta^2} \, dz + C \int_{a/2}^a \frac{a^{\frac{3}{4}}}{a^{\frac{3}{2}} + t(z-a)^2} \, dz$$

$$\qquad + C \int_a^1 \frac{z^{\frac{3}{4}}}{z^{\frac{3}{2}} + t(z-a)^2} \, dz$$

$$\leqq C \int_0^1 \frac{az^{-\frac{1}{4}} \, dz}{z^{\frac{3}{2}} + ta^2} + C \int_0^1 \frac{a^{\frac{3}{4}} \, dz}{a^{\frac{3}{2}} + tz^2} + C \int_0^{1-a} \frac{(z+a)^{\frac{3}{4}}}{(z+a)^{\frac{3}{2}} + tz^2} \, dz$$

$$\leqq \frac{C}{\sqrt{t}} \int_0^1 \frac{a\, d\dfrac{z^{\frac{3}{4}}}{\sqrt{t}}}{\dfrac{z^{\frac{3}{2}}}{t} + a^2} + C \int_0^1 \frac{a^{\frac{3}{4}} \, dz}{a^{\frac{3}{2}} + tz^2} + C \int_0^1 \frac{z^{\frac{3}{4}} \, dz}{z^{\frac{3}{2}} + tz^2}$$

$$\leqq \frac{C}{\sqrt{t}} \int_0^{\frac{1}{\sqrt{t}}} \frac{a \, dz^{\frac{3}{4}}}{z^{\frac{3}{2}} + a^2} + \frac{C}{\sqrt{t}} \int_0^{\sqrt{t}} \frac{a^{\frac{3}{4}} \, dy}{a^{\frac{3}{2}} + y^2} \leqq \frac{C}{\sqrt{t}} \int_0^\infty \frac{dy}{1 + y^2}$$

と評価される．第 2 項に関しては，

$$\int_0^1 \frac{z^{-\frac{1}{4}} \, dz}{z^{\frac{3}{2}} + t(z-1)^2}$$

$$= \int_0^{1/2} + \int_{1/2}^1 \frac{z^{-\frac{1}{4}} \, dz}{z^{\frac{3}{2}} + t(z-1)^2}$$

$$\leqq C \int_0^{1/2} \frac{z^{-\frac{1}{4}}}{z^{\frac{3}{2}} + t} \, dz + C \int_{1/2}^1 \frac{1}{1 + t(z-1)^2} \, dz$$

$$\leqq \frac{C}{\sqrt{t}} \int_0^{(1/2)^{3/4}} \frac{1}{\dfrac{y^2}{t} + 1} \, d\frac{y}{\sqrt{t}} + C \int_{-1/2}^0 \frac{1}{1 + tz^2} \, dz$$

となるので，$0 < a \leqq 1$ に対して，

$$(4.4) \qquad\qquad |G(t,x)| \leqq C \frac{1}{\sqrt{t}}$$

が求まったことになる．さらに，$a = 0$ に対しては，評価式

$$|G(t,x)| \leqq C \int_0^1 \frac{z^{\frac{3}{4}}}{z^{\frac{3}{2}} + tz^2} \, dz + C \int_0^1 \frac{|z-2|\, z^{-\frac{1}{4}} + z^{\frac{3}{4}}}{z^{\frac{3}{2}} + t(z-2)^2} \, dz$$

$$\leqq C \int_0^1 \frac{z^{-\frac{3}{4}}}{1 + t\sqrt{z}} \, dz + C \int_0^1 \frac{|z-2|\, z^{-\frac{1}{4}} + z^{\frac{3}{4}}}{t} \, dz$$

$$\leqq C \frac{1}{\sqrt{t}} \int_0^1 \frac{1}{1+t\sqrt{z}}\, d\sqrt{t}\, z^{\frac{1}{4}} + C \int_0^1 \frac{z^{-\frac{1}{4}}}{t}\, dz$$

$$\leqq C \frac{1}{\sqrt{t}} \int_0^{\sqrt{t}} \frac{1}{1+y^2}\, dy + C \int_0^1 \frac{z^{-\frac{1}{4}}}{t}\, dz \leqq C \frac{1}{\sqrt{t}}$$

を計算することができるので，$0 \leqq a \leqq 1$, $0 \leqq \chi \leqq 2$ に対して，(4.4)が成り立つ．$-2 \leqq \chi < 0$ の場合も同様に評価できるので，(4.4)式は関係式 $\chi = x/t$ より，領域 $|x| \leqq 2t$ に対して成立していることがわかる．さらに，領域 $|\chi| \geqq 2$ に対しては，評価式

$$|G(t,x)| \leqq \frac{C}{t} \int_{-1}^1 \langle i\eta \rangle^{-\frac{1}{2}}\, d\eta \leqq \frac{C}{t}$$

を導くことができるので，$\|G(t)\|_\infty \leqq C t^{-1/2}$ が，$t \geqq 1$ で得られたことになる．それゆえ，評価式(4.1)は，Young の不等式を使うことにより求まる．

漸近公式(4.2)を証明するために自由発展群を，

$$U_{\mathrm{KG}}(t)v = \frac{1}{\sqrt{2\pi}} \int_{-\infty}^\infty e^{ix\xi - it\langle \xi \rangle} \widehat{v}(\xi)\, d\xi$$

$$= \frac{\langle \zeta \rangle^2 \widehat{v}(\zeta)}{\sqrt{2\pi}} \theta(\chi) \int_{-\infty}^\infty e^{ix\xi - it\langle \xi \rangle} \langle \xi \rangle^{-2}\, d\xi + R(t,x)$$

と書くことにする．ここで，$\zeta = \chi/\langle i\chi \rangle$, $\chi = x/t$, そして，剰余項 $R(t,x)$ は，

$$R(t,x) = \frac{1}{\sqrt{2\pi}} \int_{-\infty}^\infty e^{ix\xi - it\langle \xi \rangle} \left(\widehat{v}(\xi) - \langle \xi \rangle^{-2} \langle \zeta \rangle^2 \widehat{v}(\zeta) \theta(\chi) \right) d\xi$$

とする．最初の項は，主要項と剰余項に分けることができる．実際，評価式

$$\langle \zeta \rangle^2 \widehat{v}(\zeta) \theta(\chi) \frac{1}{\sqrt{2\pi}} \int_{-\infty}^\infty e^{ix\xi - it\langle \xi \rangle} \langle \xi \rangle^{-2}\, d\xi$$

$$= (it)^{-\frac{1}{2}} \theta(\chi) \langle i\chi \rangle^{-\frac{3}{2}} e^{-it\langle i\chi \rangle} \widehat{v}(\zeta) + O\left(t^{-1} \|\widehat{v}\|_{0,2,\infty} \right)$$

を，Schrödinger 型方程式の場合と同様にして示すことができる．ただし，この場合は $\langle \xi \rangle$ が滑らかなので，通常の停留位相法定理，例えば，文献[29]，定理1.4，公式(1.27)，p.162 を使うことができるので，証明はそちらを参照．

剰余項 $R(t,x)$ の評価をするために，積分変数を $\xi = \eta/\langle i\eta \rangle$ と変換すると，

38　4　Klein-Gordon 方程式

$$R(t,x) = \frac{1}{\sqrt{2\pi}} \int_{-1}^{1} e^{it\frac{\chi\eta-1}{\langle i\eta\rangle}} \left(\widehat{v}\left(\frac{\eta}{\langle i\eta\rangle}\right) - \langle i\eta\rangle^2 \langle\zeta\rangle^2 \widehat{v}(\zeta)\,\theta(\chi) \right) \frac{d\eta}{\langle i\eta\rangle^3}$$

となる．これを，等式 (4.3) を利用して，変数 η に関して部分積分すると，

$$R(t,x) = -\frac{1}{\sqrt{2\pi}} \int_{-1}^{1} e^{it\frac{\chi\eta-1}{\langle i\eta\rangle}} A^2 \left(3\eta(\eta-\chi)\langle i\eta\rangle + 2it(\eta-\chi)^2 \right)$$
$$\times \left(\widehat{v}\left(\frac{\eta}{\langle i\eta\rangle}\right) - \langle i\eta\rangle^2 \langle\zeta\rangle^2 \widehat{v}(\zeta)\theta(\chi) \right) d\eta$$
$$-\frac{1}{\sqrt{2\pi}} \int_{-1}^{1} e^{it\frac{\chi\eta-1}{\langle i\eta\rangle}} (\eta-\chi)$$
$$\times A \left(\langle i\eta\rangle^{-3} (\partial_\xi \widehat{v})\left(\frac{\eta}{\langle i\eta\rangle}\right) + 2\eta \langle\zeta\rangle^2 \widehat{v}(\zeta)\theta(\chi) \right) d\eta$$

が得られる．今，$2 \leqq p \leqq \infty$ とすると，評価式

$$\left\| \langle\zeta\rangle^2 \widehat{v}(\zeta) \right\|_{L^p_\eta(-1,1)} = \langle\zeta\rangle^2 |\widehat{v}(\zeta)| \left(\int_{-1}^{1} d\eta \right)^{\frac{1}{p}} \leqq \|\widehat{v}\|_{0,2,\infty}$$

および

$$\left\| \langle i\eta\rangle^{-3-\alpha} (\partial_\xi \widehat{v})\left(\frac{\eta}{\langle i\eta\rangle}\right) \right\|_{L^p_\eta(-1,1)}$$
$$= \left(\int_{-1}^{1} \langle\eta\rangle^{-3p-\alpha p} \left| (\partial_\xi \widehat{v})\left(\frac{\eta}{\langle i\eta\rangle}\right) \right|^p d\eta \right)^{\frac{1}{p}}$$
$$= \left(\int_{\mathbb{R}} \langle\xi\rangle^{3p+\alpha p-3} |\partial_\xi \widehat{v}(\xi)|^p d\xi \right)^{\frac{1}{p}} = \|\partial_\xi \widehat{v}\|_{0,3+\alpha-3/p,p}$$

が成立することがわかる．さらに，Hölder の不等式を使えば，$\alpha \leqq 2$ のとき，任意の $|\chi| \leqq |\eta| < 1$ に対して，

$$\left| \widehat{v}\left(\frac{\eta}{\langle i\eta\rangle}\right) - \langle i\eta\rangle^2 \langle\zeta\rangle^2 \widehat{v}(\zeta)\,\theta(\chi) \right|$$
$$= \langle i\eta\rangle^2 \left| \langle i\eta\rangle^{-2} \widehat{v}\left(\frac{\eta}{\langle i\eta\rangle}\right) - \langle i\chi\rangle^{-2} \widehat{v}\left(\frac{\chi}{\langle i\chi\rangle}\right) \right|$$
$$= \langle i\eta\rangle^2 \left| \int_{\chi}^{\eta} \left(2y\langle iy\rangle^{-4} \widehat{v}\left(\frac{y}{\langle iy\rangle}\right) - \langle iy\rangle^{-5} (\partial_\xi \widehat{v})\left(\frac{y}{\langle iy\rangle}\right) \right) dy \right|$$
$$\leqq C \|\widehat{v}\|_{0,2,\infty} |\eta-\chi| + \|\partial_\xi \widehat{v}\|_{0,3+\alpha-3/p,p} \langle i\eta\rangle^\alpha |\eta-\chi|^{\frac{p-1}{p}}$$

が導かれる．そして，任意の $|\eta| \leqq |\chi| < 1$ に対しては，評価式

$$\left| \widehat{v}\left(\frac{\eta}{\langle i\eta \rangle}\right) - \langle i\eta \rangle^2 \langle \zeta \rangle^2 \widehat{v}(\zeta)\theta(\chi) \right|$$

$$\leqq \left| \langle i\eta \rangle^2 - \langle i\chi \rangle^2 \right| \left| \langle i\eta \rangle^{-2} \widehat{v}\left(\frac{\eta}{\langle i\eta \rangle}\right) - \langle i\chi \rangle^{-2} \widehat{v}\left(\frac{\chi}{\langle i\chi \rangle}\right) \right|$$

$$+ \langle i\chi \rangle^2 \left| \langle i\eta \rangle^{-2} \widehat{v}\left(\frac{\eta}{\langle i\eta \rangle}\right) - \langle i\chi \rangle^{-2} \widehat{v}\left(\frac{\chi}{\langle i\chi \rangle}\right) \right|$$

$$\leqq C \left\| \widehat{v} \right\|_{0,2,\infty} |\eta - \chi| + \left\| \partial_\xi \widehat{v} \right\|_{0,3+\alpha-3/p,p} \langle i\eta \rangle^\alpha |\eta - \chi|^{\frac{p-1}{p}}$$

が導かれる．領域 $|\chi| \geqq 1$ に対しては，不等式 $\langle i\eta \rangle^2 \leqq |\eta - \chi|$ が成り立つので，評価式

$$\left| \widehat{v}\left(\frac{\eta}{\langle i\eta \rangle}\right) - \langle i\eta \rangle^2 \langle \zeta \rangle^2 \widehat{v}(\zeta)\theta(\chi) \right|$$

$$= \langle i\eta \rangle^2 \left| \langle i\eta \rangle^{-2} \widehat{v}\left(\frac{\eta}{\langle i\eta \rangle}\right) \right| \leqq C \left\| \widehat{v} \right\|_{0,2,\infty} |\eta - \chi|$$

が求まる．これら得られたすべての評価式を使うと，

$$\left| \widehat{v}\left(\frac{\eta}{\langle i\eta \rangle}\right) - \langle i\eta \rangle^2 \langle \zeta \rangle^2 \widehat{v}(\zeta)\theta(\chi) \right|$$

$$\leqq C \left\| \widehat{v} \right\|_{0,2,\infty} |\eta - \chi| + \left\| \partial_\xi \widehat{v} \right\|_{0,3+\alpha-3/p,p} \langle i\eta \rangle^\alpha |\eta - \chi|^{\frac{1}{q}}$$

が，任意の $\chi \in \mathbb{R}$，および $2 \leqq p \leqq \infty$，$q = p/(p-1)$ に対して成立することがわかる．それゆえ，$2 \leqq p \leqq \infty$ に対して，剰余項は，評価式

$$|R(t,x)| \leqq C \left\| \widehat{v} \right\|_{0,2,\infty} \int_{-1}^{1} \frac{|\eta - \chi|}{\langle i\eta \rangle^3 + t(\eta - \chi)^2} \, d\eta$$

$$+ C \left\| \partial_\xi \widehat{v} \right\|_{0,3+\alpha-3/p,p} \int_{-1}^{1} \frac{\langle i\eta \rangle^\alpha |\eta - \chi|^{\frac{1}{q}}}{\langle i\eta \rangle^3 + t(\eta - \chi)^2} \, d\eta$$

$$+ C \left\| \partial_\xi \widehat{v} \right\|_{0,3+\alpha-3/p,p} \left(\int_{-1}^{1} \left(\frac{\langle i\eta \rangle^\alpha |\eta - \chi|}{\langle i\eta \rangle^3 + t(\eta - \chi)^2} \right)^q d\eta \right)^{\frac{1}{q}}$$

を満足する．今，$\alpha = 3/(2p)$ ととることにし，$|\chi| \leqq 2$ の場合を考える．変数変換 $y = |\eta|^{1/4}$ をおこなうと，評価式

40　4 Klein-Gordon 方程式

$$\int_{-1}^{1} \frac{|\eta - \chi|}{\langle i\eta \rangle^3 + t(\eta - \chi)^2}\, d\eta \leqq Ct^{-\frac{1}{2}} \int_{-1}^{1} \frac{d\eta}{\langle i\eta \rangle^{\frac{3}{2}} + t^{\frac{1}{2}}\,|\eta - \chi|}$$

$$\leqq Ct^{-\frac{1}{2}} \int_0^2 \frac{d\eta}{\eta^{\frac{3}{4}} + t^{\frac{1}{2}}\eta} = Ct^{-\frac{1}{2}} \int_0^{2^{\frac{1}{4}}} \frac{dy}{1 + t^{\frac{1}{2}}y} \leqq Ct^{-1}\log t$$

および

$$\int_{-1}^{1} \frac{\langle i\eta \rangle^{\frac{3}{2p}}\,|\eta - \chi|^{\frac{1}{q}}}{\langle i\eta \rangle^3 + t(\eta - \chi)^2}\, d\eta \leqq Ct^{\frac{1}{2p} - \frac{1}{2}} \int_{-1}^{1} \frac{\langle i\eta \rangle^{\frac{3}{2p}}\, d\eta}{\left(\langle i\eta \rangle^{\frac{3}{2}} + t^{\frac{1}{2}}\,|\eta - \chi| \right)^{1 + \frac{1}{p}}}$$

$$\leqq Ct^{\frac{1}{2p} - \frac{1}{2}} \int_0^2 \frac{\eta^{\frac{3}{4p}}\, d\eta}{\left(\eta^{\frac{3}{4}} + t^{\frac{1}{2}}\eta \right)^{1 + \frac{1}{p}}} = Ct^{\frac{1}{2p} - \frac{1}{2}} \int_0^{2^{\frac{1}{4}}} \frac{dy}{\left(1 + t^{\frac{1}{2}}y \right)^{1 + \frac{1}{p}}}$$

$$\leqq \begin{cases} Ct^{\frac{1}{2p} - 1}, & 2 \leqq p < \infty, \\ Ct^{-1}\log t, & p = \infty, \end{cases}$$

また

$$\left(\int_{-1}^{1} \left(\frac{\langle i\eta \rangle^{\frac{3}{2p}}\,|\eta - \chi|}{\langle i\eta \rangle^3 + t(\eta - \chi)^2} \right)^q d\eta \right)^{\frac{1}{q}}$$

$$\leqq Ct^{-\frac{1}{2}} \left(\int_{-1}^{1} \left(\frac{\langle i\eta \rangle^{\frac{3}{2p}}}{\langle i\eta \rangle^{\frac{3}{2}} + t^{\frac{1}{2}}\,|\eta - \chi|} \right)^q d\eta \right)^{\frac{1}{q}}$$

$$\leqq Ct^{-\frac{1}{2}} \left(\int_0^2 \frac{\eta^{\frac{3q}{4p}}\, d\eta}{\left(\eta^{\frac{3}{4}} + t^{\frac{1}{2}}\eta \right)^q} \right)^{\frac{1}{q}} = Ct^{-\frac{1}{2}} \left(\int_0^{2^{\frac{1}{4}}} \frac{dy}{\left(1 + t^{\frac{1}{2}}y \right)^q} \right)^{\frac{1}{q}}$$

$$\leqq \begin{cases} Ct^{\frac{1}{2p} - 1}, & 2 \leqq p < \infty, \\ Ct^{-1}\log t, & p = \infty \end{cases}$$

が得られる．次に，$|\chi| \geqq 2$ の場合を考える．この場合は，評価式

$$\int_{-1}^{1} \frac{|\eta - \chi|}{\langle i\eta \rangle^3 + t(\eta - \chi)^2}\, d\eta + \int_{-1}^{1} \frac{\langle i\eta \rangle^{\frac{3}{2p}}\,|\eta - \chi|^{\frac{p-1}{p}}}{\langle i\eta \rangle^3 + t(\eta - \chi)^2}\, d\eta$$

$$+ \left(\int_{-1}^{1} \left(\frac{\langle i\eta \rangle^{\frac{3}{2p}}\,|\eta - \chi|}{\langle i\eta \rangle^3 + t(\eta - \chi)^2} \right)^q d\eta \right)^{\frac{1}{q}} \leqq Ct^{-1} \int_{-1}^{1} \frac{d\eta}{|\eta - \chi|} \leqq \frac{C}{t\,\langle \chi \rangle}$$

を示すことができる．このことにより，剰余項に関する評価式

$$\|R(t)\|_r \leqq \begin{cases} C\|v\|_{\mathbb{Z}_p}\, t^{\frac{1}{r}+\frac{1}{2p}-1}, & 2\leqq p<\infty, \\ C\|v\|_{\mathbb{Z}_\infty}\, t^{\frac{1}{r}-1}\log t, & p=\infty \end{cases}$$

が $t\geqq 1$ および $2\leqq r\leqq\infty$ に対して成立することがわかり，定理 4.1 は証明された． ∎

5 | 非線形 Schrödinger 型方程式

5.1 解の漸近挙動

この章では，非線形 Schrödinger 型方程式

$$(5.1) \quad \begin{cases} i\partial_t u - \dfrac{1}{\rho}\left(-\partial_x^2\right)^{\frac{\rho}{2}} u = \lambda\,|u|^{p-1}\,u, & (t,x)\in\mathbb{R}\times\mathbb{R}, \\[2mm] \lim_{t\to\infty} U(-t)u(t) = u_+, & x\in\mathbb{R} \end{cases}$$

を考える．ここで，$p>1$，$\rho\geqq 2$ とし，$U(t)=\mathcal{F}^{-1}\exp(it\,|\xi|^\rho/\rho)\mathcal{F}$ は，第 2 章で定義したものと同じとする．非線形項の冪乗が $p>3$ であれば，上の最終値条件で解を求めることができる．しかし，$p\leqq 3$ のときは，この条件のもとで解を探すことはできないので，問題の枠組みを変更する必要がある．そのことを，次の定理の証明の中で述べることにしよう．定理では，$p<5$ という制限を付けたが，それは簡単のためであって，本質的なことではないことに注意しておく．

定理 5.1 $\lambda\in\mathbb{C}$，$u_+\in L^2$ は，条件 $\|\widehat{u_+}\|_{\mathbb{Z}^\alpha}+\|u_+\|<\infty$，$\alpha>\rho/2-1$ を満たすと仮定する．ここで，$\mathbb{Z}^\alpha$ は，第 2 章で定義されたもの

$$\|v\|_{\mathbb{Z}^\alpha}=\begin{cases} \big\|\{\xi\}^{-\alpha}\,v(\xi)\big\|_\infty+\big\|\{\xi\}^{1-\alpha}\,\partial_\xi v(\xi)\big\|_\infty+\big\||\xi|^{1-\alpha}\,\partial_\xi v(\xi)\big\|_\infty, \\[2mm] \hspace{6cm} 0\leqq\alpha\leqq 1, \\[3mm] \big\|\{\xi\}^{-\alpha}\,v(\xi)\big\|_\infty+\big\|\{\xi\}^{1-\alpha}\,\partial_\xi v(\xi)\big\|_\infty, \hspace{1.2cm} 1<\alpha \end{cases}$$

であるとする．

最初に，臨界冪以上の非線形項に関する結果を述べる．

(1) $\mathrm{Im}\,\lambda=0$，$3<p<5$ とする．このとき，適当な $T>1$ と (5.1) 式の一意

的な解 $u(t) \in C([T, \infty); L^2)$ が存在し，さらに，適当な正定数 c_1, c_2 が存在し，漸近公式

$$c_2 t^{-\frac{1}{2}(p-3)} \leqq \|u(t) - U(t)u_+\| \leqq c_1 t^{-\frac{1}{2}(p-3)}$$

を満足する.

ここで，条件 $\operatorname{Im}\lambda = 0$ は，解の下からの評価を求めるときに必要であるが，存在を示すだけならば，必要でないことに注意しておく.

次に，臨界冪に関する結果を述べる.

(2) $\operatorname{Im}\lambda = 0$, $p = 3$ とし，$\|\widehat{u_+}\|_{Z^\alpha} + \|u_+\|$ が十分小さいと仮定する. このとき，(5.1)式の一意的な解 u が存在し，漸近公式

$$\|u(t) - u_w(t)\| + \left(\int_t^\infty \|u(\tau) - u_w(\tau)\|_\infty^{2\rho}\, d\tau\right)^{\frac{1}{2\rho}} \leqq Ct^{-b},$$
$$\frac{\rho-1}{2\rho} < b < \frac{1}{2}$$

を満足する. ここで，

$$u_w(t, q) = C_1 t^{-\frac{1}{2}} |q|^{\frac{2-\rho}{2}} e^{i\left(1-\frac{1}{\rho}\right)t|q|^\rho} \widehat{w}(t, q),$$
$$\widehat{w}(t, q) = \widehat{u_+}(q) e^{i\lambda|C_1|^2|q|^{2-\rho}|\widehat{u_+}(q)|^2 \log t}$$

とする. また，$C_1 = (i(\rho-1))^{1/2}$ である.

最後の結果は，非線形項が消散項として働く場合のものである.

(3) $p = 3$，また $\operatorname{Im}\lambda < 0$ とする. このとき，適当な $T > 1$ と一意的な (5.1)式の解 u が存在し，漸近公式

$$\|u(t) - u_W(t)\| + \left(\int_t^\infty \|u(\tau) - u_W(\tau)\|_\infty^{2\rho}\, d\tau\right)^{\frac{1}{2\rho}} \leqq Ct^{-b},$$
$$\frac{\rho-1}{2\rho} < b < \frac{1}{2}$$

を満足する. ここで，

$$u_W(t, q) = C_1 t^{-\frac{1}{2}} |q|^{\frac{2-\rho}{2}} e^{i\left(1-\frac{1}{\rho}\right)t|q|^\rho} \widehat{W}(t, q),$$
$$\widehat{W}(t, q) = \widehat{u_+}(q) e^{i\frac{(\operatorname{Re}\lambda)}{(\operatorname{Im}\lambda)}\varphi(t,q) - \varphi(t,q)},$$

そして

$$e^{-2\varphi(t,q)} = \frac{1}{1 - 2\,(\mathrm{Im}\,\lambda)\,|C_1|^2\,|q|^{2-\rho}\,|\widehat{u_+}(q)|^2 \log t}$$

である。 □

次の定理は，通常の波動作用素の非存在を意味する．

定理 5.2 最終状態 u_+ が，条件 $u_+ \in L^2$ と $\|u_+\| + \|\widehat{u_+}\|_{\mathbb{Z}^{0}} < \infty$ を満たし，$p = 3$，$\lambda \in \mathbb{R}$ とする．さらに，(5.1)の解で，次の性質

$$\lim_{t\to\infty} \|u(t) - U(t)u_+\| = 0, \quad \|u(t)\|_\infty \leqq Ct^{-\frac{1}{2}}$$

を満足するものが存在すると仮定する．このとき，$u = 0$ となる． □

修正波動作用素の存在に関する過去の結果について，簡単に述べておくことにする．文献[114]において，$\rho = 2$，$N(u, \overline{u}) = i\lambda\,|u|^2\,u$，$\lambda \in \mathbb{R}$，$u_+ \in H^{3,0} \cap H^{1,2}$，$\|\widehat{u_+}\|_{L^\infty}$ が十分小さいとき，方程式(5.1)の時間無限大における条件を修正することによって，時間大域解，すなわち，修正波動作用素の存在が初めて示された．高い階数の方程式 $\rho > 2$ の場合は，文献[124]において，文献[114]の方法を用いることにより，$\rho = 4$，$N(u, \overline{u}) = i\lambda\,|u|^2\,u$，$\lambda \in \mathbb{R}$ のとき，方程式(5.1)の修正波動作用素の存在が，

$$\|\widehat{u_+}\|_{4,0} + \sum_{k=0}^{4} \left\| |\xi|^{k-12}\, \partial_\xi^k \widehat{u_+} \right\|$$

が十分小さいという条件のもと証明された．方法は，解に対する適当な漸近表現 u_w を，線形方程式の漸近形と，非線形項の構造から見つけ，関数

$$R = L_4 u_w - i\lambda\,|u_w|^2\,u_w$$

が，L^2 ノルムで測ったとき，剰余項になることを示すことによって結果を得るものであった．ここで，$L_\rho = i\partial_t - \left(-\partial_x^2\right)^{\frac{\rho}{2}}/\rho$ は，方程式(5.1)の線形部分を記述するものとする．

$L_4 u_w$ の計算は少なくとも $\widehat{u_+}$ の 4 階微分を含む，すなわち $\|\widehat{u_+}\|_{4,0} < \infty$ を意味することになる．文献[114]，[124]での方法は，$\|\widehat{u_+}\|_{\rho,0} < \infty$，$\rho$ が自然数，を仮定すれば，高いオーダーの方程式に対して応用可能である．しかし，R が剰余項であることを示すためには，少なくとも ρ 回，解を微分する必要

があることに注意しておく．また Benjamin-Ono 型方程式のような，非局所的な作用素が含まれている場合は，困難であるように思われる．

文献[125]において，非線形項が消散項として働く場合，すなわち $\mathrm{Im}\,\lambda < 0$ の場合が考察された．条件

$$\|\widehat{u_+}\|_{4,0} + \sum_{k=0}^{4} \left\| |\xi|^{-12+k} \partial_\xi^k \widehat{u_+} \right\| < \infty$$

のもと，文献[114]および文献[132]の方法を用いて，適当な漸近表現 u_W に対して，

$$R = L_4 u_W - i\lambda |u_W|^2 u_W$$

が剰余項であることを示すことによって，漸近解の存在が証明された．最終値が小さいという条件は，$\mathrm{Im}\,\lambda < 0$ という非線形項に対する消散条件により取り除くことができる．このことは，付加的な解の時間減衰から従う事実である．この章における結果は，従来の文献[114]，[124]，[125]および文献[132]の結果の改良になっており，文献[65]を参考にしたものである．また，この章で述べる方法は，自然数でない値の ρ でも応用可能であり，方程式の解を ρ 回微分する必要もないことに注意しておく．

修正散乱作用素の存在を示すためには，臨界冪非線形項 $N(u,\overline{u}) = i\lambda |u|^2 u$，$\lambda \in \mathbb{R}$ を持った非線形 Schrödinger 型方程式の初期値問題

$$(5.2) \quad \begin{cases} u_t - \dfrac{i}{\rho} |\partial_x|^\rho u = i\lambda |u|^2 u, & (t,x) \in \mathbb{R} \times \mathbb{R}, \\ u(0,x) = u_0, & x \in \mathbb{R} \end{cases}$$

を考える必要がある．

$\rho = 2$ の場合，文献[53]において，方程式(5.2)の小さい解の漸近的振る舞い，および大域解の存在が，初期条件 $u_0 \in H^\gamma \cap H^{0,\gamma}$，$\gamma > 1/2$ を満たし，さらに，$\|u_0\|_{\gamma,0} + \|u_0\|_{0,\gamma}$ が十分小さいという条件のもと示された．ただし，漸近的振る舞いに関しては，$L^2 \cap L^\infty$ の意味で証明されたにすぎないが，この結果は逆修正波動作用素の存在を意味しているともいえる．通常の非線形 Schrödinger 方程式，すなわち，$\rho = 2$ のときは，逆修正波動作用素の定義域

に関する結果を改良することができる．この事実に関しては，第 8 章および第 10 章で述べることにする．

この章における定理の証明に入る前に，一般の $\rho > 2$ についての未解決問題を述べておく．

初期値問題に関する解の漸近的振る舞いに関しては，未解決のままである．

非線形問題の解に対する漸近的振る舞いを使い，波動作用素の非存在を示すことができることは，本章の定理から明らかであるが，波動作用素の非存在の証明方法を，$|u|^{p-1} u, 1 < p < 3$ のような臨界冪以下の非線形項に対する問題に用いることはできない．なぜならば，解の精密な漸近評価に証明が依存しているからである．

$\lambda < 0, \rho = 2, i\lambda |u|^{p-1} u, 1 < p < 3$ の場合は，状況が異なる．実際，文献 [4] において証明されているように，逆波動作用素の非存在を示すことができる．これは文献 [41] において示された擬保存量から，解の精密な L^q 時間減衰評価を求めることができ，これを利用することができるからである．

ここで，第 5 章と第 6 章で用いられる Strichartz 評価を述べておく．今，発展作用素 $U(t)$ が，次の L^p-L^q 時間減衰評価を満足するとする：

$$\|U(t)\phi\|_p \le C|t|^{-\frac{1}{\rho}\left(\frac{1}{q}-\frac{1}{p}\right)} \|\phi\|_q.$$

ここで，$1 \le q \le 2, 2 \le p \le \infty, 1/p + 1/q = 1$.

この不等式は，第 2 章で述べた定理の解に対する L^∞-L^1 評価と，解の L^2 保存に，Riesz-Thorin の補間定理 (第 1 章) を用いることによって得られる．

補題 5.3 (q, r) と (q', r') を

$$0 \le \frac{2}{q} = \frac{1}{\rho}\left(1 - \frac{2}{r}\right) < 1, \quad 0 \le \frac{2}{q'} = \frac{1}{\rho}\left(1 - \frac{2}{r'}\right) < 1$$

を満足する任意の組とする．また I を任意の区間とし，$s \in \overline{I}$ とすると，Strichartz 評価

$$\left(\int_I \left\| \int_s^t U(t-\tau)g(\tau)d\tau \right\|_r^q dt\right)^{\frac{1}{q}} \le C \left(\int_I \|g(t)\|_{\overline{r}'}^{\overline{q}'} dt\right)^{\frac{1}{\overline{q}'}}$$

が成立する．定数 C は I と s には依存しない定数である．ここで，$\overline{r}, \overline{q}$ は，

$1/r + 1/\overline{r} = 1$, $1/q + 1/\overline{q} = 1$ を満足する定数である. □

上の補題を，文献[150]の方法に従って証明する.

［証明］ $I = \mathbb{R}$ のときのみ証明する．今，$0 \leqq \pm\tau \leqq \pm t \leqq \infty$ のとき $K(t,\tau) = 1$，その他のとき $K(t,\tau) = 0$，と $K(t,\tau)$ を定義し，次の積分

$$Fg(t) = \int_{-\infty}^{\infty} K(t,\tau)U(t-\tau)g(\tau)\,d\tau$$

を考える．L^p-L^q 時間減衰評価より，

$$\|Fg(t)\|_r \leqq C \int_s^t |t-\tau|^{-\frac{1}{p}\left(1-\frac{2}{r}\right)}\|g(\tau)\|_{\overline{r}}\,d\tau.$$

この不等式に，Hardy-Littlewood-Sobolev の不等式（文献[128, 系 7.7.7]参照）を用いると，

$$(5.3)\quad \left(\int_{-\infty}^{\infty}\|Fg(t)\|_r^q\,dt\right)^{\frac{1}{q}}$$

$$\leqq C\left(\int_{-\infty}^{\infty}\left(\int_s^t |t-\tau|^{-\frac{1}{p}\left(1-\frac{2}{r}\right)}\|g(\tau)\|_{\overline{r}}\,d\tau\right)^q dt\right)^{\frac{1}{q}}$$

$$\leqq C\left(\int_{-\infty}^{\infty}\|g(t)\|_{\overline{r}}^{\overline{q}}\,dt\right)^{\frac{1}{q}}$$

が求まり，それゆえ，

$$\sup_t \|Fv(t)\|^2$$

$$= \sup_t\left(\int_{-\infty}^{\infty} v(\tau)\,d\tau, \int_{-\infty}^{\infty}\overline{K(t,\tau)}K(t,s)U(\tau-s)v(s)\,ds\right)$$

$$\leqq C\left(\int_{-\infty}^{\infty}\|v(\tau)\|_{\overline{r}}^{\overline{q}}\,d\tau\right)^{\frac{1}{q}}\left(\int_{-\infty}^{\infty}\|v(\tau)\|_{\overline{r}}^{\overline{q}}\,d\tau\right)^{\frac{1}{q}}$$

$$\leqq C\left(\int_{-\infty}^{\infty}\|v(\tau)\|_{\overline{r}}^{\overline{q}}\,d\tau\right)^{2\frac{1}{q}}$$

が求まる．この不等式を用いると，

$$\left|\int_{-\infty}^{\infty}(Fg(t),v(t))\,dt\right| = \left|\int_{-\infty}^{\infty}\left(g(\tau),\int_{-\infty}^{\infty}\overline{K(t,\tau)}U(\tau-t)v(t)\,dt\right)d\tau\right|$$

$$\leqq C\left(\int_{-\infty}^{\infty}\|g(\tau)\|\,d\tau\right)\left(\int_{-\infty}^{\infty}\|v(\tau)\|_{\overline{r}}^{\overline{q}}\,d\tau\right)^{\frac{1}{q}}$$

が従い，双対性の議論($L^q(\mathbb{R}_t; L^r)$ の共役空間は $L^{\bar{q}}(\mathbb{R}_t; L^{\bar{r}})$，文献[105]参照）より，

$$(5.4) \qquad \left(\int_{-\infty}^{\infty} \| Fg(t) \|_r^q \, dt \right)^{\frac{1}{q}} \leqq C \int_{-\infty}^{\infty} \| g(t) \| \, dt$$

を求めることができる．上の評価式(5.3)と(5.4)より補題が従う． ∎

5.2 修正波動作用素の存在

［定理 5.1 の証明］　非線形方程式

$$(5.5) \qquad iu_t - \frac{1}{\rho} \left(-\partial_x^2 \right)^{\frac{\rho}{2}} u = \lambda \, |u|^{p-1} u, \quad x \in \mathbb{R}$$

を考える．(5.5)式の線形化方程式は

$$(5.6) \qquad iu_t - \frac{1}{\rho} \left(-\partial_x^2 \right)^{\frac{\rho}{2}} u = \lambda \, |v|^{p-1} v, \quad x \in \mathbb{R}$$

となる．$p = 3$ のときは臨界冪であるので，線形方程式の解の近傍で非線形方程式の解を求めることができない．そこで次のように近似解を定義することにする：

$$\widehat{w}(t,\xi) = \begin{cases} e^{-i\lambda t^{\frac{p-1}{2}} \left| u_{u_+}(t,\xi) \right|^{p-1} \int_t^{\infty} \tau^{-\frac{p-1}{2}} d\tau} \, \widehat{u_+}(\xi), & p > 3, \\ e^{-i\lambda t \left| u_{u_+}(t,\xi) \right|^2 \log t} \, \widehat{u_+}(\xi), & p = 3. \end{cases}$$

ここで $u_{u_+}(t,q)$ は，$C_1 = (i(\rho-1))^{1/2}$ としたとき

$$u_{u_+}(t,q) = C_1 t^{-\frac{1}{2}} |q|^{\frac{2-\rho}{2}} \, e^{i\left(1-\frac{1}{\rho}\right)t|q|^{\rho}} \, \widehat{u_+}(q)$$

で定義されるものである．$t \, |u_{u_+}(t,q)|^2 = |C_1|^2 \, |q|^{2-\rho} \, |\widehat{u_+}(q)|^2$ が t に依存しないことに注意すると，(5.6)より，

$$(\mathcal{F}U(-t)u - \widehat{w}(t,\xi))_t$$
$$= -i\lambda \mathcal{F}U(-t) \, |v|^{p-1} v + i\lambda \, |u_{u_+}(t,\xi)|^{p-1} \, \widehat{w}(t,\xi)$$
$$= -i\lambda \mathcal{F}U(-t) \left(|v|^{p-1} v - U(t)\mathcal{F}^{-1} \, |u_{u_+}(t,\xi)|^{p-1} \, \widehat{w}(t,\xi) \right)$$

50   5 非線形 Schrödinger 型方程式

が得られる. 定理 2.1 から,

$$U(t)g = u_g + R$$

と表現することができるので, $\widehat{g} = |u_{u_+}(t,q)|^{p-1}\,\widehat{w}(t,q)$ と考えれば,

(5.7)

$$
\begin{aligned}
(\mathcal{F}U(-t)u &- \widehat{w}(t,\xi))_t \\
&= -i\lambda\mathcal{F}U(-t)\left(|v|^{p-1}v - (u_g + R)\right) \\
&= -i\lambda\mathcal{F}U(-t)\left(|v|^{p-1}v - |u_+|^{p-1}u_w + R\right) \\
&= -i\lambda\mathcal{F}U(-t)\left(|v|^{p-1}(v - u_w) + \left(|v|^{p-1} - |u_+|^{p-1}\right)u_w + R\right)
\end{aligned}
$$

が従う. ここで,

$$
u_w(t,q) = \begin{cases}
u_{u_+}(t,q)e^{-i\lambda t^{\frac{p-1}{2}}|u_{u_+}(t,q)|^{p-1}\int_t^\infty \tau^{-\frac{p-1}{2}}\,d\tau}, & p > 3, \\
u_{u_+}(t,q)e^{-i\lambda t|u_{u_+}(t,q)|^2 \log t}, & p = 3
\end{cases}
$$

であり, 剰余項 R は定理 2.1 より, 評価式

$$\|R(t)\| \leqq Ct^{-\frac{1}{\rho}\left(\alpha+\frac{1}{2}\right)}\|\widehat{g}\|_{\mathbb{Z}^\alpha}$$

を, $\alpha < \rho/2 - 1/2$ に対して満足することがわかる. $\|\widehat{g}\|_{\mathbb{Z}^\alpha}$ の定義と, 恒等式

$$|u_{u_+}(t,\xi)|^{p-1} = |C_1|^{p-1}\,t^{-\frac{1}{2}(p-1)}\,|\xi|^{\frac{2-\rho}{2}(p-1)}\,|\widehat{u_+}(\xi)|^{p-1}$$

より,

$$
\begin{aligned}
\|\widehat{g}\|_{\mathbb{Z}^\alpha} &= \left\||u_{u_+}(t,\xi)|^{p-1}\,\widehat{w}(t,\xi)\right\|_\infty + \left\|\partial_\xi\,|u_{u_+}(t,\xi)|^{p-1}\,\widehat{w}(t,\xi)\right\|_\infty \\
&\quad + \left\||\xi|^{-\alpha+1}\,\partial_\xi\,|u_{u_+}(t,\xi)|^{p-1}\,\widehat{w}(t,\xi)\right\|_\infty \\
&\quad + \left\||\xi|^{-\alpha}\,|u_{u_+}(t,\xi)|^{p-1}\,\widehat{w}(t,\xi)\right\|_\infty \\
&\leqq Ct^{-\frac{1}{2}(p-1)}\left\||\xi|^{\frac{2-\rho}{2}(p-1)}\,|\widehat{u_+}(\xi)|^{p-1}\,\widehat{w}(t,\xi)\right\|_{1,0,\infty} \\
&\quad + Ct^{-\frac{1}{2}(p-1)}\left\||\xi|^{-\alpha+1}\,|\xi|^{\frac{2-\rho}{2}(p-1)}\,|\widehat{u_+}(\xi)|^{p-1}\,\widehat{w}(t,\xi)\right\|_{1,0,\infty}
\end{aligned}
$$

$$\leqq C t^{-\frac{1}{2}(p-1)} \|\widehat{u_+}\|_{\mathbb{Z}^\alpha}^p \begin{cases} 1, & p > 3, \\ \log t, & p = 3 \end{cases}$$

が得られるので，剰余項に対して，次の評価

$$\|R(t)\| \leqq C t^{-\frac{1}{2}(p-1)} \|\widehat{u_+}\|_{\mathbb{Z}^\alpha}^p \, t^{-\frac{1}{\rho}\left(\alpha+\frac{1}{2}\right)} \begin{cases} 1, & p > 3, \\ \log t, & p = 3 \end{cases}$$

が得られる．次の関数空間

$$X = \left\{ h \in C\big([T,\infty); L^2\big) ; \|h\|_X < \infty \right\}$$

を導入する．ここで，

$$\|h\|_X = \sup_{t \in [T,\infty)} \|h(t)\|_Y ,$$

$$\|h(t)\|_Y = t^b \|h(t)\| + t^b \left(\int_t^\infty \|h(t)\|_\infty^{2\rho} \, dt \right)^{\frac{1}{2\rho}} ,$$

b は $1/2 - 1/(2\rho) < b < 1/2$ を満足するとする．X_d を X における原点を中心とする半径 d の閉球とし，$v - u_w(t) \in X_d$，また $3 \leqq p$ とする．(5.7)式と等式 $|u_{u_+}| = |u_w|$ を使うと

$$u - u_w = i\lambda \int_t^\infty U(t-\tau) \big(|v|^{p-1}(v - u_w) \\ + \big(|v|^{p-1} - |u_w|^{p-1}\big) u_w + R \big) \, d\tau$$

が得られる．簡単のため記号

$$F(t) = \left\| \int_t^\infty U(t-\tau) \big(|v|^{p-1}(v - u_w) \right. \\ \left. + \big(|v|^{p-1} - |u_w|^{p-1}\big) u_w + R \big) \, d\tau \right\| \\ + \left(\int_t^\infty \left\| \int_t^\infty U(t-\tau) \big(|v|^{p-1}(v - u_w) \right. \right. \\ \left. \left. + \big(|v|^{p-1} - |u_w|^{p-1}\big) u_w + R \big) \, d\tau \right\|_\infty^{2\rho} dt \right)^{\frac{1}{2\rho}}$$

を用いると，Strichartz 評価（補題 5.3）より，

52　5　非線形 Schrödinger 型方程式

$$(5.8) \quad F(t) \leqq C d^p t^{-bp + \frac{2\rho + 1 - p}{2\rho}} + C d^p t^{-\frac{p-3}{2} - b} + C \int_t^\infty \| R(\tau) \| \, d\tau$$

$$\leqq C d^p t^{-bp + \frac{2\rho + 1 - p}{2\rho}} + C d^p t^{-\frac{p-3}{2} - b}$$

$$+ C d^p t^{-\frac{p-3}{2} - \frac{1}{\rho}\left(\alpha + \frac{1}{2}\right)} \log t$$

となり，このことから，

$$\| u - u_w \|_X \leqq C d^p t^{-b(p-1) + \frac{2\rho + 1 - p}{2\rho}} + C d^p t^{-\frac{p-3}{2}}$$

$$+ C d^p t^{-\frac{p-3}{2} b - \frac{1}{\rho}\left(\alpha + \frac{1}{2}\right)} \log t$$

が従う．このことは，$p > 3$ のとき，適当な時間 T が存在して $\| u - u_w \|_X \leqq d$ が成立することを意味し，写像 M を $u = Mv$ で定義したとき，M が X_d から X_d への写像であるような時間 T の存在を示している．M が縮小写像であることも同様に示すことができ，このことより，一意的な解の存在が言えたことになる．また，$p = 3$ のときも同様にして，u_+ が十分小さいならば，(5.1) 式の一意的な解 u が存在して，$u - u_w \in X_T$ を満たすことがわかる．このように，定理 5.1 の 2 番目の結果が得られたことになる．上のことより，

$$\| u(t) - u_w(t) \| \leqq C t^{-b}$$

が求まっていることと，$p > 3$ のときの近似解の定義

$$\widehat{w}(t, \xi) = e^{-i\lambda |C_1|^{p-1} |\xi|^{\frac{2-\rho}{2}(p-1)} |\widehat{u_+}(\xi)|^{p-1} \frac{2}{3-p} t^{\frac{3-p}{2}}} \widehat{u_+}(\xi)$$

$$= \widehat{u_+}(\xi) + \left(e^{-i\lambda |C_1|^{p-1} |\xi|^{\frac{2-\rho}{2}(p-1)} |\widehat{u_+}(\xi)|^{p-1} \frac{2}{3-p} t^{\frac{3-p}{2}}} - 1 \right) \widehat{u_+}(\xi)$$

より，適当な正定数 c_1 と c_2 が存在して，定理 5.1 の最初の評価式が成立していることがわかる．

定理 5.1 の 3 番目の結果を示すことにする．近似解を

$$\widehat{W}(t, \xi) = e^{i\lambda |C_1|^2 |\xi|^{2-\rho} |\widehat{u_+}(\xi)|^2 \int_1^t \frac{1}{\tau} e^{-2\varphi} d\tau} \widehat{u_+}(\xi)$$

$$= e^{i \frac{\mathrm{Re}\,\lambda}{\mathrm{Im}\,\lambda} \varphi(t) - \varphi(t)} \widehat{u_+}(\xi)$$

のように定義する．ここで，$\varphi(t)$ は

$$\varphi_t(t) = -\frac{1}{t}e^{-2\varphi(t)}(\operatorname{Im}\lambda)\,|C_1|^2\,|\xi|^{2-\rho}\,|\widehat{u_+}(\xi)|^2\,, \quad \varphi(1)=0$$

を満足するものとする. このことより,

$$e^{-2\varphi} = \frac{1}{1 - 2(\operatorname{Im}\lambda)\,|C_1|^2\,|\xi|^{2-\rho}\,|\widehat{u_+}(\xi)|^2\log t}$$

が従う. それゆえ,

$$\widehat{W}(t,\xi)_t = -i\frac{1}{t}\lambda e^{-3\varphi(t)+i\frac{\operatorname{Re}\lambda}{\operatorname{Im}\lambda}\varphi(t)}\,|C_1|^2\,|\xi|^{2-\rho}\,|\widehat{u_+}(\xi)|^2\,\widehat{u_+}(\xi)$$

$$= -i\frac{1}{t}\lambda\,|C_1|^2\,|\xi|^{2-\rho}\left|\widehat{W}(t,\xi)\right|^2\widehat{W}(t,\xi)$$

が導かれ,

$$\left(\mathcal{F}U(-t)u - \widehat{W}(t,\xi)\right)_t$$

$$= -i\lambda\left(\mathcal{F}U(-t)\,|v|^2\,v - |C_1|^2\,t^{-1}\,|\xi|^{2-\rho}\left|\widehat{W}(t,\xi)\right|^2\widehat{W}(t,\xi)\right)$$

$$= -i\lambda\mathcal{F}U(-t)\left(|v|^{p-1}\,v - U(t)\mathcal{F}^{-1}\,|C_1|^2\,t^{-1}\,|\xi|^{2-\rho}\left|\widehat{W}(t,\xi)\right|^2\widehat{W}(t,\xi)\right)$$

$$= -i\lambda\mathcal{F}U(-t)\left(|v|^{p-1}\,v - |C_1|^2\left(u_{\mathcal{F}^{-1}t^{-1}|\xi|^{2-\rho}|\widehat{W}(t,\xi)|^2\widehat{W}(t,\xi)} + R_1\right)\right)$$

が求まる. ここで,

$$|C_1|^2\,u_{\mathcal{F}^{-1}t^{-1}|\xi|^{2-\rho}|\widehat{W}(t,\xi)|^2\widehat{W}(t,\xi)}$$

$$= |C_1|^2\,C_1 t^{-\frac{1}{2}}\,|q|^{\frac{2-\rho}{2}}\,e^{i\left(1-\frac{1}{\rho}\right)t|q|^\rho}\left(t^{-1}\,|q|^{2-\rho}\left|\widehat{W}(t,q)\right|^2\widehat{W}(t,q)\right)$$

$$= |u_W|^2\,u_W(t,q), \quad q = -\left(\frac{|x|}{t}\right)^{\frac{1}{\rho-1}}\frac{x}{|x|}$$

であり, 剰余項は

$$\|R_1(t)\| \leqq Ct^{-1-\frac{1}{\rho}\left(\alpha+\frac{1}{2}\right)}\left\|\,|\xi|^{2-\rho}\left|\widehat{W}(t,\xi)\right|^2\widehat{W}(t,\xi)\right\|_{\mathbb{Z}^\alpha}$$

$$= Ct^{-1-\frac{1}{\rho}\left(\alpha+\frac{1}{2}\right)}\left\|\,|\xi|^{2-\rho}e^{i\frac{\operatorname{Re}\lambda}{\operatorname{Im}\lambda}\varphi(t,\xi)-3\varphi(t,\xi)}\,|\widehat{u_+}(\xi)|^2\,\widehat{u_+}(\xi)\right\|_{\mathbb{Z}^\alpha}$$

54   5 非線形 Schrödinger 型方程式

を満たす．また，

$$\left\| |\xi|^{2-\rho}\, e^{i\frac{\operatorname{Re}\lambda}{\operatorname{Im}\lambda}\varphi(t,\xi)-3\varphi(t,\xi)}\, |\widehat{u_+}(\xi)|^2\, \widehat{u_+}(\xi) \right\|_{\mathbb{Z}^\alpha}$$

$$\leqq C\, \|\widehat{u_+}\|_{\mathbb{Z}^\alpha}^3$$

$$+ C \sum_{j=1}^{2} \left\| \frac{|\xi|^{(2-\rho)j}\, |\widehat{u_+}(\xi)|^2\, \widehat{u_+}(\xi)\, \left|\partial_\xi\, |\xi|^{2-\rho}\, |\widehat{u_+}(\xi)|^2\right|\, \log t}{\left(1 - 2(\operatorname{Im}\lambda)\, |C_1|^2\, |\xi|^{2-\rho}\, |\widehat{u_+}(\xi)|^2\, \log t\right)^{5/2}} \right\|_\infty$$

$$\leqq C\, \|\widehat{u_+}\|_{\mathbb{Z}^\alpha}^3\, (1 + \log t)$$

という評価が，

$$\left| e^{-3\varphi(t,\xi)}\partial_\xi\varphi(t,\xi) \right|$$

$$\leqq C\, \frac{\left|\partial_\xi\, |\xi|^{2-\rho}\, |\widehat{u_+}(\xi)|^2\right|\, \log t}{\left(1 - 2(\operatorname{Im}\lambda)\, |C_1|^2\, |\xi|^{2-\rho}\, |\widehat{u_+}(\xi)|^2\, \log t\right)^{5/2}}$$

より得られるので，最終的に剰余項は，評価式

$$\|R_1(t)\| \leqq C t^{-1-\frac{1}{\rho}\left(\alpha+\frac{1}{2}\right)}\, \|\widehat{u_+}\|_{\mathbb{Z}^\alpha}^3\, (1 + \log t)$$

を満足する．剰余項の評価がわかったので，方程式

$$\left(\mathcal{F}U(-t)u - \widehat{W}(t,\xi)\right)_t = -i\lambda \mathcal{F}U(-t)\left(|v|^2\, v - |u_W|^2\, u_W + R_1\right)$$

にもどる．$\operatorname{Im}\lambda = 0$ の証明と同様にして，

$$F(t) = \left\| \int_t^\infty U(t-\tau)\left(|v|^2\, (v - u_W)\right.\right.$$
$$\left.\left. + \left(|v|^2 - |u_W|^2\right)u_W + R\right) d\tau \right\|$$
$$+ \left(\int_t^\infty \left\| \int_t^\infty U(t-\tau)\left(|v|^2\, (v - u_W)\right.\right.\right.$$
$$\left.\left.\left. + \left(|v|^2 - |u_W|^2\right)u_W + R\right) d\tau \right\|_\infty^{2\rho} dt \right)^{\frac{1}{2\rho}}$$

とおくことにしよう．近似解の評価

$$\|u_W(t)\|_\infty \leqq Ct^{-\frac{1}{2}} \left\| |\xi|^{\frac{2-\rho}{2}} \, \widehat{u_+} e^{-\varphi(t)} \right\|_\infty$$

$$\leqq Ct^{-\frac{1}{2}} \left\| \frac{|C_1| \, |\xi|^{\frac{2-\rho}{2}} \, \widehat{u_+}(\xi)}{\left(1 - 2(\operatorname{Im}\lambda) \, |C_1|^2 \, |\xi|^{(2-\rho)} \, |\widehat{u_+}(\xi)|^2 \log t\right)^{\frac{1}{2}}} \right\|_\infty$$

$$\leqq C \frac{1}{|\operatorname{Im}\lambda|} t^{-\frac{1}{2}} \, (\log t)^{-\frac{1}{2}}$$

に注意すると，評価式

$$F(t) \leqq Cd^3 t^{-3b+\frac{\rho-1}{\rho}} + Cd^3 t^{-b}(\log t)^{-\frac{1}{2}} + C \int_t^\infty \|R(\tau)\| \, d\tau$$

$$\leqq Cd^3 t^{-3b+\frac{\rho-1}{\rho}} + Cd^3 t^{-b}(\log t)^{-\frac{1}{2}} + Cd^3 t^{-\frac{1}{\rho}\left(\alpha+\frac{1}{2}\right)} \log t$$

が得られることがわかる．それゆえ，

$$\|u-u_W\|_X \leqq Cd^3 t^{-2b+\frac{\rho-1}{\rho}} + Cd^3 (\log t)^{-\frac{1}{2}} + Cd^3 t^{b-\frac{1}{\rho}\left(\alpha+\frac{1}{2}\right)} \log t$$

が導かれ，適当な $T>0$ と一意的な解 u が存在して，$1/2 - 1/2\rho < b < 1/2$ とすると，

$$\sup_{t \geqq T} \left(t^b \|u(t) - u_W(t)\| + t^b \left(\int_t^\infty \|u(t) - u_W(t)\|_\infty^{2\rho} \, dt \right)^{\frac{1}{2\rho}} \right) < \infty$$

を満たすことがわかる．このように定理 5.1 は証明された． ∎

5.3 波動作用素の非存在

［定理 5.2 の証明］ 通常の波動作用素が存在すると仮定する．最初に，$\operatorname{Im}\lambda = 0$ の場合を考える．方程式 (5.5) に $U(-t)$ を作用させて時間に関して積分すると，

$$U(-t)u(t) - U(-s)u(s)$$

$$= -i\lambda \int_s^t \left(U(-\tau) \, |u|^2 \, u - \tau^{-1} |\xi|^{\left(-\frac{\rho}{2}+1\right)^2} |\widehat{u_+}|^2 \, \widehat{u_+}(\xi) \right) d\tau$$

$$\quad - i\lambda \, |\xi|^{\left(-\frac{\rho}{2}+1\right)^2} |\widehat{u_+}|^2 \, \widehat{u_+}(\xi) \int_s^t \tau^{-1} d\tau$$

が得られる．それゆえ，定理 5.1 より，解の漸近評価を用いて

$$
\begin{aligned}
&\|U(-t)u(t) - U(-s)u(s)\| \\
&\geqq \left\| \lambda \, |\xi|^{\left(-\frac{\rho}{2}+1\right)^2} |\widehat{u_+}|^2 \, \widehat{u_+}(\xi) \right\| \int_s^t \tau^{-1} d\tau \\
&\quad - C \int_s^t \left\| \left(|u(\tau)|^2 - |u_w(\tau)|^2 \right) u_{u_+}(\tau) \right\| d\tau \\
&\quad - C \int_s^t \left(\left\| |u(\tau) - u_{u_+}(\tau)| \, |u_{u_+}(\tau)|^2 \right\| + \|R\| \right) d\tau \\
&\geqq \left\| \lambda \, |\xi|^{\left(-\frac{\rho}{2}+1\right)^2} |\widehat{u_+}|^2 \, \widehat{u_+}(\xi) \right\| \int_s^t \tau^{-1} d\tau \\
&\quad - C \int_s^t \|u(\tau) - u_w(\tau)\|_\infty \, \|u(\tau) - u_w(\tau)\| \, \|u_{u_+}(\tau)\|_\infty \, d\tau \\
&\quad - C \int_s^t \|u(\tau) - u_w(\tau)\| \, \|u_w(\tau)\|_\infty \, \|u_{u_+}(\tau)\|_\infty \, d\tau \\
&\quad - C \int_s^t \left(\left\| |u(\tau) - u_{u_+}(\tau)| \, |u_{u_+}(\tau)|^2 \right\| + \|R\| \right) d\tau \\
&\geqq \left\| \lambda \, |\xi|^{\left(-\frac{\rho}{2}+1\right)^2} |\widehat{u_+}|^2 \, \widehat{u_+}(\xi) \right\| \int_s^t \tau^{-1} d\tau \\
&\quad - Ct^{-b} - \int_s^t \left(\tau^{-1} \|u - U(\tau)u_+\| + t^{-1-\frac{1}{\rho}\left(\alpha+\frac{1}{2}\right)} \right) d\tau
\end{aligned}
$$

が求まる．このことより，任意の $\theta > 0$ に対して，適当な $T(\theta)$ が存在して，$t > s > T(\theta)$ であれば，

$$
\|U(-t)u(t) - U(-s)u(s)\| \geqq \left(\left\| \lambda \, |\xi|^{\left(-\frac{\rho}{2}+1\right)^2} |\widehat{u_+}|^2 \, \widehat{u_+}(\xi) \right\| - \theta \right) \int_s^t \frac{d\tau}{\tau}
$$

が得られる．仮定より，左辺は 0 に収束するので $u_+ = 0$ が導かれる．解の L^2 ノルムは，時間に依存しないので，$u \equiv 0$ が導かれる．$\mathrm{Im}\,\lambda < 0$ の場合も同様に，漸近公式と仮定を用いることによって，$u_+ = 0$ が得られる．また，

$$
\frac{d}{dt}\|u\|^2 = 2(\mathrm{Im}\,\lambda)\|u\|_4^4 \leqq 0
$$

であるから，$u \equiv 0$ が従う．$\mathrm{Im}\,\lambda > 0$ の場合は，解が有限時間で爆発することが推測されているが，未解決問題である．

5.4 一般化

ここでは，未知関数の微分を含んだ非線形 Schrödinger 方程式についての応用を考える．その前に，文献[77]において用いられた方法を紹介することにしよう．文献[77]において考えられた方程式は

$$(5.9) \qquad i\partial_t u + \partial_x^2 u = 2i\delta\partial_x(|u|^2 u), \quad (t,x) \in \mathbb{R} \times \mathbb{R}$$

で，この方程式は，文献[104]，[107]においてプラズマ中におけるある種の非線形波動の伝播を研究するために導出された．この方程式は，ソリトン解を持ち，逆散乱法で解けることが知られている．関数解析的な方法による解の存在に関しては，文献[49]，およびその中で与えられている文献を参照されるとよい．(5.9)式の $t \to \infty$ での解は漸近自由ではない(以下の定理5.5参照)ので，自由解の近傍で解を求めること，また通常の意味における枠組みで非線形散乱を扱うことができないことに注意しておく．

文献[77]において，以下の定理が証明された．

定理 5.4 以下の事実を満たす $\varepsilon_1 > 0$ が存在する．$\|\phi_+\|_{2,1} < \varepsilon_1$ なる任意の $\phi_+ \in H^{4,0} \cap H^{0,4}$ に対して，(5.9)式は一意的な解 $u \in C(\mathbb{R}; H^{2,0}) \cap L_{\mathrm{loc}}^4(\mathbb{R}; H_\infty^{2,0})$ を持ち，$1/2 < \alpha < 1$ なる α に対して

$$(5.10) \qquad \lim_{t\to\infty} \|u(t) - \exp(iS^+(t))U(t)\phi_+\|_{2,0} = (t^{-\alpha})$$

を満足する．ここで，

$$S^+(t,x) = \delta(\log|t|)\frac{x}{2|t|}\left|\widehat{\phi}_+\left(\frac{x}{2t}\right)\right|^2$$

とする． $\qquad\qquad\qquad\qquad\qquad\qquad\qquad\qquad\qquad\qquad\qquad\qquad$ □

定理5.4から，修正波動作用素 $MW_+ : \phi_+ \mapsto \psi(0)$ が，$H^{4,0} \cap H^{0,4}$ の原点の近傍から $H^{2,0}$ への写像として定義されることがわかる．

定理 5.5 方程式(5.9)の解 u が，

$$(5.11) \qquad u(t) \in C(\mathbb{R}; H^{1,0}),$$

かつ $t \to \infty$ のとき,

$$(5.12) \qquad \|u(t)\|_{1,0} \leqq C(\|u(0)\|_{1,0}), \quad \|u(t)\|_4 = O(|t|^{-\frac{1}{4}})$$

を満たすと仮定する. さらに, 適当な $\phi_+ \in H^{0,1}$ が存在して

$$(5.13) \qquad \lim_{t \to \infty} \|u(t) - U(t)\phi_+\| = 0$$

とすれば, $u = 0$ となる. □

定理 5.4 およびエネルギー保存則より, 仮定 (5.11) と (5.12) を満足する, 恒等的には 0 でない (5.9) の一意的な大域解が存在することは明らかである. それゆえ, 定理 5.5 は波動作用素の非存在を意味している.

定理 5.4 の証明方法を述べる前に, 修正波動作用素の存在に関する最初の仕事, 文献 [114] における証明方法を説明してみることにする. 文献 [114] においては, 次の形の非線形 Schrödinger 方程式

$$(5.14) \qquad i\partial_t \psi + \partial_x^2 \psi = \lambda |\psi|^2 \psi, \quad (t, x) \in \mathbb{R} \times \mathbb{R}$$

が研究され, 修正波動作用素の存在が初めて示された. 文献 [114] における考え方は, (5.14) に対する近似解を見つけることである. 与えられた関数 ϕ_+ に対して, 用いられた近似解は

$$v_+(t) = \frac{1}{\sqrt{2it}} \exp\left(\frac{ix^2}{4t} + iS^+(t, x) \right) \widehat{\phi}_+ \left(\frac{x}{2t} \right),$$

$$S^+(t, x) = -\frac{\lambda}{2} (\log |t|) \left| \widehat{\phi}_+ \left(\frac{x}{2t} \right) \right|^2$$

である. この近似解を用いて, 積分方程式

$$(5.15)$$
$$\psi(t) = v_+(t) + i \int_t^\infty U(t - \tau)(\lambda |\psi|^2 \psi(\tau) - \lambda |v_+|^2 v_+(\tau) - F_+(\tau)) \, d\tau$$

を, 縮小写像の原理および Strichartz 評価を適用して, $t = \infty$ の近傍で解くことが, 文献 [114] の証明方針である. ここで,

$$F_+(t) = i\partial_t v_+ + \partial_x^2 v_+ - \lambda |v_+|^2 v_+$$

とした．方程式(5.15)を解くことができるのは，項 $\lambda|v_+|^2 v_+$ が発散項 $\lambda|\psi|^2\psi$ を消す役割をし，剰余項 $F_+(t)$ が $|t|>1$ に対して，次の評価式

$$\|F_+(t)\|_{1,0} \le C|t|^{-2}(\log|t|)^2$$

を満足するからである（これに関しては文献[114]における補題2を参照）．文献[114]における証明を考慮に入れれば，方程式

$$(5.16) \qquad i\partial_t v_+ + \partial_x^2 v_+ = 2i\delta\partial_x(|v_+|^2 v_+) + F_+(t)$$

と $|t|>1$ に対して，評価式

$$(5.17) \qquad \|F_+(t)\|_{1,0} \le C|t|^{-2}(\log|t|)^2$$

を満足する近似解 v_+ を見つけること，そして，積分方程式

$$(5.18)$$

$$\psi(t) = v_+(t) + i\int_t^\infty U(t-\tau)\{2i\delta\partial_x(|\psi|^2\psi(\tau) - |v_+|^2 v_+(\tau)) - F_+(\tau)\}\,d\tau$$

を，$t=\infty$ の近傍で考えることは自然である．今，

$$v_+(t,x) = \frac{1}{\sqrt{2it}}\exp\left(\frac{ix^2}{4t} + iS^+(t,x)\right)\widehat{\phi}_+\left(\frac{x}{2t}\right),$$

また，

$$S^+(t,x) = \delta\frac{x}{2|t|}\log|t|\left|\widehat{\phi}_+\left(\frac{x}{2t}\right)\right|^2$$

とおけば，$F_+(t)$ が(5.17)の条件を満足することがわかる．それゆえ，$\partial_x(|v_+|^2 v_+)$ は，$t\to\pm\infty$ のとき，発散する(5.18)式の項 $\partial_x(|\psi|^2\psi)$ を制御する．新しい位相関数は，因子 $x/2t$ を持っているが，これは以前の仕事，文献[114]では含まれていないものである．このことは，$t\to\pm\infty$ のとき，自由発展作用素 $U(t)$ においては，掛け算作用素 $x/2t$ が，微分作用素 $-i\partial_x$ を近似するものであることから自然なことである．しかし，文献[114]における方法を(5.18)式に直接用いるのは不可能であるように思われる．なぜならば，Strichartz 評価式は，微分を含んだ非線形項に適用するのが困難であるからである．文献[77]では文献[49]で用いられたゲージ変換を用いて，方程式(5.9)

と(5.16)を，Strichartz 評価式が使える方程式に変換する方法が採用された．

もう少し詳しく述べると，次の変数変換

$$(5.19) \quad \begin{cases} u^{(1)} = E^2 u, & u^{(2)} = E\partial_x(Eu), \\ w_+^{(1)} = G^2 v_+, & w_+^{(2)} = G\partial_x(Gv_+) \end{cases}$$

が定理 5.4 の証明に用いられた．ここで，

$$E = E(t,x) = \exp\left(-i\delta \int_{-\infty}^x |u(t,y)|^2 \, dy\right),$$

$$G = G(t,x) = \exp\left(-i\delta \int_{-\infty}^x |v_+(t,y)|^2 \, dy\right)$$

とおいた．このとき，$u^{(1)}$, $u^{(2)}$, $w_+^{(1)}$, $w_+^{(2)}$, $k = 1,2$ に対して

$$H^{(1)} = H^{(1)}(t,x) = -2i\delta(u^{(1)})^2 \overline{u^{(2)}},$$

$$H^{(2)} = H^{(2)}(t,x) = 2i\delta(u^{(2)})^2 \overline{u^{(1)}},$$

$$K_+^{(1)} = K_+^{(1)}(t,x) = -2i\delta(w_+^{(1)})^2 \overline{w_+^{(2)}} + G^2 F_+,$$

$$K_+^{(2)} = K_+^{(2)}(t,x) = 2i\delta(w_+^{(2)})^2 \overline{w_+^{(1)}} + G\partial_x(GF_+)$$

とすれば，

$$\begin{cases} i\partial_t u^{(k)} + \partial_x^2 u^{(k)} = H^{(k)}, \\ i\partial_t w_+^{(k)} + \partial_x^2 w_+^{(k)} = K_+^{(k)} \end{cases}$$

を満足することがわかる．(5.18)式のかわりに，次の積分方程式

$$(5.20) \qquad u^{(k)}(t) = w_+^{(k)}(t) + i \int_t^{+\infty} U(t-\tau)(H^{(k)}(\tau) - K_+^{(k)}(\tau)) \, d\tau$$

を $t = \infty$ の近傍で解き，関係式(5.19)を通してもとの方程式(5.9)に対する散乱問題が考えられた．新しいシステム方程式は，未知関数 $u^{(1)}$ および $u^{(2)}$ の微分を含んでいないので，時空間評価がうまく使える．さらにゲージ変換 (5.19)式は近似解が長距離型の非線形項を打ち消す働きを保つことがわかる．

ところで，このような未知関数の変換は，方程式固有のものであるので応用範囲が広いとはいえない．すなわち，一般の微分型非線形 Schrödinger 方程式

には使えない.

一方，前節と次の章で用いた方法を使えば次の形の方程式

$$(5.21) \qquad iu_t + \frac{1}{2}u_{xx} = N, \quad t \in \mathbb{R},\ x \in \mathbb{R}$$

を取り扱うことが可能である．ここで，非線形項 N を $N = N_1 + N_2$ のように分解しよう．N_1 は，

$$N_1 = \lambda_1 |u|^2 u + i\lambda_2 |u|^2 u_x + i\lambda_3 u^2 \overline{u_x} + \lambda_4 |u_x|^2 u$$
$$+ \lambda_5 \overline{u} u_x^2 + i\lambda_6 |u_x|^2 u_x$$

で自己共役的性質（ゲージ不変性）を満足する．すなわち N_1 はすべての $\theta \in \mathbb{R}$ に対して，$N_1(e^{i\theta}u) = e^{i\theta}N_1(u)$ を満足する項で，N_2 は自己共役的性質を満足しない項

$$N_2 = a_1 u^3 + a_2 u\overline{u}^2 + a_3 \overline{u}^3 + a_4 u^2 \overline{u_x}$$
$$+ a_5 \overline{u}\,\overline{u_x}^2 + a_6 \overline{u_x}^3 + a_7 |u|^2 \overline{u_x} + a_8 u\overline{u_x}^2$$

である．さらにエネルギー法を用いるので，非線形項 N を変数 u_x で偏微分したものが虚数であるという条件を付ける．その条件を求めてみよう．計算すると

$$\frac{\partial N}{\partial u_x} = i\lambda_2 |u|^2 + (\lambda_2 + 2\lambda_5)2\,\mathrm{Re}\,\overline{u}u_x + 2i\lambda_6 |u_x|^2$$

となるから，条件は

$$\lambda_2, \lambda_6 \in \mathbb{R}, \quad \mathrm{Re}(\lambda_4 + 2\lambda_5) = 0$$

となることがわかる．この条件があれば，方程式(5.21)にエネルギー法を適用でき，時間局所解の存在を示すことができることになる.

次に，前節の方法が応用できる条件を考えてみよう．そのために非線形項に線形方程式の近似解 $v_{u_+} = e^{\frac{ix^2}{2t}}\widehat{u_+}\,(x/t)\,/\sqrt{it}$ を代入してみると，N_2 の各項は次章で示されるように，非共鳴項となることが振動数の違いからわかるので，係数 a_j は $a_j \in \mathbb{C},\ j = 1,\cdots,8$ でかまわないことがわかる．非線形項 N_1 に関しては，主要項は

$$\frac{1}{t}\Lambda(q)\,v_{u_+}, \quad \Lambda(q) = \lambda_1 + (-\lambda_2 + \lambda_3)q + (\lambda_4 - \lambda_5)q^2 - \lambda_6 q^3, \quad q = \frac{x}{t}$$

となるので，係数に関する条件は

$$\operatorname{Im}\Lambda(q) \leqq 0$$

となる．前節の証明より，非線形問題の解の近似解 u_w は，

$$\operatorname{Im}\lambda_1 = 0, \quad \operatorname{Im}(-\lambda_2 + \lambda_3) = 0, \quad \operatorname{Im}(\lambda_4 - \lambda_5) = 0, \quad \operatorname{Im}\lambda_6 = 0$$

のとき，

$$\widehat{w}(t,q) = \widehat{u_+}(t,q) \exp\left(i\Lambda(q)|\widehat{u_+}(q)|^2 \log t\right)$$

とすれば，

$$u_w = \frac{1}{\sqrt{it}} e^{\frac{ix^2}{2t}} \widehat{w}\left(t, \frac{x}{t}\right)$$

となることがわかる．そうでないときは，

$$\widehat{W}(t,q) = \widehat{u_+}(t,q) \exp\left(i\frac{\Lambda(q)}{\operatorname{Im}\Lambda(q)}\varphi(t,q)\right)$$

および

$$e^{-2\varphi(t,q)} = \frac{1}{1 - 2(\operatorname{Im}\Lambda(q))|\widehat{u_+}(q)|^2 \log t}$$

とすれば，

$$u_W = \frac{1}{\sqrt{it}} e^{\frac{ix^2}{2t}} \widehat{W}\left(t, \frac{x}{t}\right)$$

となることがわかる．このように，係数が上で述べた条件を満足し，さらに，u_+ が適当な条件を満たせば，漸近解の存在を示すことができる．さらに，一般の $\rho > 2$ のときにも応用可能である．

5.5 非線形 Klein-Gordon 型方程式

非線形 Klein-Gordon 型方程式

5.5 非線形 Klein-Gordon 型方程式 63

$$(5.22) \qquad \frac{1}{\rho c^2} u_{tt} + \frac{1}{\rho} \left(-\partial_x^2 \right)^{\frac{p}{2}} u + \frac{c^2}{\rho} u = \lambda \left| u \right|^{p-1} u, \quad (t, x) \in \mathbb{R} \times \mathbb{R}$$

を考えてみよう. ここで, c は光速. 新しい変数を $v = e^{-itc^2} u$ とすると,

$$\frac{1}{\rho c^2} v_{tt} + i v_t + \frac{1}{\rho} \left(-\partial_x^2 \right)^{\frac{p}{2}} v = \lambda \left| v \right|^{p-1} v$$

を満たす. ここで, 光速を形式的に無限大にすると, 非線形 Schrödinger 型方程式

$$(5.23) \qquad i v_t + \frac{1}{\rho} \left(-\partial_x^2 \right)^{\frac{p}{2}} v = \lambda \left| v \right|^{p-1} v$$

が得られる. このように, 方程式(5.22)は方程式(5.23)の相対論版であることがわかる.

光速を無限大にしたときの数学的議論は, 多くの論文で研究されている. 例えば文献[100]およびその参考文献を参照されるとよい.

6 修正Korteweg-de Vries方程式

6.1 解の漸近挙動

この章では，修正 Korteweg-de Vries 方程式

$$(6.1) \qquad \partial_t u - \frac{1}{3}\partial_x^3 u = \lambda \partial_x u^3, \quad (t,x) \in \mathbb{R}^+ \times \mathbb{R}, \ \lambda \in \mathbb{R}$$

に対する，修正波動作用素の存在を考える．第5章の応用のところ(5.4節)でも述べたように，右辺に未知関数の微分を含んだ非線形分散型方程式の最終値問題を扱った文献はほとんどない．ここでは，文献[64]を参考にして，方程式(6.1)の解の漸近的な振る舞いを示す．

定理 6.1 最終値 u_+ が，条件 $\widehat{u_+}(0) = \partial_\xi \widehat{u_+}(0) = 0$, $u_+ \in H^{2,4}$ を満たし，u_+ は実数値関数とする．このとき，適当な時間 T と，ε が存在して $\|u_+\|_{2,2} \leqq \varepsilon$ ならば，(6.1)式は一意的な解 $u \in L^\infty([T,\infty); H^{2,0}) \cap C([T,\infty); H^{1,0})$ を持ち，さらに，漸近公式

$$\left\| u(t) - U_3^{(\mathrm{A})}(t)w(t) \right\|_{2,0} \leqq Ct^{-b}$$

を満足する．ここで，b は $1/3 < b < 1/2$ を満たす定数で，

$$U_\rho^{(\mathrm{A})}(t) = \mathcal{F}^{-1} \exp\left(-\frac{i}{\rho} t\,|\xi|^{\rho-1}\xi \right) \mathcal{F},$$

$$\widehat{w}(t,\xi) = e^{3i\lambda|\xi|^{-1}\xi|\widehat{u_+}(\xi)|^2 \log t}\,\widehat{u_+}(\xi)$$

とする． □

定理3.1より，方程式の $1/3$ の係数符号が異なるので，領域 x の正負における役割が逆転することに注意すると，漸近公式

$$U_\rho^{(\mathrm{A})}(t)\phi = t^{-\frac{1}{2}} \operatorname{Re}\left(e^{-i\left(1-\frac{1}{\rho}\right)t|\chi|^{\rho-1}\chi} F(\chi)\widehat{\phi}(\chi)\right) + R(t,x)$$

が成り立つ. ここで,

$$\chi = -\left(\frac{|x|}{t}\right)^{\frac{1}{\rho-1}} \frac{x}{|x|}, \quad F(\chi) = \sqrt{\frac{4}{i(\rho-1)}}\,\theta(\chi)\,|\chi|^{1-\frac{\rho}{2}},$$

そして, $\theta(\chi)$ は, $\chi < 0$ のとき $\theta(\chi) = 1$, $\chi \geqq 0$ のとき $\theta(\chi) = 0$ で定義されるものとする. $\rho = 3$ とすると,

$$\partial_x^j U_3^{(\mathrm{A})}(t)w(t)$$
$$= \begin{cases} t^{-\frac{1}{2}}\left|\left(\frac{x}{t}\right)^{\frac{1}{2}}\right|^{-\frac{1}{2}+j} \operatorname{Re}\left(i^{j+1}\sqrt{2i}\,e^{i\frac{2}{3}t\left|\left(\frac{x}{t}\right)^{\frac{1}{2}}\right|^\rho}\widehat{w}\left(t,\left(\frac{x}{t}\right)^{\frac{1}{2}}\right)\right) \\ \quad + R(t,x), & x > 0, \\ R(t,x), & x \leqq 0 \end{cases}$$

となることがわかる. ここで, $j = 0,1,2$ であり, 剰余項は

$$\|R(t)\| \leqq C t^{-b}\,\|u_+\|_{2,3}, \quad \frac{1}{3} < b < \frac{1}{2}$$

を満たすことに注意する. それゆえ,

$$q = \left(\frac{x}{t}\right)^{\frac{1}{2}}, \quad \|f\|_{L_x^2(I)} = \left(\int_I |f(x)|^2 dx\right)^{\frac{1}{2}}$$

とすると,

$$\left\|\partial_x^j u(t) - t^{-\frac{1}{2}}|q|^{-\frac{1}{2}+j}\,2\operatorname{Re}\left(i^j\sqrt{2i}\,e^{i\frac{2}{3}t|q|^\rho}\widehat{u_+}(q)\right)\right\|_{L_x^2(0,\infty)}$$
$$+ \left\|\partial_x^j u(t)\right\|_{L_x^2(-\infty,0)}$$
$$\leqq C t^{-b}\,\|u_+\|_{2,4}$$

となる. つまり, 定理 6.1 は, $x > 0$ では解の漸近評価を与えているが, 負の領域に関しては, 解の時間減衰評価しか与えていないことに注意しておく.

次の結果は, 通常の波動作用素の非存在を述べたものである.

定理 6.2 u_+ を, 定理 6.1 の仮定を満足しているものとし, u を, (6.1)

式の解で，漸近評価

$$\lim_{t \to \infty} \|u(t) - U_3(t)u_+\| = 0$$

を満足すると仮定する．このとき，$u = 0$ が従う． $\Box$

　この章における主結果を示すためには，非共鳴項を表示する

$$f = \begin{cases} |q|^{-\frac{1}{2}} t^{-\frac{3}{2}} e^{9i\lambda |\widehat{u_+}(q)|^2 \log t} \widehat{u_+}(q)^3, & q = \left(\dfrac{x}{t}\right)^{1/2}, \quad x > 0, \\ 0, & x \leqq 0 \end{cases}$$

に対して，

$$\int_0^\infty \int_t^\infty e^{i2\tau |q|^3} fv \, d\tau dx,$$

および

$$\left\| \int_t^\infty U_3(-\tau) e^{i2\tau |q|^3} f \, d\tau \right\|_{L_x^2(0,\infty)}$$

が，十分な時間減衰評価を満たすことを示す必要がある．このことは，修正 Korteweg-de Vries 方程式の場合，非線形項が共鳴項，非共鳴項の 2 つを含んでいることに起因する．このことが，前章で扱った非線形 Schrödinger 方程式と異なる点である．簡単な微分計算によって，$\partial_t q = -qt^{-1}/2$, $\partial_x q = q^{-1}t^{-1}/2$ となることがわかるので，これらを用いて

$$(6.2) \qquad \partial_t e^{i2t|q|^3} = -iq^3 e^{i2t|q|^3},$$

$$\partial_x e^{i2t|q|^3} = 3iq e^{i2t|q|^3},$$

$$\partial_x^2 e^{i2t|q|^3} = \left(\frac{3i}{2} q^{-1} t^{-1} + (3iq)^2 \right) e^{i2t|q|^3},$$

$$\frac{1}{27} \partial_x^3 e^{i2t|q|^3} = -iq^3 e^{i2t|q|^3} + \left(-\frac{1}{2} t^{-1} - \frac{i}{36} q^{-3} t^{-2} \right) e^{i2t|q|^3},$$

および

$$\partial_t t e^{i2t|q|^3} = e^{i2t|q|^3} + t\partial_t e^{i2t|q|^3}$$

$$= t\frac{1}{27} \partial_x^3 e^{i2t|q|^3} + \frac{3}{2} e^{i2t|q|^3} + \frac{i}{36} q^{-3} t^{-1} e^{i2t|q|^3}$$

が求まる．これらの等式と，部分積分を用いて，以下の補題を示すことができ

68   6 修正 Korteweg-de Vries 方程式

る.

補題 6.3　$\widehat{u_+}(0) = \partial_\xi \widehat{u_+}(0) = 0$, $u_+ \in H^{1,3}$ とする．このとき，評価式

$$\left| \int_0^\infty \int_t^\infty e^{i2\tau|q|^3} fv \, d\tau dx \right| + \left| \int_0^\infty \int_t^\infty e^{i2\tau|q|^3} |q|^2 \, fv \, d\tau dx \right|$$

$$\leqq C \|u_+\|_{1,3}^3 \left(\int_t^\infty \left(\tau^{-1} \|L_3 v(\tau)\| \right. \right.$$

$$\left. \left. + \tau^{-2} \left(1 + \left(\|u_+\|_{1,3}^2 \log \tau \right) \right)^3 \|v(\tau)\| \right) d\tau + C t^{-1} \|v(t)\| \right)$$

が成立する．ここで，$L_3 = \partial_t - \partial_x^3/3$ である．　　　　　　□

[証明]　時間に関する部分積分をおこなうと，等式

(6.3)　$\displaystyle \int_0^\infty \int_t^\infty e^{i2\tau|q|^3} fv \, d\tau dx$

$$= \int_0^\infty \int_t^\infty \frac{1}{1 - iq^3\tau} \left(\partial_\tau \tau e^{i2\tau|q|^3} \right) fv \, d\tau dx$$

$$= \int_0^\infty -\frac{te^{i2t|q|^3}}{1 - iq^3 t} fv \, dx$$

$$+ \int_0^\infty \int_t^\infty \left(\frac{-iq^3\tau e^{i2\tau|q|^3}}{(1 - iq^3\tau)^2} fv - \frac{\tau e^{i2\tau|q|^3}}{1 - iq^3\tau} \left(\partial_\tau fv \right) \right) d\tau dx,$$

および(6.2)式より，

(6.4)　$\displaystyle 9 \int_0^\infty \int_t^\infty e^{i2\tau|q|^3} fv \, d\tau dx$

$$= 9 \int_0^\infty \int_t^\infty \frac{1}{1 - iq^3\tau} \left(\partial_\tau \tau e^{i2\tau|q|^3} \right) fv \, d\tau dx$$

$$= \frac{1}{3} \int_0^\infty \int_t^\infty \frac{1}{1 - iq^3\tau} \left(\tau \partial_x^3 e^{i2\tau|q|^3} \right) fv \, d\tau dx + R_8$$

が求まる．ここで，剰余項 R_8 は

$$R_8 = 9 \int_0^\infty \int_t^\infty \frac{1}{1 - iq^3\tau} \left(\frac{3}{2} e^{i2\tau|q|^3} + \frac{i}{36} q^{-3} \tau^{-1} e^{i2\tau|q|^3} \right) fv \, dx d\tau$$

と表されるものである．それゆえ，Schwarz の不等式と，等式

$$\int_0^\infty g(q) \, dx = 2t \int_0^\infty q g(q) \, dq$$

を用いると，剰余項に対する評価式

$$(6.5) \qquad |R_8(t,x)| \leqq C \int_t^\infty \tau^{-1} \left\| q^{-3} f \right\|_{L_x^2(0,\infty)} \|v\| \, d\tau$$

$$\leqq C \int_t^\infty \tau^{-\frac{1}{2}} \left\| q^{-\frac{5}{2}} f \right\| \|v\| \, d\tau$$

$$\leqq C \int_t^\infty \tau^{-2} \|v\| \, d\tau \left(\left\| |x|^{-1} \widehat{u_+} \right\|_\infty^3 + \| \widehat{u_+} \|^3 \right)$$

が得られる. (6.4)式右辺の最初の項を考えることにする. 今, $g = \tau f / (1 - iq^3\tau)$ とおくと, 部分積分と仮定 $f(0) = (\partial_x f)(0) = (\partial_x^2 f)(0) = 0$ を用いて, 等式

(6.6)

$$\int_0^\infty \left(\partial_x^3 e^{i2\tau|q|^3} \right) gv \, dx$$

$$= -\int_0^\infty \left(\partial_x^2 e^{i2\tau|q|^3} \right) g \partial_x v \, dx - \int_0^\infty \left(\partial_x^2 e^{i2\tau|q|^3} \right) (\partial_x g) v \, dx$$

$$= \int_0^\infty \left(\partial_x e^{i2\tau|q|^3} \right) g \partial_x^2 v \, dx + 2 \int_0^\infty \left(\partial_x e^{i2\tau|q|^3} \right) (\partial_x g) \partial_x v \, dx$$

$$+ \int_0^\infty \left(\partial_x e^{i2\tau|q|^3} \right) v \partial_x^2 g \, dx$$

$$= -\int_0^\infty e^{i2\tau|q|^3} g \partial_x^3 v \, dx - \int_0^\infty \left(e^{i2\tau|q|^3} \right) (\partial_x^3 g) v \, dx$$

$$- 3 \int_0^\infty \left(\partial_x^2 e^{i2\tau|q|^3} \right) (\partial_x g) v \, dx - 3 \int_0^\infty \left(\partial_x e^{i2\tau|q|^3} \right) (\partial_x^2 g) v \, dx$$

が求まる. ここで, (6.6)式右辺の最後の3項を R_9 と書くことにすると, 次のような評価式

$$|R_9(t,x)| \leqq C \|v\| \left(\left\| |q|^2 \partial_x g \right\|_{L_x^2(0,\infty)} + \left\| |q|^{-1} \partial_x g \right\|_{L_x^2(0,\infty)} \right.$$

$$\left. + \left\| |q| \partial_x^2 g \right\|_{L_x^2(0,\infty)} + \left\| \partial_x^3 g \right\|_{L_x^2(0,\infty)} \right)$$

を満足することがわかる. また,

$$\partial_x g = \frac{1}{2} \frac{1}{qt} \partial_q g,$$

$$\partial_x^2 g = -\frac{1}{4} \frac{1}{q^3 t^2} \partial_q g + \frac{1}{4} \frac{1}{q^2 t^2} \partial_q^2 g,$$

$$\partial_x^3 g = \frac{3}{8} \frac{1}{q^5 t^3} \partial_q g - \frac{3}{8} \frac{1}{q^4 t^3} \partial_q^2 g + \frac{1}{8} \frac{1}{q^3 t^3} \partial_q^3 g$$

より, 変数を q とみると

70   6   修正 Korteweg-de Vries 方程式

$$|R_9(t,x)| \leqq C \, \|v\| \left(\tau^{-\frac{1}{2}} \left(\left\| |q|^{\frac{3}{2}} \, \partial_q g \right\| + \left\| |q|^{-\frac{3}{2}} \, \partial_q g \right\| \right) \right.$$
$$+ \tau^{-\frac{3}{2}} \left(\left\| |q|^{-\frac{3}{2}} \, \partial_q g \right\| + \left\| |q|^{-\frac{1}{2}} \, \partial_q^2 g \right\| \right)$$
$$\left. + \tau^{-\frac{5}{2}} \left(\left\| |q|^{-\frac{9}{2}} \, \partial_q g \right\| + \left\| |q|^{-\frac{7}{2}} \, \partial_q^2 g \right\| + \left\| |q|^{-\frac{5}{2}} \, \partial_q^3 g \right\| \right) \right)$$

となることがわかる. 関数 g を, 関数 f に戻すと

$$\partial_q g = \frac{\tau}{1 - iq^3\tau} \partial_q f + \frac{3iq^2\tau^2}{\left(1 - iq^3\tau\right)^2} f,$$

$$\partial_q^2 g = \frac{\tau}{1 - iq^3\tau} \partial_q^2 f + \frac{3iq^2\tau^2}{\left(1 - iq^3\tau\right)^2} \partial_q f$$
$$+ \frac{6iq\tau^2}{\left(1 - iq^3\tau\right)^2} f + 2 \frac{\left(3iq^2\tau\right)^2 \tau}{\left(1 - iq^3\tau\right)^3} f,$$

$$\partial_q^3 g = \frac{\tau}{1 - iq^3\tau} \partial_q^3 f + \frac{6iq^2\tau^2}{\left(1 - iq^3\tau\right)^2} \partial_q^2 f$$
$$+ \tau \left(\frac{12iq\tau}{\left(1 - iq^3\tau\right)^2} - \frac{12q^4\tau^2}{\left(1 - iq^3\tau\right)^3} \right) \partial_q f$$
$$+ \tau \left(\frac{6i\tau}{\left(1 - iq^3\tau\right)^2} - \frac{90q^3\tau^2}{\left(1 - iq^3\tau\right)^3} + 6 \frac{\left(3iq^2\tau\right)^3}{\left(1 - iq^3\tau\right)^3} \right) f$$

であるから, 評価式

$$\sum_{l=1}^3 \left\| |q|^a \, \partial_q^l g \right\| \leqq C \sum_{l=1}^3 \sum_{j=0}^l \left\| |q|^{a-j} \, \partial_q^{l-j} f \right\|,$$

$$\left\| |q|^a \, \partial_q g \right\| \leqq C\tau^{-1} \left(\left\| |q|^{a-3} \, \partial_q f \right\| + C \left\| |q|^{a-4} \, f \right\| \right)$$

が得られる. それゆえ, 剰余項は, 評価式

$$|R_9(t,x)|$$
$$\leqq C\tau^{-\frac{1}{2}} \, \|v\| \left(\left\| |q|^{\frac{1}{2}} \, f \right\| + \left\| |q|^{-\frac{11}{2}} \, f \right\| + \left\| |q|^{\frac{3}{2}} \, \partial_q f \right\| \right.$$
$$\left. + \left\| |q|^{-\frac{9}{2}} \, \partial_q f \right\| + \left\| |q|^{-\frac{1}{2}} \, \partial_q^2 f \right\| + \left\| |q|^{-\frac{7}{2}} \, \partial_q^2 f \right\| + \left\| |q|^{-\frac{5}{2}} \, \partial_q^3 f \right\| \right)$$

を満足する. 次に, f についての評価式を, u_+ に関する評価式に書き直すことを考える. Hölder の不等式を用いて,

$$\left\| |q|^{\frac{1}{2}} f \right\| + \left\| |q|^{-\frac{11}{2}} f \right\|$$
$$\leqq C\tau^{-\frac{3}{2}} \left(\|\widehat{u_+}\|_{1,0}^3 + \left\| |x|^{-2}\, \widehat{u_+} \right\|_\infty^2 \left\| |x|^{-\frac{3}{2}}\, \widehat{u_+} \right\| \right),$$
$$\left\| |q|^{\frac{3}{2}} \partial_q f \right\| + \left\| |q|^{-\frac{9}{2}} \partial_q f \right\|$$
$$\leqq C\tau^{-\frac{3}{2}} \left(\|\widehat{u_+}\|_{1,0}^3 + \left\| |x|^{-2}\, \widehat{u_+} \right\|_\infty^2 \left\| |x|^{-\frac{1}{2}}\, \partial_x \widehat{u_+} \right\| \right)$$
$$\quad + C \left(\|\widehat{u_+}\|_{1,0}^2 \left\| |x|\, \widehat{u_+} \right\|_{1,0} + \left\| |x|^{-2}\, \widehat{u_+} \right\|_\infty^2 \left\| |x|^{-\frac{1}{2}}\, \partial_x \widehat{u_+} \right\| \right)$$
$$\quad \times \left(1 + \|\widehat{u_+}\|_\infty^2 \log t \right),$$
$$\left\| |q|^{-\frac{1}{2}} \partial_q^2 f \right\| + \left\| |q|^{-\frac{7}{2}} \partial_q^2 f \right\|$$
$$\leqq C\tau^{-\frac{3}{2}} \left(\|\widehat{u_+}\|_{2,0}^3 + \left\| |x|^{-2}\, \widehat{u_+} \right\|_\infty^2 \left\| \partial_x^2 \widehat{u_+} \right\| \right.$$
$$\quad \left. + \left\| |x|^{-1}\, \widehat{u_+} \right\|_\infty \left\| \widehat{u_+} \right\|_\infty \left\| \partial_x^2 \widehat{u_+} \right\| \right) \left(1 + \|\widehat{u_+}\|_\infty^2 \log t \right)^2$$

および

$$\left\| |q|^{-\frac{5}{2}} \partial_q^3 f \right\|$$
$$\leqq C\tau^{-\frac{3}{2}} \left(\|\widehat{u_+}\|_{3,0}^3 + \left\| |x|^{-2}\, \widehat{u_+} \right\|_\infty \left\| |x|^{-1}\, \widehat{u_+} \right\|_\infty \left\| \partial_x^3 \widehat{u_+} \right\| \right.$$
$$\quad + \left\| |x|^{-2}\, \widehat{u_+} \right\|_\infty \left\| |x|^{-1}\, \partial_x \widehat{u_+} \right\|_\infty \left\| \partial_x^2 \widehat{u_+} \right\|$$
$$\quad \left. + \left\| |x|^{-1}\, \partial_x \widehat{u_+} \right\|_\infty^2 \left\| |x|^{-1}\, \partial_x \widehat{u_+} \right\| \right) \left(1 + \|\widehat{u_+}\|_\infty^2 \log t \right)^3$$

を導くことができる. 結局, 剰余項に対する評価式

$$(6.7) \qquad |R_9(t,x)| \leqq Ct^{-2} \|u_+\|_{1,3}^3 \left(1 + \|u_+\|_{1,3}^2 \log t \right)^3$$

が求まったことになる. このようにして,

$$(6.8)$$
$$9 \int_0^\infty \int_t^\infty e^{i2\tau|q|^3} fv \, d\tau dx$$
$$= \frac{1}{3} \int_0^\infty \int_t^\infty \left(\partial_x^3 e^{i2\tau|q|^3} \right) \frac{\tau}{1 - iq^3\tau} fv \, d\tau dx + R_8$$
$$= -\frac{1}{3} \int_0^\infty \int_t^\infty \left(e^{i2\tau|q|^3} \right) \frac{\tau}{1 - iq^3\tau} f \partial_x^3 v \, d\tau dx + \frac{1}{3} \int_t^\infty R_9 \, d\tau + R_8$$

と書くことができることがわかった. 一方, 等式

$$\int_0^\infty \int_t^\infty e^{i2\tau|q|^3} fv \, d\tau dx$$

$$= \int_0^\infty -\frac{te^{i2t|q|^3}}{1-iq^3t} fv \, dx$$

$$+ \int_0^\infty \int_t^\infty \left(\frac{-iq^3\tau e^{i2\tau|q|^3}}{(1-iq^3\tau)^2} fv - \frac{\tau e^{i2\tau|q|^3}}{1-iq^3\tau} (\partial_\tau fv) \right) d\tau dx$$

が成り立つことを考慮に入れると,

$$8\int_0^\infty \int_t^\infty e^{i2\tau|q|^3} fv \, d\tau dx$$

$$= -\int_0^\infty \int_t^\infty \left(e^{i2\tau|q|^3} \right) \frac{\tau}{1-iq^3\tau} f L_3 v \, d\tau dx + \int_0^\infty \frac{te^{i2t|q|^3}}{1-iq^3t} fv \, dx$$

$$+ \int_0^\infty \int_t^\infty \left(\frac{iq^3\tau e^{i2\tau|q|^3}}{(1-iq^3\tau)^2} fv + \frac{\tau e^{i2\tau|q|^3}}{1-iq^3\tau} (\partial_\tau f) v \right) d\tau dx$$

$$+ \frac{1}{3} \int_t^\infty R_9 \, d\tau + R_8$$

が求まり,最終的に評価式が,

$$(6.9) \quad \left| \int_0^\infty \int_t^\infty e^{i2\tau|q|^3} fv \, d\tau dx \right|$$

$$\leqq C \int_t^\infty \tau^{\frac{1}{2}} \left\| q^{-\frac{5}{2}} f \right\|_{L_q^2(\mathbb{R})} \|L_3 v\|_{L_x^2(\mathbb{R})} \, d\tau$$

$$+ Ct^{\frac{1}{2}} \left\| q^{-\frac{5}{2}} f \right\|_{L_q^2(\mathbb{R})} \|v\|_{L_x^2(\mathbb{R})}$$

$$+ C \int_t^\infty \tau^{-\frac{1}{2}} \left\| q^{-\frac{5}{2}} f \right\|_{L_q^2(\mathbb{R})} \|v\|_{L_x^2(\mathbb{R})} \, d\tau$$

$$+ C \int_t^\infty \tau^{\frac{1}{2}} \left\| q^{-\frac{5}{2}} \partial_\tau f \right\|_{L_q^2(\mathbb{R})} \|v\|_{L_x^2(\mathbb{R})} \, d\tau$$

$$+ C \int_t^\infty |R_9| \, d\tau + |R_8|$$

$$\leqq C \|u_+\|_{1,3}^3 \left(\int_t^\infty \tau^{-1} \|L_3 v\| \, d\tau + Ct^{-1} \|v\| \right)$$

$$+ C \|u_+\|_{1,3}^3 \int_t^\infty \tau^{-2} \|v\| \, d\tau$$

$$+ C \|u_+\|_{1,3}^3 \int_t^\infty \tau^{-2} \left(1 + \|u_+\|_{1,3}^2 \log \tau \right)^3 \|v\| \, d\tau$$

のように得られたことになる.(6.9)式と同様にして,

$$\left| \int_0^\infty \int_t^\infty e^{i2\tau|q|^3} |q|^2 \, fv \, d\tau dx \right|$$

$$\leqq C \int_t^\infty \tau^{\frac{1}{2}} \left\| q^{-\frac{1}{2}} f \right\|_{L_q^2(\mathbb{R})} \|L_3 v\|_{L_x^2(\mathbb{R})} \, d\tau$$

$$+ C t^{\frac{1}{2}} \left\| q^{-\frac{1}{2}} f \right\|_{L_q^2(\mathbb{R})} \|v\|_{L_x^2(\mathbb{R})}$$

$$+ C \int_t^\infty \tau^{-\frac{1}{2}} \left\| q^{-\frac{1}{2}} f \right\|_{L_q^2(\mathbb{R})} \|v\|_{L_x^2(\mathbb{R})} \, d\tau$$

$$+ C \int_t^\infty \tau^{\frac{1}{2}} \left\| q^{-\frac{1}{2}} \partial_\tau f \right\|_{L_q^2(\mathbb{R})} \|v\|_{L_x^2(\mathbb{R})} \, d\tau$$

$$+ C \int_t^\infty \left| \widetilde{R}_9 \right| d\tau + \left| \widetilde{R}_8 \right|$$

がわかる.ここで,$\widetilde{R}_8$, $\widetilde{R}_9$ は,R_8, R_9 において,f を $|q|^2 f$ で置き換えたものである.(6.5)式と(6.7)式の証明と同様にして,$\widetilde{R}_8$, $\widetilde{R}_9$ が(6.5)式,および(6.7)式の右辺で上から,それぞれ評価されることがわかる.このように補題は証明された. ∎

補題 6.4 $\widehat{u_+}(0) = \partial_\xi \widehat{u_+}(0) = 0$, $u_+ \in H^{1,3}$ とする.このとき,次の評価式

$$\left\| \int_t^\infty U_3^{(\mathrm{A})}(-\tau) e^{i2\tau|q|^3} f \, d\tau \right\|_{L_x^2(0,\infty)} + \left\| \int_t^\infty U_3^{(\mathrm{A})}(-\tau) e^{i2\tau|q|^3} q f \, d\tau \right\|_{L_x^2(0,\infty)}$$

$$\leqq C t^{-1} \|u_+\|_{1,3}^3 \left(1 + \left(\|u_+\|_{1,3}^2 \log t \right) \right)^3$$

が成立する. ∎

[証明] 時間に関して,部分積分をおこなうと

$$(6.10) \quad \int_t^\infty U_3^{(\mathrm{A})}(-\tau) e^{i2\tau|q|^3} f \, d\tau$$

$$= \int_t^\infty U_3^{(\mathrm{A})}(-\tau) \frac{1}{1-iq^3\tau} \left(\partial_\tau \tau e^{i2\tau|q|^3} \right) f \, d\tau$$

$$= \frac{1}{3} \int_t^\infty U_3^{(\mathrm{A})}(-\tau) \tau \partial_x^3 \left(\frac{e^{i2\tau|q|^3}}{1-iq^3\tau} f \right) d\tau + R_{10}$$

が得られる.ここで,剰余項 R_{10} は,

74   6 修正 Korteweg-de Vries 方程式

$$R_{10} = U_3^{(A)}(-t)\frac{te^{i2t|q|^3}}{1-iq^3t}f - \int_t^\infty U_3^{(A)}(-\tau)\frac{1}{1-iq^3\tau}\left(\tau e^{i2\tau|q|^3}\right)\partial_\tau f\, d\tau$$

と書けるもので，次の評価式

(6.11)

$$\|R_{10}(t)\| \leqq Ct^{\frac{1}{2}}\left\||q|^{-\frac{5}{2}}f\right\|_{L^2_q(\mathbb{R})} + \int_t^\infty \tau^{-\frac{1}{2}}\left\||q|^{-3}\partial_\tau f\right\|_{L^2_q(\mathbb{R})}d\tau$$

$$\leqq Ct^{-1}\|u_+\|_{1,3}^3$$

を満たすことがわかる．補題 6.3 の証明により，今，

(6.12) $$\partial_x^3\left(\frac{e^{i2\tau|q|^3}}{1-iq^3\tau}f\right) = \left(\partial_x^3 e^{i2\tau|q|^3}\right)\frac{f}{1-iq^3\tau} + R_{11}$$

と書けば，次の評価式

(6.13) $$\int_t^\infty \|R_{11}(\tau)\|\,d\tau \leqq Ct^{-1}\|u_+\|_{1,3}^3\left(1 + \left(\|u_+\|_{1,3}^2 \log t\right)\right)^3$$

が，剰余項に対して成立することがわかる．(6.2)式より，

$$\frac{1}{27}\partial_x^3 e^{i2t|q|^3} = \partial_t e^{i2t|q|^3} + \left(-\frac{1}{2}t^{-1} - \frac{i}{36}q^{-3}t^{-2}\right)e^{i2t|q|^3}$$

であるから，

$$\int_t^\infty U_3^{(A)}(-\tau)e^{i2\tau|q|^3}f\, d\tau$$

$$= 9\int_t^\infty U_3^{(A)}(-\tau)\frac{1}{1-iq^3\tau}\left(\partial_\tau \tau e^{i2\tau|q|^3}\right)f\, d\tau$$

$$+ R_{10} + \int_t^\infty U_3^{(A)}(-\tau)R_{11}(\tau)\,d\tau + R_{12}$$

と書けば，剰余項 R_{12} が，$\|R_{12}(t)\| \leqq Ct^{-1}\|u_+\|_{1,3}^3$ を満たすことがわかり，補題が示されたことになる．∎

6.2 修正波動作用素の存在

［定理 6.1 の証明］　上の 2 つの補題を用いて，この章における主結果を証

明していく．次の修正 Korteweg-de Vries 方程式

$$(6.14) \qquad \partial_t u - \frac{1}{3}\partial_x^3 u = 3\lambda u^2 \partial_x u, \quad (t,x) \in \mathbb{R} \times \mathbb{R}$$

の時間大域解を求めることにする．自由解 $U_3^{(\mathrm{A})}(t)u_+$ の近傍で解を求めることは不可能なので，修正近似解 $U_3^{(\mathrm{A})}(t)w(t)$ の近傍で，すなわち，条件

$$\lim_{t \to \infty}\left(\mathcal{F}U_3^{(\mathrm{A})}(-t)u(t) - \widehat{w}(t)\right) = 0$$

のもとで，(6.14)式の解を求めることにする．ここで，修正最終値 $w(t)$ は，最終値 u_+ を用いて関数 ϕ を，

$$\phi(t,\xi) = 3i\lambda|\xi|^{-1}\xi\,|\widehat{u_+}(\xi)|^2\log t$$

で定義し，これを用いて，

$$w(t,\xi) = \mathcal{F}^{-1}e^{\phi(t,\xi)}\widehat{u_+}(\xi)$$

で定義することにする．最終値 u_+ が実数値関数であれば，

$$\begin{aligned}
\sqrt{2\pi}\mathcal{F}^{-1}\widehat{w}(t,\xi) &= \int_0^\infty e^{ix\xi + 3i\lambda|\widehat{u_+}(\xi)|^2\log t}\widehat{u_+}(\xi)\,d\xi \\
&\quad + \int_0^\infty e^{-ix\xi - 3i\lambda|\widehat{u_+}(\xi)|^2\log t}\widehat{u_+}(-\xi)\,d\xi \\
&= 2\,\mathrm{Re}\int_0^\infty e^{ix\xi + \phi(t,\xi)}\widehat{u_+}(\xi)\,d\xi
\end{aligned}$$

であるから，修正最終値 $w(t)$ も実数値関数であることに注意しておく．

今，$L_3 = \partial_t - \partial_x^3/3$ とすると，

$$(6.15) \qquad L_3 U_3^{(\mathrm{A})}(t)w(t) = U_3^{(\mathrm{A})}(t)\mathcal{F}^{-1}\left(\partial_t\phi\right)(t,\xi)\widehat{w}(t,\xi)$$

となることがわかる．(6.14)の解 u と (6.15)の解 $U_3^{(\mathrm{A})}(t)w$ の差を考える必要がある．そこで，$v = u - U_3^{(\mathrm{A})}(t)w$ とおくと，v は方程式

$$\begin{aligned}
(6.16) \qquad L_3 v = {}& \lambda\partial_x\left(u^3 - \left(U_3^{(\mathrm{A})}(t)w\right)^3\right) \\
& + \lambda\partial_x\left(U_3^{(\mathrm{A})}(t)w\right)^3 - U_3^{(\mathrm{A})}(t)\mathcal{F}^{-1}(\partial_t\phi)(t,\xi)\widehat{w}(t,\xi)
\end{aligned}$$

$$= F(v,w)\partial_x v + G(v,w,\partial_x w) + H(w,\partial_x w)$$

を満足する．ここで，簡単のため

$$F(v,w) = 3\lambda v^2 + 6\left(U_3^{(\mathrm{A})}(t)w\right)v + 3\left(U_3^{(\mathrm{A})}(t)w\right)^2,$$

$$G(v,w,\partial_x w) = 3v^2\left(\partial_x U_3^{(\mathrm{A})}(t)\,w\right) + 6v\left(U_3^{(\mathrm{A})}(t)w\right)\left(\partial_x U_3^{(\mathrm{A})}(t)w\right),$$

$$H(w,\partial_x w) = \lambda\partial_x\left(U_3^{(\mathrm{A})}(t)w\right)^3 - U_3^{(\mathrm{A})}(t)\mathcal{F}^{-1}\left(\partial_t\phi\right)(t,\xi)\widehat{w}(t,\xi)$$

とおいた．定理 3.1 より，$U_3^{(\mathrm{A})}(t)\mathcal{F}^{-1}(\partial_t\phi)(t,\xi)\widehat{w}(t,\xi)$ は，主要項と剰余項を用いて，

$$3\lambda t^{-\frac{3}{2}}\,|q|^{-\frac{1}{2}}\,|\widehat{u_+}(q)|^2\,\mathrm{Re}\left(\sqrt{2}ie^{i\frac{2}{3}t|q|^3 + 3i\lambda|\widehat{u_+}(q)|^2\log t}\widehat{u_+}(q)\right)$$

$$+ t^{-1}R_3(t,x)$$

と表現することができる．また，この剰余項は，最終値 u_+ を用いて，$0 < \widetilde{\delta} < 1$ とすれば，

$$\begin{aligned}
\|R_3(t)\| &\leqq Ct^{-\frac{1}{3}\left(\widetilde{\delta}+\frac{1}{2}\right)}\|\,|\xi|^{-1}\,\xi\,|\widehat{u_+}(\xi)|^2\,\widehat{w}(t,\xi)\|_{\mathbb{Z}^{\widetilde{\delta}}} \\
&\leqq Ct^{-\frac{1}{3}\left(\widetilde{\delta}+\frac{1}{2}\right)}\left(\left\||\widehat{u_+}(\xi)|^2\,\widehat{w}(t,\xi)\right\|_{\infty} + \left\|\partial_\xi\,|\widehat{u_+}(\xi)|^2\,\widehat{w}(t,\xi)\right\|_{\infty}\right. \\
&\qquad\left. + \left\||\xi|^{1-\widetilde{\delta}}\,\partial_\xi\,|\widehat{u_+}(\xi)|^2\,\widehat{w}(t,\xi)\right\|_{\infty} + \left\||\xi|^{-\widetilde{\delta}}\,|\widehat{u_+}(\xi)|^2\,\widehat{w}(t,\xi)\right\|_{\infty}\right) \\
&\leqq Ct^{-\frac{1}{3}\left(\widetilde{\delta}+\frac{1}{2}\right)}\left(\|\widehat{u_+}\|_{\infty}^2 + \left(\|\widehat{u_+}\|_{\infty} + \|\widehat{u_+}\|_{\infty}^3\log t\right)\|\partial_\xi\widehat{u_+}\|_{\infty}\right) \\
&\qquad\times\left(\left\||\xi|^{1-\widetilde{\delta}}\,\widehat{u_+}\right\|_{\infty} + \left\||\xi|^{-\widetilde{\delta}}\,\widehat{u_+}\right\|_{\infty}\right) \\
&\leqq Ct^{-\frac{1}{3}\left(\widetilde{\delta}+\frac{1}{2}\right)}\|\widehat{u_+}\|_{\infty}\|u_+\|_{2,4}^2\left(1 + \|u_+\|_{2,4}^2\log t\right)
\end{aligned}$$

のように評価できることがわかる．再び定理 3.1 を使うと

$$U_3^{(\mathrm{A})}(t)w(t)$$
$$= |q|^{-\frac{1}{2}}\,t^{-\frac{1}{2}}\,\mathrm{Re}\left(i\sqrt{2}ie^{i\frac{2}{3}t|q|^3 + 3i\lambda|\widehat{u_+}(q)|^2\log t}\widehat{u_+}(q)\right) + R_5(t,x),$$

および

$$\partial_x U_3^{(\mathrm{A})}(t)w(t)$$

$$= U(t)\mathcal{F}^{-1}i\xi\widehat{w}(t,\xi)$$

$$= -\,|q|^{\frac{1}{2}}\,t^{-\frac{1}{2}}\,\mathrm{Re}\left(\sqrt{2i}e^{i\frac{2}{3}t|q|^3+3i\lambda|\widehat{u_+}(q)|^2\log t}\,\widehat{u_+}(q)\right) + R_6(t,x)$$

と，主要項と剰余項に分割して書くことができる．ここで，剰余項は，評価式

$$\|R_5(t)\| + \|R_6(t)\|$$

$$\leqq Ct^{-\frac{1}{3}\left(\tilde{\delta}+\frac{1}{2}\right)}\left(\|\widehat{w}(t)\|_{\mathbb{Z}^\delta} + \left\|\widehat{\partial_x w}(t)\right\|_{\mathbb{Z}^\delta}\right)$$

$$\leqq Ct^{-\frac{1}{3}\left(\tilde{\delta}+\frac{1}{2}\right)}\|u_+\|_{2,4}\left(1 + \|u_+\|_{2,4}^2\log t\right)$$

および

$$\|R_5(t)\|_\infty \leqq Ct^{-\frac{1}{3}\left(\tilde{\delta}+1\right)}\|\widehat{w}(t)\|_{\mathbb{Z}^\delta}$$

$$\leqq Ct^{-\frac{1}{3}\left(\tilde{\delta}+1\right)}\|u_+\|_{2,4}\left(1 + \|u_+\|_{2,4}^2\log t\right)$$

を満足することが，第3章の結果より従う．上で，$U_3^{(\mathrm{A})}(t)w$ を主要項と剰余項で表現したが，このことと，最終値 u_+ が実数値関数であることを用いると，

(6.17)

$$\left(U_3^{(\mathrm{A})}(t)w\right)^2\partial_x U_3^{(\mathrm{A})}(t)w$$

$$= i\,|q|^{-\frac{1}{2}}\,t^{-\frac{3}{2}}\left(2\,|\widehat{u_+}(q)|^2 - ie^{i\frac{4}{3}t|q|^3+i12\lambda|\widehat{u_+}(q)|^2\log t}\,\widehat{u_+}(q)^2\right.$$

$$\left.+ ie^{-i\frac{4}{3}t|q|^3-i12\lambda|\widehat{u_+}(q)|^2\log t}\,\widehat{u_+}(-q)^2\right)$$

$$\times\left(i\sqrt{2i}e^{i\frac{2}{3}t|q|^3+i6\lambda|\widehat{u_+}(q)|^2\log t}\,\widehat{u_+}(q)\right.$$

$$\left.-\sqrt{2i}e^{-i\frac{2}{3}t|q|^3-i6\lambda|\widehat{u_+}(q)|^2\log t}\,\widehat{u_+}(-q)\right) + R_7(t,x)$$

$$= -\,|q|^{-\frac{1}{2}}\,t^{-\frac{3}{2}}\,|\widehat{u_+}(q)|^2\,\mathrm{Re}\left(\sqrt{2i}e^{i\frac{2}{3}t|q|^3+3i\lambda|\widehat{u_+}(q)|^2\log t}\,\widehat{u_+}(q)\right)$$

$$+ 2i\,|q|^{-\frac{1}{2}}\,t^{-\frac{3}{2}}\,\mathrm{Re}\left(\sqrt{2i}e^{i2t|q|^3+9i\lambda|\widehat{u_+}(q)|^2\log t}\,\widehat{u_+}(q)^3\right) + R_7(t,x)$$

と，非線形項を近似する式を，主要項と剰余項に分けて書くことができる．また，剰余項は，評価式

78   6   修正 Korteweg-de Vries 方程式

$$
\begin{aligned}
\|R_7(t)\| &\leqq C\left(t^{-1}\left\||\xi|^{-\frac{1}{2}}\,\widehat{u_+}\right\|_\infty^2 + \|R_5(t)\|_\infty^2\right)\|R_6(t)\| \\
&\leqq C\left(t^{-1}\|u_+\|_{2,4}^2 + t^{-\frac{2}{3}\left(\tilde\delta+1\right)}\|u_+\|_{2,4}\left(1+\|u_+\|_{2,4}^2\log t\right)\right) \\
&\quad \times t^{-\frac{1}{3}\left(\tilde\delta+\frac{1}{2}\right)}\|u_+\|_{2,4}\left(1+\|u_+\|_{2,4}^2\log t\right)
\end{aligned}
$$

を満足することが示せる．それゆえ，(6.15) と (6.17) 式より，f を，補題 6.3 で定義されたものと同じとすると，等式

(6.18)

$$
\begin{aligned}
H(w,\partial_x w) &= 3i\lambda\,|q|^{-\frac{1}{2}}\,t^{-\frac{3}{2}}\,\mathrm{Re}\left(\sqrt{2i}e^{i2t|q|^3+9i\lambda|\widehat{u_+}(q)|^2\log t}\,\widehat{u_+}(q)^3\right)+\lambda R_7(t,x) \\
&= \mathrm{Re}\left(\sqrt{2i}e^{i2t|q|^3}f\right)+\lambda R_7(t,x)
\end{aligned}
$$

が得られる．同様にして，等式

$$
\begin{aligned}
\partial_x^2 H(w,\partial_x w) &= -3i\lambda\,|q|^{\frac{3}{2}}\,t^{-\frac{3}{2}}\,\mathrm{Re}\left(\sqrt{2i}e^{i2t|q|^3+9i\lambda|\widehat{u_+}(q)|^2\log t}\,\widehat{u_+}(q)^3\right)-\lambda\widetilde{R}_7(t,x) \\
&= -\mathrm{Re}\left(\sqrt{2i}e^{i2t|q|^3}|q|^2\,f\right)-\lambda\widetilde{R}_7(t,x),
\end{aligned}
$$

および，評価式

$$
\begin{aligned}
\left\|\widetilde{R}_7(t)\right\| &\leqq C\left(t^{-1}\|u_+\|_{2,4}^2 + t^{-\frac{2}{3}\left(\tilde\delta+1\right)}\|u_+\|_{2,4}\left(1+\|u_+\|_{2,4}^2\log t\right)\right) \\
&\quad \times t^{-\frac{1}{3}\left(\tilde\delta+\frac{1}{2}\right)}\|u_+\|_{2,4}\left(1+\|u_+\|_{2,4}^2\log t\right)
\end{aligned}
$$

を示すことができる．主結果を示す準備ができたので，関数空間

$$
Y = \left\{g\in C\left([T,\infty)\,;L^2\right)\,;\|g\|_Y<\infty\right\},
$$

$$
\|g\|_Y = \sup_{t\in[T,\infty)} t^b\left(\|g\|_{2,0}+\left(\int_t^\infty\|g(\tau)\|_{1,0,\infty}^6\,d\tau\right)^{\frac{1}{6}}\right)
$$

を導入し，(6.16) 式の線形化方程式

$$(6.19) \qquad L_3 v = F(\widetilde{v}, w)\partial_x v + G(\widetilde{v}, w, \partial_x w) + H(w, \partial_x w)$$

を，最終値条件 $v(\infty, x) = 0$ のもとで考えることにしよう．ここで，$\widetilde{v}$ は，

$$\widetilde{v} \in X_\rho = \left\{ g; \|g\|_Y \leqq \rho \right\},$$

X_ρ は，X における，半径 ρ で，原点に中心を持つ閉球である．(6.19)式にエネルギー法を用いると，

$$\left| \int_0^\infty \int_t^\infty e^{i2\tau|q|^3} f v \, d\tau dx \right| + \left| \int_0^\infty \int_t^\infty e^{i2\tau|q|^3} |q|^2 \, f v \, d\tau dx \right|$$

$$\leqq C \|u_+\|_{1,3}^3 \left(\int_t^\infty \left(\tau^{-1} \|L_3 v(\tau)\| \right. \right.$$

$$\left. \left. + \tau^{-2} \left(1 + \left(\|u_+\|_{1,3}^2 \log \tau \right) \right)^3 \|v(\tau)\| \right) d\tau + t^{-1} \|v(t)\| \right)$$

であるから，$U_3^{(\mathrm{A})}$ の時間減衰評価を用いて，

$$\|v\|_{2,0}^2 \leqq C \int_t^\infty \left(\|\widetilde{v}\|_{1,0,\infty}^2 + \|\widetilde{v}\|_{1,0,\infty} \left\| U_3^{(\mathrm{A})}(\tau) w \right\|_{3,0,\infty} \right.$$

$$\left. + \left\| U_3^{(\mathrm{A})}(\tau) w \right\|_{1,0,\infty}^2 \right) \|v\|_{2,0}^2 \, d\tau$$

$$+ C \int_t^\infty \left(\tau^{-1} \|L_3 v(\tau)\|_{2,0} + \tau^{-2} \left(1 + \log \tau \right)^3 \|v(\tau)\|_{2,0} \right) d\tau$$

$$+ C t^{-\frac{1}{3}\left(\widetilde{\delta}+\frac{1}{2}\right)} (\log t) \|v(t)\|_{2,0}$$

$$\leqq C \int_t^\infty \left(\|\widetilde{v}\|_{1,0,\infty}^2 + \tau^{-\frac{1}{2}} \|\widetilde{v}\|_{1,0,\infty} \right) \|v\|_{2,0}^2 \, d\tau$$

$$+ C \|u_+\|_{2,2}^2 \int_t^\infty \tau^{-1} \|v\|_{2,0}^2 \, d\tau + C t^{-\frac{1}{3}\left(\widetilde{\delta}+\frac{1}{2}\right)} (\log t) \|v(t)\|_{2,0}$$

が求まる．時間変数に関して，Hölder の不等式を使い，仮定 $\widetilde{v} \in X_\rho$ を用いれば，上式右辺は上から

$$C \left(\int_t^\infty \|\widetilde{v}\|_{1,0,\infty}^6 \, d\tau \right)^{\frac{1}{3}} \left(\int_t^\infty \|v\|_{2,0}^3 \, d\tau \right)^{\frac{2}{3}}$$

$$+ C \left(\int_t^\infty \|\widetilde{v}\|_{1,0,\infty}^6 \, d\tau \right)^{\frac{1}{6}} \left(\int_t^\infty \tau^{-\frac{3}{5}} \|v\|_{2,0}^{\frac{12}{5}} \, d\tau \right)^{\frac{5}{6}}$$

$$+ C \|u_+\|_{2,2}^2 \int_t^\infty \tau^{-1} \|v\|_{2,0}^2 \, d\tau + C t^{-\frac{2}{3}\left(\widetilde{\delta}+\frac{1}{2}\right)} (\log t)^2 \, t^{-2b}$$

$$+ \frac{1}{2} \sup \tau^{2b} \|v(\tau)\|_{2,0}^2$$

$$\leqq C \left(t^{-2b} t^{(-3b+1)\frac{2}{3}} \rho^2 + t^{-b} t^{\left(-2b+\frac{1}{3}\right)} \rho^2 + \|u_+\|_{2,2}^2 t^{-2b} \right) \sup t^{2b} \|v(t)\|_{2,0}^2$$

$$+ C t^{-\frac{2}{3}\left(\tilde{\delta}+\frac{1}{2}\right)} (\log t)^2 t^{-2b}$$

によって評価される．それゆえ，$\|u_+\|_{2,2} \leqq \varepsilon$ とすると，

$$(6.20) \qquad\qquad \sup_{t \geqq T} t^b \|v(t)\|_{2,0} \leqq \rho$$

となるような，適当な T と ε が存在することがわかる．(6.19)式に，Strichartz 評価を使うと

$$\left(\int_t^\infty \|v(\tau)\|_{1,0,\infty}^6 \, d\tau \right)^{\frac{1}{6}}$$

$$\leqq C \left(\int_t^\infty \left(\|\widetilde{v}(\tau)\|_{1,0,\infty} \|\widetilde{v}(\tau)\|_{1,0} \|v(\tau)\|_{2,0} \right)^{\frac{6}{5}} d\tau \right)^{\frac{5}{6}}$$

$$+ C \left(\int_t^\infty \left(\|U_3(\tau)w\|_{1,0,\infty} \|\widetilde{v}(\tau)\|_{1,0} \|v(\tau)\|_{2,0} \right)^{\frac{6}{5}} d\tau \right)^{\frac{5}{6}}$$

$$+ C \int_t^\infty \|U_3(\tau)w\|_{1,0,\infty}^2 \|v(\tau)\|_{2,0} \, d\tau + C \left\| \int_t^\infty U_3(-\tau) e^{i2t|q|^3} f \, d\tau \right\|$$

$$+ C \int_t^\infty \|R_7\| \, d\tau + C \left\| \int_t^\infty U(-\tau) e^{i2t|q|^3} qf d\tau \right\| + C \int_t^\infty \left\| \widetilde{R}_7 \right\| d\tau.$$

再び，時間変数に関して，Hölder の不等式を使い，$\widetilde{v} \in X_\rho$ であることを使うと，上式の右辺は上から

$$C \left(\int_t^\infty \|\widetilde{v}(\tau)\|_{1,0,\infty}^{\frac{6}{5}} \tau^{-\frac{12}{5}b} d\tau \right)^{\frac{5}{6}} \rho^2 + C \left(\int_t^\infty \tau^{\left(-\frac{1}{2}-2b\right)\frac{6}{5}} d\tau \right)^{\frac{5}{6}} \rho^3$$

$$+ C \int_t^\infty \tau^{-1-b} d\tau \, \varepsilon^2 \rho + C t^{-\frac{1}{3}\left(\tilde{\delta}+\frac{1}{2}\right)} (\log t)$$

$$\leqq C \left(\int_t^\infty \|\widetilde{v}(\tau)\|_{1,0,\infty}^6 d\tau \right)^{\frac{1}{6}} t^{\frac{5}{6}-\frac{5}{2}b} \rho^2 + C t^{\frac{5}{6}-\frac{1}{2}-2b} + C t^{-b} \varepsilon^2 \rho$$

でおさえられることがわかる．それゆえ，適当な T が存在して，評価式

$$(6.21) \qquad\qquad \sup_{t \geqq T} t^b \left(\int_t^\infty \|v(\tau)\|_{1,0,\infty}^6 d\tau \right)^{\frac{1}{6}} \leqq \rho$$

が成立する．このように，(6.20)と(6.21)より，評価式

$$(6.22) \qquad \|v\|_Y \leqq \rho$$

が得られる．これは，$v = M\tilde{v}$ によって定義される写像 M が，Y からそれ自身への写像であることを意味している．次に $v_j = M\tilde{v}_j$ とおくことにすると，次の方程式

$$\begin{aligned}
L_3(v_1 - v_2) &= F(\tilde{v_1}, w)\partial_x v_1 + G(\tilde{v_1}, w, \partial_x w) \\
&\quad - F(\tilde{v_2}, w)\partial_x v_2 - G(\tilde{v_2}, w, \partial_x w) \\
&= F(\tilde{v_1}, w)\partial_x(v_1 - v_2) + (F(\tilde{v_1}, w) - F(\tilde{v_2}, w))\,\partial_x v_2 \\
&\quad + G(\tilde{v_1}, w, \partial_x w) - G(\tilde{v_2}, w, \partial_x w)
\end{aligned}$$

が得られる．(6.20)式の証明と同様にして，

$$(6.23) \qquad \sup_{t \geqq T} t^b \|v_1(t) - v_2(t)\|_{1,0} \leqq \frac{1}{2} \sup_{t \geqq T} t^b \|\tilde{v_1}(t) - \tilde{v_2}(t)\|_{1,0}$$

が成立する．(6.22)式，(6.23)式，および縮小写像の原理を用いると，主結果が得られる． ∎

6.3 波動作用素の非存在

［定理 6.2 の証明］　前章で述べた非存在の証明と同様であるので，概略だけを述べることにしよう．方程式(6.1)式の両辺に $U_3^{(A)}(-t)$ を作用させて，時間に関して積分すると，

$$\begin{aligned}
&U_3^{(A)}(-t)u(t) - U_3^{(A)}(-s)u(s) \\
&= \lambda \int_s^t U_3^{(A)}(-\tau)\left(\partial_x u^3 - \partial_x U_3^{(A)}(\tau)\mathcal{F}^{-1}\tau^{-1}|\xi|^{-1}|\widehat{u_+}|^2\,\widehat{u_+}(\xi)\right) d\tau \\
&\quad + \lambda \partial_x \mathcal{F}^{-1}|\xi|^{-1}|\widehat{u_+}|^2\,\widehat{u_+}(\xi)\int_s^t \tau^{-1}d\tau,
\end{aligned}$$

それゆえ，定理 6.1 より，

82   6 修正 Korteweg-de Vries 方程式

$$\left\| U_3^{(A)}(-t)u(t) - U_3^{(A)}(-s)u(s) \right\|$$

$$\geqq |\lambda| \left\| |\widehat{u_+}|^2 \, \widehat{u_+}(\xi) \right\| \int_s^t \tau^{-1} d\tau$$

$$- C \left\| \int_s^t \partial_x u^3 - \partial_x U_3^{(A)}(\tau) \mathcal{F}^{-1} \tau^{-1} 3 |\xi|^{-1} |\widehat{u_+}|^2 \, \widehat{u_+}(\xi) \, d\tau \right\|$$

$$= |\lambda| \left\| |\widehat{u_+}|^2 \, \widehat{u_+}(\xi) \right\| \int_s^t \tau^{-1} d\tau$$

$$- C \left\| \int_s^t \partial_x \left(u^3 - \left(U_3^{(A)}(t)w \right)^2 U_3^{(A)}(t)u_+ \right) d\tau \right\| + \|R\|$$

が成り立つ. 定理 6.1 で示した u は, $U_3^{(A)}(t)w$ の周りで安定であること, および $U_3^{(A)}(t)$ の時間減衰評価を用いれば, 右辺の最後の 2 項が剰余項であることがわかる. このことより, 任意の $\theta > 0$ に対して, 適当な $T(\theta)$ が存在して, $t > s > T(\theta)$ であれば,

$$\left\| U_3^{(A)}(-t)u(t) - U_3^{(A)}(-s)u(s) \right\| \geqq \left(\left\| |\widehat{u_+}|^2 \, \widehat{u_+}(\xi) \right\| - \theta \right) \int_s^t \frac{d\tau}{\tau}$$

となることがわかるので, $u_+ = 0$ となり, 矛盾が導かれたので, 自由解の周りで, 解は安定ではないことが示された. ∎

6.4 一般化

この章で用いた方法を使えば, 次の形の方程式

$$(6.24) \qquad \begin{cases} \partial_t u - \dfrac{1}{3} \partial_x^3 u = N(u, u_x), & (t, x) \in \mathbb{R} \times \mathbb{R}, \\ u(0, x) = u_0, & x \in \mathbb{R} \end{cases}$$

を取り扱うことが可能である. ここで, 非線形項 N は

$$N_1 = \lambda_1 u^3 + \lambda_2 u^2 u_x + \lambda_3 u u_x^2 + \lambda_4 u_x^3$$

であり, 係数は実数とする. この章の方法が応用できる条件は,

$$\lambda_1 \leqq 0, \quad \lambda_3 \leqq 0$$

である.

$$\lambda_1 = \lambda_3 = 0$$

のときは，前節の証明より，非線形問題の解の近似解 u_w は，

$$\widehat{w}(t,\xi) = \widehat{u_+}(\xi) \exp\left(i|\xi|^{-1}(\lambda_2\xi + 3\lambda_4\xi^3)|\widehat{u_+}(\xi)|^2 \log t\right)$$

とすれば，

$$u_w = U_3^{(\mathrm{A})}(t)w$$

となることがわかる．そうでないときは，$\Lambda(\xi) = |\xi|^{-1}(3i\lambda_1 + \lambda_2\xi + i\lambda_3\xi^2 + 3\lambda_4\xi^3)$ としたとき，

$$\widehat{W}(t,\xi) = \widehat{u_+}(\xi) \exp\left(i\frac{\Lambda(\xi)}{\operatorname{Im}\Lambda(\xi)}\varphi(t,\xi)\right),$$

および

$$e^{-2\varphi(t,\xi)} = \frac{1}{1 - 2(\operatorname{Im}\Lambda(\xi))|\widehat{u_+}(\xi)|^2 \log t}$$

とすれば，

$$u_W = U_3^{(\mathrm{A})}(t)W$$

となることがわかる．このように，係数が上で述べた条件を満足し，さらに u_+ が適当な条件を満たせば，漸近解の存在を示すことができる．さらに，一般の $\rho > 2$ のときにも応用可能である．

7 非線形Klein-Gordon方程式

7.1 解の漸近挙動

この章では，非線形 Klein-Gordon 方程式

$$(7.1) \qquad u_{tt} + (-\Delta + 1)u = \mu\,|u|^2\,u, \quad (t,x) \in \mathbb{R} \times \mathbb{R},\ \mu \in \mathbb{R}$$

の時間大域解の存在を，最終値条件

$$\lim_{t \to \infty} \left(u(t) - 2\,\mathrm{Re}\left(U(t)w_+(t)\right)\right) = 0$$

のもとで考えることにする．ここで，発展作用素 $U(t)$ は，

$$U(t) = \mathcal{F}^{-1} e^{-it\langle \xi \rangle} \mathcal{F}, \quad \langle x \rangle = \left(1 + x^2\right)^{\frac{1}{2}},$$

近似解 $U(t)w_+(t)$ は，最終値 u_+ で

$$w_+(t,x) = \mathcal{F}^{-1}\widehat{u_+}(\xi)e^{\frac{3}{2}i\mu\langle \xi \rangle^2 |\widehat{u_+}(\xi)|^2 \log t}$$

のように定義されるものとする．3 次の非線形項は，空間次元 1 次元の場合，自由解の近傍で解くことができないので，臨界冪と考えられている．明確な形で述べた文献をあげることはできないが，初期値問題の解を，自由解の近傍で求めることができないことは，文献[102]で用いられた方法と，文献[35]で証明された時間減衰評価を利用すれば示すことができることに注意しておく．

方程式(7.1)の解を見つけるために，近似解を上のように定義し，この近似解の近傍で，解の存在を証明することが本章の目的である．

方程式(7.1)の初期値問題は，文献[35]によって研究され，解の L^∞ 時間減衰評価が得られた．また，方程式(7.1)の初期値問題に対しては，小さい解の漸近評価が，文献[25]によって証明された．文献[115]においては，2 次の非

86   7 非線形 Klein-Gordon 方程式

線形項を持った，2次元非線形 Klein-Gordon 方程式の初期値問題が研究され，小さい解の大域的存在，および時間減衰評価が，文献[127]による normal form の方法を用いて示された．一方，文献[115]と同様の結果が，文献[26]において，文献[95]によるベクトル場法を用いて示され，さらに，小さい解の漸近評価が示された．

変数 $u, u_t, u_x, u_{xx}, u_{tx}$ に依存した方程式(7.1)の初期値問題に関しては，非線形項が特別な形で，初期値が小さく，滑らかで，無限遠方で速く減衰しているという条件のもと，いくつかの研究がおこなわれてきた．例えば，文献[84], [108], [109]では，自由解の近傍で，解が存在するための十分条件(非線形項の構造)が述べられているが，このことは，3次の非線形項が，必ずしも臨界冪非線形項とは限らないということを意味している．

もちろん，これらの仕事では，非線形項 $|u|^2 u$ は除かれている．初期値が小さく，滑らかで，コンパクトな台を持つという条件のもと，非線形項に $|u|^2 u$ を含む非線形 Klein-Gordon 方程式の大域解の存在，および漸近評価の研究が，文献[25]で，あるいは非線形項が消散項として働くときには，文献[141]でおこなわれている．

上で述べたように，初期値問題に関する仕事は数多くあるが，最終値問題に関する仕事は，高い冪乗の場合を除いてほとんどない．文献[25], [26], [34], [35], [95], [141]では，初期値がコンパクトな台を持つという条件が仮定されているので，最終値問題に応用することはできない．

今，u を方程式(7.1)の解とする．そして，

$$
\begin{pmatrix} \widetilde{u} \\ \widetilde{v} \end{pmatrix} = \begin{pmatrix} \dfrac{1}{2} \left(1 + \langle i\nabla \rangle^{-1} i\partial_t \right) u \\ \dfrac{1}{2} \left(1 - \langle i\nabla \rangle^{-1} i\partial_t \right) u \end{pmatrix}
$$

とおくと，$\widetilde{u}, \widetilde{v}$ は方程式

$$
(7.2) \qquad \partial_t \widetilde{u} + i \langle i\nabla \rangle \widetilde{u} = -\frac{\mu}{2i} \langle i\nabla \rangle^{-1} |\widetilde{u} + \widetilde{v}|^2 (\widetilde{u} + \widetilde{v}),
$$

$$
\partial_t \widetilde{v} - i \langle i\nabla \rangle \widetilde{v} = \frac{\mu}{2i} \langle i\nabla \rangle^{-1} |\widetilde{u} + \widetilde{v}|^2 (\widetilde{u} + \widetilde{v})
$$

を満たす．u が実数値関数であれば，$\widetilde{v}(t) = \overline{\widetilde{u}(t)}$ であるから，(7.2)は

$$(7.3) \qquad \partial_t \widetilde{u} + i \langle i\nabla \rangle \, \widetilde{u} = -\frac{\mu}{2i} \langle i\nabla \rangle^{-1} \left| \widetilde{u} + \overline{\widetilde{u}} \right|^2 \left(\widetilde{u} + \overline{\widetilde{u}} \right)$$

と書き直すことができる．このように書き直すと，非線形項が共鳴項 $|\widetilde{u}|^2 \widetilde{u}$ と，その他の非共鳴項に分解されることがわかるであろう．この章における主結果を述べることにする．

定理 7.1 最終値 u_+ が $u_+ \in H^{5,3}$ を満たし，$\|u_+\|_{4,2}$ が十分小さいとする．このとき，方程式(7.3)の一意的な大域解 $\widetilde{u} \in C\left([1,\infty); H^{1,0}\right)$ が存在して，漸近評価

$$\|\widetilde{u}(t) - U(t)w_+\|_{1,0} \leqq Ct^{-b}$$

を満足する．ここで，b は $1/4 < b < 1/2$ を満たす定数である． □

この定理から次の系が従う．

系 7.2 最終値 u_+ が $u_+ \in H^{5,3}$ を満たし，$\|u_+\|_{4,2}$ が十分小さいとする．このとき，方程式(7.1)の一意的な大域解 $u \in C\left([1,\infty); H^{1,0}\right)$ が存在して，漸近評価

$$\|u(t) - 2\operatorname{Re}(U(t)w_+)\|_{1,0} \leqq Ct^{-b}$$

を満足する．ここで，b は $1/4 < b < 1/2$ を満たす定数である． □

証明の前に，どのように解を見つけるか，概略を紹介する．定理 4.1 から，漸近公式

$$U(t)f = u_f + R$$

が従う．ここで，主要項は $\eta = x/t$ とおくと，

$$u_f = \begin{cases} \sqrt{\dfrac{1}{it}} \, \langle i\eta \rangle^{-\frac{3}{2}} \, e^{it\sqrt{1-\eta^2}} \widehat{f}\left(\dfrac{\eta}{\langle i\eta \rangle}\right), & |\eta| < 1, \\ 0, & |\eta| \geqq 1 \end{cases}$$

と表現され，剰余項は評価式

$$\|R(t)\| \leqq Ct^{-b}, \quad \frac{1}{4} < b < \frac{1}{2}$$

88   7 非線形 Klein-Gordon 方程式

を満足することを示すことができる．上で述べたように，非線形項が臨界冪で
あるので，最終値 u_+ を修正する必要がある．どのように修正するかを考えて
みよう．

今，解が線形方程式の解と同じような振る舞いをすると仮定しよう．そうす
ると，非線形項の主要項は

$$|U(t)u_+|^2 U(t)u_+$$

$$\simeq t^{-1} \langle i\eta \rangle^{-3} (it)^{-\frac{1}{2}} \langle i\eta \rangle^{-\frac{3}{2}} e^{it\sqrt{1-\eta^2}} \widehat{u_+} \left(\frac{\eta}{\langle i\eta \rangle} \right) \left| \widehat{u_+} \left(\frac{\eta}{\langle i\eta \rangle} \right) \right|^2$$

$$\simeq U(t)\mathcal{F}^{-1} \langle \xi \rangle^3 |\widehat{u_+}(\xi)|^2 \widehat{u_+}(\xi)$$

となる．ここで，記号 $a \simeq b$ は，$a - b$ が我々の問題では，剰余項とみること
ができることを意味する．主要項の L^2 ノルムは，時間に関して可積分になら
ないので，これを取り除くような近似解を導入する必要がある．そのために，
以下のような近似解

$$\widehat{w_+}(t,\xi) = \widehat{u_+}(\xi) e^{\frac{3}{2} i\mu \langle \xi \rangle^2 |\widehat{u_+}(\xi)|^2 \log t}$$

を導入することにする．定理 4.1 の漸近公式から，$\tilde{u}$ は

$$\tilde{u}(t,x) = U(t)\mathcal{F}^{-1}\widehat{w_+} = u_{\mathcal{F}^{-1}\widehat{w_+}} + R$$

$$= \begin{cases} \sqrt{\dfrac{1}{it}} \langle i\eta \rangle^{-\frac{3}{2}} e^{it\sqrt{1-\eta^2}} \widehat{u_+} \left(\dfrac{\eta}{\langle i\eta \rangle} \right) \\ \quad \times e^{\frac{3}{2} i\mu \langle i\eta \rangle^{-2} |\widehat{u_+}\left(\frac{\eta}{\langle i\eta \rangle}\right)|^2 \log t}, & |\eta| < 1, \\ 0, & |\eta| \geqq 1 \end{cases}$$

$$+ R$$

のように振る舞うことがわかる．ここで，恒等式 $\langle i\eta \rangle^{-1} = \langle \eta/\langle i\eta \rangle \rangle$ を用いた．
以後簡単のため，(7.3) の $\tilde{u}$ を u と記述することにする．簡単な計算によっ
て，(7.3) から

$$\frac{d}{dt} e^{it\langle \xi \rangle} \widehat{u} = i\frac{\mu}{2} \left(\langle \xi \rangle^{-1} e^{it\langle \xi \rangle} \right) \mathcal{F} |u + \overline{u}|^2 (u + \overline{u})$$

$$= i\frac{\mu}{2} \left(\langle \xi \rangle^{-1} e^{it\langle \xi \rangle} \right) \mathcal{F} \left(3 |u|^2 u + 3 |u|^2 \overline{u} + u^3 + \overline{u}^3 \right)$$

となることがわかる. 右辺の第 1 項 $|u|^2 u$ が, 共鳴項となるので, この項を取り除くように, 近似解を定義したわけである. 実際,

$$\frac{d}{dt}\widehat{w_+}(t,\xi) = \frac{3}{2}i\mu\langle\xi\rangle^2 t^{-1}|\widehat{u_+}(\xi)|^2\widehat{w_+}(t,\xi)$$

が得られる. これらの式から,

$$(7.4) \qquad \frac{d}{dt}\left(e^{it\langle\xi\rangle}\widehat{u} - \widehat{w_+}(t,\xi)\right)$$
$$= i\frac{\mu}{2}\langle\xi\rangle^{-1}e^{it\langle\xi\rangle}\mathcal{F}\Big(|u+\overline{u}|^2(u+\overline{u})$$
$$-3t^{-1}\mathcal{F}^{-1}e^{-it\langle\xi\rangle}\langle\xi\rangle^3|\widehat{w_+}(t,\xi)|^2\widehat{w_+}(t,\xi)\Big)$$

が従う. 非線形項の主要項は,

$$|u|^2 u \simeq t^{-1}U(t)\mathcal{F}^{-1}\langle\xi\rangle^3|\widehat{u_+}(\xi)|^2\widehat{w_+}(t,\xi),$$
$$|u|^2\overline{u} \simeq \left|U(t)\mathcal{F}^{-1}\widehat{w_+}\right|^2\overline{U(t)\mathcal{F}^{-1}\widehat{w_+}},$$
$$u^3 \simeq \left(U(t)\mathcal{F}^{-1}\widehat{w_+}\right)^3,$$
$$\overline{u}^3 \simeq \overline{\left(U(t)\mathcal{F}^{-1}\widehat{w_+}\right)}^3$$

のように考えられるので, (7.4)式の右辺は, 次のように

$$(7.5) \qquad |u+\overline{u}|^2(u+\overline{u}) - 3t^{-1}\mathcal{F}^{-1}e^{-it\langle\xi\rangle}\langle\xi\rangle^3|\widehat{w_+}(t,\xi)|^2\widehat{w_+}(t,\xi)$$
$$= 3\left(|u|^2 u - t^{-1}U(t)\mathcal{F}^{-1}\langle\xi\rangle^3|\widehat{w_+}(t,\xi)|^2\widehat{w_+}(t,\xi)\right)$$
$$+ \left(3|u|^2\overline{u} - 3\left|U(t)\mathcal{F}^{-1}\widehat{w_+}\right|^2\overline{U(t)\mathcal{F}^{-1}\widehat{w_+}}\right)$$
$$+ \left(u^3 - \left(U(t)\mathcal{F}^{-1}\widehat{w_+}\right)^3\right) + \left(\overline{u}^3 - \overline{\left(U(t)\mathcal{F}^{-1}\widehat{w_+}\right)}^3\right)$$
$$+ 3\left|U(t)\mathcal{F}^{-1}\widehat{w_+}\right|^2\overline{U(t)\mathcal{F}^{-1}\widehat{w_+}} + \left(U(t)\mathcal{F}^{-1}\widehat{w_+}\right)^3$$
$$+ \overline{\left(U(t)\mathcal{F}^{-1}\widehat{w_+}\right)}^3$$

と書き直すことができる. 定理 4.1 から, (7.5)式の右辺第 1 項にある

$$t^{-1}U(t)\mathcal{F}^{-1}\langle\xi\rangle^3|\widehat{u_+}(\xi)|^2\widehat{w_+}(t,\xi)$$

の主要項が

$$\left| u_{\mathcal{F}^{-1}\widehat{w_+}(t,\xi)} \right|^2 u_{\mathcal{F}^{-1}\widehat{w_+}(t,\xi)}$$

となることが示せるので，(7.5)式の右辺の最後の3項が，剰余項であることを示せば，主結果が示せることになる．

7.2 修正波動作用素の存在

［定理 7.1 の証明］ (7.4)式

$$\frac{d}{dt}\left(e^{it\langle\xi\rangle}\widehat{u} - \widehat{w_+}(t,\xi)\right)$$
$$= i\frac{\mu}{2}\langle\xi\rangle^{-1} e^{it\langle\xi\rangle} \mathcal{F}\Big(\left|u+\overline{u}\right|^2(u+\overline{u})$$
$$\qquad - 3t^{-1}\mathcal{F}^{-1} e^{-it\langle\xi\rangle}\langle\xi\rangle^3 \left|\widehat{w_+}(t,\xi)\right|^2 \widehat{w_+}(t,\xi)\Big)$$
$$= i\frac{\mu}{2}\langle\xi\rangle^{-1} e^{it\langle\xi\rangle} \mathcal{F}\Big(3\left(|u|^2 u - t^{-1}U(t)\mathcal{F}^{-1}\langle\xi\rangle^3 \left|\widehat{u_+}(\xi)\right|^2 \widehat{w_+}(t,\xi)\right)$$
$$\qquad + 3\left(|u|^2\overline{u} - \left|U(t)\mathcal{F}^{-1}\widehat{w_+}\right|^2 \overline{U(t)\mathcal{F}^{-1}\widehat{w_+}}\right)$$
$$\qquad + \left(u^3 - \left(U(t)\mathcal{F}^{-1}\widehat{w_+}\right)^3\right) + \left(\overline{u}^3 - \overline{\left(U(t)\mathcal{F}^{-1}\widehat{w_+}\right)^3}\right) + R\Big)$$

から証明をはじめることにする．ここで剰余項は，

$$R = 3\left|U(t)\mathcal{F}^{-1}\widehat{w_+}\right|^2 \overline{U(t)\mathcal{F}^{-1}\widehat{w_+}} + \left(U(t)\mathcal{F}^{-1}\widehat{w_+}\right)^3 + \overline{\left(U(t)\mathcal{F}^{-1}\widehat{w_+}\right)}^3$$

とした．前にも述べたように，

$$\int_t^\infty \left(\langle i\nabla\rangle^{-1} U(-t)\right) R\, dt$$

が我々の問題において，剰余項になることを示すことが大切である．3つの項とも同じように扱えるので，ここでは，

$$\int_t^\infty \left(\langle i\nabla\rangle^{-1} U(-t)\right)\left(U(t)\mathcal{F}^{-1}\widehat{w_+}\right)^3 dt$$
$$= \int_t^\infty \left(\langle i\nabla\rangle^{-1} U(-t)\right)\left(u_{\mathcal{F}^{-1}\widehat{w_+}(t)}\right)^3 dt + R_0$$

が $|\eta| \leqq 1$ に対して剰余項になることを示す．ここで，

$$
u_{\mathcal{F}^{-1}\widehat{w_+}}(t) = \begin{cases} \sqrt{\dfrac{2\pi}{it}} \, \langle i\eta\rangle^{-\frac{3}{2}} \, e^{it\sqrt{1-\eta^2}} \widehat{u_+}\left(\dfrac{\eta}{\langle i\eta\rangle}\right) \\ \quad \times e^{\frac{3}{8}i\mu\langle i\eta\rangle^{-2}\left|\widehat{u_+}\left(\frac{\eta}{\langle i\eta\rangle}\right)\right|^2 \log t}, & |\eta| < 1, \\[4pt] 0, & |\eta| \geqq 1 \end{cases}
$$

である. 定理 4.1 より, 評価式

$$
\|R_0(t)\|_{1,0} \leqq Ct^{-b} \|u_+\|_{5,2}^3, \quad \frac{1}{4} < b < \frac{1}{2}
$$

を満たすことがわかり, 剰余項となることがわかる. さらに, 次の式

$$
\int_t^\infty \left(\langle i\nabla\rangle^{-1} U(-t)\right) e^{\alpha it\sqrt{1-\eta^2}} F(\eta)\, dt
$$

が剰余項になることを示す. ここで,

$$
F(\eta) = \left(u_{\mathcal{F}^{-1}\widehat{w_+}}(t)\right)^3
$$

とおいた. 簡単な微分の計算により,

$$
\partial_t e^{\alpha i\sqrt{t^2-x^2}} = \alpha i \frac{t}{(t^2-x^2)^{\frac{1}{2}}} e^{\alpha i\sqrt{t^2-x^2}} = \alpha i \frac{1}{\langle i\eta\rangle} e^{\alpha i\sqrt{t^2-x^2}},
$$

$$
\partial_t^2 e^{\alpha i\sqrt{t^2-x^2}} = \left(-\alpha^2 \frac{t^2}{t^2-x^2} - \alpha i \frac{x^2}{(t^2-x^2)^{\frac{3}{2}}}\right) e^{\alpha i\sqrt{t^2-x^2}},
$$

$$
\partial_x e^{\alpha i\sqrt{t^2-x^2}} = \alpha i \frac{-x}{(t^2-x^2)^{\frac{1}{2}}} e^{\alpha i\sqrt{t^2-x^2}},
$$

$$
\partial_x^2 e^{\alpha i\sqrt{t^2-x^2}} = \left(-\alpha^2 \frac{x^2}{t^2-x^2} - \alpha i \frac{t^2}{(t^2-x^2)^{\frac{3}{2}}}\right) e^{\alpha i\sqrt{t^2-x^2}}
$$
$$
= \left(-\alpha^2 \frac{\eta^2}{\langle i\eta\rangle^2} - \alpha i \frac{1}{t\langle i\eta\rangle^3}\right) e^{\alpha i\sqrt{t^2-x^2}}
$$

がわかる. それゆえ,

$$
L_\alpha = \partial_t^2 - \partial_x^2 + \alpha^2
$$

とおくと,

92   7 非線形 Klein-Gordon 方程式

$$L_\alpha e^{\alpha i \sqrt{t^2-x^2}} = \alpha i \frac{1}{(t^2-x^2)^{\frac{1}{2}}} e^{\alpha i \sqrt{t^2-x^2}} = \alpha i \frac{1}{t \langle i\eta \rangle} e^{\alpha i \sqrt{t^2-x^2}}$$

がわかる.$|x| \geqq t$ のとき,$\widehat{g}(\eta) = 0$ という条件を用いて,部分積分をおこなうと,

$$
\begin{aligned}
R_1 &= \alpha^{-2} \left(\langle i\nabla \rangle^{-1} U(-t) \right) \left(\partial_t e^{\alpha i t \sqrt{1-\eta^2}} \right) \langle i\eta \rangle^2 \widehat{g}(\eta) \\
&\quad + \alpha^{-2} \int_t^\infty \left(\langle i\nabla \rangle^{-1} U(-t) \right) \left(\partial_t e^{\alpha i t \sqrt{1-\eta^2}} \right) \langle i\eta \rangle \, \partial_t \langle i\eta \rangle \, \widehat{g}(\eta) \, dt \\
&= \alpha^{-2} \alpha i \left(\langle i\nabla \rangle^{-1} U(-t) \right) e^{\alpha i \sqrt{t^2-x^2}} \langle i\eta \rangle \, \widehat{g}(\eta) \\
&\quad + \alpha^{-2} \alpha i \int_t^\infty \left(\langle i\nabla \rangle^{-1} U(-t) \right) e^{\alpha i \sqrt{t^2-x^2}} \partial_t \langle i\eta \rangle \, \widehat{g}(\eta) \, dt
\end{aligned}
$$

とおけば,

$$
\begin{aligned}
&\int_t^\infty \left(\langle i\nabla \rangle^{-1} U(-t) \right) e^{\alpha i t \sqrt{1-\eta^2}} \widehat{g}(\eta) \, dt \\
&= -\alpha^{-2} \int_t^\infty \left(\langle i\nabla \rangle^{-1} U(-t) \right) \left(\partial_t \langle i\eta \rangle \, \partial_t e^{\alpha i t \sqrt{1-\eta^2}} \right) \langle i\eta \rangle \, \widehat{g}(\eta) \, dt \\
&= \alpha^{-2} \int_t^\infty \left(\langle i\nabla \rangle^{-1} \left(\partial_t U(-t) \right) \right) \left(\partial_t e^{\alpha i t \sqrt{1-\eta^2}} \right) \langle i\eta \rangle^2 \widehat{g}(\eta) \, dt + R_1
\end{aligned}
$$

と書けることがわかる.右辺第 1 項に対して,再び部分積分を用いると

$$
\begin{aligned}
R_2 &= -\alpha^{-2} \left(\langle i\nabla \rangle^{-1} \left(\partial_t U(-t) \right) \right) e^{\alpha i t \sqrt{1-\eta^2}} \langle i\eta \rangle^2 \widehat{g}(\eta) \\
&\quad - \alpha^{-2} \int_t^\infty \left(\langle i\nabla \rangle^{-1} \left(\partial_t U(-t) \right) \right) e^{\alpha i t \sqrt{1-\eta^2}} \partial_t \langle i\eta \rangle^2 \widehat{g}(\eta) \, dt
\end{aligned}
$$

とおいたとき,

$$
\begin{aligned}
&\int_t^\infty \left(\langle i\nabla \rangle^{-1} U(-t) \right) e^{\alpha i t \sqrt{1-\eta^2}} \widehat{g}(\eta) \, dt \\
&= -\alpha^{-2} \int_t^\infty \left(\langle i\nabla \rangle^{-1} \left(\partial_t^2 U(-t) \right) \right) e^{\alpha i t \sqrt{1-\eta^2}} \langle i\eta \rangle^2 \widehat{g}(\eta) \, dt + \sum_{j=1}^2 R_j
\end{aligned}
$$

が得られる.簡単な計算によって,

$$
\begin{aligned}
\partial_t^2 U(-t) &= \partial_t^2 \mathcal{F}^{-1} e^{it \langle \xi \rangle} \mathcal{F} = - \langle i\nabla \rangle^2 U(-t), \\
\partial_x^2 e^{\alpha i \sqrt{t^2-x^2}} &= \left(-\alpha^2 \frac{\eta^2}{\langle i\eta \rangle^2} - \alpha i \frac{1}{t \langle i\eta \rangle^3} \right) e^{\alpha i \sqrt{t^2-x^2}}
\end{aligned}
$$

ということがわかるので，以上まとめると，

$$\int_t^\infty \left(\langle i\nabla \rangle^{-1} U(-t) \right) e^{\alpha i t \sqrt{1-\eta^2}} \widehat{g}(\eta)\, dt$$

$$= - \int_t^\infty \langle i\nabla \rangle^{-1} \left(\langle i\nabla \rangle^2 U(-t) \right) e^{\alpha i t \sqrt{1-\eta^2}} \left(\frac{\langle i\eta \rangle}{\alpha i} \right)^2 \widehat{g}(\eta)\, dt + \sum_{j=1}^2 R_j$$

$$= \alpha^{-2} \int_t^\infty \langle i\nabla \rangle^{-1} U(-t) \left(\left(1-\partial_x^2 \right) e^{\alpha i t \sqrt{1-\eta^2}} \right) \langle i\eta \rangle^2 \widehat{g}(\eta)\, dt + \sum_{j=1}^3 R_j$$

$$= \int_t^\infty \langle i\nabla \rangle^{-1} U(-t) \left(\eta^2 \left(1-\alpha^{-2} \right) + \alpha^{-2} \right) e^{\alpha i t \sqrt{1-\eta^2}} \widehat{g}(\eta)\, dt + \sum_{j=1}^4 R_j$$

が得られる．ここで，

$$R_3 = -2\alpha^{-2} \int_t^\infty \langle i\nabla \rangle^{-1} U(-t) \left(\partial_x e^{\alpha i t \sqrt{1-\eta^2}} \right) \partial_x \langle i\eta \rangle^2 \widehat{g}(\eta)\, dt$$

$$+ \int_t^\infty \langle i\nabla \rangle^{-1} U(-t) e^{\alpha i t \sqrt{1-\eta^2}} \partial_x^2 \langle i\eta \rangle^2 \widehat{g}(\eta)\, dt,$$

そして，

$$R_4 = -\alpha^{-2} \int_t^\infty \langle i\nabla \rangle^{-1} U(-t) \left(\frac{\alpha i}{t \langle i\eta \rangle^3} e^{\alpha i \sqrt{t^2-x^2}} \right) \langle i\eta \rangle^2 \widehat{g}(\eta)\, dt$$

とした．それゆえ，

$$\left(1-\alpha^{-2} \right) \int_t^\infty \left(\langle i\nabla \rangle^{-1} U(-t) \right) e^{\alpha i t \sqrt{1-\eta^2}} \langle i\eta \rangle \widehat{g}(\eta)\, dt = \sum_{j=1}^4 R_j$$

が求まった．上の式で，

$$\langle i\eta \rangle \widehat{g}(\eta) = F(\eta) = \left(u_{\mathcal{F}^{-1} \widehat{w_+(t)}} \right)^3,$$

そして，$\alpha = 3$ とおいて，剰余項 $\sum_{j=1}^4 R_j$ の L^2 ノルムの計算をしてみる．R_1 についての評価として，

$$\| R_1(t) \|_{1,0} \leqq C \| \langle i\eta \rangle \widehat{g}(\eta) \|_{L_x^2} + C \int_t^\infty \| \partial_t \langle i\eta \rangle \widehat{g}(\eta) \|_{L_x^2}\, d\tau$$

$$\leqq C t^{-\frac{3}{2}} \left\| \langle i\eta \rangle^{-\frac{9}{2}} \widehat{u_+} \left(\frac{\eta}{\langle i\eta \rangle} \right)^3 \right\|_{L_x^2(-t,t)}$$

$$+ C \int_t^\infty \tau^{-\frac{3}{2}} \left\| \partial_t \langle i\eta \rangle^{-\frac{9}{2}} \widehat{u_+} \left(\frac{\eta}{\langle i\eta \rangle} \right)^3 \right\|_{L_x^2(-t,t)}\, d\tau$$

を求めることができる．変数 η の定義より，右辺の第 1 項は，最終値 u_+ を用

いて,

$$
\left\| \langle i\eta \rangle^{-\frac{9}{2}} \widehat{u_+} \left(\frac{\eta}{\langle i\eta \rangle} \right)^3 \right\|_{L_x^2(0,t)}^2
$$

$$
= \int_0^{t/2} + \int_{t/2}^t \frac{1}{\langle i\eta \rangle^9} \widehat{u_+} \left(\frac{\eta}{\langle i\eta \rangle} \right)^6 dx
$$

$$
\leqq Ct \, \|\widehat{u_+}\|_\infty^6 + C \int_{t/2}^t \frac{1}{\eta^6} \frac{\eta^6}{\langle i\eta \rangle^6} \widehat{u_+} \left(\frac{\eta}{\langle i\eta \rangle} \right)^6 dx
$$

$$
\leqq Ct \, \|\widehat{u_+}\|_\infty^6 + Ct \, \|\xi \widehat{u_+}\|_\infty^6
$$

$$
\leqq Ct \, \|u_+\|_{1,1}^6
$$

と評価されることがわかるであろう.次に,右辺第 2 項についての評価を考える.微分計算によって,

$$
\partial_t \widehat{u_+} \left(\frac{\eta}{\langle i\eta \rangle} \right) = \partial_\xi \widehat{u_+}(\xi) \partial_t \frac{\eta}{\langle i\eta \rangle}
$$

$$
= (\partial_\xi \widehat{u_+}) \left(\frac{\eta}{\langle i\eta \rangle} \right) \left(-\frac{1}{t} \frac{\eta}{\langle i\eta \rangle} - \frac{1}{t} \frac{\eta^3}{\langle i\eta \rangle^3} \right)
$$

$$
= -\frac{1}{t} \left(\frac{\eta}{\langle i\eta \rangle^3} \right) (\partial_\xi \widehat{u_+}) \left(\frac{\eta}{\langle i\eta \rangle} \right)
$$

および

$$
\partial_x \widehat{u_+} \left(\frac{\eta}{\langle i\eta \rangle} \right) = \partial_\xi \widehat{u_+}(\xi) \partial_x \frac{\eta}{\langle i\eta \rangle}
$$

$$
= (\partial_\xi \widehat{u_+}) \left(\frac{\eta}{\langle i\eta \rangle} \right) \left(\frac{1}{t} \frac{1}{\langle i\eta \rangle} + \frac{1}{t} \frac{\eta^2}{\langle i\eta \rangle^3} \right)
$$

$$
= \frac{1}{t} \frac{1}{\langle i\eta \rangle^3} (\partial_\xi \widehat{u_+}) \left(\frac{\eta}{\langle i\eta \rangle} \right)
$$

が従うので,右辺第 2 項に関しては評価式

$$
\left\| \partial_t \langle i\eta \rangle^{-\frac{9}{2}} \widehat{u_+} \left(\frac{\eta}{\langle i\eta \rangle} \right)^3 \right\|_{L_x^2(-t,t)} \leqq Ct^{-\frac{1}{2}} \left(\left\| \langle \xi \rangle^3 \widehat{u_+} \right\|_\infty^3 + \|\partial_\xi \widehat{u_+}\|_\infty^3 \right)
$$

$$
\leqq Ct^{-\frac{1}{2}} \left(\|u_+\|_{3,1}^3 + \|u_+\|_{0,2}^3 \right)
$$

が得られる．以上まとめると，R_1 に対する評価式

$$\|R_1(t)\|_{1,0} \leqq Ct^{-1}\left(\|u_+\|_{3,1}^3 + \|u_+\|_{0,2}^3\right)$$

が導かれる．同様に他の剰余項に対しても，評価式

$$\sum_{j=2}^{4}\|R_j(t)\|_{1,0} \leqq C\left\|\langle i\eta\rangle^2\,\widehat{g}(\eta)\right\|_{1,0} + C\left\|\eta\,\langle i\eta\rangle\,\widehat{g}(\eta)\right\|$$

$$+ C\int_t^\infty\left(\left\|\partial_t\,\langle i\eta\rangle^2\,\widehat{g}(\eta)\right\|_{1,0} + \left\|\eta\,\langle i\eta\rangle^{-1}\,\partial_t\,\langle i\eta\rangle^2\,\widehat{g}(\eta)\right\|\right.$$

$$\left.+ \left\|\partial_x\,\langle i\eta\rangle^2\,\widehat{g}(\eta)\right\|_{1,0} + \tau^{-1}\left\|\langle i\eta\rangle^{-1}\,\widehat{g}(\eta)\right\|\right)d\tau$$

$$\leqq Ct^{-1}\left(\|u_+\|_{3,1}^3 + \|u_+\|_{0,3}^3\right)$$

が成立する．このようにして，方程式

(7.6)

$$\frac{d}{dt}\left(e^{it\langle\xi\rangle}\,\widehat{u} - \widehat{w_+}(t,\xi)\right)$$

$$= i\frac{\mu}{2}\,\langle\xi\rangle^{-1}\,e^{it\langle\xi\rangle}\,\mathcal{F}\left(|u+\overline{u}|^2\,(u+\overline{u})\right.$$

$$\left.- 3t^{-1}\mathcal{F}^{-1}e^{-it\langle\xi\rangle}\,\langle\xi\rangle^3\,|\widehat{w_+}(t,\xi)|^2\,\widehat{w_+}(t,\xi)\right)$$

$$= i\frac{\mu}{2}\,\langle\xi\rangle^{-1}\,e^{it\langle\xi\rangle}\,\mathcal{F}\left(3\left(|u|^2\,u - t^{-1}U(t)\mathcal{F}^{-1}\,\langle\xi\rangle^3\,|\widehat{u_+}(\xi)|^2\,\widehat{w_+}(t,\xi)\right)\right.$$

$$+ 3\left(|u|^2\,\overline{u} - |U(t)\mathcal{F}^{-1}\widehat{w_+}|^2\,\overline{U(t)\mathcal{F}^{-1}\widehat{w_+}}\right)$$

$$\left.+ \left(u^3 - \left(U(t)\mathcal{F}^{-1}\widehat{w_+}\right)^3\right) + \left(\overline{u}^3 - \overline{\left(U(t)\mathcal{F}^{-1}\widehat{w_+}\right)^3}\right)\right)$$

$$+ i\frac{\mu}{2}\,\langle\xi\rangle^{-1}\,e^{it\langle\xi\rangle}\,\mathcal{F}R$$

が求まり，剰余項に対する，評価式

$$\left\|\langle\xi\rangle^{-1}\,e^{it\langle\xi\rangle}\,\mathcal{F}R\right\|_{1,0} \leqq C\left(\|u_+\|_{3,1}^3 + \|u_+\|_{0,3}^3\right)t^{-1-b}$$

が得られたことになる．定理 4.1 と等式 $\langle\eta/\langle i\eta\rangle\rangle = \langle i\eta\rangle^{-1}$ から，

$$t^{-1}U(t)\mathcal{F}^{-1}\,\langle\xi\rangle^3\,|\widehat{u_+}(\xi)|^2\,\widehat{w_+}(t,\xi)$$

$$
= \begin{cases}
t^{-1}(it)^{-\frac{1}{2}} \langle i\eta \rangle^{-\frac{3}{2}} e^{it\sqrt{1-\eta^2}} \left\langle \dfrac{\eta}{\langle i\eta \rangle} \right\rangle^3 \\
\quad \times |\widehat{u_+}|^2 \, \widehat{u_+}\left(\dfrac{\eta}{\langle i\eta \rangle} \right) e^{\frac{3}{8} i \mu \langle i\eta \rangle^{-2} \left| \widehat{u_+}\left(\frac{\eta}{\langle i\eta \rangle} \right) \right|^2 \log t}, & |\eta| < 1, \\[2mm]
0, & |\eta| \geqq 1
\end{cases}
$$

$$
+ R
$$

$$
= \left| u_{\mathcal{F}^{-1}\widehat{w_+}} \right|^2 u_{\mathcal{F}^{-1}\widehat{w_+}} + R
$$

となる. この事実を用いて,(7.6)式の線形化方程式を書くと

$$
(7.7) \qquad \partial_t \left(U(-t) u(t) - \mathcal{F}^{-1}\widehat{w_+}(t,\xi) \right)
$$
$$
= i\frac{\mu}{2} \langle \nabla \rangle^{-1} U(-t) \left(3 \left(|v|^2 v - \left| u_{\mathcal{F}^{-1}\widehat{w_+}} \right|^2 u_{\mathcal{F}^{-1}\widehat{w_+}} \right) \right.
$$
$$
+ 3 \left(|v|^2 \overline{v} - \left| U(t)\mathcal{F}^{-1}\widehat{w_+} \right|^2 \overline{U(t)\mathcal{F}^{-1}\widehat{w_+}} \right)
$$
$$
+ \left(v^3 - \left(U(t)\mathcal{F}^{-1}\widehat{w_+} \right)^3 \right) + \left. \left(\overline{v}^3 - \overline{\left(U(t)\mathcal{F}^{-1}\widehat{w_+} \right)^3} \right) \right)
$$
$$
+ i\frac{\mu}{2} \langle i\nabla \rangle^{-1} U(-t) R
$$

となる.ここで, v は $v \in X_\rho = \left\{ v \in C\left([T,\infty); L^2\right) ; \left\| v - U(\cdot)\mathcal{F}^{-1}\widehat{w_+} \right\|_X \leqq \rho \right\}$ で,X のノルムは

$$
\|v\|_X = \sup_{t \in [T,\infty)} t^b \left(\|f(t)\|_{1,0} + \left(\int_t^\infty \|f(s)\|_\infty^4 \, ds \right)^{\frac{1}{4}} \right), \quad \frac{1}{4} < b < \frac{1}{2}
$$

で定義されるものとする.今, $u = Mv$ によって,写像 M を定義すると,(7.7)式から,

$$
(7.8)
$$
$$
u(t) - U(t)\mathcal{F}^{-1}\widehat{w_+}(t,\xi)
$$
$$
= -\int_t^\infty i\frac{\mu}{2} \langle \nabla \rangle^{-1} U(t-\tau) \left(3 \left(|v|^2 v - \left| u_{\mathcal{F}^{-1}\widehat{w_+}} \right|^2 u_{\mathcal{F}^{-1}\widehat{w_+}} \right) \right.
$$
$$
+ 3 \left(|v|^2 \overline{v} - \left| U(t)\mathcal{F}^{-1}\widehat{w_+} \right|^2 \overline{U(t)\mathcal{F}^{-1}\widehat{w_+}} \right)
$$
$$
+ \left(v^3 - \left(U(t)\mathcal{F}^{-1}\widehat{w_+} \right)^3 \right) + \left. \left(\overline{v}^3 - \overline{\left(U(t)\mathcal{F}^{-1}\widehat{w_+} \right)^3} \right) \right) d\tau
$$

$$
- i\,\frac{\mu}{2} \int_t^\infty \langle i\nabla \rangle^{-1} U(t-\tau) R\, d\tau
$$

が従う．エネルギー法を用いると，

$$
\begin{aligned}
&\left\| u(t) - U(t)\mathcal{F}^{-1}\widehat{w_+}(t) \right\|_{1,0}^2 \\
&\quad \leqq \int_t^\infty \left(\left\| v(\tau) - U(\tau)\mathcal{F}^{-1}\widehat{w_+}(\tau) \right\|_\infty^2 + \left\| U(\tau)\mathcal{F}^{-1}\widehat{w_+}(\tau) \right\|_\infty^2 \right) \\
&\qquad\qquad \times \left\| v(\tau) - U(\tau)\mathcal{F}^{-1}\widehat{w_+}(\tau) \right\| \left\| u(\tau) - U(\tau)\mathcal{F}^{-1}\widehat{w_+}(\tau) \right\|_{1,0} d\tau \\
&\quad \leqq C \int_t^\infty \left(\left\| v(\tau) - U(\tau)\mathcal{F}^{-1}\widehat{w_+}(\tau) \right\|_\infty^2 \tau^{-b} + \left\| u_+ \right\|_{4,2} \tau^{-1-b} \right) \\
&\qquad\qquad \times \left\| u(\tau) - U(\tau)\mathcal{F}^{-1}\widehat{w_+}(\tau) \right\|_{1,0} d\tau \\
&\quad \leqq C \left(\int_t^\infty \left\| v(\tau) - U(\tau)\mathcal{F}^{-1}\widehat{w_+}(\tau) \right\|_\infty^2 \tau^{-2b} d\tau + \left\| u_+ \right\|_{4,2} t^{-2b} \right) \\
&\qquad\qquad \times \sup \tau^b \left\| u(\tau) - U(\tau)\mathcal{F}^{-1}\widehat{w_+}(\tau) \right\|_{1,0} d\tau
\end{aligned}
$$

が得られ，この評価式より，$2b > 1 - p$ であれば，

$$
\begin{aligned}
&\left(\sup \tau^b \left\| u(\tau) - U(\tau)\mathcal{F}^{-1}\widehat{w_+}(\tau) \right\|_{1,0} \right)^2 \\
&\quad \leqq C t^{2b} \left(\int_t^\infty \left\| v(\tau) - U(\tau)\mathcal{F}^{-1}\widehat{w_+}(\tau) \right\|_\infty^{\frac{2}{p}} d\tau \right)^p \left(\int_t^\infty \tau^{-2b\frac{1}{1-p}} d\tau \right)^{1-p} \\
&\qquad + C \left\| u_+ \right\|_{4,2} \\
&\quad \leqq C t^{1-p-2b} + C \left\| u_+ \right\|_{4,2}
\end{aligned}
$$

が求まる．Strichartz 評価を使うので，文献[150]で使われた双対性の議論を用いることにしよう．$t \leqq \tau \leqq \infty$ のとき $K(t,\tau) = 1$，その他のとき $K(t,\tau) = 0$，と $K(t,\tau)$ を定義し，次の積分

$$
Fg(t) = \int_{-\infty}^\infty K(t,\tau) \langle i\nabla \rangle^{-1} U(t-\tau) g(\tau)\, d\tau
$$

を考える．定理 4.1 より，$p = 1/2$ とすると，

$$
\left\| Fg(t) \right\|_\infty \leqq C \int_{-\infty}^\infty |t-\tau|^{-p} \left\| \langle i\nabla \rangle^{\frac{1}{2}} g(\tau) \right\|_1 d\tau.
$$

この不等式に，Hardy-Littlewood-Sobolev の不等式（文献[128, 系 7.7.7]参照）を用いると，

$$\left(\int_{-\infty}^{\infty} \| F g(t) \|_{\infty}^{\frac{2}{p}} \, dt \right)^{\frac{p}{2}}$$

$$\leqq C \left(\int_{-\infty}^{\infty} \left(\int_{-\infty}^{\infty} |t-\tau|^{-p} \left\| \langle i\nabla \rangle^{\frac{1}{2}} g(\tau) \right\|_1 d\tau \right)^{\frac{2}{p}} dt \right)^{\frac{p}{2}}$$

$$\leqq C \left(\int_{-\infty}^{\infty} \left\| \langle i\nabla \rangle^{\frac{1}{2}} g(\tau) \right\|_1^{\frac{2}{2-p}} d\tau \right)^{\frac{2-p}{2}}$$

が求まり，それゆえ，

$$\| F g(t) \|^2$$

$$= \left(\int_{-\infty}^{\infty} \langle i\nabla \rangle^{-1+\frac{1}{2}} g(\tau) \, d\tau, \int_{-\infty}^{\infty} \overline{K(t,\tau)} K(t,s) \langle i\nabla \rangle^{-1-\frac{\beta}{2}} U(\tau-s) \, g(s) \, ds \right)$$

$$\leqq C \left(\int_{-\infty}^{\infty} \left\| \langle i\nabla \rangle^{-1+\frac{1}{2}} g(\tau) \right\|_1^{\frac{2}{2-p}} d\tau \right)^{\frac{2-p}{2}} \left(\int_{-\infty}^{\infty} \| g(\tau) \|_1^{\frac{2}{2-p}} d\tau \right)^{\frac{2-p}{2}}$$

$$\leqq C \left(\int_{-\infty}^{\infty} \| g(\tau) \|_1^{\frac{2}{2-p}} d\tau \right)^{2-p}$$

が従う．この不等式を用いると，

$$\left| \int_{-\infty}^{\infty} (F g(t), v(t)) \, dt \right|$$

$$= \left| \int_{-\infty}^{\infty} \left(g(\tau), \int_{-\infty}^{\infty} \overline{K(t,\tau)} \langle i\nabla \rangle^{-1} U(\tau-t) v(t) \, dt \right) d\tau \right|$$

$$\leqq C \int_{-\infty}^{\infty} \| g(\tau) \| \, d\tau \left(\int_{-\infty}^{\infty} \| v(\tau) \|_1^{\frac{2}{2-p}} d\tau \right)^{\frac{2-p}{2}}$$

を導くことができる．$L^{2/(2-p)}(\mathbb{R}_t; L^1)$ の共役空間は $L^{2/p}(\mathbb{R}_t; L^\infty)$ であるので双対性の議論より，

$$\left(\int_{-\infty}^{\infty} \| F g(t) \|_{\infty}^{\frac{2}{p}} \, dt \right)^{\frac{p}{2}} \leqq C \int_{-\infty}^{\infty} \| g(\tau) \| \, d\tau$$

を求めることができる．上の評価式と，$U(t)$ の時間減衰評価を用いて

$$\left(\int_t^{\infty} \left\| u(t) - U(t) \mathcal{F}^{-1} \widehat{w_+}(t) \right\|_{\infty}^{\frac{2}{p}} dt \right)^{\frac{p}{2}}$$

$$\leqq C \left(\int_t^{\infty} \left\| v(\tau) - U(\tau) \mathcal{F}^{-1} \widehat{w_+}(\tau) \right\|_{\infty}^{\frac{2}{2-p}} \right.$$

$$\times \left\| v(\tau) - U(\tau)\mathcal{F}^{-1}\widehat{w_+}(\tau) \right\|_{1,0}^{\frac{4}{2-p}} d\tau \right)^{\frac{2-p}{2}}$$

$$+ C \left(\int_t^\infty \tau^{-\frac{1}{2-p}} \left\| v(\tau) - U(\tau)\mathcal{F}^{-1}\widehat{w_+}(\tau) \right\|_{1,0}^{\frac{4}{2-p}} d\tau \right)^{\frac{2-p}{2}}$$

$$+ C \left\| u_+ \right\|_{4,2}^2 \int_t^\infty \tau^{-1} \left\| v(\tau) - U(\tau)\mathcal{F}^{-1}\widehat{w_+}(\tau) \right\|_{1,0} d\tau$$

が求まる．また，$v \in X_\rho$ であることを用いると，上式の右辺は上から

$$\left(\int_t^\infty \left\| v(\tau) - U(\tau)\mathcal{F}^{-1}\widehat{w_+}(\tau) \right\|_\infty^{\frac{2}{2-p}} \tau^{-\frac{4}{2-p}b} d\tau \right)^{\frac{2-p}{2}}$$

$$+ C \left(\int_t^\infty \tau^{-\frac{1}{2-p}} \left\| v(\tau) - U(\tau)\mathcal{F}^{-1}\widehat{w_+}(\tau) \right\|_{1,0}^{\frac{4}{2-p}} d\tau \right)^{\frac{2-p}{2}}$$

$$+ C \left\| u_+ \right\|_{4,2}^2 t^{-b}$$

$$\leqq C \left(\int_t^\infty \left\| v(\tau) - U(\tau)\mathcal{F}^{-1}\widehat{w_+}(\tau) \right\|_\infty^{\frac{2}{p}} d\tau \right)^{\frac{p}{2}} \left(\int_t^\infty \tau^{-2b\frac{1}{1-p}} d\tau \right)^{1-p}$$

$$+ C \left(\int_t^\infty \tau^{-\frac{1}{2-p}(1+4b)} d\tau \right)^{\frac{2-p}{2}} + C \left\| u_+ \right\|_{4,2}^2 t^{-b}$$

$$\leqq C t^{-b+1-p-2b} + C t^{-\frac{p}{2}+\frac{1}{2}-2b} + C \left\| u_+ \right\|_{4,2}^2 t^{-b}$$

で評価される．それゆえ，適当な T と，ε が存在し，$\|u_+\|_{4,2} \leqq \varepsilon$ ならば，$u = Mv \in X_\rho$ となる．$u_j = Mv_j$ とすると，同様にして，適当な T と，ε が存在し，$\|u_+\|_{4,2} \leqq \varepsilon$ ならば，$\|Mv_1 - Mv_2\|_X \leqq \|Mv_1 - Mv_2\|_X/2$ とできるので，縮小写像の原理により，主結果が証明された． ∎

7.3 一般化

　この章で述べた方法は，より一般的な 3 次の非線形項に対しても有効である．次の非線形問題

$$u_{tt} + (-\Delta + 1)u = F(u, u_t, u_x), \quad (t, x) \in \mathbb{R} \times \mathbb{R}$$

を考えてみよう．ここで，非線形項は

$$F(u, u_t, u_x) = \left(\gamma_1 u^2 + \gamma_2 u_t^2 + \gamma_3 u_x^2 + \gamma_4 u_t u_x \right) u$$
$$+ \left(\gamma_5 u^2 + \gamma_6 u_t^2 + \gamma_7 u_x^2 \right) u_t$$

$$+ \left(\gamma_8 u^2 + \gamma_9 u_t^2 + \gamma_{10} u_x^2 \right) u_x$$

の形をしているとする．解が線形問題の解と同じ振る舞いをすると仮定し，非線形項の主要項を取り出し，それを取り除くような修正を施すという手順をふむことにする．$\widetilde{u} = \left(1 + \langle i\nabla \rangle^{-1} i\partial_t \right) u/2$ とおくと，非線形問題は次の方程式

$$\partial_t \widetilde{u} + i \langle i\nabla \rangle \, \widetilde{u} = -\frac{1}{2i} \, \langle i\nabla \rangle^{-1} \, G(\widetilde{u}, \widetilde{u}_x)$$

に変換される．ここで，非線形項 $G(u, u_x)$ は，F を用いて

$G(a, a_x)$

$\quad = F\left(a + \overline{a}, \, -i \langle i\nabla \rangle \, (a - \overline{a}), \, (a_x + \overline{a}_x) \right)$

$\quad = \Big(\gamma_1 (a + \overline{a})^2 - \gamma_2 (\langle i\nabla \rangle \, a - \langle i\nabla \rangle \, \overline{a})^2 + \gamma_3 (a_x + \overline{a}_x)^2$

$\qquad\quad - \gamma_4 i \left(\langle i\nabla \rangle \, a - \langle i\nabla \rangle \, \overline{a} \right) (a_x + \overline{a}_x) \Big) (a + \overline{a})$

$\qquad - i \left(\gamma_5 (a + \overline{a})^2 - \gamma_6 (\langle i\nabla \rangle \, a - \langle i\nabla \rangle \, \overline{a})^2 + \gamma_7 (a_x + \overline{a}_x)^2 \right) \langle i\nabla \rangle \, (a - \overline{a})$

$\qquad + \left(\gamma_8 (a + \overline{a})^2 - \gamma_9 (\langle i\nabla \rangle \, a - \langle i\nabla \rangle \, \overline{a})^2 + \gamma_{10} (a_x + \overline{a}_x)^2 \right) (a_x + \overline{a}_x)$

と表すことができる．ここから，主要項を取り出すために計算をおこなうと，主要項が

$$
\begin{aligned}
G(a, a_x) &= 3\gamma_1 |a|^2 \, a + \gamma_2 \left(2 \, |\langle i\nabla \rangle \, a|^2 \, a - (\langle i\nabla \rangle \, a)^2 \, \overline{a} \right) \\
&\quad + \gamma_3 \left(2 \, |a_x|^2 \, a + a_x^2 \overline{a} \right)^2 \\
&\quad - \gamma_4 i \left((\langle i\nabla \rangle \, a) \, \overline{a}_x a - (\langle i\nabla \rangle \, \overline{a}) \, a_x a + (\langle i\nabla \rangle \, a) \, a_x \overline{a} \right) \\
&\quad - i \left(2\gamma_5 |a|^2 \, \langle i\nabla \rangle \, a - \gamma_5 a^2 \, \langle i\nabla \rangle \, \overline{a} + 3\gamma_6 \, |\langle i\nabla \rangle \, a|^2 \, \langle i\nabla \rangle \, a \right. \\
&\qquad\qquad \left. + 2\gamma_7 \, |a_x|^2 \, \langle i\nabla \rangle \, a - \gamma_7 \overline{a}_x^2 \, \langle i\nabla \rangle \, \overline{a} \right) \\
&\quad + \left(2\gamma_8 \, |a|^2 \, a_x + \gamma_8 a^2 \overline{a}_x + 2\gamma_9 \, |\langle i\nabla \rangle \, a|^2 \, a_x \right. \\
&\qquad\qquad \left. - \gamma_9 (\langle i\nabla \rangle \, a)^2 \, \overline{a}_x + 3\gamma_{10} \, |a_x|^2 \, a_x \right)
\end{aligned}
$$

と書けることがわかる．今，漸近公式から，a が線形方程式の解と同じ振る舞いをすると仮定する．すなわち，定理 4.1 から，a を

$$(it)^{-\frac{1}{2}} \langle i\eta \rangle^{-\frac{3}{2}} e^{it\sqrt{1-\eta^2}} \widehat{u_+}\left(\frac{\eta}{\langle i\eta \rangle}\right)$$

でおき直し，$\langle i\nabla \rangle a$ を $\langle i\eta \rangle^{-1} a$，$\partial_x a$ を $i\langle i\eta \rangle^{-1} \eta a$ でおき直すことにすると，

$$3\gamma_1 |a|^2 a = 3\gamma_1 \langle i\eta \rangle^{-3} t^{-1} |\widehat{u_+}|^2 a,$$

$$\gamma_2 \big(2\,|\langle i\nabla \rangle a|^2 a - (\langle i\nabla \rangle a)^2\,\overline{a}\big) = \gamma_2 \langle i\eta \rangle^{-5} t^{-1} |\widehat{u_+}|^2 a,$$

$$\gamma_3 \big(2\,|a_x|^2 a + a_x^2 \overline{a}\big)^2 = \gamma_3 \langle i\eta \rangle^{-5} \eta^2 t^{-1} |\widehat{u_+}|^2 a,$$

$$-\gamma_4 i\left((\langle i\nabla \rangle a)\,\overline{a}_x a - (\langle i\nabla \rangle \overline{a})\,a_x a + (\langle i\nabla \rangle a)\,a_x\overline{a}\right)$$
$$= -\gamma_4 \langle i\eta \rangle^{-5} \eta t^{-1} |\widehat{u_+}|^2 a,$$

$$-i\big(2\gamma_5 |a|^2 \langle i\nabla \rangle a - \gamma_5 a^2 \langle i\nabla \rangle \overline{a} + 3\gamma_6 |\langle i\nabla \rangle a|^2 \langle i\nabla \rangle a$$
$$+2\gamma_7 |a_x|^2 \langle i\nabla \rangle a - \gamma_7 \overline{a}_x^2 \langle i\nabla \rangle \overline{a}\big)$$
$$= -i\left(\gamma_5 \langle i\eta \rangle^{-1} + 3\gamma_6 \langle i\eta \rangle^{-3} + 3\gamma_7 \langle i\eta \rangle^{-3} \eta^2\right) \langle i\eta \rangle^{-3} t^{-1} |\widehat{u_+}|^2 a,$$

そして，

$$2\gamma_8 |a|^2 a_x + \gamma_8 a^2 \overline{a}_x + 2\gamma_9 |\langle i\nabla \rangle a|^2 a_x - \gamma_9 (\langle i\nabla \rangle a)^2\,\overline{a}_x + 3\gamma_{10} |a_x|^2 a_x$$
$$= i\left(\gamma_8 \langle i\eta \rangle^{-1} \eta + 3\gamma_9 \langle i\eta \rangle^{-3} \eta + 3\gamma_{10} \eta^3\right) \langle i\eta \rangle^{-3} t^{-1} |\widehat{u_+}|^2 a$$

のように書き直したものが，非線形項の主要項と考えてもよいことがわかる．それゆえ，主要項は

$$-\Lambda(\xi) = \left(3\gamma_1 \langle \xi \rangle^3 + \gamma_2 \langle \xi \rangle^5 + \gamma_3 \xi^2 \langle \xi \rangle^3 - \gamma_4 \xi \langle \xi \rangle^4\right)$$
$$+ i\big(-\gamma_5 \langle \xi \rangle^4 - 3\gamma_6 \langle \xi \rangle^6 - 3\gamma_7 \xi^2 \langle \xi \rangle^4$$
$$+ \gamma_8 \xi \langle \xi \rangle^3 + 3\gamma_9 \xi \langle \xi \rangle^5 + 3\gamma_{10} \xi^3 \langle \xi \rangle^3\big)$$

とすると，

$$-\Lambda\left(\frac{\eta}{\langle i\eta \rangle}\right) t^{-1} |\widehat{u_+}|^2 a$$

となる．よって，$-\Lambda(\xi)$ の虚数部分が非負であるという条件を付ければ，漸近解を求めることができる．$\mathrm{Im}\,\Lambda(\xi) = 0$ のときは，最終値を次のように

$$\widehat{w_+}(t,\xi) = \widehat{u_+}(\xi) e^{\frac{1}{2} i\Lambda(\xi)\langle \xi \rangle^{-1} |\widehat{u_+}(\xi)|^2 \log t}$$

と修正すれば，これを用いて漸近解が求まる．条件 $\mathrm{Im}\,\Lambda(\xi) = 0$ は，文献[25]において用いられた零条件と呼ばれるものと同じものである．次に，$-\mathrm{Im}\,\Lambda(\xi) > 0$ の場合，

$$
\begin{aligned}
-\mathrm{Im}\,\Lambda(\xi) = {} & \left(-(\gamma_5 + 3\gamma_6) - 3(\gamma_6 + \gamma_7)\xi^2\right)\langle\xi\rangle^4 \\
& + \left((\gamma_8 + 3\gamma_9)\xi + 3(\gamma_9 + \gamma_{10})\xi^3\right)\langle\xi\rangle^3 \\
& > 0
\end{aligned}
$$

を考えてみよう．この場合は，$\widehat{w_+}(t,\xi)$ として，

$$
\widehat{w_+}(t,\xi) = \widehat{u_+}(\xi) \exp\left(\frac{1}{2}i\frac{\Lambda(\xi)}{\mathrm{Im}\,\Lambda(\xi)}\varphi(t,\xi)\right),
$$

$$
e^{-\varphi} = \frac{1}{1 - \mathrm{Im}\,\Lambda(\xi)\,|\widehat{u_+}(\xi)|^2\log t}
$$

とすればよいことが，前章の議論からわかるであろう．

8 共鳴型非線形 Schrödinger 方程式

8.1 解の漸近挙動

この章では，第5章で考えた非線形 Schrödinger 型方程式の解の漸近的振る舞いについて，再び考えることにする．この章における目的は，より広い関数空間で，修正波動作用素の存在を示すことである．微分階数の低い関数空間で扱うことによって，高次元の問題を扱うことが可能となる一方，話を通常の非線形 Schrödinger 方程式，すなわち $\rho = 2$ に限定しなければならない．

次の臨界冪非線形 Schrödinger 方程式

$$(8.1) \qquad i\partial_t u + \frac{1}{2}\Delta u = g_n(u), \quad (t,x) \in \mathbb{R} \times \mathbb{R}^n$$

に対して，修正波動作用素の存在を考えることにしよう．ここで，$g_n(u) = \lambda |u|^{\frac{2}{n}} u$, $\lambda \in \mathbb{R}$, $1 \leqq n \leqq 3$, $\Delta = \sum_{j=1}^{n} \partial_j^2$ とする．目的は，最終状態 u_+ を，$n/2 < \gamma < \min(2, 1+2/n)$ を満足する，関数空間 $H^{0,\gamma}$ の原点の近傍に与えたとき，(8.1)の解で，次の最終状態条件

$$(8.2)$$
$$\lim_{t \to \infty} \left\| u(t) - \frac{1}{(it)^{\frac{n}{2}}} e^{\frac{i|x|^2}{2t}} \widehat{u_+}\left(\frac{\cdot}{t}\right) \exp\left(-i\lambda \left|\widehat{u_+}\left(\frac{\cdot}{t}\right)\right|^{\frac{2}{n}} \log t\right) \right\| = 0$$

を満足するものを探すことである．

この章の結果を，定理の形で述べることにする．

定理 8.1 最終状態 u_+ を $H^{0,\gamma}$ の元で，$\|\widehat{u_+}\|_\infty = \varepsilon$ を十分小さいとし，$n/2 < \gamma \leqq \min(2, 1+2/n)$ を仮定する．このとき，(8.1)の積分方程式の解 u がただ1つ存在し，

$$u \in C([0,\infty)\,; L^2),$$

および漸近公式

$$\left\| u(t) - \frac{1}{(it)^{\frac{n}{2}}} e^{\frac{i|x|^2}{2t}} \widehat{u_+}\left(\frac{\cdot}{t}\right) \exp\left(-i\lambda \left|\widehat{u_+}\left(\frac{\cdot}{t}\right)\right|^{\frac{2}{n}} \log t\right) \right\| \leqq C t^{-\frac{b}{2}},$$
$$\frac{1}{2} < b < \gamma$$

を満足する. □

上の結果は, $H^{0,\gamma}$ の原点の近傍から L^2 への修正波動作用素 MW_+ の存在を示している. 空間 1 次元の場合は, 非線形項が滑らかという性質を用いて次の定理を示すことができる. 空間 2 次元, および 3 次元の場合も, 近似解を修正することによって同じ結果を示すことができるが, この証明に関しては少々複雑になるので, 文献 [63] を参照していただきたい.

定理 8.2 最終状態 u_+ を $H^{0,\gamma}$ の元で, $\|\widehat{u_+}\|_\infty = \varepsilon$ を十分小さいとし, $1/2 < \gamma \leqq 2$, $n = 1$ を仮定する. このとき, (8.1) の積分方程式の解がただ 1 つ存在し

$$u \in C([0,\infty)\,; L^2), \quad |J|^\beta u \in C([0,\infty)\,; L^2), \quad \frac{1}{2} < \beta < \gamma \leqq 2,$$

および漸近公式

$$\left\| U(-t)\left(u(t) - \frac{1}{(it)^{\frac{1}{2}}} e^{\frac{i|x|^2}{2t}} \widehat{u_+}\left(\frac{\cdot}{t}\right) \exp\left(-i\lambda \left|\widehat{u_+}\left(\frac{\cdot}{t}\right)\right|^2 \log t\right)\right) \right\|_{0,\delta}$$
$$\leqq C t^{-\frac{b}{2}+\frac{\delta}{2}}, \quad 0 \leqq \delta < b < \beta, \quad \frac{1}{2} < b < 2, \quad t > 0$$

を満たす. □

上の結果は, $H^{0,\gamma}$ の原点の近傍から $H^{0,\beta}$ への修正波動作用素 MW_+ の存在を示している. また, 初期値問題の漸近的振る舞いを調べることによって, 次の結果を示すことができる.

定理 8.3 初期値が $u(0) \in H^{0,\beta}$ で, $\|u(0)\|_{0,\beta} = \varepsilon$ が十分小さいとし, $1/2 < \beta \leqq 2$ とする. そのとき, ただ 1 つの関数 $u_- \in H^{0,\delta}$ が存在し, 次の漸近公式

$$\left\| (\mathcal{F}U(-t)u) \exp\left(i\lambda \int_{-1}^{t} |\mathcal{F}U(-\tau)u|^2 \frac{1}{\tau} \, d\tau \right) - \widehat{u_-} \right\|_{\delta,0}$$

$$\leqq C \, \|u(0)\|_{0,\beta}^3 \, |t|^{-\frac{b}{2}+\frac{\delta}{2}}, \quad 0 \leqq \delta < b < \beta, \quad \frac{1}{2} < b < 2, \quad t < 0$$

を満足する．ここで，$u(t)$ は，$u(0)$ から決まる方程式 (8.1) の一意的な解で，

$$u \in C((-\infty, 0]; L^2), \quad |J|^\beta u \in C((-\infty, 0]; L^2)$$

を満足する．さらに $1/2 < \eta < \delta$ を仮定すると，次の漸近公式

$$\left\| U(-t) \left(u(t) - \frac{1}{(it)^{\frac{1}{2}}} \widehat{u_-}\left(\frac{\cdot}{t}\right) \exp\left(-i\lambda \left|\widehat{u_-}\left(\frac{\cdot}{t}\right)\right|^2 \log|t| \right) \right) \right\|_{0,\eta}$$

$$\leqq C \, \|u(0)\|_{0,\beta}^3 \, |t|^{-\frac{\beta-\delta}{2}+C\varepsilon} + C \left(\|u_-\|_{0,\delta} + \|u_-\|_{0,\delta}^2 \right) |t|^{-\frac{\delta-\eta}{2}+C\varepsilon},$$

$$t < 0$$

を満足することがわかる． □

定理 8.3 は，作用素

$$MW_-^{-1} : u(0) \in H^{0,\beta} \to u_- \in H^{0,\delta}, \quad \frac{1}{2} < \delta < \beta$$

の存在を示していることがわかる．定理 8.2 とあわせると，修正散乱作用素

$$MS_+ = (MW_-)^{-1} MW_+ : H^{0,\gamma} \to H^{0,\delta}, \quad \frac{1}{2} < \delta < \gamma$$

の存在が，$\|u_+\|_{0,\gamma}$ が十分小さいという条件のもとで示されていることに注意しておく．また，上述の結果は，文献 [13], [37], [114] の改良にもなっている．文献 [114] の定理 2 において，空間 1 次元の場合，次の結果が証明された．最終状態 u_+ が，$H^{0,3} \cap H^{2,0}$ の元で，$\|\widehat{u_+}\|_\infty$ が十分小さいとする．このとき，方程式 (8.1) は一意的な解 $u \in C([0,\infty); H^{1,0})$ を持ち，

$$\left\| u(t) - \frac{1}{(it)^{\frac{1}{2}}} e^{\frac{i|x|^2}{2t}} \widehat{u_+}\left(\frac{\cdot}{t}\right) \exp\left(-i\lambda \left|\widehat{u_+}\left(\frac{\cdot}{t}\right)\right|^2 \log t \right) \right\|_{1,0} \leqq C t^{-\frac{b}{2}},$$

$$1 < b < 2$$

を満足する．文献 [13] において，文献 [114] の結果は次のように改良された．

最終状態 u_+ が $H^{0,3} \cap H^{2,0}$ の元で，$\|\widehat{u_+}\|_\infty$ が十分小さいとする．このとき，方程式(8.1)は一意的な解 $u \in C\left([0,\infty); H^{1,0} \cap H^{0,1}\right)$ を持ち，

$$\left\| u(t) - \frac{1}{(it)^{\frac{1}{2}}} e^{\frac{i|x|^2}{2t}} \widehat{u_+}\left(\frac{\cdot}{t}\right) \exp\left(-i\lambda \left|\widehat{u_+}\left(\frac{\cdot}{t}\right)\right|^2 \log t\right) \right\|_{1,0} \leqq Ct^{-1}(\log t)^3$$

および

$$\left\| U(-t)\left(u(t) - \frac{1}{(it)^{\frac{1}{2}}} e^{\frac{i|x|^2}{2t}} \widehat{u_+}\left(\frac{\cdot}{t}\right) \exp\left(-i\lambda \left|\widehat{u_+}\left(\frac{\cdot}{t}\right)\right|^2 \log t\right) \right) \right\|_{0,1}$$
$$\leqq Ct^{-1}(\log t)^3$$

を満足する．最後の不等式と，文献[53]における初期値問題の結果を用いると，次のような修正散乱作用素

$$MS_+ : H^{0,3} \cap H^{1,2} \to L^2$$

の存在が言える．この結果の証明に関しては，文献[13]の系2を参照．文献[13], [114]の結果が，最終状態のフーリエ像に滑らかな仮定を要求するのは，方法が次の近似解

$$\frac{1}{(it)^{\frac{1}{2}}} e^{\frac{i|x|^2}{2t}} \widehat{u_+}\left(\frac{\cdot}{t}\right) \exp\left(-i\lambda \left|\widehat{u_+}\left(\frac{\cdot}{t}\right)\right|^2 \log t\right)$$

を採用している点にある．この近似解を，Schrödinger 方程式に代入し近似解の近傍で解を見つけるのだが，その際，$\widehat{u_+}(\cdot/t)$ を2回微分することになり，条件 $u_+ \in H^{0,2}$ が必要になる．ここでは，

$$\mathcal{F}^{-1} U(t) \widehat{u_+} \exp\left(-i\lambda \left|\widehat{u_+}\right|^{\frac{2}{n}} \log t\right)$$

を u の近似解として用いることによって，条件を緩めることにする．この方法については，文献[63]を参考にした．近似解の違いを明確にするために，次のことに注意しておく．恒等式

$$\mathcal{F}^{-1} U(t) \widehat{u_+} \exp\left(-i\lambda \left|\widehat{u_+}\right|^{\frac{2}{n}} \log t\right)$$
$$= MD\mathcal{F}M\mathcal{F}^{-1} \widehat{u_+} \exp\left(-i\lambda \left|\widehat{u_+}\right|^{\frac{2}{n}} \log t\right)$$

$$= \frac{1}{(it)^{\frac{n}{2}}} e^{\frac{i|x|^2}{2t}} \widehat{u_+}\left(\frac{\cdot}{t}\right) \exp\left(-i\lambda \left|\widehat{u_+}\left(\frac{\cdot}{t}\right)\right|^{\frac{2}{n}} \log t\right)$$
$$+ MD\mathcal{F}(M-1)\mathcal{F}^{-1}\widehat{u_+} \exp\left(-i\lambda \left|\widehat{u_+}\right|^{\frac{2}{n}} \log t\right)$$

から 2 つの近似解の差は

$$MD\mathcal{F}(M-1)\mathcal{F}^{-1}\widehat{u_+} \exp\left(-i\lambda \left|\widehat{u_+}\right|^{\frac{2}{n}} \log t\right)$$

となることがわかる.

Schödinger 群を用いた, 次の時間減衰評価の証明に関しては, 文献[53]において証明されているが, 等式 $U(t) = MD\mathcal{F}M$ (第 1 章参照), および Hölder, Sobolev の不等式を用いれば容易に得られる（補題 10.3 参照）.

補題 8.4 関数 $u(t, x)$ を滑らかとする. このとき,

$$\|u(t)\|_\infty \leqq C |t|^{-\frac{n}{2}} \|\mathcal{F}U(-t)u(t)\|_\infty + C |t|^{-\frac{n}{2}-\alpha} \|U(-t)u(t)\|_{0,\gamma}$$

が成立する. ここで, α, γ は次を満たす実数とする. $\alpha \in [0, 1), \gamma > \dfrac{n}{2} + 2\alpha.$
□

次に, 分数冪非線形項の評価について考えることにする.

補題 8.5 実数 γ を $0 < \gamma < \min(2, 1 + 2/n)$ とし, $u \in \dot{H}^{\gamma,0}$, $q > 1$ とする. このとき評価式

$$\left\| u |u|^{\frac{2}{n}} \right\|_{\dot{H}^{\gamma,0}} \leqq C \|u\|_\infty^{\frac{2}{n}} \|u\|_{\dot{H}^{\gamma,0}},$$

$$\left\| u \exp\left(i |u|^{\frac{2}{n}} \log q\right) \right\|_{\dot{H}^{\gamma,0}} \leqq C \left(1 + \sum_{j=1}^{2} \|u\|_\infty^{\frac{2}{n}j} (\log q)^j\right) \|u\|_{\dot{H}^{\gamma,0}},$$

$$\left\| \exp\left(i |u|^{\frac{2}{n}} \log q\right) - 1 \right\|_{\dot{H}^{\gamma,0}} \leqq C \sum_{j=1}^{2} \|u\|_\infty^{\frac{2}{n}j} (\log q)^j \|u\|_{\dot{H}^{\gamma,0}}$$

が成り立つ.
□

［証明］ 最初の不等式は, 第 1 章で与えたベソフ・ノルムの定義と, Sobolev の不等式を用いることによって得られる.

2 番目の不等式を示すことにする. テイラー展開を用いると, 適当な $0 < \theta < 1$ が存在して,

108   8 共鳴型非線形 Schrödinger 方程式

$$(8.3) \qquad f(u) = u \exp\left(i\,|u|^{\frac{2}{n}}\log q\right)$$

$$= \left(u + iu\,|u|^{\frac{2}{n}}\,(\log q)\exp\left(i\theta\,|u|^{\frac{2}{n}}\log q\right)\right)$$

が成立することがわかる．等式(8.3)の右辺の第2項について，

$$\left\| u\,|u|^{\frac{2}{n}}\exp\left(i\theta\,|u|^{\frac{2}{n}}\log q\right)\right\|_{\dot{H}^{\gamma,0}}$$

の評価を考える．$\gamma > 1$ を仮定する．簡単な微分計算によって

$$\nabla\left(u\,|u|^{\frac{2}{n}}\exp\left(i\theta\,|u|^{\frac{2}{n}}\log q\right)\right)$$

$$= \left(|u|^{\frac{2}{n}}\nabla u + \frac{2}{n}u\,|u|^{\frac{2}{n}-2}\left(\overline{u}\nabla u + u\overline{\nabla u}\right)\right)\exp\left(i\,|u|^{\frac{2}{n}}\log q\right)$$

$$+ i\,\frac{2}{n}\,|u|^{\frac{4}{n}-2}\,u\left(\overline{u}\nabla u + u\overline{\nabla u}\right)(\log q)\exp\left(i\,|u|^{\frac{2}{n}}\log q\right)$$

$$\equiv f(u)\exp\left(i\,|u|^{\frac{2}{n}}\log q\right)$$

が得られる．補題の評価を得るために，ベソフ空間を用いることにする．等式

$$f(u_k)\exp\left(i\theta\,|u_k|^{\frac{2}{n}}\log q\right) - f(u)\exp\left(i\theta\,|u|^{\frac{2}{n}}\log q\right)$$

$$= (f(u_k) - f(u))\exp\left(i\theta\,|u_k|^{\frac{2}{n}}\log q\right)$$

$$+ f(u)\exp\left(i\theta\,|u|^{\frac{2}{n}}\log q\right)\left(\exp\left(i\theta\left(|u_k|^{\frac{2}{n}} - |\widehat{u}|^{\frac{2}{n}}\right)\log q\right) - 1\right)$$

を用いると，評価式

$$\left\| f(u_k)\exp\left(i\theta\,|u_k|^{\frac{2}{n}}\log q\right) - f(u)\exp\left(i\theta\,|u|^{\frac{2}{n}}\log q\right)\right\|$$

$$\leqq C\,\|f(u_k) - f(u)\| + C\,(\log q)\left\| f(u)\,|u_k - u|^{\frac{2}{n}}\right\|$$

$$\leqq C\,\|f(u_k) - f(u)\| + C\,(\log q)\,\|u_k - u\|_{\frac{2}{n}p}^{\frac{2}{n}}\,\|f(u)\|_{\overline{p}}, \qquad \frac{1}{p} + \frac{1}{\overline{p}} = 1$$

が導かれる．今，$0 < s < 1$ とすると，ベソフ・ノルムの定義から

$$\left\| f(u)\exp\left(i\theta\,|u|^{\frac{2}{n}}\log q\right)\right\|_{\dot{B}_{2,2}^{s}}$$

$$= \left(\int_0^\infty t^{-2s}\sup_{|k|\leqq t}\left\| f(u_k)\exp\left(i\theta\,|u_k|^{\frac{2}{n}}\log q\right)\right.\right.$$

$$\left. - f(u) \exp\left(i\theta \left|u\right|^{\frac{2}{n}} \log q\right) \right\|_2^2 \frac{dt}{t}\right)^{1/2}$$

$$\leqq C \left(\int_0^\infty t^{-2s} \sup_{|k| \leqq t} \|f(u_k) - f(u)\|_2^2 \frac{dt}{t}\right)^{1/2}$$

$$+ C \left(\log q\right) \left(\int_0^\infty t^{-2s} \sup_{|k| \leqq t} \|u_k - u\|_{\frac{n}{2}p}^{\frac{4}{n}} \|f(u)\|_{\frac{1}{p}}^2 \frac{dt}{t}\right)^{1/2}$$

となることがわかるので，$\gamma > 1$ のとき，2番目の不等式が成立する．同様に，$\gamma \leqq 1$ のときも証明できるが，それは割愛することにする．最後の不等式は，等式 (8.3) をみれば，2番目の不等式から得られることは明らかである．これで補題は証明された．∎

8.2 修正波動作用素の存在

［定理 8.1 の証明］　次の関数空間

$$X = \left\{f \in C\left([T, \infty)\,;\, L^2\right)\,;\, \|f\|_X < \infty\right\}$$

を準備する．ここで，

$$\|f\|_X = \sup_{t \in [T, \infty)} t^b \|f(t)\|_Y\,,$$

$$\|f(t)\|_Y = \|f(t)\| + \left(\int_t^\infty \|f(t)\|_{X_n}^4\, dt\right)^{\frac{1}{4}}\,,$$

$$X_1 = L^\infty, \quad X_2 = L^4, \quad X_3 = L^3, \quad b > \frac{n}{4}$$

とし，X の原点を中心とする半径 ρ の閉球を X_ρ で記述することにする．また，方程式 (8.1) の解に対する第 1 次近似 u_0 を，

$$u_0(t) = MD\widehat{u_+} \exp\left(-i\lambda \left|\widehat{u_+}\right|^{\frac{2}{n}} \log t\right) \equiv MD\widehat{w}(t)$$

で定義する．自由 Schrödinger 発展群が

$$U(t)u_+ = MD\widehat{u_+} + MD\mathcal{F}(M-1)\mathcal{F}^{-1}\widehat{u_+}$$

$$\equiv MD\widehat{u_+} + R_{\widehat{u_+}}$$

のように分解されることに注意して，方程式(8.1)の両辺に $\mathcal{F}U(-t)$ を作用させると，

$$(8.4) \qquad i\left(\mathcal{F}U(-t)u(t)\right)_t = \mathcal{F}U(-t)g_n(u)$$

が得られる．$\widehat{w}(t) = \widehat{u_+}\exp\left(-i\lambda\left|\widehat{u_+}\right|^{\frac{2}{n}}\log t\right)$ が方程式

$$(8.5) \qquad i\left(\widehat{w}(t)\right)_t = \lambda\frac{1}{t}\left|\widehat{u_+}\right|^{\frac{2}{n}}\widehat{w}$$

を満足するので，(8.4)式と(8.5)式から，方程式

$$(8.6) \qquad i\left(\mathcal{F}U(-t)u(t) - \widehat{w}(t)\right)_t$$
$$= \mathcal{F}U(-t)\left(g_n(u) - \frac{\lambda}{t}U(t)\mathcal{F}^{-1}\left|\widehat{u_+}\right|^{\frac{2}{n}}\widehat{w}(t,\xi)\right)$$
$$= \mathcal{F}U(-t)\left(g_n(u) - \frac{\lambda}{t}MD\mathcal{F}M\mathcal{F}^{-1}\left|\widehat{w}\right|^{\frac{2}{n}}\widehat{w}(t,\xi)\right)$$
$$= \mathcal{F}U(-t)\left(g_n(u) - \frac{\lambda}{t}MD\left|\widehat{w}\right|^{\frac{2}{n}}\widehat{w}(t,\xi)\right.$$
$$\left. - \frac{1}{t}MD\mathcal{F}(M-1)\mathcal{F}^{-1}g_n(\widehat{w})\right)$$
$$= \mathcal{F}U(-t)\left(g_n(u) - \frac{1}{t}MDg_n(\widehat{w})\right) - \frac{1}{t}\mathcal{F}U(-t)R_{g_n(\widehat{w})}$$
$$= \mathcal{F}U(-t)\left(g_n(u) - g_n(MD\widehat{w})\right) - \frac{1}{t}\mathcal{F}U(-t)R_{g_n(\widehat{w})}$$

が導かれる．方程式(8.6)を時間 t で積分し最終状態条件(8.2)を考慮して，等式

$$(8.7)$$
$$\mathcal{F}U(-t)u(t) - \widehat{w}(t)$$
$$= \mathcal{F}U(-t)\left(u(t) - MD\mathcal{F}M\mathcal{F}^{-1}\widehat{u_+}\exp\left(-i\lambda\left|\widehat{u_+}\right|^{\frac{2}{n}}\log t\right)\right)$$
$$= \mathcal{F}U(-t)\left(u(t) - MD\widehat{u_+}\exp\left(-i\lambda\left|\widehat{u_+}\right|^{\frac{2}{n}}\log t\right)\right) - \mathcal{F}U(-t)R_{\widehat{w}}$$

を利用すると，

$$(8.8) \qquad u(t) - MD\widehat{w} = -i \int_t^\infty U(t-\tau)\left(g_n(u) - g_n(u_0)\right) d\tau$$
$$+ i \int_t^\infty U(t-\tau)\tau^{-1} R_{g_n(\widehat{w})} d\tau + R_{\widehat{w}}$$

となり，これは，最終状態条件(8.2)を満足する方程式(8.1)の積分方程式とみることができる．そこで，$v - u_0 \in X_\rho$ とし，(8.8)式の線形化方程式

$$(8.9) \qquad u(t) - MD\widehat{w} = -i \int_t^\infty U(t-\tau)\left(g_n(v) - g_n(u_0)\right) d\tau$$
$$+ i \int_t^\infty U(t-\tau)\tau^{-1} R_{g_n(\widehat{w})} d\tau + R_{\widehat{w}}$$

を考えることにする．等式

$$g_n(v) - g_n(u_0) = \lambda |v|^{\frac{2}{n}} v - \lambda |u_0|^{\frac{2}{n}} u_0$$
$$= \lambda \left(|v|^{\frac{2}{n}} - |u_0|^{\frac{2}{n}} \right)(v - u_0) + \lambda \left(|v|^{\frac{2}{n}} - |u_0|^{\frac{2}{n}} \right) u_0$$
$$+ \lambda |u_0|^{\frac{2}{n}} (v - u_0)$$

と Strichartz 評価を用いれば，各次元 n に対して，記号

$$F_n(t) = \left\| \int_t^\infty U(t-\tau)\left(g_n(v) - g_n(u_0)\right) d\tau \right\|$$
$$+ \left(\int_t^\infty \left\| \int_t^\infty U(t-\tau)\left(g_n(v) - g_n(u_0)\right) d\tau \right\|_{X_n}^4 dt \right)^{\frac{1}{4}}$$

を用いて，各々の次元 n に対して，評価式

$$(8.10) \qquad F_2(t) \leqq C \left(\int_t^\infty \|v(\tau) - u_0(\tau)\|^2 \, d\tau \right)^{\frac{1}{2}}$$
$$\times \left(\int_t^\infty \|v(\tau) - u_0(\tau)\|_{X_2}^4 \, d\tau \right)^{\frac{1}{4}}$$
$$+ C \int_t^\infty \|v(\tau) - u_0(\tau)\| \, \|u_0(\tau)\|_\infty \, d\tau$$
$$\leqq C\rho^2 t^{-2b+\frac{1}{2}} + Ct^{-b}\rho \|\widehat{u_+}\|_\infty \, ,$$

$$(8.11)$$
$$F_3(t) \leqq C \left(\int_t^\infty \|v(\tau) - u_0(\tau)\|^{\frac{8}{9}} \, \|v(\tau) - u_0(\tau)\|_{X_3}^{\frac{4}{3}} \, d\tau \right)^{\frac{3}{4}}$$

112   8 共鳴型非線形 Schrödinger 方程式

$$
\leqq C \left(\int_t^\infty \| v(\tau) - u_0(\tau) \|^{\frac{4}{3}} \, d\tau \right)^{\frac{1}{2}}
$$

$$
\times \left(\int_t^\infty \| v(\tau) - u_0(\tau) \|_{X_3}^4 \, d\tau \right)^{\frac{1}{4}}
$$

$$
+ C \int_t^\infty \| v(\tau) - u_0(\tau) \| \, \| u_0(\tau) \|_\infty^{\frac{2}{3}} \, d\tau
$$

$$
\leqq C \rho^{1 + \frac{2}{3}} t^{-\frac{5}{3} b + \frac{1}{2}} + C t^{-b} \rho \, \| \widehat{u_+} \|_\infty^{\frac{2}{3}},
$$

(8.12)

$$
F_1(t) \leqq C \left(\int_t^\infty \left\| |v(\tau) - u_0(\tau)|^3 \right\|_1^{\frac{4}{3}} \, d\tau \right)^{\frac{3}{4}}
$$

$$
+ C \int_t^\infty \left\| |v(\tau) - u_0(\tau)| \, |u_0(\tau)|^2 \right\| \, d\tau
$$

$$
\leqq C \left(\int_t^\infty \| v(\tau) - u_0(\tau) \|_\infty^{\frac{4}{3}} \, \| v(\tau) - u_0(\tau) \|^{\frac{8}{3}} \, d\tau \right)^{\frac{3}{4}}
$$

$$
+ C \int_t^\infty \| v(\tau) - u_0(\tau) \| \, \| u_0(\tau) \|_\infty^2 \, d\tau
$$

$$
\leqq C \left(\int_t^\infty \| v(\tau) - u_0(\tau) \|_\infty^4 \, d\tau \right)^{\frac{1}{4}} \left(\int_t^\infty \| v(\tau) - u_0(\tau) \|^4 \, d\tau \right)^{\frac{1}{2}}
$$

$$
+ C \int_t^\infty \| v(\tau) - u_0(\tau) \| \, \| u_0(\tau) \|_\infty^2 \, d\tau
$$

$$
\leqq C \rho \left(\int_t^\infty \rho^4 \tau^{-4b} d\tau \right)^{\frac{1}{2}} + C \rho \, \| \widehat{u_+} \|_\infty^2 \int_t^\infty \tau^{-b-1} d\tau
$$

$$
\leqq C \rho^3 t^{-3b + \frac{1}{2}} + C t^{-b} \rho \, \| \widehat{u_+} \|_\infty^2
$$

が導かれる. 同様に, Strichartz 評価を用いれば, 記号 $\| f(t) \|_Y \equiv \| f(t) \| +$ $\left(\int_t^\infty \| f(t) \|_{X_n}^4 \, dt \right)^{\frac{1}{4}}$ を使って, 剰余項の評価

(8.13) $\quad \left\| \int_t^\infty U(t - \tau) \tau^{-1} R_{g_n(\widehat{w})} \, d\tau \right\|_Y + \| R_{\widehat{w}} \|_Y$

$$
\leqq C \int_t^\infty \tau^{-1} \left\| R_{g_n(\widehat{w})} \right\| \, d\tau + \| R_{\widehat{w}} \| + \left(\int_t^\infty \| R_{\widehat{w}} \|_{X_n}^4 \, d\tau \right)^{\frac{1}{4}}
$$

が成立することがわかる. 剰余項の定義は $R_{\widehat{w}} = M D \mathcal{F} (M - 1) \mathcal{F}^{-1} \widehat{w}$ であるから,

$$
\| R_{\widehat{w}} \| \leqq C t^{-\alpha} \| (-\varDelta)^\alpha \widehat{w} \|
$$

および

$$\|R_{\widehat{w}}\|_{X_n} \leqq \left\|MD\mathcal{F}(M-1)\mathcal{F}^{-1}\widehat{w}\right\|_{X_n}$$
$$\leqq Ct^{-\frac{1}{2}}\left\|(-\Delta)^{\frac{1}{4}}\mathcal{F}(M-1)\mathcal{F}^{-1}\widehat{w}\right\|$$
$$\leqq Ct^{-\frac{1}{2}}\left\|(M-1)\mathcal{F}^{-1}(-\Delta)^{\frac{1}{4}}\widehat{w}\right\|$$
$$\leqq Ct^{-\frac{1}{2}-\sigma}\left\|(-\Delta)^{\frac{1}{4}+\sigma}\widehat{w}\right\|$$

が得られるので，$1 \geqq 1/4+\sigma = \alpha$ とおくと，

$$(8.14) \qquad \|R_{\widehat{w}}\|_Y \leqq Ct^{-\alpha}\|(-\Delta)^{\alpha}\widehat{w}\|$$

が従う．次に不等式 (8.13) の右辺の第 1 項を考える．剰余項の定義と，非線形項の評価を用いると，評価式

$$(8.15) \qquad \int_t^{\infty} \tau^{-1}\left\|R_{g_n(\widehat{w})}\right\|d\tau$$
$$= \int_t^{\infty} \tau^{-1}\left\|MD\mathcal{F}(M-1)\mathcal{F}^{-1}g_n(\widehat{w})\right\|d\tau$$
$$\leqq C\int_t^{\infty} \tau^{-1}\tau^{-\alpha}\|(-\Delta)^{\alpha}g_n(\widehat{w})\|d\tau$$
$$\leqq Ct^{-\alpha}\|\widehat{u_+}\|_{\infty}^{\frac{2}{n}}\|(-\Delta)^{\alpha}\widehat{w}\|$$

が求まり，不等式 (8.13)-(8.15) と，非線形項の評価を再び用いると，

$$(8.16) \qquad \left\|\int_t^{\infty} U(t-\tau)\tau^{-1}R_{g_n(\widehat{w})}\,d\tau\right\|_Y + \|R_{\widehat{w}}\|_Y$$
$$\leqq Ct^{-\alpha}\left(1+\|\widehat{u_+}\|_{\infty}^{\frac{2}{n}}\right)\|\widehat{u_+}\|_{\alpha,0}\left(1+\sum_{j=1}^{2}\|\widehat{u_+}\|_{\infty}^{\frac{2}{n}j}(\log t)^j\right)$$

となることがわかる．このように，(8.9)-(8.12)式，(8.16)式から

$$\|u(t)-MD\widehat{w}\|_Y$$
$$\leqq Ct^{-\alpha}\left(1+\|\widehat{u_+}\|_{\infty}^{\frac{2}{n}}\right)\|\widehat{u_+}\|_{2\alpha,0}\left(1+\sum_{j=1}^{2}\|\widehat{u_+}\|_{\infty}^{\frac{2}{n}j}(\log t)^j\right)$$
$$+ \begin{cases} C\rho^3 t^{-3b+\frac{1}{2}} + Ct^{-b}\rho\|\widehat{u_+}\|_{\infty}^2, & n=1, \\ C\rho^2 t^{-2b+\frac{1}{2}} + Ct^{-b}\rho\|\widehat{u_+}\|_{\infty}, & n=2, \\ C\rho^{1+\frac{2}{3}} t^{-\frac{5}{3}b+\frac{1}{2}} + Ct^{-b}\rho\|\widehat{u_+}\|_{\infty}^{\frac{2}{3}}, & n=3 \end{cases}$$

が成立する．ここで，実数 α, b を $\alpha > b > n/4$ を満たすようにとり，$\|\widehat{u_+}\|_\infty$ を十分小さくとれば，$u - u_0 \in X_\rho$ となる時間 T が存在することがわかる．また，v から u への写像が，縮小写像であることも，同様に示すことができる．よって，区間 $[T, \infty)$ における解の存在が言えたことになる．さらに，文献 $[149]$ の L^2 解の存在証明を用いれば，時間 T を原点につなげることができる．以上により定理は証明された． $\blacksquare$

8.3 修正波動作用素の存在および滑らかさ（1 次元の場合）

［定理 8.2 の証明］　前の節で扱った，線形化方程式

(8.17)
$$\mathcal{F}U(-t)u(t) - \widehat{w}(t) = i\lambda \int_t^\infty \left(\mathcal{F}U(-\tau) |v|^2 v - \frac{\lambda}{\tau} |\widehat{w}|^2 \widehat{w}(\tau, \xi) \right) d\tau$$

を考える．次の新しい関数空間
$$X = \left\{ f \in C([T, \infty); L^2); \|f\|_X < \infty \right\}$$
を準備する．ここで，
$$\|f\|_X = \sup_{t \in [T, \infty)} t^b \|f(t)\| + \sup_{t \in [T, \infty)} t^{\widetilde{b}} \left\| |J|^\beta f(t) \right\|, \quad b > \widetilde{b} \geqq 0$$

とする．方程式 (8.17) の両辺に $(-\Delta)^{\frac{\beta}{2}}$ を作用させ，$F(\widehat{w}) = |\widehat{w}|^2 \widehat{w}(\tau)$ とおくと，次の等式

(8.18)
$$\mathcal{F}U(-t)|J|^\beta u(t) - (-\Delta)^{\frac{\beta}{2}} \widehat{w}(t)$$
$$= i\lambda \int_t^\infty \left(\mathcal{F}U(-\tau)|J|^\beta |u|^2 u - \frac{1}{\tau} (-\Delta)^{\frac{\beta}{2}} F(\widehat{w}) \right) d\tau$$
$$= i\lambda \int_t^\infty \mathcal{F}U(-\tau) \left(|J|^\beta |u|^2 u - \frac{1}{\tau} U(\tau) \mathcal{F}^{-1} (-\Delta)^{\frac{\beta}{2}} F(\widehat{w}) \right) d\tau$$
$$= i\lambda \int_t^\infty \mathcal{F}U(-\tau) \left(|J|^\beta |u|^2 u - \frac{1}{\tau} MD\mathcal{F}M\mathcal{F}^{-1} (-\Delta)^{\frac{\beta}{2}} F(\widehat{w}) \right) d\tau$$
$$= i\lambda \int_t^\infty \mathcal{F}U(-\tau) \left(|J|^\beta |u|^2 u - M \left(-t^2 \Delta \right)^{\frac{\beta}{2}} M^{-1} F(MD\widehat{w}) \right) d\tau$$

8.3 修正波動作用素の存在および滑らかさ（1 次元の場合） 115

$$- i\lambda \int_t^\infty \mathcal{F}U(-\tau) \frac{\lambda}{\tau} M D \mathcal{F}(M-1) \mathcal{F}^{-1}(-\Delta)^{\frac{\beta}{2}} F(\widehat{w}) \, d\tau$$

$$= i\lambda \int_t^\infty \mathcal{F}U(-\tau) \left(|J|^\beta |u|^2 u - |J|^\beta |u_0|^2 u_0 \right) d\tau + R$$

が成立する．ここで，等式

$$|J|^\beta(t) = M(t)(-t^2\Delta)^{\beta/2}M(-t)$$

を用いた．非線形項の評価，補題 8.5 を用いると，剰余項 R は，

(8.19)
$$\|R\| \leqq Ct^{-\alpha} \left\| (-\Delta)^{\frac{\beta}{2}+\alpha} |\widehat{w}|^2 \widehat{w} \right\| \leqq Ct^{-\alpha} \|\widehat{w}\|_\infty^2 \left\| (-\Delta)^{\frac{\beta}{2}+\alpha} \widehat{w} \right\|$$

$$\leqq Ct^{-\alpha} \|\widehat{u_+}\|_\infty^2 \left\| (-\Delta)^{\frac{\beta}{2}+\alpha} \widehat{u_+} \right\| \left(1 + \sum_{j=1}^{2} (\log t)^j \|\widehat{u_+}\|_\infty^{2j} \right)$$

のように評価できる．$|J|^\beta$ が微分と同じ働きをすることを利用して，Sobolev の不等式を適用すると

$$\|w\|_\infty \leqq Ct^{-\frac{1}{2}} \left\| |J|^\beta w \right\|^{\frac{1}{2\beta}} \|w\|^{1-\frac{1}{2\beta}}, \quad \beta > \frac{1}{2}$$

であるから，$v - u_0 \in X_\rho$ であれば

(8.20)
$$\|v\|_\infty \leqq \|v - u_0\|_\infty + \|u_0\|_\infty$$

$$\leqq Ct^{-\frac{1}{2}} \left\| |J|^\beta (v - u_0) \right\|^{\frac{1}{2\beta}} \|v - u_0\|^{1-\frac{1}{2\beta}} + Ct^{-\frac{1}{2}} \|\widehat{u_+}\|_\infty$$

$$\leqq C\rho t^{-\frac{1}{2}-\tilde{b}} + Ct^{-\frac{1}{2}} \|\widehat{u_+}\|_\infty$$

となることがわかる．この事実と，(8.19)式から

(8.21)
$$\left\| \mathcal{F}U(-t) |J|^\beta u(t) - (-\Delta)^{\frac{\beta}{2}} \widehat{w}(t) \right\|$$

$$\leqq C \int_t^\infty \left(\|v\|_\infty^2 + \|u_0\|_\infty^2 \right) \left\| |J|^\beta (v - u_0) \right\| d\tau$$

$$+ C \int_t^\infty \left(\|v\|_\infty + \|u_0\|_\infty \right) \|v - u_0\|_\infty \left\| |J|^\beta u_0 \right\| d\tau + \|R\|$$

$$\leqq C\rho^2 \int_t^\infty \tau^{-1} \left\||J|^\beta (v - u_0)\right\| d\tau$$

$$+ C\rho^2 \int_t^\infty \tau^{-1-\tilde{b}-\left(1-\frac{1}{2\beta}\right)(b-\tilde{b})} \left\||J|^\beta u_0\right\| d\tau + \|R\|$$

$$\leqq C\rho^2 \|\widehat{u_+}\|_\infty t^{-\tilde{b}}$$

$$+ Ct^{-\tilde{b}-\varepsilon} \|\widehat{u_+}\|_\infty^2 \|\widehat{u_+}\|_{\beta+2\tilde{b}+2\varepsilon,0} \left(1 + \sum_{j=1}^2 (\log t)^j \|\widehat{u_+}\|_\infty^{2j}\right)$$

$$\leqq C\rho^2 \|\widehat{u_+}\|_\infty \left(1 + \|\widehat{u_+}\|_{\beta+2\tilde{b}+2\varepsilon,0}\right) t^{-\tilde{b}}$$

が従う. 恒等式

$$|J|^\beta u(t) - U(t)\mathcal{F}^{-1}(-\Delta)^{\frac{\beta}{2}} \widehat{w}(t)$$

$$= |J|^\beta \left(u(t) - MD\widehat{w}(t)\right) - MD\mathcal{F}(M-1)\mathcal{F}^{-1}(-\Delta)^{\frac{\beta}{2}} \widehat{w}(t)$$

と, 非線形項の評価, 補題 8.5 を再び用いると,

$$(8.22) \qquad \left\||J|^\beta \left(u(t) - MD\widehat{w}(t)\right)\right\|$$

$$\leqq \left\||J|^\beta u(t) - U(t)\mathcal{F}^{-1}(-\Delta)^{\frac{\beta}{2}} \widehat{w}(t)\right\|$$

$$+ Ct^{-\tilde{b}-\varepsilon} \|\widehat{u_+}\|_{\beta+2\tilde{b}+2\varepsilon,0} \left(1 + \sum_{j=1}^2 (\log t)^j \|\widehat{u_+}\|_\infty^{2j}\right)$$

であることがわかる. それゆえ, (8.21)式と(8.22)式より

$$\left\||J|^\beta \left(u(t) - MD\widehat{w}(t)\right)\right\| \leqq C\rho^2 \|\widehat{u_+}\|_\infty \left(1 + \|\widehat{u_+}\|_{\beta+2\tilde{b}+2\varepsilon,0}\right) t^{-\tilde{b}}$$

が従う. 評価式(8.21)の証明と同様にして(8.20)式より

$$\|u(t) - MD\widehat{w}(t)\| \leqq C \int_t^\infty \left(\|v\|_\infty^2 + \|u_0\|_\infty^2\right) \|v - u_0\| d\tau + \|R_1\|$$

$$\leqq Ct^{-b} \|\widehat{u_+}\|_\infty^2 + \|R_1\|$$

がわかる. 不等式(8.19)の証明と同様にして, $\|R_1\|$ は上から

$$Ct^{-b+\varepsilon} \|\widehat{u_+}\|_\infty^2 \left\|(-\Delta)^{b+\varepsilon} \widehat{u_+}\right\| \left(1 + \sum_{j=1}^2 (\log t)^j \|\widehat{u_+}\|_\infty^{2j}\right)$$

$$\leqq Ct^{-b} \|\widehat{u_+}\|_\infty^2 \|\widehat{u_+}\|_{2(b+\varepsilon),0}$$

で評価されることがわかるので,

$$(8.23) \qquad \|u(t) - MD\widehat{w}(t)\| \leqq Ct^{-b} \|\widehat{u_+}\|_\infty^2$$

が得られたことになる. (8.22)式と(8.23)式から $\|\widehat{u_+}\|_\infty$ を十分小さくとれ
ば, $u - u_0 \in X_\rho$ となる時間 T が存在することがわかる. 前節でおこなった
定理の証明と同様にして, 縮小写像の原理と文献[149]の L^2 解の存在証明を
用いれば, 結果が得られる. ∎

8.4 修正散乱作用素の存在(1次元の場合)

[定理8.3の証明] 初期値 $u(0)$ が $H^{0,\beta}$ の元であるとして, 次の初期値問
題

$$(8.24) \qquad i\partial_t u + \frac{1}{2}\Delta u = \lambda |u|^2 u$$

を考える. 文献[53]において, $\|u(0)\|_{0,\beta}$ が小さいという仮定のもと, 方程式
(8.24)の一意大域解 u が存在し,

$$U(-t)u \in C((-\infty, 0]; H^{0,\beta})$$

を満たすことが示されている(第10章参照). さらに, 適当な正の定数 C が存
在して,

(8.25)

$$\|u\| \leqq C\|u(0)\|, \quad \left\||J|^\beta u\right\| \leqq C\left\||x|^\beta u(0)\right\| |t|^{C\|u(0)\|_{0,\beta}^2}, \quad \beta > \frac{1}{2}$$

が成立することも, 文献[53]からわかる. これらの評価と, 次の等式

$$u = MD\mathcal{F}MU(-t)u$$
$$= MD\mathcal{F}U(-t)u + MD\mathcal{F}(M-1)U(-t)u$$

から,

(8.26)

$$
\begin{aligned}
\|u\|_\infty &\leqq Ct^{-\frac{1}{2}} \|\mathcal{F}U(-t)u\|_\infty \\
&\quad + Ct^{-\frac{1}{2}} \left\|(-\Delta)^{\frac{\beta}{2}} \mathcal{F}(M-1)U(-t)u\right\|^{\frac{1}{2\beta}} \|\mathcal{F}(M-1)U(-t)u\|^{1-\frac{1}{2\beta}} \\
&\leqq Ct^{-\frac{1}{2}} \|\mathcal{F}U(-t)u\|_\infty \\
&\quad + Ct^{-\frac{1}{2}-\frac{\beta}{2}\left(1-\frac{1}{2\beta}\right)} \left\||J|^\beta u\right\|^{\frac{1}{2\beta}} \left\||x|^\beta U(-t)u\right\|^{1-\frac{1}{2\beta}} \\
&\leqq Ct^{-\frac{1}{2}} \|\mathcal{F}U(-t)u\|_\infty + Ct^{-\frac{1}{2}\left(\frac{1}{2}+\beta\right)} \left\||J|^\beta u\right\|
\end{aligned}
$$

が従う．方程式(8.24)に $\mathcal{F}U(-t)$ を作用させると，

$$
\begin{aligned}
(\mathcal{F}U(-t)u(t))_t &= -i\lambda \mathcal{F}U(-t) |u|^2 u \\
&= -i\lambda \frac{1}{t} \mathcal{F}M^{-1}\mathcal{F}^{-1} |\mathcal{F}MU(-t)u|^2 \mathcal{F}MU(-t)u
\end{aligned}
$$

となるが，この式は次のように

$$
\text{(8.27)} \qquad (\widehat{w}(t))_t = -i\lambda \frac{1}{t} |\widehat{w}(t)|^2 \widehat{w}(t) + R
$$

と書き直すことができる．ここで，新しい記号

$$
\begin{aligned}
\widehat{w}(t) &= \mathcal{F}U(-t)u \\
R &= -i\lambda \frac{1}{t} \left(\mathcal{F}M^{-1}\mathcal{F}^{-1} |\mathcal{F}Mw|^2 \mathcal{F}Mw - |\widehat{w}|^2 \widehat{w}\right)
\end{aligned}
$$

を用いた．剰余項 R に，$(-\Delta)^{\frac{\delta}{2}}$ を作用させると

(8.28)

$$
\begin{aligned}
(-\Delta)^{\frac{\delta}{2}} R &= -i\lambda \frac{1}{t} \left(\mathcal{F}M^{-1}\mathcal{F}^{-1}(-\Delta)^{\frac{\delta}{2}} |\mathcal{F}Mw|^2 \mathcal{F}Mw - (-\Delta)^{\frac{\delta}{2}} |\widehat{w}|^2 \widehat{w}\right) \\
&= -i\lambda \frac{1}{t}(-\Delta)^{\frac{\delta}{2}} \left(|\mathcal{F}Mw|^2 \mathcal{F}Mw - |\widehat{w}|^2 \widehat{w}\right) + R_1
\end{aligned}
$$

となり，最後の項 R_1 は，非線形項の評価，補題8.5を用いると，

(8.29)

$$
\|R_1\| \leqq C |t|^{-1} \left\|\mathcal{F}\left(M^{-1}-1\right)\mathcal{F}^{-1}(-\Delta)^{\frac{\delta}{2}} |\mathcal{F}Mw|^2 \mathcal{F}Mw\right\|
$$

$$\leqq C\,|t|^{-1-\frac{1}{2}(\beta-\delta)}\left\|(-\Delta)^{\frac{\beta}{2}}\,|\mathcal{F}Mw|^2\,\mathcal{F}Mw\right\|$$

$$\leqq C\,|t|^{-1-\frac{1}{2}(\beta-\delta)}\left\|\mathcal{F}Mw\right\|_\infty^2\left\|(-\Delta)^{\frac{\beta}{2}}\,\mathcal{F}Mw\right\|$$

$$\leqq C\,|t|^{-1-\frac{1}{2}(\beta-\delta)}\left\|(-\Delta)^{\frac{\beta}{2}}\,\mathcal{F}Mw\right\|^{\frac{1}{\beta}}\left\|\mathcal{F}Mw\right\|^{2-\frac{1}{\beta}}\left\|(-\Delta)^{\frac{\beta}{2}}\,\mathcal{F}Mw\right\|$$

$$\leqq C\,|t|^{-1-\frac{1}{2}(\beta-\delta)}\left\||J|^\beta\,u\right\|^{1+\frac{1}{\beta}}\left\|u\right\|^{2-\frac{1}{\beta}}$$

$$\leqq C\,\|u(0)\|_{0,\beta}^3\,|t|^{-1-\frac{1}{2}(\beta-\delta)+C\left(1+\frac{1}{\beta}\right)\|u(0)\|_{0,\beta}^2}$$

のように評価できることがわかる. 等式

$$|a|^2\,a-|b|^2\,b=\left(|a|^2-|b|^2\right)a+|b|^2\,(a-b)$$
$$=\left(a\left(\overline{a}-\overline{b}\right)+(a-b)\overline{b}\right)a+|b|^2\,(a-b)$$

と非線形項の評価, 補題 8.5 を再び用いると,

$$(8.30)\qquad \left\|(-\Delta)^{\frac{\delta}{2}}\left(|\mathcal{F}Mw|^2\,\mathcal{F}Mw-|\widehat{w}|^2\,\widehat{w}\right)\right\|$$

$$\leqq C\left\||x|^\delta\,w\right\|\,\|\mathcal{F}(M-1)w\|_\infty\,\left(\|\mathcal{F}Mw\|_\infty+\|\mathcal{F}w\|_\infty\right)$$

$$+C\left\|(-\Delta)^{\frac{\delta}{2}}\mathcal{F}(M-1)w\right\|\left(\|\mathcal{F}Mw\|_\infty^2+\|\mathcal{F}w\|_\infty^2\right)$$

$$\leqq C\left\|(-\Delta)^{\frac{\delta}{2}}\mathcal{F}(M-1)w\right\|^{\frac{1}{2\delta}}\|\mathcal{F}(M-1)w\|^{1-\frac{1}{2\delta}}$$

$$\times\left\||J|^\beta\,u\right\|^{\frac{\delta}{\beta}}\|u\|^{1-\frac{\delta}{\beta}}\left\||J|^\beta\,u\right\|^{\frac{1}{2\beta}}\|u\|^{1-\frac{1}{2\beta}}$$

$$+C\left\|(-\Delta)^{\frac{\delta}{2}}\mathcal{F}(M-1)w\right\|\left\||J|^\beta\,u\right\|^{\frac{1}{\beta}}\|u\|^{2-\frac{1}{\beta}}$$

$$\leqq |t|^{-\frac{1}{2}(\beta-\delta)\frac{1}{2\delta}-\frac{1}{2}\beta\left(1-\frac{1}{2\delta}\right)}\left\||J|^\beta\,u\right\|^{1+\frac{\delta}{\beta}+\frac{1}{2\beta}}$$

$$+C\,|t|^{-\frac{1}{2}(\beta-\delta)}\left\||J|^\beta\,u\right\|^{1+\frac{1}{\beta}}$$

$$\leqq C\,\|u(0)\|_{0,\beta}^3\,|t|^{-\frac{1}{2}(\beta-\delta)+C\left(1+\frac{1}{\beta}\right)\|u(0)\|_{0,\beta}^2}$$

が得られる. 評価式(8.28), (8.29)および(8.30)式より, 剰余項に対する評価式

$$(8.31)\qquad \left\|(-\Delta)^{\frac{\delta}{2}}R\right\|\leqq C\,\|u(0)\|_{0,\beta}^3\,|t|^{-1-\frac{1}{2}(\beta-\delta)+C\left(1+\frac{1}{\beta}\right)\|u(0)\|_{0,\beta}^2}$$

がわかる．方程式(8.27)の両辺に $\exp\left(i\lambda \int_{-1}^{t} |\widehat{w}(\tau)|^2 \frac{1}{\tau}\, d\tau\right)$ を作用させると，

$$\left(\widehat{w}\exp\left(i\lambda \int_{-1}^{t} |\widehat{w}(\tau)|^2 \frac{1}{\tau}\, d\tau\right)\right)_t = \exp\left(i\lambda \int_{-1}^{t} |\widehat{w}(\tau)|^2 \frac{1}{\tau}\, d\tau\right) R$$

となり，これを時間に関して積分すれば，

$$\widehat{w}(t)\exp\left(i\lambda \int_{-1}^{t} |\widehat{w}(\tau)|^2 \frac{1}{\tau}\, d\tau\right) - \widehat{w}(s)\exp\left(i\lambda \int_{-1}^{s} |\widehat{w}(\tau)|^2 \frac{1}{\tau}\, d\tau\right)$$
$$= \int_{s}^{t}\exp\left(i\lambda \int_{-1}^{\tau} |\widehat{w}(\tau)|^2 \frac{1}{\tau}\, d\tau\right) R\, d\tau$$

が導かれる．$\delta \leqq 1$ であれば，ベソフ・ノルムの定義を用いて

$$\left\|(-\Delta)^{\frac{\delta}{2}}\exp\left(i\lambda \int_{-1}^{t} |\widehat{w}(\tau)|^2 \frac{1}{\tau}\, d\tau\right) R\right\|$$
$$\leqq \left\|\int_{-1}^{t}(-\Delta)^{\frac{\delta}{2}} |\widehat{w}(\tau)|^2 \frac{1}{\tau}\, d\tau\right\| \|R\|_{\infty} + \left\|(-\Delta)^{\frac{\delta}{2}} R\right\|$$
$$\leqq \left\|\int_{-1}^{t} |\tau|^{-1} \|\mathcal{F}U(-t)u\|_{\infty} \left\||J|^\delta u\right\|\, d\tau\right\| \|R\|_{\infty} + \left\|(-\Delta)^{\frac{\delta}{2}} R\right\|$$
$$\leqq C\, \|u(0)\|_{0,\beta}^3\, |t|^{-1-\frac{1}{2}(\beta-\delta)+C\left(1+\frac{1}{\beta}\right)\|u(0)\|_{0,\beta}^2}$$

となることがわかる．それゆえ，$|t| > |s|$ とすれば，不等式

$$(8.32) \quad \left\|(-\Delta)^{\frac{\delta}{2}}\left(\widehat{w}(t)\exp\left(i\lambda \int_{-1}^{t} |\widehat{w}(\tau)|^2 \frac{1}{\tau}\, d\tau\right)\right.\right.$$
$$\left.\left. - \widehat{w}(s)\exp\left(i\lambda \int_{-1}^{s} |\widehat{w}(\tau)|^2 \frac{1}{\tau}\, d\tau\right)\right)\right\|$$
$$\leqq C\, \|u(0)\|_{0,\beta}^3 \left|\int_{s}^{t} |\tau|^{-1-\frac{1}{2}(\beta-\delta)+C\left(1+\frac{1}{\beta}\right)\|u(0)\|_{0,\beta}^2}\, d\tau\right|$$
$$\leqq C\, \|u(0)\|_{0,\beta}^3 \left(|s|^{-\frac{1}{2}(\beta-\delta)+C\left(1+\frac{1}{\beta}\right)\|u(0)\|_{0,\beta}^2}\right.$$
$$\left. - |t|^{-\frac{1}{2}(\beta-\delta)+C\left(1+\frac{1}{\beta}\right)\|u(0)\|_{0,\beta}^2}\right)$$

が成り立つことがわかる．ところで，$\|u(0)\|_{0,\beta}$ が十分小さいという仮定から，この不等式より一意的な関数 $\widehat{u_-} \in H^{\delta,0}$ が存在して，$\widehat{u_-}$ は

$$\left\| \widehat{w}(t) \exp\left(i\lambda \int_{-1}^{t} |\widehat{w}(\tau)|^2 \, \frac{1}{\tau} \, d\tau \right) - \widehat{u_-} \right\|_{\delta,0}$$
$$\leqq C \, \|u(0)\|_{0,\beta}^3 \, |t|^{-\frac{1}{2}(\beta-\delta) + C\left(1+\frac{1}{\beta}\right)\|u(0)\|_{0,\beta}^2}, \quad |t| > 1$$

を満たすことがわかる．次に，位相関数の漸近的振る舞いを求めることにする．記号

$$(8.33) \qquad \Psi(t) = \int_{-1}^{t} \left(|\widehat{w}(\tau)|^2 - |\widehat{w}(t)|^2 \right) \frac{1}{\tau} \, d\tau$$
$$= \int_{-1}^{t} |\widehat{w}(\tau)|^2 \, \frac{1}{\tau} \, d\tau - |\widehat{w}(t)|^2 \log|t|$$

を用いると，$|t| > |\tau| > |s|$ として，等式

$$\Psi(t) - \Psi(s) = \int_{s}^{t} \left(|\widehat{w}(\tau)|^2 - |\widehat{w}(t)|^2 \right) \frac{1}{\tau} \, d\tau + \left(|\widehat{w}(t)|^2 - |\widehat{w}(s)|^2 \right) \log|s|$$

に，不等式 (8.32) を利用すれば，

$$\|\Psi(t) - \Psi(s)\|_{\delta,0} \leqq C \, \|u(0)\|_{0,\beta}^4 \, |t|^{-\frac{\beta-\delta}{2} + \varepsilon}$$

が得られる．それゆえ，一意的な実数値関数 $\Phi \in H^{\delta,0}$ が存在し，

$$(8.34) \qquad \|\Psi(t) - \Phi\|_{\delta,0} \leqq C \, \|u(0)\|_{0,\beta}^4 \, |t|^{-\frac{\beta-\delta}{2} + C\varepsilon}$$

が成立する．不等式 (8.32) と (8.34) より，

$$\left\| \int_{-1}^{t} |\widehat{w}(\tau)|^2 \, \frac{1}{\tau} \, d\tau - \Phi - |\widehat{u_-}|^2 \log|t| \right\|_{\delta,0} \leqq C \, \|u(0)\|_{0,\beta}^4 \, |t|^{-\frac{1}{2}(\beta-\delta) + C\varepsilon}$$

となることがわかる．今，$\delta > 1/2$ であるから，

$$\left\| \exp\left(i\lambda \int_{-1}^{t} |\widehat{w}(\tau)|^2 \, \frac{1}{\tau} \, d\tau \right) - \exp\left(i\lambda |\widehat{u_-}|^2 \log|t| + i\lambda\Phi \right) \right\|_{\delta,0}$$
$$\leqq C \, \|u(0)\|_{0,\beta}^4 \, |t|^{-\frac{1}{2}(\beta-\delta) + C\varepsilon}$$

が従う．それゆえ，Sobolev の不等式より

$$\left\| \widehat{w}(t) \exp\left(i\lambda \int_{-1}^{t} |\widehat{w}(\tau)|^2 \, \frac{1}{\tau} \, d\tau \right) - \widehat{w}(t) \exp\left(i\lambda |\widehat{u_-}|^2 \log|t| + i\lambda\Phi \right) \right\|_{\delta,0}$$

$$\leqq C \left\| \widehat{w}(t) \right\|_{\delta,0} \left\| \exp\left(i\lambda \int_{-1}^{t} |\widehat{w}(\tau)|^2 \, \frac{1}{\tau} \, d\tau \right) - \exp\left(i\lambda \, |\widehat{u_-}|^2 \log|t| + i\lambda\Phi \right) \right\|_{\delta,0}$$

$$\leqq C \left\| u(0) \right\|_{0,\beta}^4 |t|^{-\frac{1}{2}(\beta-\delta)+C\varepsilon}$$

となり，この式より，

$$\left\| \widehat{w}(t) \exp\left(i\lambda \, |\widehat{u_-}|^2 \log|t| + i\lambda\Phi \right) - \widehat{u_-} \right\|_{\delta,0} \leqq C \left\| u(0) \right\|_{0,\beta}^3 |t|^{-\frac{1}{2}(\beta-\delta)+C\varepsilon}$$

がわかり，定理の最初の評価式を導くことができる．また，これより $\delta > 1/2$ であるから，Sobolev の不等式を用いて

$$\left\| \widehat{w}(t) - \widehat{u_-} \exp\left(-i\lambda \, |\widehat{u_-}|^2 \log|t| - i\lambda\Phi \right) \right\|_{\delta,0} \leqq C \left\| u(0) \right\|_{0,\beta}^3 |t|^{-\frac{1}{2}(\beta-\delta)+C\varepsilon}$$

が求まる．ゆえに，$\eta < \delta$ ならば，

$$C \left\| u(0) \right\|_{0,\beta}^3 |t|^{-\frac{1}{2}(\beta-\delta)+C\varepsilon}$$

$$\geqq \left\| \widehat{w}(t) - \widehat{u_-} \exp\left(-i\lambda \, |\widehat{u_-}|^2 \log|t| - i\lambda\Phi \right) \right\|_{\eta,0}$$

$$= \left\| u(t) - MD\mathcal{F}M\mathcal{F}^{-1} \widehat{u_-} \exp\left(-i\lambda \, |\widehat{u_-}|^2 \log|t| \right) \right\|$$

$$\quad + \left\| |J|^\eta u(t) - MD\mathcal{F}M\mathcal{F}^{-1} (-\Delta)^{\frac{\eta}{2}} \widehat{u_-} \exp\left(-i\lambda \, |\widehat{u_-}|^2 \log|t| \right) \right\|$$

$$\geqq \left\| u(t) - MD\widehat{u_-} \exp\left(-i\lambda \, |\widehat{u_-}|^2 \log|t| \right) \right\|$$

$$\quad - C \left(\left\| u_- \right\|_{0,\delta} + \left\| u_- \right\|_{0,\delta}^2 \right) |t|^{-\frac{\delta}{2}} \log|t|$$

$$\quad + \left\| |J|^\eta u(t) - MD (-\Delta)^{\frac{\eta}{2}} \widehat{u_-} \exp\left(-i\lambda \, |\widehat{u_-}|^2 \log|t| \right) \right\|$$

$$\quad - C \left(\left\| u_- \right\|_{0,\delta} + \left\| u_- \right\|_{0,\delta}^2 \right) |t|^{-\frac{\delta-\eta}{2}} \log|t|$$

となる．このように，

$$\left\| U(-t) \left(u(t) - \frac{1}{\sqrt{2\pi i t}} \widehat{u_-} \left(\frac{\cdot}{t} \right) \exp\left(-i\lambda \left| \widehat{u_-} \left(\frac{\cdot}{t} \right) \right|^2 \log|t| \right) \right) \right\|_{0,\eta}$$

$$\leqq C \left\| u(0) \right\|_{0,\beta}^3 |t|^{-\frac{1}{2}(\beta-\delta)+C\varepsilon} + C \left(\left\| u_- \right\|_{0,\delta} + \left\| u_- \right\|_{0,\delta}^2 \right) |t|^{-\frac{1}{2}(\delta-\eta)+C\varepsilon}$$

が得られ，定理の2番目の評価式が得られたことになる．この不等式に，Sobolev の不等式から得られる評価式

$$\|u(t)\|_\infty \leqq C \, |t|^{-\frac{1}{2}} \, \||J|^\eta \, f\|^{\frac{1}{2\eta}} \, \|f\|^{1-\frac{1}{2\eta}}$$

を用いると,

$$\left\|u(t) - \frac{1}{\sqrt{2\pi it}} \widehat{u_-}\left(\frac{\cdot}{t}\right) \exp\left(-i\lambda \left|\widehat{u_-}\left(\frac{\cdot}{t}\right)\right|^2 \log|t|\right)\right\|_\infty$$
$$\leqq C \, |t|^{-\frac{1}{2}} \left(|t|^{-\frac{1}{2}(\beta-\delta)+C\varepsilon} + |t|^{-\frac{1}{2}\delta+\frac{1}{4}+\varepsilon}\right)$$

のように,解の一様評価を求めることもできる. ▮

9 最終値問題に対する研究の発展

文献[68]において，臨界冪以下の非線形項だが，消散項として働く非線形項を持った，非線形 Schrödinger 型方程式

$$u_t - \frac{i}{\beta} \left(-\partial_x^2 \right)^{\frac{\beta}{2}} u = - |u|^{\rho-1} u$$

の修正波動作用素の存在が示され，解の時間減衰評価

$$\|u(t)\| \leqq C t^{\frac{1}{2} - \frac{1}{\rho-1}}$$

も得られた．ただし，$\rho < 3$ だが 3 に十分近い場合に限るもので，ρ が 3 に十分近くない場合は，未解決問題である．

次の非線形 Klein-Gordon 型方程式

$$\partial_t u + i \langle i\nabla \rangle u = - \langle i\nabla \rangle^{-1} |u|^{\rho-2} u$$

の場合は，ρ が 3 に十分近い場合もわかっていない．さらに一般の n 次元に対して，

$$\partial_t u + i \langle i\nabla \rangle u = - \langle i\nabla \rangle^{-1} |u|^{\frac{2}{n}} u$$

に対する，修正波動作用素の問題は解かれていない．

第 11 章の一般化で述べる，1 次元非線形 Schrödinger 方程式の初期値問題を，最終値問題に変えると，未解決問題である．例えば，非線形項がエネルギー法を適用できない $u^2 u_x$ などのときの最終値問題は解かれていない．

一方，第 5 章の一般化の線形部分を，Schrödinger 型 $(-\partial_x^2)^{\rho/2}$ に変更しても，同じ結果を得ることが可能であることにも注意しておく．

波動方程式と Schrödinger 方程式のシステム方程式である Zakharov 方程式についての最終値問題の研究は文献[130]で，Maxwell-Schrödinger 方程式，

126　9　最終値問題に対する研究の発展

Klein-Gordon-Schrödinger 方程式については，文献[129]，[131]でそれぞれ研究され，波動作用素，修正波動作用素の存在が証明されているので，これらの文献を参照されるとよい.

　これらの方程式系は，波の振動数が異なる方程式の系であると考えられるので，共鳴現象を起こさない方程式系と考えられるが，Klein-Gordon 方程式系，Schrödinger 方程式系の場合は共鳴現象を起こす場合があるので，よくわかっていない. Klein-Gordon 方程式系の初期値問題に対しては，文献[139]において共鳴現象を起こさない場合が研究されている.

　臨界冪以下の非線形項を持った，非線形分散型方程式

$$u_t - \frac{1}{\rho} (-\partial_x^2)^{\frac{\beta-1}{2}} \partial_x u = \partial_x(u^2)$$

の波動作用素の存在も未解決問題である. この方程式は，物理的に重要な問題である Korteweg-de Vries 方程式($\beta = 3$)，Benjamin-Ono 方程式($\beta = 2$)を含んでいる.

第Ⅱ部
初期値問題

10 共鳴型非線形Schrödinger方程式

10.1 解の漸近挙動

この章では，文献[53]を参考にして，次元が $1 \leqq n \leqq 3$ の場合に，非線形 Schrödinger 方程式の初期値問題

$$(10.1) \qquad \begin{cases} i\partial_t u + \dfrac{1}{2}\Delta u = f_n(u), & (t,x) \in \mathbb{R} \times \mathbb{R}^n, \\ u(0,x) = u_0(x), & x \in \mathbb{R}^n \end{cases}$$

を考え，解の時間に関する漸近的振る舞い，すなわち逆修正波動作用素(修正散乱状態)の存在について考えることにする．ここで，非線形項は

$$(10.2) \qquad f_n(u) = \lambda|u|^{\rho-1}u + \mu|u|^{\eta-1}u$$

とし，$\rho - 1 = 2/n < \eta - 1$，$\lambda, \mu \in \mathbb{R}$ を仮定する．方程式(10.1)-(10.2)の非線形項の第1項は，共鳴型臨界冪非線形項である．非線形項が臨界冪以上のときには，多くの仕事がされている．この方面における最初の重要な仕事は，Ginibre と Velo によっておこなわれた(文献[40]，[41]参照)．彼らは，弱解 ($H^{1,0}$ 解)の存在と一意性の証明を示し，$(n+2)/(n-2) > \eta > \rho > 1 + 4/n'$，$\lambda, \mu > 0$ の仮定のもと，波動作用素が，$H^{1,0} \cap H^{0,1}$ からそれ自身への，単射かつ全射な写像であることを示した．その後，弱解の存在，および強解($H^{2,0}$ 解)の存在に関しては，文献[86]，[149]等において改良された．散乱理論に関しては，文献[41]の仕事の後，文献[42]において関数空間 $H^{1,0} \cap H^{0,1}$ より広いエネルギー空間 $H^{1,0}$ に改良された．また，非線形項の増大度に関しては文献[79]，[148]により下限の値 $1 + 4/n$ が $(n(p-1)p)/(2(p+1)) = 0$ の正の根に改良された．

この章では，臨界冪の非線形項を持った方程式(10.1)-(10.2)($\lambda \neq 0$ のと

き）に話題を絞って考える．この章での目的は，初期値問題(10.1)の解に対する精密な L^∞ 時間減衰評価

$$\|u(t)\|_\infty \leqq C(1 + |t|)^{-\frac{n}{2}}$$

を証明すること，および解に対する漸近評価を，初期値に対して

$$u_0 \in H^{\gamma,0} \cap H^{0,\gamma}, \quad \gamma > \frac{n}{2}$$

かつ $\|u_0\|_{\gamma,0} + \|u_0\|_{0,\gamma}$ が十分小さいという条件のもと，示すことである．ただし，空間次元は，$n = 1, 2$ あるいは 3 のときに限るとする．次元の制限は，非線形項が高次元のとき滑らかでなくなるのに対して，初期値を滑らかにとらなくてはならないところにある．

以下に述べる結果は，修正散乱状態の存在，および線形 Schrödinger 方程式の解の時間減衰評価と，非線形 Schrödinger 方程式の解のそれが同じであることを示している．これらの結果が精密であることは，方程式(10.1)-(10.2)の L^2 における逆波動作用素の非存在が，$\lambda, \mu > 0$ のとき，文献[4]で示されていることから，明らかである．$\lambda, \mu > 0$ でないときも，λ が実数のとき，第5章の波動作用素の非存在の証明方法を用いれば，解の漸近評価，解に対する精密な L^∞ 時間減衰評価から，波動作用素の非存在を示すことができる．非線形項が臨界冪であるため，L^∞ 時間減衰評価を導くために，適当な位相関数を導入する必要がある．これは，従来の仕事[40], [41], [79], [147]が，$(x + it\nabla)u(t)$ の評価にのみ依存していたことと異なる点である．

この章での結果は，修正散乱状態（逆修正波動作用素）の存在を意味するものであるが，用いられる位相関数に関しては，第8章でも述べたように，修正波動作用素の存在証明において Ginibre と小澤([37], (3.34)参照)によって用いられたものとは，若干異なるが，それぞれの差は剰余項とみなせることに注意しておく．文献[37]の結果は，最終状態を満足する(10.1)の積分方程式を解くことによって証明される．また，その方法は1次元微分型 Schrödinger 方程式のように，微分項を含まないようなシステムの方程式系に変換される場合は有効であるが，一般の未知関数の微分を含むような非線形方程式には有効ではない．一方，この章で用いられる方法はかなり一般的であり，広いクラス

の非線形項を扱うことができる．このことに関しては次章の一般化を参照されるとよい．

本章における主結果を述べることにする．

定理 10.1 初期値が，条件 $u_0 \in H^{\gamma,0} \cap H^{0,\gamma}$ と，$\|u_0\|_{\gamma,0} + \|u_0\|_{0,\gamma} = \varepsilon$ を満たすとする．ここで，ε は十分小さいとし，$n/2 < \gamma \leqq \rho = 1 + 2/n$ とする．このとき，方程式(10.1)-(10.2)の一意的大域解 u が存在し，

$$u \in C(\mathbb{R}; H^{\gamma,0} \cap H^{0,\gamma}),$$
$$\|u(t)\|_\infty \leqq C\varepsilon(1 + |t|)^{-\frac{n}{2}}$$

を満足する． □

定理 10.2 u を，定理 10.1 で得られた，方程式(10.1)-(10.2)の解とする．このとき，任意の $u_0 \in H^{\gamma,0} \cap H^{0,\gamma}$ に対して，一意的な関数 $W \in L^\infty \cap L^2$ と $\Phi \in L^\infty$ が存在して，

$$(10.3) \quad \left\| (\mathcal{F}U(-t)u)(t) \exp\left(-i\lambda \int_1^t |\hat{u}(\tau)|^{\frac{2}{n}} \frac{d\tau}{\tau}\right) - W \right\|_k$$
$$\leqq C\varepsilon\left(t^{-\alpha + C\varepsilon^{\frac{1}{n}}} + t^{-n(\eta-1)/2 + 1 + C\varepsilon^{\frac{1}{n}}}\right)$$

を $t \geqq 1$ に対して満足する．ここで，$k = 2$ あるいは $k = \infty$ とする．位相関数に関しては，次の評価

$$(10.4) \quad \left\| \lambda \int_1^t |\hat{u}(\tau)|^{\frac{2}{n}} \frac{d\tau}{\tau} - \lambda |W|^{\frac{2}{n}} \log t - \Phi \right\|_\infty$$
$$\leqq C\varepsilon\left(t^{-\alpha + C\varepsilon^{\frac{1}{n}}} + t^{-n(\eta-1)/2 + 1 + C\varepsilon^{\frac{1}{n}}}\right)^{\frac{2}{3}}$$

が $t \geqq 1$ に対して成立する．ここで，$n/2 + 2\alpha < \gamma \leqq \rho = 1 + 2/n$, $C\varepsilon < \alpha < \min((2\rho - n)/4, 1)$ であり，Φ は実数値関数である．さらに，次の漸近公式

(10.5)

$$u(t,x) = \frac{1}{(it)^{\frac{n}{2}}} W\left(\frac{x}{t}\right) \exp\left(i\frac{|x|^2}{2t} - i\lambda \left|W\left(\frac{x}{t}\right)\right|^{\frac{2}{n}} \log t + i\Phi\left(\frac{x}{t}\right)\right)$$
$$+ O\left(\varepsilon t^{-\frac{n}{2}} \left(t^{-\alpha + C\varepsilon^{\frac{1}{n}}} + t^{-n(\eta-1)/2 + 1 + C\varepsilon^{\frac{1}{n}}}\right)^{\frac{2}{3}}\right)$$

132　10　共鳴型非線形 Schrödinger 方程式

が成立する．また，評価

$$(10.6) \quad \left\| (\mathcal{F}U(-t)u)(t) - W\exp(i\lambda|W|^{\frac{2}{n}}\log t + i\Phi) \right\|_k$$

$$\leqq C\varepsilon \left(t^{-\alpha + C\varepsilon^{\frac{1}{n}}} + t^{-n(\eta-1)/2 + 1 + C\varepsilon^{\frac{1}{n}}} \right)^{\frac{2}{3}}$$

が，$k = 2$ あるいは $k = \infty$ に対して成り立つ．□

定理を証明するために，いくつかの補題を準備しよう．

補題 10.3　$u(t, x)$ を滑らかな関数とすると，

$$\|u(t)\|_\infty \leqq C|t|^{-\frac{n}{2}} \|\mathcal{F}U(-t)u(t)\|_\infty + C|t|^{-\frac{n}{2}-\alpha} \|U(-t)u(t)\|_{0,\gamma}$$

が $|t| > 0$, $\alpha \in [0,1)$, $\gamma > n/2 + 2\alpha$ に対して成立する．□

［証明］　次の等式

$$(10.7)$$

$$u(t,x) = U(t)U(-t)u(t,x) = \frac{1}{(2\pi it)^{\frac{n}{2}}} \int e^{\frac{i|x-y|^2}{2t}} U(-t)u(t,y)\,dy$$

から始める．等式 (10.7) は，次のように

$$(10.8)$$

$$u(t,x) = \frac{e^{\frac{i|x|^2}{2t}}}{(2\pi it)^{\frac{n}{2}}} \int e^{-\frac{ixy}{t}} U(-t)u(t,y) \left\{ 1 + \left(e^{\frac{i|y|^2}{2t}} - 1 \right) \right\} dy$$

$$= \frac{e^{\frac{i|x|^2}{2t}}}{(it)^{\frac{n}{2}}} (\mathcal{F}U(-t)u)\left(t, \frac{x}{t} \right) + R(t,x)$$

と書き直すことができる．ここで，剰余項は

$$R(t,x) = \frac{e^{\frac{i|x|^2}{2t}}}{(2\pi it)^{\frac{n}{2}}} \int e^{-i\frac{xy}{t}} (e^{\frac{i|y|^2}{2t}} - 1)U(-t)u(t,y)\,dy$$

で定義されるものとする．今，α が $0 < \alpha < 1$ を満足するとすると，次の評価

$$(10.9) \quad |e^{\frac{i|y|^2}{2t}} - 1| = 2\left| \sin\frac{|y|^2}{4t} \right| \leqq C\frac{|y|^{2\alpha}}{|t|^\alpha}$$

を満たすことがわかる．それゆえ，Hölder の不等式を用いれば

$$(10.10) \qquad \|R(t)\|_\infty \leqq C|t|^{-\frac{n}{2}-\alpha} \left\||y|^{2\alpha} U(-t)u(t,y)\right\|_1$$

$$\leqq C|t|^{-\frac{n}{2}-\alpha} \|U(-t)u(t)\|_{0,\gamma}$$

が $|t|>1$, $\gamma>n/2+2\alpha$ のとき得られる．恒等式(10.8)と評価式(10.10)より，補題が従う．

次に非線形項に関する評価を述べる．

補題 10.4 $0<\gamma<\min(2,1+2/n)$, $\rho\geqq 1+2/n$ とすると，次の評価式

$$\left\|U(-t)|u|^{\rho-1}u\right\|_{\dot{H}^{0,\gamma}} \leqq C\|u\|_\infty^{\rho-1} \|U(-t)u\|_{\dot{H}^{0,\gamma}},$$

$$\left\||u|^{\rho-1}u\right\|_{\dot{H}^{\gamma,0}} \leqq C\|u\|_\infty^{\rho-1} \|u\|_{\dot{H}^{\gamma,0}}$$

が成立する．

［証明］　次の等式

$$\|U(-t)f\|_{\dot{H}^{0,\gamma}} = \||x|^\gamma U(-t)f\| = \||J|^\gamma f\| = \left\|(-t^2\Delta)^{\frac{\gamma}{2}} M(-t)f\right\|$$

に注意すると，

$$\left\|U(-t)|u|^{\rho-1}u\right\|_{\dot{H}^{0,\gamma}} = \left\|(-t^2\Delta)^{\frac{\gamma}{2}} |M(-t)u|^{\rho-1} M(-t)u\right\|$$

となるので $\dot{H}^{\gamma,0}$ ノルムと，$\dot{B}_{2,2}^\gamma$ ノルムが同等であること，および Sobolev の不等式を用いれば補題が得られる．

10.2　修正散乱状態（逆修正波動作用素）の存在

関数空間 X_T を次のように定義する：

$$X_T = \left\{ \phi \in C([-T,T];L^2); |||\phi|||_{X_T} := \sup_{t\in[-T,T]} (1+|t|)^{-C\varepsilon^{\frac{1}{n}}} \|\phi(t)\|_{\gamma,0} \right.$$

$$\left. + \sup_{t\in[-T,T]} (1+|t|)^{-C\varepsilon^{\frac{1}{n}}} \|U(-t)\phi(t)\|_{0,\gamma} \right.$$

$$+ \sup_{t\in[-T,T]} (1+|t|)^{\frac{n}{2}} \|\phi(t)\|_\infty < \infty \Bigg\} .$$

本節では，次の局所解の存在定理を示し，局所解の先験的評価を用いて，主結果を示すことにする．

定理 10.5 初期値が，$\|u_0\|_{\gamma,0} + \|u_0\|_{0,\gamma} = \varepsilon \leqq \varepsilon^{2/3}$ を満足するとする．ここで，ε は十分小さい正の数とし，$1+2/n > \gamma > n/2$ とする．このとき，$T > 1$ なる適当な T が存在し，区間 $[-T,T]$ 上で，(10.1)-(10.2)の一意的な解 u が存在して，

$$|||u|||_{X_T} \leqq \varepsilon^{\frac{2}{3}}$$

を満足する． □

［証明］ 次の線形化方程式

$$(10.11) \qquad \begin{cases} i\partial_t u = -\dfrac{1}{2}\Delta u + f_n(v), & (t,x)\in\mathbb{R}\times\mathbb{R}^n, \\ u(0,x) = u_0(x), & x\in\mathbb{R}^n \end{cases}$$

を考える．ここで，$|||v|||_{X_T} \leqq \varepsilon^{\frac{2}{3}}$ とする．方程式を積分方程式に直し，補題 10.4 を用いると

$$\|u(t)\|_{\gamma,0} + \|U(-t)u(t)\|_{0,\gamma}$$
$$\leqq \varepsilon + C\int_0^t \left(\|v(\tau)\|_\infty^{\rho-1} + \|v(\tau)\|_\infty^{\eta-1} \right) \left(\|v(\tau)\|_{\gamma,0} + \|U(-t)v(\tau)\|_{0,\gamma} \right) d\tau$$
$$\leqq \varepsilon + CT|||v|||_{X_T}^{1+\frac{2}{n}} \leqq \varepsilon + CT\varepsilon^{\frac{2}{3}\left(1+\frac{2}{n}\right)} \leqq \varepsilon^{\frac{2}{3}}$$

が求まる．この不等式から，$u = Mv$ で定義される写像 M が，$X_{T,\varepsilon^{\frac{2}{3}}} = \{f\in X_T; |||f||| \leqq \varepsilon^{\frac{2}{3}}\}$ からそれ自身への写像となるような ε が存在することがわかる．同様にして，縮小写像であることも示せるので，縮小写像の原理から，定理の主張が示せたことになる． ∎

なお，時間局所解，および大域解の存在に関する詳しい証明に関しては，文献[41], [86], [149]等を参照されるとよい．

10.2 修正散乱状態(逆修正波動作用素)の存在 　135

補題 10.6　u を定理 10.5 で述べられた方程式(10.1)-(10.2)の時間局所解
とする. このとき, 任意の $t \in [-T, T]$ と, $n/2 < \gamma \leqq 1 + 2/n$ を満たす γ に
対して,

$$(1 + |t|)^{-C\varepsilon^{\frac{1}{n}}} (\|u(t)\|_{\gamma,0} + \|U(-t)u(t)\|_{0,\gamma}) \leqq C(\|u_0\|_{\gamma,0} + \|u_0\|_{0,\gamma}) \equiv C\varepsilon$$

が成立する. 　　　　　　　　　　　　　　　　　　　　　　　　　　□

[証明]　$t < 0$ の場合も $t > 0$ の場合と同様に考えることができるので, 以
後 $t > 0$ のときだけを考えることにする. 方程式(10.1)の両辺に $|J|^\gamma = U(t)|x|^\gamma U(-t)$ を作用させ, $L = i\partial_t + (1/2)\Delta$ としたとき, 交換関係 $[L, |J|^\gamma] = 0$ を用いると,

$$(10.12) \qquad L|J|^\gamma u = |J|^\gamma \left(\lambda |u|^{\frac{2}{n}} u + \mu |u|^{\eta-1} u\right)$$

が得られる. (10.12)式の積分方程式は,

(10.13)

$$|J|^\gamma u(t) = U(t)|x|^\gamma u_0 + \int_0^t U(t-s)|J|^\gamma \left(\lambda |u|^{\frac{2}{n}} u + \mu |u|^{\eta-1} u\right)(s)\, ds$$

のように書くことができ, 作用素 $U(t)$ は L^2 におけるユニタリー作用素であ
るから, (10.13)式と補題 10.4 によって,

(10.14)

$$\||J|^\gamma u(t)\| \leqq \||x|^\gamma u_0\| + C \int_0^t \left(\|u(s)\|_\infty^{\frac{2}{n}} + \|u(s)\|_\infty^{\eta-1}\right) \||J|^\gamma u(s)\|\, ds$$

が求まる. 定理 10.5 を使うと,

$$(10.15) \qquad \||J|^\gamma u(t)\| \leqq \||x|^\gamma u_0\| + C\varepsilon^{\frac{1}{n}} \int_0^t (1+s)^{-1} \||J|^\gamma u(s)\|\, ds$$

が得られる. これに Gronwall の不等式を用いると,

$$\||J|^\gamma u(t)\| \leqq \||x|^\gamma u_0\|(1+t)^{C\varepsilon^{\frac{1}{n}}}$$

となることがわかるが, これは,

$$(10.16) \qquad (1+t)^{-C\varepsilon^{\frac{1}{n}}} \||x|^\gamma U(-t)u(t)\| \leqq \||x|^\gamma u_0\|$$

136   10　共鳴型非線形 Schrödinger 方程式

を意味する．評価式(10.16)の証明方法と同様にして，次の評価式

$$(10.17) \qquad (1+t)^{-C\varepsilon\frac{1}{n}} \|u(t)\|_{\gamma,0} \leqq C\|u_0\|_{\gamma,0}$$

を導くことができるので，補題は評価式(10.16)と(10.17)によって得られた
ことになる．∎

補題 10.7　u を定理 10.5 で述べられた(10.1)-(10.2)の局所解とする．こ
のとき，任意の $t \in [-T, T]$ と $\gamma > n/2$ に対して，

$$(1+|t|)^{\frac{n}{2}} \|u(t)\|_\infty \leqq C(\|u_0\|_{\gamma,0} + \|u_0\|_{0,\gamma}) \equiv C\varepsilon$$

が成立する．　□

　[証明]　Sobolev の不等式と補題 10.6 によって，次の不等式

$$(10.18) \qquad (1+|t|)^{\frac{n}{2}} \|u(t)\|_\infty \leqq C\|u(t)\|_{\gamma,0} \leqq C\varepsilon$$

が $0 \leqq t \leqq 1$ に対して成り立つことがわかる．今，$t \geqq 1$ を仮定すると，補題
10.3 と補題 10.6 から，$0 < \alpha < 1$，$\gamma > n/2 + 2\alpha$ に対して，

$$(10.19) \qquad \|u(t)\|_\infty \leqq Ct^{-\frac{n}{2}-\alpha+C\varepsilon\frac{1}{n}} (\|u_0\|_{0,\gamma} + \|u_0\|_{\gamma,0})$$
$$+ Ct^{-\frac{n}{2}} \|\mathcal{F}U(-t)u(t)\|_\infty$$

が従う．次に，評価式(10.19)の右辺の最後の項を考えることにする．等式
(10.1)の両辺に $U(-t)$ を作用させ，

$$Q(t) = \mu U(-t)|u|^{\eta-1}u(t)$$

と定義すれば，方程式

$$(10.20) \qquad i(U(-t)u(t))_t - \lambda U(-t)|u|^{\frac{2}{n}}u(t) - Q(t) = 0$$

が導かれる．恒等式

$$(10.21) \qquad U(-t) = M(-t)\mathcal{F}^{-1}D(t)^{-1}M(-t)$$

を使って非線形項を書き直すと，等式

$$\begin{aligned}
U(-t)|u|^{\rho-1}u &= M(-t)\mathcal{F}^{-1}D(t)^{-1}M(-t)|u|^{\rho-1}u \\
&= M(-t)\mathcal{F}^{-1}D(t)^{-1}|M(-t)u|^{\rho-1}M(-t)u \\
&= t^{-\frac{n(\rho-1)}{2}}M(-t)\mathcal{F}^{-1}|D(t)^{-1}M(-t)u|^{\rho-1}D(t)^{-1}M(-t)u
\end{aligned}$$

が求まるので，$v = U(-t)u$ とおき直し，恒等式(10.21)を再び用いると，

(10.22)

$$\begin{aligned}
U(-t)|u|^{\rho-1}u &= t^{-\frac{n(\rho-1)}{2}}M(-t)\mathcal{F}^{-1}\left|\widehat{M(t)v}\right|^{\rho-1}\widehat{M(t)v} \\
&= t^{-\frac{n(\rho-1)}{2}}\left\{(M(-t)-1)\mathcal{F}^{-1}\left|\widehat{M(t)v}\right|^{\rho-1}\widehat{M(t)v}\right. \\
&\qquad\left. + \mathcal{F}^{-1}\left(\left|\widehat{M(t)v}\right|^{\rho-1}\widehat{M(t)v} - |\widehat{v}|^{\rho-1}\widehat{v}\right)\right\} \\
&\quad + t^{-\frac{n(\rho-1)}{2}}\mathcal{F}^{-1}|\widehat{v}|^{\rho-1}\widehat{v}
\end{aligned}$$

が成立することがわかる．(10.20)式に(10.22)式を代入し，フーリエ変換を施すと，

(10.23) $$i\widehat{v}_t - \lambda t^{-1}|\widehat{v}|^{\frac{2}{n}}\widehat{v} = \lambda t^{-1}\{I_1 + I_2\} + \widehat{Q}$$

が得られる．ただし，ここで，

$$I_1(t) = \mathcal{F}(M(-t)-1)\mathcal{F}^{-1}\left|\widehat{M(t)v}\right|^{\frac{2}{n}}\widehat{M(t)v},$$

また

$$I_2(t) = \left|\widehat{M(t)v}\right|^{\frac{2}{n}}\widehat{M(t)v} - |\widehat{v}|^{\frac{2}{n}}\widehat{v}$$

とした．方程式(10.23)の左辺の第2項を削除するために，変数変換

$$\widehat{w} = \widehat{v}B$$

を用いる．ここで，

$$B(t) = \exp\left(i\lambda \int_1^t |\widehat{v}(\tau)|^{\frac{2}{n}}\frac{d\tau}{\tau}\right)$$

とおいた．このとき，式(10.23)から，

138   10   共鳴型非線形 Schrödinger 方程式

$$(10.24) \qquad i\widehat{w}_t = B(t)\left(-\lambda t^{-1}\{I_1(t) + I_2(t)\} + \widehat{Q}(t)\right)$$

が得られる．時間に関して式(10.24)を 1 から t まで積分すると，

$$(10.25) \qquad \widehat{w}(t) = \widehat{w}(1) - i\int_1^t B(\tau)\left(\lambda t^{-1}\{I_1(\tau) + I_2(\tau)\} + \widehat{Q}(\tau)\right)d\tau$$

が求まる．(10.9)式，補題 10.4 と Hölder の不等式から，$h = M(t)v$，$\gamma' > n/2$ および $\gamma > n/2 + 2\alpha$ に対して，

$$
\begin{aligned}
(10.26) \qquad \|I_1(t)\|_\infty &\leqq C\left\||(M(-t) - 1)\mathcal{F}^{-1}|\widehat{h}|^{\frac{2}{n}}\widehat{h}\right\|_1 \\
&\leqq Ct^{-\alpha}\left\||x|^{2\alpha}\mathcal{F}^{-1}|\widehat{h}|^{\frac{2}{n}}\widehat{h}\right\|_1 \\
&\leqq Ct^{-\alpha}\left\||\widehat{h}|^{\frac{2}{n}}\widehat{h}\right\|_{\gamma,0} \\
&\leqq Ct^{-\alpha}\left\||\widehat{h}|^{\frac{2}{n}}\right\|_\infty \left\|\widehat{h}\right\|_{\gamma,0} \leqq Ct^{-\alpha}\|h\|_1^{\frac{2}{n}}\|h\|_{0,\gamma} \\
&= Ct^{-\alpha}\|v\|_1^{\frac{2}{n}}\|v\|_{0,\gamma} \\
&\leqq Ct^{-\alpha}\|v\|_{0,\gamma'}^{\frac{2}{n}}\|v\|_{0,\gamma}
\end{aligned}
$$

が導かれる．また，Hölder の不等式を用いれば，

(10.27)

$$
\begin{aligned}
\|I_2(t)\|_\infty &\leqq C\left\||\widehat{h}|^{\frac{2}{n}}\widehat{h} - |\widehat{v}|^{\frac{2}{n}}\widehat{v}\right\|_\infty \\
&\leqq C\left(\left\||\widehat{h}|^{\frac{2}{n}}\right\|_\infty + \|\widehat{v}\|_\infty^{\frac{2}{n}}\right)\left\|\widehat{h} - \widehat{v}\right\|_\infty \leqq C\|v\|_1^{\frac{2}{n}}\|\mathcal{F}(M(t) - 1)v\|_\infty \\
&\leqq C\|v\|_{0,\gamma'}^{\frac{2}{n}}\|(M(t) - 1)v\|_1 \leqq Ct^{-\alpha}\|v\|_{0,\gamma'}^{\frac{2}{n}}\||x|^{2\alpha}v\|_1 \\
&\leqq Ct^{-\alpha}\|v\|_{0,\gamma'}^{\frac{2}{n}}\|v\|_{0,\gamma}
\end{aligned}
$$

が成立することがわかる．そして，評価式(10.26)を求めたのと同様にして，補題 10.4 を使えば

(10.28)

$$\left\|\widehat{Q}(t)\right\|_\infty = t^{-\frac{n}{2}(\eta-1)}\left\|\mu\mathcal{F}M(-t)\mathcal{F}^{-1}|\widehat{h}|^{\eta-1}\widehat{h}\right\|_\infty$$

$$\leqq Ct^{-\frac{n}{2}(\eta-1)}\left\||\mathcal{F}^{-1}|\widehat{h}|^{\eta-1}\widehat{h}|\right\|_1$$

$$\leqq Ct^{-\frac{n}{2}(\eta-1)}\left\||\widehat{h}|^{\eta-1}\widehat{h}\right\|_{\gamma',0}$$

$$\leqq Ct^{-\frac{n}{2}(\eta-1)}\left\|\widehat{h}\right\|_\infty^{\eta-1}\left\|\widehat{h}\right\|_{\gamma',0}$$

$$\leqq Ct^{-\frac{n}{2}(\eta-1)}\|h\|_1^{\eta-1}\|h\|_{0,\gamma'}=Ct^{-\frac{n}{2}(\eta-1)}\|v\|_1^{\eta-1}\|v\|_{0,\gamma'}$$

$$\leqq Ct^{-\frac{n}{2}(\eta-1)}\|v\|_{0,\gamma'}^\eta$$

が従う. 評価式(10.25)–(10.28)と補題 10.6 より,

(10.29)
$$\left\|\widehat{U(-t)u}\right\|_\infty=\|\widehat{v}\|_\infty=\|\widehat{w}\|_\infty$$
$$\leqq C\varepsilon\int_1^t\left(\tau^{-1-\alpha+C\varepsilon\frac{1}{n}}+\tau^{-n(\eta-1)/2+C\varepsilon\frac{1}{n}}\right)d\tau\leqq C\varepsilon$$

となる. (10.29)式を(10.19)式に用いると, 目的の補題が得られる. ∎

補題 10.6 の証明と同様にして, 補題 10.7 から, 次の補題が得られる.

補題 10.8 u を定理 10.5 で述べられた方程式(10.1)–(10.2)の局所解とする. このとき, 任意の $t\in[-T,T]$ と $n/2<\gamma\leqq 1+2/n$ に対して,

$$(1+|t|)^{-C\varepsilon\frac{1}{n}}\left(\|u(t)\|_{\gamma,0}+\|U(-t)u(t)\|_{0,\gamma}\right)\leqq C(\|u_0\|_{\gamma,0}+\|u_0\|_{0,\gamma})\equiv C\varepsilon$$

が成立する. □

定理 10.1–10.2 の証明に移ることにする.

[定理 10.1 の証明] 補題 10.7 と補題 10.8 から, 任意の $t\in[-T,T]$ に対して,

$$|||u|||_{X_T}\leqq C(\|u_0\|_{\gamma,0}+\|u_0\|_{0,\gamma})=C\varepsilon$$

が従う. $|||u|||_{X_T}=2\varepsilon^{\frac{2}{3}}$ となる $T<\infty$ が存在すると仮定すると, 上の議論から矛盾が得られ, 大域解の存在が求まる. ∎

[定理 10.2 の証明] (10.24)式と(10.27)–(10.28)式より,

140   10 共鳴型非線形 Schrödinger 方程式

(10.30)
$$|\widehat{w}(t) - \widehat{w}(s)| \leqq C \int_s^t \left(\tau^{-1}\|I_1(\tau)\|_\infty + \tau^{-1}\|I_2(\tau)\|_\infty + \left\|\widehat{Q}_1(\tau)\right\|_\infty \right) d\tau$$
$$\leqq C\varepsilon \int_s^t \left(\tau^{-1-\alpha+C\varepsilon^{\frac{1}{n}}} + \tau^{-\frac{n(\eta-1)}{2}+C\varepsilon^{\frac{1}{n}}} \right) d\tau$$
$$= C\varepsilon \left(s^{-\alpha+C\varepsilon^{\frac{1}{n}}} - t^{-\alpha+C\varepsilon^{\frac{1}{n}}} \right.$$
$$\left. + s^{-\frac{n(\eta-1)}{2}+1+C\varepsilon^{\frac{1}{n}}} - t^{-\frac{n(\eta-1)}{2}+1+C\varepsilon^{\frac{1}{n}}} \right)$$

が得られる. それゆえ, 一意的な関数 $W \in L^\infty$ が存在して, L^∞ 位相の意味で

$$W = \lim_{t\to\infty} \widehat{w}(t)$$

となることがわかる. (10.30)式において $t \to \infty$ とすると,

(10.31) $$\|W - \widehat{w}(t)\|_\infty \leqq C\varepsilon \left(t^{-\alpha+C\varepsilon^{\frac{1}{n}}} + t^{-\frac{n(\eta-1)}{2}+1+C\varepsilon^{\frac{1}{n}}} \right)$$

が得られるので, $\widehat{w} = \widehat{v}B$ に注意すれば, 定理 10.2 にある $k = \infty$ としたときの最初の評価式(10.3)が従う. 新しい関数を,

$$\Psi(t) = \int_1^t \lambda \left(|\widehat{w}(\tau)|^{\frac{2}{n}} - |\widehat{w}(t)|^{\frac{2}{n}} \right) \frac{d\tau}{\tau}$$

によって定義する. このとき, 等式

(10.32)

$$\Psi(t) - \Psi(s) = \lambda \int_s^t \left(|\widehat{w}(\tau)|^{\frac{2}{n}} - |\widehat{w}(t)|^{\frac{2}{n}} \right) \frac{d\tau}{\tau} + \lambda \left(|\widehat{w}(t)|^{\frac{2}{n}} - |\widehat{w}(s)|^{\frac{2}{n}} \right) \log s$$

が, $1 < s < \tau < t$ に対して成立することがわかる. 評価式(10.30)により, 次元を $n = 1, 2$, および 3 に限れば

(10.33)

$$\left| |\widehat{w}(t)|^{\frac{2}{n}} - |\widehat{w}(s)|^{\frac{2}{n}} \right| \leqq C|\widehat{w}(t) - \widehat{w}(s)|^{\frac{2}{3}}$$
$$\leqq C \left(s^{-\alpha+C\varepsilon^{\frac{1}{n}}} + s^{-\frac{n}{2}(\eta-1)+1+C\varepsilon^{\frac{1}{n}}} \right)^{\frac{2}{3}}$$

が得られる. 不等式(10.33)を等式(10.32)に適用すれば,

10.2 修正散乱状態(逆修正波動作用素)の存在   141

$$
\begin{aligned}
|\Psi(t) - \Psi(s)| &\leqq C\Bigg(\left|\int_s^t \left(|\widehat{w}(\tau)|^{\frac{2}{n}} - |\widehat{w}(t)|^{\frac{2}{n}}\right)\frac{d\tau}{\tau}\right| \\
&\qquad + \left|\left(|\widehat{w}(t)|^{\frac{2}{n}} - |\widehat{w}(s)|^{\frac{2}{n}}\right)\log s\right|\Bigg) \\
&\leqq C\int_s^t \left(\tau^{-1-\frac{2}{3}\left(\alpha - C\varepsilon^{\frac{1}{n}}\right)} + \tau^{-1-\frac{2}{3}\left(\frac{n}{2}(\eta-1)-1-C\varepsilon^{\frac{1}{n}}\right)}\right)d\tau \\
&\qquad + C\left(s^{-\frac{2}{3}\left(\alpha - C\varepsilon^{\frac{1}{n}}\right)} + s^{-\frac{2}{3}\left(\frac{n}{2}(\eta-1)-1-C\varepsilon^{\frac{1}{n}}\right)}\right) \\
&\leqq C\left(s^{-\frac{2}{3}\left(\alpha - C\varepsilon^{\frac{1}{n}}\right)} + s^{-\frac{2}{3}\left(\frac{n}{2}(\eta-1)-1-C\varepsilon^{\frac{1}{n}}\right)}\right)
\end{aligned}
$$

が得られる. この式より, 一意的な関数 $\Phi \in L^\infty$ が, L^∞ 極限の意味で存在して,

$$
(10.34) \qquad\qquad \Phi = \lim_{t\to\infty}\Psi(t)
$$

を満たす. ここで, 式(10.32)において $t\to\infty$ とすれば,

$$
(10.35) \qquad \|\Phi - \Psi(t)\|_\infty \leqq C\varepsilon\left(t^{\frac{2}{3}\left(-\alpha+C\varepsilon^{\frac{1}{n}}\right)} + t^{-\frac{2}{3}\left(\frac{n}{2}(\eta-1)-1-C\varepsilon^{\frac{1}{n}}\right)}\right)
$$

となることがわかる. 関数 $\Psi(t)$ の定義から, 次の等式

$$
(10.36)
$$
$$
\begin{aligned}
\lambda\int_1^t |\widehat{w}(\tau)|^{\frac{2}{n}}\frac{d\tau}{\tau} &= \lambda|W|^{\frac{2}{n}}\log t \\
&\quad + \Phi + (\Psi(t)-\Phi) + \lambda\left(|\widehat{w}(t)|^{\frac{2}{n}} - |W|^{\frac{2}{n}}\right)\log t
\end{aligned}
$$

が成立する. (10.31)式, および(10.35)式を, 上の(10.36)式に適用すると, 評価式(10.4)を得ることができる. 評価式(10.3), および(10.4)より,

$$
\begin{aligned}
(10.37) \quad &\left\|(\mathcal{F}U(-t)u)(t) - W\exp\left(i\lambda|W|^{\frac{2}{n}}\log t + i\Phi\right)\right\|_\infty \\
&\qquad \leqq C\varepsilon\left(t^{-\alpha+C\varepsilon^{\frac{1}{n}}} + t^{-\frac{n(\eta-1)}{2}+1+C\varepsilon^{\frac{1}{n}}}\right)^{\frac{2}{3}}
\end{aligned}
$$

が従う. これは, $k=\infty$ の場合の(10.6)式である. 漸近公式(10.5)は, 恒等式(10.8)と評価式(10.10), (10.37)より得られる. 次に, $k=2$ の場合について考える. (10.26)-(10.28)式の証明と同様にして, 剰余項 $I_1, I_2, \widehat{Q}$ の L^2 ノ

ルムに関する評価式

$$(10.38) \qquad \|I_1(t)\| \leqq Ct^{-\alpha} \left\| |x|^{2\alpha} \mathcal{F}^{-1} \left| \widehat{h} \right|^{\frac{2}{n}} \widehat{h} \right\|$$

$$\leqq Ct^{-\alpha} \left\| \left| \widehat{h} \right|^{\frac{2}{n}} \widehat{h} \right\|_{2\alpha,0}$$

$$\leqq Ct^{-\alpha} \left\| \widehat{h} \right\|_{\infty}^{\frac{2}{n}} \left\| \widehat{h} \right\|_{2\alpha,0}$$

$$\leqq Ct^{-\alpha} \|v\|_{0,\gamma}^{\frac{2}{n}} \|v\|_{0,2\alpha},$$

$$(10.39) \qquad \|I_2(t)\| \leqq Ct^{-\alpha} \|v\|_{0,\gamma}^{\frac{2}{n}} \|v\|_{0,2\alpha}$$

および

$$(10.40) \qquad \left\| \widehat{Q}(t) \right\| \leqq C\|u\|_{\infty}^{\eta-1} \|u\| \leqq C\varepsilon t^{-\frac{n(\eta-1)}{2} + C\varepsilon \frac{1}{n}}$$

が得られる. $k = \infty$ の(10.3)式の証明と同様の議論を,(10.38)–(10.40)式を使っておこなうと, $k = 2$ の(10.3)式を得ることができる. 以上により,定理 10.2 は証明された. ∎

最後に,次元に関する制約について考えてみる. 条件 $1 + 2/n > s > n/2$ より $n = 1, 2, 3$ となり, $n \geqq 4$ に関しては未解決である. もちろん,非線形項が臨界冪以下の場合, $p < 1 + 2/n$ に関しても未解決である. 問題は主要項以外の項が,剰余項となっていることを示せるかどうかという点にある.

11 微分共鳴型非線形 Schrödinger 方程式

11.1 解の漸近挙動

この章では，プラズマ物理の研究で用いられる微分型 Schrödinger 方程式

$$(11.1) \qquad \begin{cases} iu_t + u_{xx} + ia\left(|u|^2 u\right)_x = 0, & (t,x) \in \mathbb{R} \times \mathbb{R}, \\ u(0,x) = u_0(x), & x \in \mathbb{R} \end{cases}$$

の解の漸近的振る舞いについて，文献[52]を参考にして考察する．ここで，$a \in \mathbb{R}$ とする．この方程式は，共鳴型臨界冪非線形 Schrödinger 方程式と考えられ，大域解の漸近的振る舞いは，線形方程式のそれとは異なる．

本章における主定理を述べることにする．

定理 11.1 初期値を $u_0 \in H^{1+\gamma,0} \cap H^{1,\gamma}$ とし，$\|u_0\|_{1+\gamma,0} + \|u_0\|_{1,\gamma} = \varepsilon$ を十分小さいとし，$\gamma > 1/2$ とする．このとき，(11.1)は一意的な解 u を，関数空間 $C(\mathbb{R}; H^{1,\gamma} \cap H^{1+\gamma,0})$ に持ち，次の時間減衰評価

$$\|u(t)\|_\infty + \|u_x(t)\|_\infty \leqq C\varepsilon \left(1 + |t|\right)^{-\frac{1}{2}}$$

を満足する． □

定理 11.2 u を定理 11.1 で述べられた(11.1)の解とする．このとき，初期値 u_0 に対して，一意的な関数 $W_+ \in H^{\gamma-2\alpha,0}$ が存在して，評価式

$$\left\| (\mathcal{F}U(-t)u)(t) - W_+ \exp\left(-\frac{i\xi a}{2}|W_+|^2 \log t\right) \right\|_{\gamma-2\alpha,0} \leqq C\varepsilon t^{-\alpha+\varepsilon}$$

を満足する．ここで γ, α は $\gamma > 1/2 + 2\alpha$，$0 < \alpha < 1/4$ を満たす実数である．さらに次の漸近公式

(11.2)
$$u(t,x) = \frac{1}{\sqrt{2it}} W_+\left(\frac{x}{2t}\right) \exp\left(\frac{ix^2}{4t} - \frac{iax}{4t}\left|W_+\left(\frac{x}{2t}\right)\right|^2 \log t\right)$$
$$+ O(\varepsilon t^{-\frac{1}{2}-\alpha+\varepsilon})$$

が成立する. □

$\gamma \geqq 1$ の場合は，より簡単に扱うことができるので，この章では，$1/2 < \gamma < 1$ の場合に焦点を絞って考えることにする.

最初に非線形項の評価を考える.

補題 11.3 定数 δ を $0 < \delta < 1$ を満たすとし，関数 E を関数 g を用いて $E = \exp\left(i\int_{-\infty}^{x}|g|^2 dx'\right)$ のように定義する．このとき，次の評価式

$$\left\|fg\bar{h}\right\|_{\delta,0} \leqq C\left(\|f\|_\infty^2 + \|g\|_\infty^2 + \|h\|_\infty^2\right)\left(\|f\|_{\delta,0} + \|g\|_{\delta,0} + \|h\|_{\delta,0}\right),$$

$$\left\|U(-t)fg\bar{h}\right\|_{0,\delta} \leqq C\left(\|f\|_\infty^2 + \|g\|_\infty^2 + \|h\|_\infty^2\right)$$
$$\times \left(\|U(-t)f\|_{0,\delta} + \|U(-t)g\|_{0,\delta} + \|U(-t)h\|_{0,\delta}\right),$$

$$\|fE\|_{\delta,0} \leqq C\left(\|f\|_{\delta,0} + \|f\|\|g\|\|g\|_{\delta,0}\right),$$

$$\|U(-t)fE\|_{0,\delta} \leqq C\left(\|U(-t)f\|_{0,\delta} + \|f\|\|g\|\|U(-t)g\|_{0,\delta}\right)$$

が成立する. □

［証明］ 斉次ソボレフ空間 $\dot{H}^{\delta,0}$ のノルムが，斉次ベソフ空間 $\dot{B}_{2,2}^\delta$ のノルムと同等であることを用いると，

$$(11.3) \quad \left\|fg\bar{h}\right\|_{\dot{H}^{\delta,0}} \leqq C\left\|fg\bar{h}\right\|_{\dot{B}_{2,2}^\delta}$$
$$\leqq C\left(\int_0^\infty t^{-2\delta}\sup_{|k|\leqq t}\left\|f_k g_k \bar{h}_k - fg\bar{h}\right\|^2 \frac{dt}{t}\right)^{\frac{1}{2}}$$
$$\leqq C\left(\|f\|_\infty\|g\|_\infty\|h\|_{\dot{B}_{2,2}^\delta} + \|f\|_\infty\|h\|_\infty\|g\|_{\dot{B}_{2,2}^\delta}\right.$$
$$\left. + \|g\|_\infty\|h\|_\infty\|f\|_{\dot{B}_{2,2}^\delta}\right)$$
$$\leqq C\left(\|f\|_\infty\|g\|_\infty\|h\|_{\dot{H}^{\delta,0}} + \|f\|_\infty\|h\|_\infty\|g\|_{\dot{H}^{\delta,0}}\right.$$
$$\left. + \|g\|_\infty\|h\|_\infty\|f\|_{\dot{H}^{\delta,0}}\right)$$

が得られ，補題の最初の評価式が従う．等式

$$U(t)|x|^\delta U(-t) = M(t)(-4t\partial_x^2)^{\delta/2}M(-t)$$

より評価式

(11.4)
$$\left\|U(-t)fg\bar{h}\right\|_{\dot{H}^{0,\delta}}$$
$$= \left\|U(t)|x|^\delta U(-t)fg\bar{h}\right\| = \left\|(-4t\partial_x^2)^{\delta/2}M(-t)fg\bar{h}\right\|$$
$$\leqq C|t|^\delta \left\|M(-t)f \cdot M(-t)g \cdot \overline{M(-t)h}\right\|_{\dot{H}^{\delta,0}}$$
$$\leqq C|t|^\delta \left\|M(-t)f \cdot M(-t)g \cdot \overline{M(-t)h}\right\|_{\dot{B}_{2,2}^{\delta}}$$

がわかる．(11.3)式の証明と同様の議論を(11.4)式の右辺に適用すると，

(11.5)
$$\left\|U(-t)fg\bar{h}\right\|_{\dot{H}^{0,\delta}}$$
$$\leqq C|t|^\delta \left(\|f\|_\infty\|g\|_\infty\|M(-t)h\|_{\dot{B}_{2,2}^{\delta}}\right.$$
$$\left. + \|f\|_\infty\|h\|_\infty\|M(-t)g\|_{\dot{B}_{2,2}^{\delta}} + \|g\|_\infty\|h\|_\infty\|M(-t)f\|_{\dot{B}_{2,2}^{\delta}}\right)$$
$$\leqq C|t|^\delta \left(\|f\|_\infty\|g\|_\infty\|M(-t)h\|_{\dot{H}^{\delta,0}}\right.$$
$$\left. + \|f\|_\infty\|h\|_\infty\|M(-t)g\|_{\dot{H}^{\delta,0}} + \|g\|_\infty\|h\|_\infty\|M(-t)f\|_{\dot{H}^{\delta,0}}\right)$$

が得られる．(11.5)式，および(11.4)式から，補題の2番目の評価式が得られる．簡単な計算によって

$$f_kE_k - fE = (f_k - f)E_k + f(E_k - E)$$

となることがわかるので，次の不等式

(11.6)
$$|e^{-ib} - e^{-ic}| = 2\left|\sin\frac{b-c}{2}\right| \leqq |b-c|, \quad b,c \in \mathbb{R}$$

によって，

(11.7)
$$|f_kE_k - fE| \leqq |f_k - f| + |f|\left|\int_x^{x+k}|g|^2dx'\right|$$

が従う．部分積分を用いると，$\|h\|_\infty \leqq C\|\partial_x h\|_1$ であるので，この不等式を

146　11　微分共鳴型非線形 Schrödinger 方程式

(11.7)式に適用すると，

$$(11.8)\qquad \|f_k E_k - fE\| \leqq \|f_k - f\| + \|f\| \left\| \int_x^{x+k} |g|^2 dx' \right\|_\infty$$

$$\leqq \|f_k - f\| + C\|f\| \left\| |g_k|^2 - |g|^2 \right\|_1$$

$$\leqq C\|f_k - f\| + C\|f\|\|g\|\|g_k - g\|$$

となる．それゆえ，(11.8)から

$$(11.9)\qquad \|fE\|_{\dot{H}^{\delta,0}} \leqq C \left(\int_0^\infty \tau^{-2\delta} \sup_{|k|\leqq\tau} \|f_k E_k - fE\|^2 \frac{d\tau}{\tau} \right)^{\frac{1}{2}}$$

$$\leqq C \left(\|f\|_{\delta,0} + \|f\|\|g\|\|g\|_{\delta,0} \right)$$

が導かれ，3番目の評価式が得られる．(11.4)式，および(11.9)式の証明における議論と同様にして，

$$\|U(-t)fE\|_{\dot{H}^{0,\delta}}$$

$$\leqq C|t|^\delta \|M(-t)fE\|_{\dot{H}^{\delta,0}}$$

$$\leqq C|t|^\delta \left(\int_0^\infty \tau^{-2\delta} \sup_{|k|\leqq\tau} \|(M(-t)f)_k E_k - M(-t)fE\|^2 \frac{d\tau}{\tau} \right)^{\frac{1}{2}}$$

$$\leqq C|t|^\delta \left(\|M(-t)f\|_{\dot{H}^{\delta,0}} + \|f\|\|g\|\|M(-t)g\|_{\dot{H}^{\delta,0}} \right)$$

$$\leqq C \left(\|U(-t)f\|_{0,\delta} + \|f\|\|g\|\|U(-t)g\|_{0,\delta} \right)$$

となるので，補題の最後の評価式が示されたことになり，補題は証明された．∎

　次に，非線形変換をおこなった後の非線形項の評価について考えることにする．

$E = \exp\left(ia \int_{-\infty}^x |u|^2 dx' \right)$ とおき，u によって，新しい関数 $u^{(1)}$ と $u^{(2)}$ を，次のように

$$(11.10)\qquad u^{(1)} = uE, \quad u^{(2)} = \left(u_x + i\frac{a}{2}|u|^2 u \right) E$$

と定義する.

補題 11.4 定数 γ を $\gamma \in (1/2, 1)$ を満たすとしたとき,上のように定義された関数 $u^{(1)}$, $u^{(2)}$ を使って,u は次のように

$$\|u\|_{1+\gamma,0} \leqq C \left(\|u^{(1)}\|_{\gamma,0} + \|u^{(2)}\|_{\gamma,0} \right) \left(1 + \|u^{(1)}\|_{\gamma,0}^4 + \|u^{(2)}\|_{\gamma,0}^2 \right),$$

$$\|U(-t)u\|_{1,\gamma} \leqq C \left(\|U(-t)u^{(1)}\|_{0,\gamma} + \|U(-t)u^{(2)}\|_{0,\gamma} \right)$$
$$\times \left(1 + \|u^{(1)}\|_{\gamma,0}^4 + \|u^{(2)}\|_{\gamma,0}^2 \right)$$

と評価される. $\square$

[証明] 最初に,$|u| = |u^{(1)}|$ に注意すると,$\|u\| = \|u^{(1)}\|$ となるので,斉次ソボレフ・ノルム $\|u\|_{\dot{H}^{1+\gamma,0}} = \|u_x\|_{\dot{H}^{\gamma,0}}$ だけを考えれば十分である. (11.10) 式より,

$$u_x = w\overline{E}$$

となる.ここで,

$$w = u^{(2)} - i\frac{a}{2} \left| u^{(1)} \right|^2 u^{(1)}, \quad \overline{E} = \exp\left(-ia \int_{-\infty}^x \left| u^{(1)} \right|^2 dx' \right)$$

とした.このように,補題 11.3 の結果を用いると

(11.11)

$$\|u_x\|_{\gamma,0} \leqq C\|w\|_{\gamma,0} + C\|w\|\|u^{(1)}\|\|u^{(1)}\|_{\gamma,0}$$
$$\leqq C \left(\|u^{(2)}\|_{\gamma,0} + \|u^{(1)}\|_\infty^2 \|u^{(1)}\|_{\gamma,0} \right)$$
$$+ C \left(\|u^{(2)}\| + \|u^{(1)}\|_\infty^2 \|u^{(1)}\| \right) \|u^{(1)}\|\|u^{(1)}\|_{\gamma,0}$$

となることがわかる. (11.11)式と Sobolev の不等式によって,補題の最初の評価式が得られる. (11.11)式の証明と同様な議論によって,

$$\|U(-t)u\|_{0,\gamma} \leqq C\|u^{(1)}\|_{0,\gamma} + \|u^{(1)}\|^2 \|U(-t)u^{(1)}\|_{0,\gamma}$$

となる.また,補題 11.3 から求まる不等式

$$\|U(-t)w\|_{0,\gamma}$$

$$\leqq C|t|^\gamma \|M(-t)w\|_{\dot{H}^{\gamma,0}}$$

$$= C|t|^\gamma \left\| M(-t)u^{(2)} - i\frac{a}{2}\left|M(-t)u^{(1)}\right|^2 M(-t)u^{(1)} \right\|_{\dot{H}^{\gamma,0}}$$

$$\leqq C|t|^\gamma \left\| M(-t)u^{(2)} \right\|_{\dot{H}^{\gamma,0}} + C|t|^\gamma \left\|u^{(1)}\right\|_\infty^2 \left\| M(-t)u^{(1)} \right\|_{\dot{H}^{\gamma,0}}$$

$$\leqq C \left\| U(-t)u^{(2)} \right\|_{\dot{H}^{0,\gamma}} + C \left\|u^{(1)}\right\|_\infty^2 \left\| U(-t)u^{(1)} \right\|_{\dot{H}^{0,\gamma}}$$

より，評価式

(11.12)

$$\|U(-t)u_x\|_{0,\gamma}$$

$$\leqq C\|U(-t)w\|_{0,\gamma} + C\|w\| \left\|u^{(1)}\right\| \left\| U(-t)u^{(1)} \right\|_{0,\gamma}$$

$$\leqq C \left(\left\| U(-t)u^{(2)} \right\|_{0,\gamma} + \left\|u^{(1)}\right\|_\infty^2 \left\| U(-t)u^{(1)} \right\|_{0,\gamma} \right)$$

$$+ C \left(\left\|u^{(2)}\right\| + \left\|u^{(1)}\right\|_\infty^2 \left\|u^{(1)}\right\| \right) \left\|u^{(1)}\right\| \left\| U(-t)u^{(1)} \right\|_{0,\gamma}$$

が従う．このように，(11.11)式と(11.12)式より，補題の2番目の評価式が従う． ▌

11.2 修正散乱状態（逆修正波動作用素）の存在

関数空間 X_T を次のように定義する：

$$X_T = \left\{ \phi \in C([-T,T]; L^2);\, \||\phi\||_{X_T} := \sup_{t\in[-T,T]} (1+|t|)^{-\varepsilon}\|\phi(t)\|_{1+\gamma,0} \right.$$

$$+ \sup_{t\in[-T,T]} (1+|t|)^{-\varepsilon}\|U(-t)\phi(t)\|_{1,\gamma}$$

$$+ \left. \sup_{t\in[-T,T]} (1+|t|)^{-1/2}\left(\|\phi(t)\|_\infty + \|\phi_x(t)\|_\infty\right) < \infty \right\}.$$

ここで，$\varepsilon = \|u_0\|_{1+\gamma,0} + \|u_0\|_{1,\gamma}$ は十分小さい正の定数としよう．

11.2 修正散乱状態(逆修正波動作用素)の存在 149

第10章と同様にして，局所解の先験的評価を考えることにする．そのために，次の定理を証明なしで用いることにする．

定理 11.5 初期値が，十分小さい ε に対して，条件 $\|u_0\|_{1+\gamma,0} + \|u_0\|_{1,\gamma} = \varepsilon \leqq \varepsilon^{\frac{2}{3}}$ を満足し，$\gamma > 1/2$ とする．このとき，適当な $T > 1$ が存在し，区間 $[-T, T]$ 上で，方程式(11.1)は一意的な解 u を持ち，

$$|||u|||_{X_T} \leqq C\varepsilon^{\frac{2}{3}}$$

を満足する． □

定理11.5の証明に関しては，文献[49]を参照．以下，$t \geqq 0$ の場合だけを考えることにする．

方程式(11.1)の局所解 u の，空間 X_T における先験的評価を得るために，方程式をシステム方程式に変換する．文献[49]の導出と同様にして，(11.10)で定義された $u^{(1)}$ と $u^{(2)}$ が，次の方程式

$$(11.13) \qquad \begin{cases} Lu^{(1)} = ia \left(u^{(1)}\right)^2 \overline{u^{(2)}}, \\ Lu^{(2)} = -ia \left(u^{(2)}\right)^2 \overline{u^{(1)}} \end{cases}$$

を満足することがわかる．ここで，$L = i\partial_t + \partial_x^2$ とおいた．

補題 11.6 u を，定理11.5で述べられた，(11.1)の局所解とする．このとき，任意の $t \in [0, T]$ に対して，

$$(1 + |t|)^{-C\varepsilon^{\frac{4}{3}}} \left(\|u(t)\|_{1+\gamma,0} + \|U(-t)u(t)\|_{1,\gamma}\right) \leqq C\varepsilon$$

が成立する． □

[証明] 交換関係 $[L, |J|^\gamma] = 0$ と(11.13)式によって，

$$(11.14) \qquad \begin{cases} L|J|^\gamma u^{(1)} = ia|J|^\gamma \left(\left(u^{(1)}\right)^2 \overline{u^{(2)}}\right), \\ L|J|^\gamma u^{(2)} = -ia|J|^\gamma \left(\left(u^{(2)}\right)^2 \overline{u^{(1)}}\right) \end{cases}$$

が得られる．(11.14)式の積分方程式は

150   11 微分共鳴型非線形 Schrödinger 方程式

(11.15)

$$
\begin{cases}
|J|^\gamma u^{(1)}(t) = U(t)|x|^\gamma u^{(1)}(0) + ia \displaystyle\int_0^t U(t-s)|J|^\gamma \left(\left(u^{(1)}\right)^2 \overline{u^{(2)}} \right)(s)\,ds, \\
|J|^\gamma u^{(2)}(t) = U(t)|x|^\gamma u^{(2)}(0) - ia \displaystyle\int_0^t U(t-s)|J|^\gamma \left(\left(u^{(2)}\right)^2 \overline{u^{(1)}} \right)(s)\,ds
\end{cases}
$$

と書ける．作用素 $U(t)$ は L^2 におけるユニタリー作用素であるから，(11.15)
式と補題 11.3 によって，

(11.16)
$$
\begin{aligned}
\left\| |J|^\gamma u^{(1)}(t) \right\| &+ \left\| |J|^\gamma u^{(2)}(t) \right\| \\
&\leqq \left\| |x|^\gamma u^{(1)}(0) \right\| + \left\| |x|^\gamma u^{(2)}(0) \right\| \\
&\quad + C \int_0^t \left(\left\| u^{(1)}(s) \right\|_\infty^2 + \left\| u^{(2)}(s) \right\|_\infty^2 \right) \\
&\qquad \times \left(\left\| |J|^\gamma u^{(1)}(s) \right\| + \left\| |J|^\gamma u^{(2)}(s) \right\| \right) ds
\end{aligned}
$$

が求まる．評価式

$$
\left\| |x|^\gamma u^{(1)}(0) \right\| = \left\| |x|^\gamma u_0 \right\|,
$$
$$
\left\| |x|^\gamma u^{(2)}(0) \right\| \leqq \left\| |x|^\gamma u_{0x} \right\| + C\|u_0\|_\infty^2 \left\| |x|^\gamma u_0 \right\|,
$$

および

$$
\left\| u^{(1)}(t) \right\|_\infty \leqq \|u(t)\|_\infty, \quad \left\| u^{(2)}(t) \right\|_\infty \leqq \|u_x(t)\|_\infty + C\|u(t)\|_\infty^3
$$

が成立するので，(11.16)式から，

(11.17)
$$
\begin{aligned}
\left\| |J|^\gamma u^{(1)}(t) \right\| &+ \left\| |J|^\gamma u^{(2)}(t) \right\| \\
&\leqq C \left(\left\| |x|^\gamma u_0 \right\| + \left\| |x|^\gamma u_{0x} \right\| \right) \\
&\quad + C \int_0^t \left(\|u(s)\|_\infty^2 + \|u_x(s)\|_\infty^2 \right) \\
&\qquad \times \left(\left\| |J|^\gamma u^{(1)}(s) \right\| + \left\| |J|^\gamma u^{(2)}(s) \right\| \right) ds
\end{aligned}
$$

が従う．定理 11.5 を用いると，

(11.18)
$$
\left\| |J|^\gamma u^{(1)}(t) \right\| + \left\| |J|^\gamma u^{(2)}(t) \right\|
$$

$$\leqq C \left(\||x|^\gamma u_0\| + \||x|^\gamma u_{0x}\| \right)$$
$$+ C\varepsilon^{\frac{4}{3}} \int_0^t (1+s)^{-1} \left(\left\||J|^\gamma u^{(1)}(s)\right\| + \left\||J|^\gamma u^{(2)}(s)\right\| \right) ds$$

となり，Gronwall の不等式を (11.18) 式に適用すれば，

(11.19)
$$(1+t)^{-C\varepsilon^{\frac{4}{3}}} \left(\left\||J|^\gamma u^{(1)}(t)\right\| + \left\||J|^\gamma u^{(2)}(t)\right\| \right) \leqq C \left(\||x|^\gamma u_0\| + \||x|^\gamma u_{0x}\| \right)$$

が得られる．(11.19) 式の証明と同様にして，

(11.20)
$$(1+t)^{-C\varepsilon^{\frac{4}{3}}} \left(\left\|u^{(1)}(t)\right\|_{\gamma,0} + \left\|u^{(2)}(t)\right\|_{\gamma,0} \right) \leqq C \left(\|u_0\|_{1+\gamma,0} + \|u_0\|_{1,\gamma} \right)$$

を導くことができ，補題は，(11.19) 式，(11.20) 式，および補題 11.4 から従うことがわかる． ∎

補題 11.7 u を定理 11.5 で述べられた (11.1) の局所解とする．このとき，任意の $t \in [0, T]$ に対して，

$$(1+|t|)^{\frac{1}{2}} \sum_{0 \leqq j \leqq 1} \left\|\partial_x^j u(t)\right\|_\infty \leqq C\varepsilon$$

が成立する． ☐

[証明] Sobolev の不等式と，補題 11.6 により，$t \leqq 1$ に対して，

(11.21) $$\quad (1+|t|)^{\frac{1}{2}} \sum_{0 \leqq j \leqq 1} \left\|\partial_x^j u(t)\right\|_\infty \leqq C\|u(t)\|_{1+\gamma,0} \leqq C\varepsilon$$

となることがわかるので，$t \geqq 1$ を考えればよい．補題 10.3 と定理 11.5 から，$\gamma > 1/2 + 2\alpha$ に対して，

(11.22)
$$\sum_{0 \leqq j \leqq 1} \left\|\partial_x^j u(t)\right\|_\infty \leqq C\varepsilon t^{-\frac{1}{2}-\alpha+C\varepsilon^{\frac{4}{3}}} + Ct^{-\frac{1}{2}} \sum_{0 \leqq j \leqq 1} \left\|\mathcal{F}U(-t)\partial_x^j u(t)\right\|_\infty$$

が従う．(11.22) 式の右辺，最後の項を考えることにしよう．最初に，次の評

価式

$$(11.23) \qquad \sum_{0 \leqq j \leqq 1} \|\mathcal{F}U(-t)\partial_x^j u(t)\|_\infty \leqq \sum_{1 \leqq j \leqq 2} \|\mathcal{F}U(-t)u^{(j)}(t)\|_\infty + C\varepsilon$$

を証明し，そのあとで，

$$(11.24) \qquad \sum_{1 \leqq j \leqq 2} \|\mathcal{F}U(-t)u^{(j)}(t)\|_\infty \leqq C\varepsilon$$

を証明する．目的の補題は，(11.22)-(11.24)式より従う．(11.23)式の証明に入る．等式

$$(11.25) \qquad u = u^{(1)}\overline{E}, \quad \overline{E} = \overline{E}(u^{(1)}) = \exp\left(-ia\int_{-\infty}^x \left|u^{(1)}\right|^2 dx'\right)$$

より，

$$U(-t)u = U(-t)\left(u^{(1)}\overline{E}\right)$$
$$= M(-t)\mathcal{F}^{-1}\left(D(t)^{-1}M(-t)u^{(1)}\right)$$
$$\times \exp\left(-ia\int_{-\infty}^x \left|D(t)^{-1}M(-t)u^{(1)}\right|^2 dx'\right)$$

となることがわかる．それゆえ，$v = U(-t)u$, $v^{(1)} = U(-t)u^{(1)}$ とおくと，

$$(11.26) \qquad \widehat{v} = \mathcal{F}M(-t)\mathcal{F}^{-1}$$
$$\times \left(\mathcal{F}M(t)v^{(1)} \exp\left(-ia\int_{-\infty}^x \left|\mathcal{F}M(t)v^{(1)}\right|^2 dx'\right)\right)$$
$$= Q_1(t) + Q_2(t) + \left(\mathcal{F}v^{(1)}\right)\exp\left(-ia\int_{-\infty}^x \left|\mathcal{F}v^{(1)}\right|^2 dx'\right)$$

が得られる．ここで，

$$Q_1(t) = \mathcal{F}(M(-t) - 1)\mathcal{F}^{-1}\left(\widehat{h}E(h)\right),$$
$$E(h) = \exp\left(-ia\int_{-\infty}^x |\widehat{h}|^2 dx'\right), \quad \widehat{h} = \mathcal{F}M(t)v^{(1)},$$
$$Q_2(t) = \widehat{h}E(h) - \left(\mathcal{F}v^{(1)}\right)E(v),$$
$$E(v) = \exp\left(-ia\int_{-\infty}^x \left|\mathcal{F}v^{(1)}\right|^2 dx'\right)$$

とした. 評価式

$$|M(-t) - 1| = 2 \left| \sin \frac{x^2}{8t} \right| \leqq C \frac{|x|^{2\nu}}{|t|^\nu}, \quad 0 \leqq \nu \leqq 1$$

を用い, $h = M(t)v^{(1)}$ とおき, $\gamma > 1/2 + 2\alpha$ とすると,

(11.27)

$$\|Q_1(t)\|_\infty \leqq C|t|^{-\alpha} \left\| |x|^{2\alpha} \mathcal{F}^{-1} \widehat{h} E(h) \right\|_1 \leqq C|t|^{-\alpha} \left\| \widehat{h} E(h) \right\|_{\gamma, 0}$$

となる. 補題 11.3 によって, (11.27)式のいちばん右の辺は, 上から

$$C|t|^{-\alpha} \left(1 + \left\| \widehat{h} \right\|_\infty^2 \right) \left\| \widehat{h} \right\|_{\gamma, 0}$$

によって評価される. それゆえ, $\gamma' > 1/2$ に対して,

$$
\begin{aligned}
(11.28) \quad \|Q_1(t)\|_\infty &\leqq C|t|^{-\alpha}(1 + \|h\|_1^2)\|h\|_{0, \gamma} \\
&= C|t|^{-\alpha} \left(1 + \left\| v^{(1)} \right\|_1^2 \right) \left\| v^{(1)} \right\|_{0, \gamma} \\
&\leqq C|t|^{-\alpha} \left(1 + \left\| v^{(1)} \right\|_{0, \gamma'}^2 \right) \left\| v^{(1)} \right\|_{0, \gamma} \\
&\leqq C|t|^{-\alpha} \left(1 + \left\| U(-t)u^{(1)} \right\|_{0, \gamma'}^2 \right) \left\| U(-t)u^{(1)} \right\|_{0, \gamma}
\end{aligned}
$$

が求まる. また, (11.6)式から,

(11.29)

$$
\begin{aligned}
\|Q_2(t)\|_\infty &\leqq \left\| \left(\mathcal{F}(M(t) - 1)v^{(1)} \right) E(h) \right\|_\infty + \left\| \mathcal{F}v^{(1)} \left(E(h) - E(v) \right) \right\|_\infty \\
&\leqq \left\| (M(t) - 1)v^{(1)} \right\|_1 \\
&\quad + C \left\| \mathcal{F}v^{(1)} \left(\int_{-\infty}^x |\widehat{h}|^2 dx' - \int_{-\infty}^x \left| \mathcal{F}v^{(1)} \right|^2 dx' \right) \right\|_\infty \\
&\leqq \left\| (M(t) - 1)v^{(1)} \right\|_1 + C \left\| \mathcal{F}v^{(1)} \right\|_\infty \left\| |\widehat{h}|^2 - \left| \mathcal{F}v^{(1)} \right|^2 \right\|_1 \\
&\leqq C \left(1 + \left\| v^{(1)} \right\|_1^2 \right) \left\| (M(t) - 1)v^{(1)} \right\|_1 \\
&\leqq C|t|^{-\alpha} \left(1 + \left\| U(-t)u^{(1)} \right\|_{0, \gamma'}^2 \right) \left\| U(-t)u^{(1)} \right\|_{0, \gamma}
\end{aligned}
$$

154   11   微分共鳴型非線形 Schrödinger 方程式

が得られる．それゆえ，(11.26)式，(11.28)式と(11.29)式を用いると，次の不等式

(11.30)
$$\|\mathcal{F}U(-t)u\|_\infty \leqq \left\|\mathcal{F}U(-t)u^{(1)}\right\|_\infty$$
$$+ C|t|^{-\alpha}\left(1 + \left\|U(-t)u^{(1)}\right\|_{0,\gamma'}^2\right)\left\|U(-t)u^{(1)}\right\|_{0,\gamma}$$

が従う．(11.10)式より，

(11.31)
$$U(-t)u_x = U(-t)w\overline{E}$$

となることに注意しておく．(11.26)式の証明と同様にして，$U(-t)u^{(j)} = v^{(j)}$，$j = 1, 2$ とおけば，

(11.32)
$$\mathcal{F}U(-t)u^{(2)}\overline{E} = Q_3(t) + Q_4(t) + \mathcal{F}v^{(2)}E(v)$$

が成立する．ここで，
$$Q_3(t) = \mathcal{F}(M(t) - 1)\mathcal{F}^{-1}\mathcal{F}M(t)v^{(2)}E(h),$$
$$Q_4(t) = \widehat{h}E(h) - \mathcal{F}v^{(2)}E(v)$$

とした．(11.28)式と(11.29)式を導出した議論を用いれば，

(11.33)
$$\|Q_3(t)\|_\infty \leqq C|t|^{-\alpha}\left(\left\|v^{(2)}\right\|_{0,\gamma} + \left\|u^{(2)}\right\|\left\|v^{(1)}\right\|_{0,\gamma'}\left\|v^{(1)}\right\|_{0,\gamma}\right)$$
$$\leqq C|t|^{-\alpha}\left(1 + \left\|v^{(1)}\right\|_{0,\gamma}^2\right)\left\|v^{(2)}\right\|_{0,\gamma},$$

および

(11.34)
$$\|Q_4(t)\|_\infty \leqq C\left(\left\|(M(t) - 1)v^{(2)}\right\|_1 + \left\|\mathcal{F}v^{(2)}\right\|_\infty\left\||\widehat{h}|^2 - \left|\mathcal{F}v^{(1)}\right|^2\right\|_\infty\right)$$
$$\leqq C|t|^{-\alpha}\left(\left\|v^{(2)}\right\|_{0,\gamma} + \left\|v^{(1)}\right\|_{0,\gamma'}\left\|v^{(2)}\right\|_{0,\gamma'}\left\|v^{(1)}\right\|_{0,\gamma}\right)$$

$$\leqq C|t|^{-\alpha}\left(1+\left\|v^{(1)}\right\|_{0,\gamma}^{2}\right)\left\|v^{(2)}\right\|_{0,\gamma}$$

を示すことができる．それゆえ，(11.32)-(11.34)式と(11.19)式より，

(11.35)

$$\left\|\mathcal{F}U(-t)u^{(2)}\overline{E}\right\|_{\infty}\leqq\left\|\mathcal{F}v^{(2)}\right\|_{\infty}+C|t|^{-\alpha}\left(1+\left\|v^{(1)}\right\|_{0,\gamma}^{2}\right)\left\|v^{(2)}\right\|_{0,\gamma}$$
$$\leqq\left\|\mathcal{F}U(-t)u^{(2)}\right\|_{\infty}+C\varepsilon|t|^{-\alpha+C\varepsilon^{\frac{4}{3}}}$$

が導かれる．また，補題 11.6，(11.19)式，および

$$f=u^{(1)},\quad g=u^{(1)}\overline{E},\quad h=\overline{u^{(1)}}$$

としたときの補題 11.3 により，

(11.36)
$$\left\|\mathcal{F}U(-t)\left|u^{(1)}\right|^{2}u^{(1)}\overline{E}\right\|_{\infty}$$
$$\leqq C\left\|U(-t)\left|u^{(1)}\right|^{2}u^{(1)}\overline{E}\right\|_{0,\gamma'},\quad \gamma'>1/2$$
$$\leqq C\left\|u^{(1)}\right\|_{\infty}^{2}\left(\left\|v^{(1)}\right\|_{0,\gamma'}+\left\|v^{(1)}\overline{E}\right\|_{0,\gamma'}\right)$$
$$\leqq C\varepsilon|t|^{-1+C\varepsilon^{\frac{4}{3}}}$$

が成立する．(11.30)式，(11.35)式と(11.36)式から，(11.23)式が証明された．次に，(11.24)式を証明する．(11.13)式より，

(11.37)
$$\begin{cases} i\partial_{t}U(-t)u^{(1)}=iaU(-t)\left(u^{(1)}\right)^{2}\overline{u^{(2)}},\\ i\partial_{t}U(-t)u^{(2)}=-iaU(-t)\left(u^{(2)}\right)^{2}\overline{u^{(1)}} \end{cases}$$

が求まり，

$$u^{(1)}\overline{u^{(2)}}=u\overline{u_{x}}-\frac{ia}{2}|u|^{4}$$

であるから，(11.37)式より，

$$\text{(11.38)} \quad \begin{cases} i\partial_t \mathcal{F}v^{(1)} = ia\mathcal{F}U(-t)\left(u\overline{u_x} - \dfrac{ia}{2}|u|^4\right)u^{(1)}, \\ i\partial_t \mathcal{F}v^{(2)} = -ia\mathcal{F}U(-t)\left(\overline{u}u_x + \dfrac{ia}{2}|u|^4\right)u^{(2)} \end{cases}$$

が得られる．ここで，$v^{(1)} = U(-t)u^{(1)}$，$v^{(2)} = U(-t)u^{(2)}$ とした．$U(-t)$ の分解公式を用いれば，簡単な計算によって，

$$U(-t)fg\overline{h}$$
$$= M(-t)\mathcal{F}^{-1}D(t)^{-1}M(-t)\left(fg\overline{h}\right)$$
$$= \frac{1}{2t}M(-t)\mathcal{F}^{-1}(D(t)^{-1}M(-t)f)(D(t)^{-1}M(-t)g)\left(\overline{D(t)^{-1}M(-t)h}\right)$$
$$= \frac{1}{2t}M(-t)\mathcal{F}^{-1}(\mathcal{F}M(t)U(-t)f)(\mathcal{F}M(t)U(-t)g)\left(\overline{\mathcal{F}M(t)U(-t)h}\right)$$

となることがわかるので，（11.38）式は

$$\text{(11.39)} \quad i\partial_t \mathcal{F}v^{(1)} = \frac{-a\xi}{2t}|\widehat{v}(t,\xi)|^2 \mathcal{F}v^{(1)} + I_1(t) + I_2(t) + I_3(t)$$

と，

$$\text{(11.40)} \quad i\partial_t \mathcal{F}v^{(2)} = \frac{a\xi}{2t}|\widehat{v}(t,\xi)|^2 \mathcal{F}v^{(2)} + I_4(t) + I_5(t) + I_6(t)$$

のように書くことができる．ここで，剰余項を

$$I_1(t) = \frac{ia}{2t}\mathcal{F}(M(-t)-1)\mathcal{F}^{-1}(\mathcal{F}M(t)v)\left(\overline{\mathcal{F}M(t)v_x}\right)\mathcal{F}M(t)v^{(1)},$$
$$I_2(t) = \frac{ia}{2t}\left\{(\mathcal{F}M(t)v)\left(\overline{\mathcal{F}M(t)v_x}\right)\mathcal{F}M(t)v^{(1)} - (\mathcal{F}v)\left(\overline{\mathcal{F}v_x}\right)\mathcal{F}v^{(1)}\right\},$$
$$I_3(t) = \frac{a^2}{2}U(-t)\left(|u|^4 u^{(1)}\right) = \frac{a^2}{8t^2}\mathcal{F}M(-t)\mathcal{F}^{-1}|\mathcal{F}M(t)v|^4\mathcal{F}M(t)v^{(1)},$$
$$I_4(t) = -\frac{ia}{2t}\mathcal{F}(M(-t)-1)\mathcal{F}^{-1}\left(\overline{\mathcal{F}M(t)v}\right)(\mathcal{F}M(t)v_x)\mathcal{F}M(t)v^{(2)},$$
$$I_5(t) = -\frac{ia}{2t}\left\{\left(\overline{\mathcal{F}M(t)v}\right)(\mathcal{F}M(t)v_x)\mathcal{F}M(t)v^{(2)} - (\overline{\mathcal{F}v})(\mathcal{F}v_x)\mathcal{F}v^{(2)}\right\},$$
$$I_6(t) = \frac{a^2}{2}U(-t)\left(|u|^4 u^{(2)}\right) = \frac{a^2}{8t^2}\mathcal{F}M(-t)\mathcal{F}^{-1}|\mathcal{F}M(t)v|^4\mathcal{F}M(t)v^{(2)}$$

と定義する．次に，

11.2 修正散乱状態(逆修正波動作用素)の存在　157

$$B(t) = \exp\left(-\frac{ia}{2}\int_1^t \frac{\xi}{\tau}|\mathcal{F}U(-\tau)u|^2 d\tau\right)$$

とおけば，この定義によって，(11.39)式と(11.40)式より，

$$\begin{cases} i\partial_t \overline{B}(t)\mathcal{F}v^{(1)} = \overline{B}(t)(I_1(t) + I_2(t) + I_3(t)), \\ i\partial_t B(t)\mathcal{F}v^{(2)} = B(t)(I_4(t) + I_5(t) + I_6(t)) \end{cases}$$

となることがわかる．それゆえ，時間 t に関する積分をおこなうことによって，

(11.41)

$$\begin{cases} \overline{B}(t)\mathcal{F}v^{(1)} = \mathcal{F}v^{(1)}(1) - i\int_1^t \overline{B}(\tau)\left(I_1(\tau) + I_2(\tau) + I_3(\tau)\right)d\tau, \\ B(t)\mathcal{F}v^{(2)} = \mathcal{F}v^{(2)}(1) - i\int_1^t B(\tau)\left(I_4(\tau) + I_5(\tau) + I_6(\tau)\right)d\tau \end{cases}$$

が求まる．(11.41)式の両辺において，L^∞ ノルムをとり，得られた不等式に，補題 11.6 を適用すると，

(11.42)

$$\left\|\mathcal{F}v^{(1)}\right\|_\infty \leqq C\varepsilon + \int_1^t \left(\|I_1(\tau)\|_\infty + \|I_2(\tau)\|_\infty + \|I_3(\tau)\|_\infty\right)d\tau,$$
$$\left\|\mathcal{F}v^{(2)}\right\|_\infty \leqq C\varepsilon + \int_1^t \left(\|I_4(\tau)\|_\infty + \|I_5(\tau)\|_\infty + \|I_6(\tau)\|_\infty\right)d\tau$$

が得られる．$\gamma > 1/2 + 2\alpha$ とすると，Sobolev の不等式，補題 11.3，補題 11.6，および(11.19)式によって，

(11.43)

$$\|I_1(t)\|_\infty \leqq C|t|^{-1-\alpha}\left\|(\mathcal{F}M(t)v)\left(\overline{\mathcal{F}M(t)v_x}\right)\left(\mathcal{F}M(t)v^{(1)}\right)\right\|_{\gamma,0}$$
$$\leqq C|t|^{-1-\alpha}\left(\|\mathcal{F}M(t)v\|_\infty^2 + \|\mathcal{F}M(t)v_x\|_\infty^2 + \left\|\mathcal{F}M(t)v^{(1)}\right\|_\infty^2\right)$$
$$\times \left(\|\mathcal{F}M(t)v\|_{\gamma,0} + \|\mathcal{F}M(t)v_x\|_{\gamma,0} + \left\|\mathcal{F}M(t)v^{(1)}\right\|_{\gamma,0}\right)$$

$$\leqq C|t|^{-1-\alpha}\left(\|U(-t)u\|_{1,\gamma}^3+\left\|U(-t)u^{(1)}\right\|_{0,\gamma}^3\right)$$
$$\leqq C\varepsilon^3|t|^{-1-\alpha+C\varepsilon^{\frac{4}{3}}},$$

および

$$(11.44)$$

$$\|I_2(t)\|_\infty \leqq C|t|^{-1}\left(\left\|(\mathcal{F}(M(t)-1)v)\left(\overline{\mathcal{F}v_x}\right)\left(\mathcal{F}v^{(1)}\right)\right\|_\infty\right.$$
$$+\left\|(\mathcal{F}M(t)v)\left(\overline{\mathcal{F}(M(t)-1)v_x}\right)\left(\mathcal{F}v^{(1)}\right)\right\|_\infty$$
$$+\left.\left\|(\mathcal{F}M(t)v)\left(\overline{\mathcal{F}M(t)v_x}\right)\left(\mathcal{F}(M(t)-1)v^{(1)}\right)\right\|_\infty\right)$$
$$\leqq C|t|^{-1-\alpha}\|v\|_{0,\gamma}\|v_x\|_{0,\gamma}\left\|v^{(1)}\right\|_{0,\gamma}\leqq C\varepsilon^3|t|^{-1-\alpha+C\varepsilon^{\frac{4}{3}}}$$

となることが示せた．また，補題 11.3，補題 11.4 と (11.19) 式によって，

$$(11.45)$$

$$\|I_3(t)\|_\infty \leqq C|t|^{-2}\left\||\mathcal{F}M(t)v|^4\,\mathcal{F}M(t)v^{(1)}\right\|_{\gamma,0}$$
$$\leqq C|t|^{-2}\left(\|\mathcal{F}M(t)v\|_\infty^4+\left\|\mathcal{F}M(t)v^{(1)}\right\|_\infty^4\right)$$
$$\times\left(\|\mathcal{F}M(t)v\|_{\gamma,0}+\left\|\mathcal{F}M(t)v^{(1)}\right\|_{\gamma,0}\right)$$
$$\leqq C|t|^{-2}\left(\|v\|_{1,\gamma}^5+\left\|v^{(1)}\right\|_{0,\gamma}\right)^5\leqq C\varepsilon^5|t|^{-2+C\varepsilon^{\frac{4}{3}}}$$

が得られる．(11.43) 式と (11.44) 式の証明と同様にして，補題 11.6 と (11.19)
式を用いれば，剰余項 I_4, I_5 に対して，評価式

$$(11.46)\qquad \|I_4(t)\|_\infty \leqq C|t|^{-1-\alpha}\left(\|v\|_{1,\gamma}^3+\left\|v^{(2)}\right\|_{0,\gamma}^3\right)$$
$$\leqq C\varepsilon^3|t|^{-1-\alpha+C\varepsilon^{\frac{4}{3}}},$$

$$(11.47)\qquad \|I_5(t)\|_\infty \leqq C|t|^{-1-\alpha}\|v\|_{0,\gamma}\|v_x\|_{0,\gamma}\left\|v^{(2)}\right\|_{0,\gamma}$$
$$\leqq C\varepsilon^3|t|^{-1-\alpha+C\varepsilon^{\frac{4}{3}}}$$

を得ることができる．そして，剰余項 I_3 の評価と同様にして，

11.2 修正散乱状態(逆修正波動作用素)の存在 159

$$(11.48) \qquad \|I_6(t)\|_\infty \leqq C|t|^{-2}\left(\|v\|_{1,\gamma}^5 + \left\|v^{(2)}\right\|_{0,\gamma}^5\right) \leqq C\varepsilon^5|t|^{-2+C\varepsilon^{\frac{4}{3}}}$$

を導くことができる.(11.42)-(11.48)式から,目的の評価式(11.24)が従う. ∎

補題 11.6 の証明と同様にして,定理 11.5 と補題 11.7 によって,次の補題が得られる.

補題 11.8 u を,定理 11.5 で述べられた(11.1)式の局所解とすると,任意の時間 $t \in [0,T]$ に対して,

$$(1+|t|)^{-C\varepsilon^{\frac{4}{3}}}\left(\|u(t)\|_{1+\gamma,0} + \|U(-t)u(t)\|_{1,\gamma}\right) \leqq C\varepsilon$$

が成立する. ▢

以上で,この章における主結果を証明する準備ができた.

[定理 11.1 の証明] 補題 11.6 と補題 11.8 から,$t \in [0,T]$ に対して,

$$\|\|u\|\|_{X_T} \leqq C\varepsilon$$

が成立する.前章と同様の議論から,結果が得られる. ∎

[定理 11.2 の証明] (11.1)式より,

$$
\begin{aligned}
&i\partial_t U(-t)u \\
&= -iaU(-t)\left(|u|^2 u\right)_x \\
&= -\frac{ia}{2t}M(-t)\mathcal{F}^{-1}\left(2(\mathcal{F}M(t)v_x)|\mathcal{F}M(t)v|^2 + (\mathcal{F}M(t)v)^2\overline{\mathcal{F}M(t)v_x}\right)
\end{aligned}
$$

であるから,

$$(11.49) \qquad i\partial_t \widehat{v}(t,\xi) = \frac{a\xi}{2t}|\widehat{v}|^2\,\widehat{v}(t,\xi) + I_7(t) + I_8(t)$$

と書ける.ここで,

$$I_7(t) = -\frac{ia}{2t}\mathcal{F}(M(-t)-1)\mathcal{F}^{-1}\left(2(\mathcal{F}M(t)v_x)|\mathcal{F}M(t)v|^2\right.$$

$$
+ (\mathcal{F}M(t)v)^2 \overline{\mathcal{F}M(t)v_x} \Big),
$$

$$
I_8(t) = -\frac{ia}{2t} \Big(2(\mathcal{F}M(t)v_x)|\mathcal{F}M(t)v|^2 + (\mathcal{F}M(t)v)^2 \overline{\mathcal{F}M(t)v_x}
$$

$$
- 2(\widehat{v_x})\,|\widehat{v}|^2 - (\widehat{v})^2\,\overline{\widehat{v_x}} \Big)
$$

とおいた．上で述べたように，

$$
B(t) = \exp\left(-\frac{ia\xi}{2} \int_1^t \frac{1}{\tau}\,|\widehat{v}(\tau,\xi)|^2\,d\tau \right)
$$

と定義すれば，方程式 (11.49) から，

$$
i\partial_t B(t)\widehat{v}(t) = B(t)(I_7(t) + I_8(t))
$$

となり，この式より，

$$
(11.50) \qquad B(t)\widehat{v}(t) - B(s)\widehat{v}(s) = -i\int_s^t B(\tau)(I_7(\tau) + I_8(\tau))\,d\tau
$$

が導かれる．(11.43) 式と (11.44) 式の証明と同様にして，Sobolev の不等式
より，次の不等式

$$
(11.51) \qquad \|I_7(t)\|_\infty + \|I_8(t)\|_\infty
$$

$$
\leqq \|I_7(t)\|_{\gamma-2\alpha,0} + \|I_8(t)\|_{\gamma-2\alpha,0}
$$

$$
\leqq Ct^{-1-\alpha}\|U(-t)u(t)\|_{1,\gamma}^3 \leqq C\varepsilon t^{-1-\alpha+C\varepsilon^{\frac{4}{3}}}
$$

が得られることがわかる．(11.51) 式を (11.50) 式に適用すれば，$s < t$ に対し
て，

$$
(11.52) \qquad \|B(t)\widehat{v}(t) - B(s)\widehat{v}(s)\|_{\gamma-2\alpha,0} \leqq C\varepsilon s^{-\alpha+C\varepsilon^{\frac{4}{3}}}
$$

となる．それゆえ，一意的な関数 $W \in H^{\gamma-2\alpha,0}$ が存在して，

$$
(11.53) \qquad W = \lim_{t\to\infty} B(t)\widehat{v}(t)
$$

となることが，$H^{\gamma-2\alpha,0}$ の位相でわかる．(11.52) 式において $t \to \infty$ とすれ
ば，

$$\text{(11.54)} \qquad \|W - B(s)\widehat{v}(s)\|_{\gamma - 2\alpha, 0} \leqq C\varepsilon s^{-\alpha + C\varepsilon^{\frac{4}{3}}}$$

となることは明らかである．位相関数 Ψ を

$$\Psi(t) = \frac{ia\xi}{2} \int_1^t \frac{1}{\tau} \left(|\widehat{v}(\tau)|^2 - |\widehat{v}(t)|^2 \right) d\tau$$

と定義することにすると，$1 < s < \tau < t$ に対して，

$$\text{(11.55)} \qquad \Psi(t) - \Psi(s) = \frac{ia\xi}{2} \int_s^t \frac{1}{\tau} \left(|\widehat{v}(\tau)|^2 - |\widehat{v}(t)|^2 \right) d\tau$$
$$- \frac{ia\xi}{2} \left(|\widehat{v}(t)|^2 - |\widehat{v}(s)|^2 \right) \log s$$

となることがわかる．(11.55)式右辺の非線形項について考える．(11.49)式の両辺に $\xi\overline{\widehat{v}(t,\xi)}$ を掛けて，虚数部分をとると，

$$\frac{d}{dt}\xi |\widehat{v}(t,\xi)|^2 = 2\operatorname{Im}(I_7(t) + I_8(t), \xi\widehat{v}(t)).$$

この式の両辺を t について積分して，$H^{\delta, 0}$ ノルムを $\delta = \gamma - 2\alpha$ としてとると，

$$\text{(11.56)} \qquad \left\| \xi \left(|\widehat{v}(t)|^2 - |\widehat{v}(s)|^2 \right) \right\|_{\delta, 0}$$
$$\leqq C \int_s^t \| (I_7(\tau) + I_8(\tau)) \xi\widehat{v}(\tau) \|_{\delta, 0} \, d\tau$$
$$\leqq C \int_s^t \Big(\| I_7(\tau) + I_8(\tau) \|_{\delta, 0} \| \xi\widehat{v}(\tau) \|_{\infty}$$
$$+ \| I_7(\tau) + I_8(\tau) \|_{\infty} \| \xi\widehat{v}(\tau) \|_{\delta, 0} \Big) \, d\tau$$
$$\leqq C \int_s^t \| I_7(\tau) + I_8(\tau) \|_{\delta, 0} \| \xi\widehat{v}(\tau) \|_{\delta, 0} \, d\tau$$

と書けることがわかる．定理 11.1 と(11.51)式を用いれば，(11.56)式より，$\delta = \gamma - 2\alpha$，$t > s$ に対して，

$$\left\| \xi \left(|\widehat{v}(t)|^2 - |\widehat{v}(s)|^2 \right) \right\|_{\delta, 0} \leqq C\varepsilon s^{-\alpha + C\varepsilon^{\frac{4}{3}}}$$

が得られる．それゆえ，(11.55)式から，$t > s$ および $\delta = \gamma - 2\alpha$ に対して，評価式

162   11   微分共鳴型非線形 Schrödinger 方程式

(11.57) $$\|\Psi(t) - \Psi(s)\|_{\delta,0} \leqq C\varepsilon s^{-\alpha + C\varepsilon^{\frac{4}{3}}}$$

が求まり，この式より，一意的な実数値関数 $\Phi \in H^{\gamma-2\alpha,0}$ が存在して，

$$i\Phi(\xi) = \lim_{t \to \infty} \Psi(t, \xi)$$

となることが，$H^{\gamma-2\alpha,0}$ の位相でわかる．(11.57)式において，$t \to \infty$ とすると，

(11.58) $$\|i\Phi - \Psi(s)\|_{\gamma-2\alpha,0} \leqq C\varepsilon s^{-\alpha + C\varepsilon^{\frac{4}{3}}}$$

となる．振動項の表現式を示すために，

(11.59)

$$\frac{ia\xi}{2} \int_1^t |\widehat{v}(\tau)|^2 \frac{1}{\tau}\, d\tau$$
$$= \Psi(t) + \frac{ia\xi}{2} |\widehat{v}(t)|^2 \log t$$
$$= (\Psi(t) - i\Phi) + \frac{ia\xi}{2} \left(|\widehat{v}(t)|^2 - |W|^2 \right) \log t + \frac{ia\xi}{2} |W|^2 \log t + i\Phi$$

と書き直しておく．(11.54)式，(11.56)式と(11.58)式を(11.59)式に適用し，$W_+ = W \exp(i\Phi)$ とおき，$\gamma - 2\alpha > 1/2$ を用いれば，定理の評価式を得ることができる．漸近公式(11.2)は，この評価式と恒等式

$$u(t) = U(t)U(-t)u(t) = MD\mathcal{F}(M-1)U(-t)u(t) + MD\mathcal{F}U(-t)u(t)$$

より従う．これで，定理 11.2 が証明された．∎

　この章で用いた方法は，次の，一般の形をした非線形 Schrödinger 方程式にも適用できる．

(11.60)

$$\begin{cases} iu_t + u_{xx} = i(\lambda - \mu)|u|^2 u_x + i\mu \left(|u|^2 \right)_x u + \nu_1 |u|^2 u + \nu_2 |u|^4 u, \\ u(0, x) = u_0(x), \quad (t, x) \in \mathbb{R} \times \mathbb{R}. \end{cases}$$

実際，次のゲージ変換

$$u^{(1)} = \exp\left(-i\frac{\lambda}{2}\int_{-\infty}^{x}\left|u\left(t,x'\right)\right|^2 dx'\right)u(t,x),$$

$$u^{(2)} = \exp\left(-i\frac{\lambda}{2}\int_{-\infty}^{x}\left|u\left(t,x'\right)\right|^2 dx'\right)\left(u_x(t,x) - \frac{i}{2}\mu|u|^2 u(t,x)\right)$$

を用いれば，初期値問題(11.60)に対して，定理11.2と同様の漸近公式と，定理11.1と同じ結果を示すことができる．正確に述べると，次の結果が得られる．

定理 11.9 初期値が条件 $u_0 \in H^{1+\gamma,0} \cap H^{1,\gamma}$ を満たし，$\gamma > 1/2$ としたとき，十分小さい ε に対して，$\|u_0\|_{1+\gamma,0} + \|u_0\|_{1,\gamma} = \varepsilon$ を満たすとする．このとき，(11.60)式の一意的な大域解 u が存在して，

$$u \in C(\mathbb{R}; H^{1,\gamma} \cap H^{1+\gamma,0})$$

を満足する．　　　　　　　　　　　　　　　　　　　　　　　　　　$\square$

定理 11.10 u を定理11.9で述べられた(11.60)式の解とすると，一意的な関数 $W_+ \in H^{\gamma-2\alpha,0}$ が存在して，$\gamma > 1/2 + 2\alpha$，$0 < \tilde{\alpha} < \alpha < 1/4$，$t \geqq 1$ に対して，

$$\left\|(\mathcal{F}U(-t)u)(t) - W_+ \exp\left(\frac{i}{2}((\lambda-\mu)\xi - \nu_1)|W_+|^2 \log t\right)\right\|_{\gamma-2\alpha,0} \leqq C\varepsilon t^{-\tilde{\alpha}}$$

を満足する．さらに，十分大きな時間 t に対して，次の漸近公式

$$u(t,x)$$
$$= \frac{1}{\sqrt{2it}}W_+\left(\frac{x}{2t}\right)\exp\left(\frac{ix^2}{4t} + \frac{i}{2}\left((\lambda-\mu)\frac{x}{2t} - \nu_1\right)\left|W_+\left(\frac{x}{2t}\right)\right|^2 \log t\right)$$
$$+ O(\varepsilon t^{-\frac{1}{2}-\tilde{\alpha}})$$

が成立する．　　　　　　　　　　　　　　　　　　　　　　　　　$\square$

11.3 一般化

初期条件に滑らかさを仮定すれば，ゲージ変換を使うことはできない，一般的な3次の非線形項を考えることができる．ここでは，より一般的な3次の

164   11 微分共鳴型非線形 Schrödinger 方程式

非線形項を持った，つまり，共鳴項と非共鳴項を含んだ，次の非線形
Schrödinger 方程式

$$(11.61) \quad \begin{cases} iu_t + \dfrac{1}{2}u_{xx} = N, \quad t \in \mathbb{R}, \ x \in \mathbb{R}, \\ u(0,x) = u_0(x), \qquad x \in \mathbb{R} \end{cases}$$

を考える．ここで，非線形項 N を $N = N_1 + N_2$ のように分解する．N_1 は

$$N_1 = \lambda_1 |u|^2 u + i\lambda_2 |u|^2 u_x + i\lambda_3 u^2 \overline{u_x} + \lambda_4 |u_x|^2 u + \lambda_5 \overline{u} u_x^2 + i\lambda_6 |u_x|^2 u_x$$

で自己共役的性質(ゲージ不変性)を満足する，すなわち，すべての $\theta \in \mathbb{R}$ に対
して，$N_1(e^{i\theta}u) = e^{i\theta}N_1(u)$ を満足する項で，N_2 は自己共役的性質を満足し
ない項

$$N_2 = 3a_1 u^2 u_x + 3a_2 u u_x^2 + 3a_3 u_x^3 + 3b_1 \overline{u}^2 \overline{u_x} + 3b_2 \overline{u} \overline{u_x}^2 + 3b_3 \overline{u_x}^3$$
$$+ \mu_1 \overline{u}^2 u_x + \mu_2 |u|^2 \overline{u_x} + \mu_3 u \overline{u_x}^2 + \mu_4 \overline{u} |u_x|^2 + \mu_5 |u_x|^2 \overline{u_x}$$

である．係数に関する条件として，$a_j, b_j, \mu_l \in \mathbb{C}$，$j = 1, 2, 3$，$l = 1, \cdots, 5$，$\lambda_1$,
$\lambda_6 \in \mathbb{R}$，そして $\lambda_2, \lambda_3, \lambda_4, \lambda_5 \in \mathbb{C}$ を仮定し，さらに，$\lambda_2 - \lambda_3 \in \mathbb{R}$，および
$\lambda_4 - \lambda_5 \in \mathbb{R}$ とする．このように，非線形項は $u^3, \overline{u}^3, \overline{u}^2 u$ を除くすべての u,
$\overline{u}$, u_x と，$\overline{u_x}$ から構成される，3次の非線形項を含んでいる．

方程式(11.61)は物理学の多方面で用いられている．例えば，文献[87],
[104], [107]参照．

主結果は以下のように書ける．

定理 11.11 初期値は，$u_0 \in H^{3,0} \cap H^{2,1}$ で $\|u_0\|_{3,0} + \|u_0\|_{2,1} = \varepsilon$ が十分
小さいとする．このとき，初期値問題(11.61)の一意的な大域解 u が存在し
て，$u \in C(\mathbb{R}; H^{3,0} \cap H^{2,1})$ を満足する．さらに，一意的な修正散乱状態 W_+
$\in L^\infty$ が存在し，次の漸近公式

$$(11.62)$$
$$u(t,x) = \frac{1}{\sqrt{it}} W_+ \left(\frac{x}{t}\right) \exp\left(\frac{ix^2}{2t} - i\Lambda\left(\frac{x}{t}\right)\left|W_+\left(\frac{x}{t}\right)\right|^2 \log t\right)$$
$$+ O\left(\varepsilon^3 t^{-\frac{1}{2} - \tilde{\alpha}}\right)$$

が, 十分大きな t, および $x \in \mathbb{R}$ に対して成立する. ここで, $\Lambda(\xi) = \lambda_1 - (\lambda_2 - \lambda_3)\xi + (\lambda_4 - \lambda_5)\xi^2 - \lambda_6\xi^3$ で, $0 < \widetilde{\alpha} < \alpha < 1/4$ とする. □

正確な解の時間減衰評価を得るために, ノルム $\|Ju\|$ の評価は重要な役割を果たす. これを示すために, 非線形項 N_2 を作用素 J を用いて書き直すことにする. 恒等式

$$3u^2 u_x = \left(u^3\right)_x,$$

$$3uu_x^2 = \left(u^2 u_x\right)_x + \frac{1}{it}\left(u^3 + 3uu_x Ju - \left(u^2 Ju\right)_x\right),$$

$$3u_x^3 = \left(u_x^2 u\right)_x + \frac{2}{it}\left(u_x^2 Ju - uu_x\left(Ju_x\right)\right),$$

$$\overline{u}^2 u_x = -\left(|u|^2\,\overline{u}\right)_x - \frac{2}{it}\left(|u|^2\,\overline{Ju} - \overline{u}^2 Ju\right),$$

$$|u|^2\,\overline{u_x} = \left(|u|^2\,\overline{u}\right)_x + \frac{1}{it}\left(|u|^2\,\overline{Ju} - \overline{u}^2 Ju\right),$$

$$u\overline{u_x}^2 = \left(|u|^2\,\overline{u_x}\right)_x - \frac{1}{it}\,\overline{u}\left(\overline{u_x}Ju - u\overline{Ju_x}\right),$$

$$\overline{u}|u_x|^2 = \left(\overline{u}^2 u_x\right)_x - \frac{1}{it}\,\overline{u}\left(\overline{u}Ju_x - u_x\overline{Ju}\right),$$

$$|u_x|^2\,\overline{u_x} = \left(|u_x|^2\,\overline{u}\right)_x - \frac{1}{it}\,\overline{u}\left(\overline{u_x}Ju_x - u_x\overline{Ju_x}\right)$$

より, 非線形項 N_2 は $N_2 = \partial_x N_3 + N_4/(it)$ と書ける. ここで,

$$N_3 = a_1 u^3 + a_2 u^2 u_x + a_3 u_x^2 u + b_1\overline{u}^3 + b_2\overline{u_x}^2\,\overline{u} + b_3\overline{u_x}^2\overline{u}$$
$$+ (\mu_2 - \mu_1)\,|u|^2\,\overline{u} + \mu_3\,|u|^2\,\overline{u_x} + \mu_4\overline{u}^2 u_x + \mu_5|u_x|^2\,\overline{u},$$

および

$$N_4 = a_2\left(u^3 + 3uu_x Ju - \left(u^2 Ju\right)_x\right) + 2a_3\left(u_x^2 Ju - uu_x Ju_x\right)$$
$$- b_2\left(\overline{u}^3 + 3\overline{uu_x}\overline{Ju} - \left(\overline{u}^2\overline{Ju}\right)_x\right) - 2b_3\left(\overline{u_x}^2\overline{Ju} - \overline{uu_x}\overline{Ju_x}\right)$$
$$+ (\mu_2 - 2\mu_1)\left(|u|^2\,\overline{Ju} - \overline{u}^2 Ju\right) - \mu_3\overline{u}\left(\overline{u_x}Ju - u\overline{Ju_x}\right)$$
$$- \mu_4\overline{u}\left(\overline{u}Ju_x - u_x\overline{Ju}\right) - \mu_5\overline{u}\left(\overline{u_x}Ju_x - u_x\overline{Ju_x}\right)$$

とおいた. このように, 初期値問題(11.61)は,

166　11　微分共鳴型非線形 Schrödinger 方程式

$$(11.63) \quad \begin{cases} iu_t + \dfrac{1}{2}u_{xx} = N_1 + \partial_x N_3 + \dfrac{1}{it}N_4, & (t,x) \in \mathbb{R} \times \mathbb{R}, \\ u(0,x) = u_0(x), & x \in \mathbb{R} \end{cases}$$

のように書き直すことができる．つまり，非線形項は，自己共役的性質を持つ項，発散形式で書ける項，および作用素 J を通して付加的な時間減衰を持つ項 $N_4/(it)$ の，線形結合で表現できることがわかる．方程式(11.63)の両辺に作用素 $J = x + it\partial_x$ を掛けると $L = i\partial_t + \partial_x^2/2$ とおいて，

$$LJu = J\left(N_1 + \partial_x N_3 + \frac{1}{it}N_4\right)$$

となることがわかる．作用素 I を $I = x\partial_x + 2t\partial_t$ とおいて，関係式 $J\partial_x = I + 2 + 2iLt$ を用いると，発散形式で書ける N_3 は $(I + 2 + 2iLt)N_3$ となる．それゆえ，次の方程式

$$(11.64) \quad L(Ju - 2itN_3) = JN_1 + (I+2)N_3 + \frac{1}{it}JN_4$$

が得られる．目的の $\|Ju\|$ に対する評価を得るために，方程式(11.64)を用いる．証明は，$\mathcal{F}U(-t)u$ の L^∞ ノルムにおける評価を通しておこなわれるので，方程式の両辺に $\mathcal{F}U(-t)$ を作用させる．その結果として，(11.82)式で表現される非線形項を考えることになる．

　$\|Ju\|$ の先験的評価を得るために，方程式(11.64)の非線形項に対する評価を求めておく．

補題 11.12　評価式

$$\|JN_1\| \leqq C\|u\|_{1,0,\infty}^2 \left(\|Ju\|_{1,0} + \|u\|\right),$$
$$\|JN_3\| \leqq C\|u\|_{1,0,\infty}^2 \left(\|Iu\|_{1,0} + \|u\|_{1,0}\right),$$
$$\|JN_4\| \leqq C|t|\,\|u\|_{2,0,\infty}^2 \left(\|Ju\|_{1,0} + \|u\|\right)$$
$$+ C\|u\|_{2,0,\infty}\left(\|Ju\|_{1,0} + \|u\|\right)^2$$

が成立する．　　　　　　　　　　　　　　　　　　　　　　　　　□

　［証明］　非線形項 N_1 の自己共役的性質を用いると，等式 $J(\overline{\varphi}\phi\psi) = -\phi\psi\overline{J\varphi} + \overline{\varphi}\psi J\phi + \overline{\varphi}\phi J\psi$ が得られるので，最初の不等式は交換関係 $[\partial_x, J]$

$= 1$ と $[\partial_x, I] = \partial_x$ から求まる．作用素 $I = x\partial_x + 2t\partial_t$ は 1 階の微分作用素のように，非線形項に働くので，Hölder の不等式を使うと，2 番目の評価式が従う．最後の評価式は，次の等式

$$J(\varphi \phi \psi) = \phi \psi J\varphi + it\varphi \partial_x (\phi\psi),$$
$$J(\overline{\varphi} \phi \psi) = \phi \psi \overline{J\varphi} + 2it\phi\psi\partial_x\overline{\varphi} + it\overline{\varphi}\partial_x (\phi\psi)$$

から得られる．このように，補題 11.12 は証明された． ∎

未知関数の微分を含んだ非線形項を持つ，非線形 Schrödinger 方程式の場合，古典的エネルギー法だけでは，解の存在を示すのは不可能である．ここでは，線形 Schrödinger 方程式の解の平滑化効果を利用することにする．解の平滑化効果に関しては多くの仕事がある（文献[28]，[89]等参照）．

ここでは，文献[28]に沿った方法を使うことにする．文献[28]でも，解の平滑化効果を引き出す具体的な擬微分作用素として，0 階の擬微分作用素が与えられているが，ここでは，文献[28]とは異なる 0 階の擬微分作用素を定義し，それを使うことにする．そのために，ヒルベルト変換を，

$$H\phi(x) = \frac{1}{\pi} Pv \int_{\mathbb{R}} \frac{\phi(z)}{x-z} dz = -i\mathcal{F}^{-1} \frac{\xi}{|\xi|} \mathcal{F}\phi$$

で定義する．ここで，Pv は主値積分を意味する．ヒルベルト変換は，L^2 から，それ自身への有界作用素であることに注意しておく．分数階の微分をフーリエ変換を通して，$|\partial_x|^\alpha \phi = \mathcal{F}^{-1} |\xi|^\alpha \mathcal{F}\phi$ で定義すると，

$$|\partial_x|^\alpha \phi = \mathcal{F}^{-1} |\xi|^\alpha \mathcal{F}\phi = C \int_{\mathbb{R}} (\phi(x+z) - \phi(x)) \frac{dz}{|z|^{1+\alpha}},$$

および

$$|\partial_x|^\alpha H\phi = -i\mathcal{F}^{-1} \frac{\xi}{|\xi|} |\xi|^\alpha \mathcal{F}\phi = C \int_{\mathbb{R}} (\phi(x+z) - \phi(x)) \frac{dz}{z|z|^\alpha}$$

が適当な定数 C に対して成立する．正確な定数については，文献[135]参照．

次の補題は，交換子 $[|\partial_x|^\alpha, \phi]$ および $[|\partial_x|^\alpha H, \phi]$ が L^2 から L^2 への有界作用素であることを示している．

補題 11.13 次の評価式

168   11 微分共鳴型非線形 Schrödinger 方程式

$$\|[|\partial_x|^\alpha, \phi]\,\psi\| \leqq C \,\|\phi\|_{1,0,\infty}\, \|\psi\|, \quad \|[|\partial_x|^\alpha H, \phi]\,\psi\| \leqq C \,\|\phi\|_{1,0,\infty}\, \|\psi\|$$

が成立する.　　　　　　　　　　　　　　　　　　　　　　　　　　　□

　[証明]　分数階微分の定義から,

$$\|[|\partial_x|^\alpha, \phi]\,\psi\| = \left\| C \int \psi(x+z)(\phi(x+z) - \phi(x)) \frac{dz}{|z|^{1+\alpha}} \right\|.$$

積分区間を $|z| \leqq 1$ と $|z| > 1$ に分けて, さらに, 平均値の定理を用いれば, 右辺は上から,

$$C \left\| \int_{|z| \leqq 1} |\psi(x+z)| \left(\int_0^z |\phi_x(x+\xi)| \, d\xi \right) \frac{dz}{|z|^{1+\alpha}} \right\|$$

$$+ C\|\phi\|_\infty \left\| \int_{|z|>1} |\psi(x+z)| \frac{dz}{|z|^{1+\alpha}} \right\|$$

$$\leqq C\|\phi\|_{1,0,\infty} \left\| \int |\psi(x+z)| \frac{dz}{|z|^{1+\alpha}(1+|z|)} \right\| \leqq C\|\phi\|_{1,0,\infty}\|\psi\|$$

と評価されるので, 補題の 1 番目の不等式が得られた. 2 番目の不等式も, 同様に示すことができるので, ここでは省略する.　　　　　　　　　■

　次の線形 Schrödinger 方程式

$$(11.65) \qquad \begin{cases} iu_t + \dfrac{1}{2} u_{xx} = f, & x \in \mathbb{R}, \ t \in \mathbb{R}, \\ u(0,x) = u_0(x), & x \in \mathbb{R} \end{cases}$$

の解の平滑化効果について考える. 0 階の擬微分作用素を, 次のように

$$S(\varphi) = \cosh(\varphi) - i \sinh(\varphi) H$$

で定義する. ここで, 実数値関数は $\varphi(t) \in L^\infty(0,T; H^{2;0}_\infty) \cap C^1([0,T]; L^\infty)$ で正とする. また, $\varphi(x)$ は $\varphi(x) = \displaystyle\int_{-\infty}^x (w^2) dx$ と, w を用いて表現されると仮定する. この定義から, 作用素 S が L^2 から L^2 への連続作用素で, 次の評価式 $\|S(\varphi)\psi\| \leqq 2 \|\psi\| \exp \|\varphi\|_\infty$ を満たすことがわかる. 不等式 $\|\tanh(\varphi)\psi\| \leqq \|\psi\| \tanh \|\varphi\|_\infty \leqq \|\psi\|$ が成立することより, S の逆作用素が存在し, $S^{-1}(\varphi) = (1 + i\tanh(\varphi)H)^{-1}/\cosh(\varphi)$ と表され, 評価式

$$\left\| S^{-1}(\varphi)\psi \right\| \leqq (1 - \tanh \|\varphi\|_\infty)^{-1} \|\psi\| \leqq \|\psi\| \exp \|\varphi\|_\infty$$

を満足することがわかる．この擬微分作用素 S が，方程式(11.65)の解の平滑化効果を引き出すのに有効であることを，以下示していく．

次の補題は，作用素 S を含んだ形のエネルギー評価で，左辺に未知関数 u の半分微分を含んだ項があることに注意してもらいたい．

補題 11.14 u を初期値問題(11.65)の解とすると，次の不等式

$$\frac{d}{dt} \|Su\|^2 + \frac{1}{2} \left\| wS\sqrt{|\partial_x|}u \right\|^2$$
$$\leqq 2|\mathrm{Im}(Su, Sf)| + C\|u\|^2 e^{2\|\varphi\|_\infty} \left(\|w\|_\infty^6 + \|w\|_{1,0,\infty}^2 + \|\varphi_t\|_\infty \right)$$

が成立する． $\square$

［証明］ 初期値問題(11.65)の両辺に $S(\varphi)$ を作用させると，

(11.66)
$$\left(i\partial_t + \frac{1}{2}\partial_x^2 \right) S(\varphi)u - \frac{1}{2}[\partial_x^2, S(\varphi)]u - i[\partial_t, S(\varphi)]u = S(\varphi)f$$

が従う．性質 $(iH)^2 = 1$ から，$[\partial_x, S(\varphi)] = i(\partial_x\varphi)S(\varphi)H$ となるので，Leibnitz の法則から

(11.67)
$$[\partial_x^2, S(\varphi)] = -2i(\partial_x\varphi)S(\varphi)|\partial_x| + (\partial_x\varphi)^2 S(\varphi) + i(\partial_x^2\varphi)S(\varphi)H$$

が求まる．また，同様にして $[\partial_t, S(\varphi)] = i(\partial_t\varphi)S(\varphi)H$ であるので(11.66)式より，

(11.68) $$(i\partial_t + \partial_x^2)Su + Mu = Ru + Sf$$

が得られる．ここで，

$$M = -i(\partial_x\varphi)S(\varphi)|\partial_x| = -i\omega^2 S(\varphi)|\partial_x|,$$

そして，

170   11　微分共鳴型非線形 Schrödinger 方程式

$$R = \left(\frac{1}{2} \omega^4 S(\varphi) + i\omega(\partial_x \omega) S(\varphi) H - (\partial_t \varphi) S(\varphi) H \right)$$

である. 等式 $|\partial_x| = -\partial_x H$ から, 剰余項 R は有界作用素となる. 実際,

(11.69)
$$\|Ru\| \leqq 4\|u\| \exp(\|\varphi\|_\infty) \left(\|\omega\|_\infty^4 + \|\omega\|_{1,0,\infty} \|\omega\|_\infty + \|\varphi_t\|_\infty \right)$$

を導くことができる. エネルギー法を方程式(11.68)に用いる(すなわち方程式(11.68)の両辺に $\overline{S(\varphi)u}$ を掛けて, $\mathbb{R}$ 上, 積分し虚数部分をとる)と,

(11.70)　　$\dfrac{1}{2} \dfrac{d}{dt} \|Su\|^2 + \mathrm{Im}(Su, Mu) \leqq |(Su, Ru)| + |\mathrm{Im}(Su, Sf)|$

がわかる. この式の左辺第2項に, 補題 11.13 を使えば, 評価式

(11.71)
$$\mathrm{Im}(Su, Mu) = 2(Su, \omega^2 S|\partial_x|u) = 2(\omega Su, \partial_x \omega S H u - [\partial_x, \omega S] H u)$$
$$= -2 \left(\omega S \sqrt{|\partial_x|} u + \left[\sqrt{|\partial_x|}, \omega S \right] u, -\omega S \sqrt{|\partial_x|} u + \left[\sqrt{|\partial_x|} H, \omega S \right] H u \right)$$
$$\quad - 2 \left(\omega Su, [\partial_x, \omega S] H u \right)$$
$$\geqq 2 \bigg(\left\| \omega S \sqrt{|\partial_x|} u \right\|^2$$
$$\quad - \left\| \omega S \sqrt{|\partial_x|} u \right\| \left(\left\| \left[\sqrt{|\partial_x|}, \omega S \right] u \right\| + \left\| \left[\sqrt{|\partial_x|} H, \omega S \right] H u \right\| \right)$$
$$\quad - \left\| \left[\sqrt{|\partial_x|}, \omega S \right] u \right\| \left\| \left[\sqrt{|\partial_x|} H, \omega S \right] H u \right\| - |(\omega Su, [\partial_x, \omega S] H u)| \bigg)$$
$$\geqq \left\| \omega S \sqrt{|\partial_x|} u \right\|^2 - C \|u\|^2 e^{2\|\varphi\|_\infty} \left(\|\omega\|_\infty^4 + \|\omega\|_\infty^6 + \|\omega\|_\infty \|\omega\|_{1,0,\infty} \right)$$

が得られるので, 目的の補題は(11.69)-(11.71)式より従う.　∎

　次の補題は, 作用素 S を含んだ非線形項に対する評価式である.

　補題 11.15　次の評価式

$$|(Su, S\phi\psi\partial_x v)|$$
$$\leqq \left\| |\phi| S \sqrt{|\partial_x|} u \right\|^2 + \left\| |\psi| S \sqrt{|\partial_x|} v \right\|^2$$

$$+ Ce^{6\|\varphi\|_\infty} \|u\| \|v\| \left(\|\phi\|_{1,0,\infty}^2 + \|\psi\|_{1,0,\infty}^2 \right) \left(1 + \|\varphi\|_{1,0,\infty}^2 \right),$$

および

$$|(Su, S\phi\psi\partial_x \overline{v})|$$
$$\leqq \left\| |\phi| \, S\sqrt{|\partial_x|} u \right\|^2 + e^{2\|\varphi\|_\infty} \left\| |\psi| \, S\sqrt{|\partial_x|} v \right\|^2$$
$$+ Ce^{6\|\varphi\|_\infty} \|u\| \|v\| \left(\|\phi\|_{1,0,\infty}^2 + \|\psi\|_{1,0,\infty}^2 \right) \left(1 + \|\varphi\|_{1,0,\infty}^2 \right)$$

が成立する. □

［証明］ 等式 $\psi\partial_x = \partial_x \psi - \psi_x$ から，不等式

$$\|S\phi\psi\partial_x v - S\phi\partial_x \psi v\| \leqq Ce^{2\|\varphi\|_\infty} \|\phi\|_\infty \|\psi_x\|_\infty \|v\|$$

が求まる. 等式

$$H\left(\phi\sqrt{|\partial_x|} \right) - \sqrt{|\partial_x|}(\phi H) = -\left[\sqrt{|\partial_x|}, \phi \right] H + \left[\sqrt{|\partial_x|}H, \phi \right] - H\left[\sqrt{|\partial_x|}, \phi \right]$$

を用いれば，剰余項 R を

$$R = i\sinh(\varphi) \left[\sqrt{|\partial_x|}H, \phi \right] - i\sinh(\varphi) \left[\sqrt{|\partial_x|}, \phi \right] H$$
$$- \left[\sqrt{|\partial_x|}, \cosh(\varphi)\phi \right] - i \left[\sqrt{|\partial_x|}, \sinh(\varphi) \right] \phi H$$

として，

$$S\phi\sqrt{|\partial_x|} = \sqrt{|\partial_x|}\phi S - \left[\sqrt{|\partial_x|}, \cosh(\varphi)\phi \right] - i \left[\sqrt{|\partial_x|}, \sinh(\varphi) \right] \phi H$$
$$+ i\sinh(\varphi) \left(H\phi\sqrt{|\partial_x|} - \sqrt{|\partial_x|}\phi H \right)$$
$$= \sqrt{|\partial_x|}\phi S - i\sinh(\varphi) H \left[\sqrt{|\partial_x|}, \phi \right] + R$$

と書き表すことができる. 補題 11.13 の評価式を使えば，剰余項 R に対する評価式

(11.72) $$\|Rw\| \leqq Ce^{\|\varphi\|_\infty} \|\phi\|_{1,0,\infty} \left(1 + \|\varphi\|_{1,0,\infty} \right) \left(\|w\| + \|Hw\| \right)$$

が従う. また，等式

$$S\sqrt{|\partial_x|}H\psi = \psi S\sqrt{|\partial_x|}H + \cosh(\varphi)\left[\sqrt{|\partial_x|}H,\psi\right] + i\sinh(\varphi)\left[\sqrt{|\partial_x|},\psi\right]$$

に，補題 11.13 を適用すると，評価式

$$(11.73) \qquad \left\|S\sqrt{|\partial_x|}H\psi w\right\| \leqq \left\|\psi S\sqrt{|\partial_x|}Hw\right\| + Ce^{2\|\varphi\|_\infty}\|\psi\|_{1,0,\infty}\|w\|$$

が成立する．再び，補題 11.13 を使えば，評価式

$$
\begin{aligned}
(11.74) \quad & \left\|gS\sqrt{|\partial_x|}Hu\right\| \\
& \leqq \left\|\sqrt{|\partial_x|}HgSu\right\| + \left\|\left[\sqrt{|\partial_x|}H,gS\right]u\right\| \\
& \leqq \left\|gS\sqrt{|\partial_x|}u\right\| + \left\|\left[\sqrt{|\partial_x|},gS\right]u\right\| + \left\|\left[\sqrt{|\partial_x|}H,gS\right]u\right\| \\
& \leqq \left\|gS\sqrt{|\partial_x|}u\right\| + C\|u\|\exp(\|\varphi\|_\infty)\|g\|_{1,0,\infty}\left(1 + \|\varphi\|_{1,0,\infty}\right)
\end{aligned}
$$

となる．不等式

$$
\begin{aligned}
|(Su, S\phi\psi\partial_x v)| & \leqq |(Su, S\phi\partial_x\psi v)| + \|Su\|\|S\phi\psi_x v\| \\
& \leqq |(Su, S\phi\partial_x\psi v)| + Ce^{2\|\varphi\|_\infty}\|\phi\|_\infty\|\psi\|_{1,0,\infty}\|u\|\|v\|
\end{aligned}
$$

に $w = \sqrt{|\partial_x|}H\psi v$ とおいた評価式(11.72)，(11.73)を適用すれば，

$$
\begin{aligned}
& |(Su, S\phi\partial_x\psi v)| \\
& = \left|\left(Su, S\phi\sqrt{|\partial_x|}\sqrt{|\partial_x|}H\psi v\right)\right| \\
& \leqq \left|\left(\phi\sqrt{|\partial_x|}Su, S\sqrt{|\partial_x|}H\psi v\right)\right| \\
& \quad + \left|\left(H\sinh(\varphi)Su, \left[\sqrt{|\partial_x|},\phi\right]\sqrt{|\partial_x|}H\psi v\right)\right| + \|Su\|\left\|R\sqrt{|\partial_x|}H\psi v\right\| \\
& \leqq \left(\left\|\phi\sqrt{|\partial_x|}Su\right\| + C\|u\|e^{3\|\varphi\|_\infty}\|\phi\|_{1,0,\infty}\left(1 + \|\varphi\|_{1,0,\infty}\right)\right)\left\|S\sqrt{|\partial_x|}H\psi v\right\|
\end{aligned}
$$

が求まる．それゆえ，$w = v$ としたときの評価式(11.73)，および $g = \psi$ としたときの評価式(11.74)を使えば，

$$
\begin{aligned}
& |(Su, S\phi\partial_x\psi v)| \\
& \leqq \left(\left\|\overline{\phi}S\sqrt{|\partial_x|}u\right\| + C\|u\|e^{3\|\varphi\|_\infty}\|\phi\|_{1,0,\infty}\left(1 + \|\varphi\|_{1,0,\infty}\right)\right)
\end{aligned}
$$

$$\times \left(\left\| \psi S \sqrt{|\partial_x|} v \right\| + C\|v\|e^{3\|\varphi\|_\infty}\|\psi\|_{1,0,\infty}\left(1 + \|\varphi\|_{1,0,\infty}\right)\right)$$
$$\leqq \left\| \overline{\phi} S \sqrt{|\partial_x|} u \right\|^2 + \left\| \psi S \sqrt{|\partial_x|} v \right\|^2$$
$$+ C(\|u\|^2 + \|v\|^2)e^{6\|\varphi\|_\infty}\left(\|\phi\|_{1,0,\infty}^2 + \|\psi\|_{1,0,\infty}^2\right)\left(1 + \|\varphi\|_{1,0,\infty}^2\right)$$

がわかる．このように，補題の最初の評価式が証明された．補題の 2 番目の
評価式は，次の評価式

$$\left\| \psi S \sqrt{|\partial_x|} \overline{v} \right\| = \left\| \overline{\psi}\, \overline{S} \sqrt{|\partial_x|} v \right\|$$
$$\leqq e^{2\|\varphi\|_\infty} \left\| \psi S \sqrt{|\partial_x|} v \right\|$$
$$+ Ce^{3\|\varphi\|_\infty}\|v\|\|\psi\|_{1,0,\infty}\left(1 + \|\varphi\|_{1,0,\infty}\right)$$

に注意すれば，最初の不等式と同様に示される． ∎

補題 11.13-11.15 の証明に関しては，文献[71]に従った．

文献[78]で局所解の存在が，次の関数空間

$$\mathbb{F} = \left\{ \phi \in L^\infty((-T,T); L^2); \|\phi\|_{\mathbb{X}} + \|\phi\|_{\mathbb{Y}} < \infty \right\}$$

で示されている．ここで，ノルムは

$$\|u\|_{\mathbb{X}} = \langle t \rangle^{\frac{1}{2}} \|u\|_{2,0,\infty} + \|u\|_{1,0} \quad \text{および} \quad \|u\|_{\mathbb{Y}} = \langle t \rangle^{-\gamma}\left(\|u\|_{3,0} + \|Ju\|_{2,0}\right)$$

と定義し，$\gamma > 0$ は十分小さいとする．それを定理の形で書くことにする．

定理 11.16 初期値は $u_0 \in H^{3,0} \cap H^{2,1}$ とする．そのとき，適当な $T > 0$
に対して，一意的な初期値問題(11.61)の解 $u \in \mathbb{F}$ が存在する．さらに，初期
値のノルム $\|u_0\|_{3,0} + \|u_0\|_{2,1} = \varepsilon$ が十分小さいとすると，解の存在時間 T を
$T > 1/\varepsilon$ とできる．さらに，評価式 $\sup_{t\in[0,T]} \|u\|_{\mathbb{X}} < \varepsilon^{\frac{1}{2}}$，および $\sup_{t\in[0,T]} \|u\|_{\mathbb{Y}} < \varepsilon^{\frac{3}{4}}$ が成立する． ∎

次の補題では時間大域解の存在と，解の時間減衰評価 $\|u(t)\|_{2,0,\infty} \leqq C\langle t \rangle^{-1/2}$
を示す．

補題 11.17 初期値を $u_0 \in H^{3,0} \cap H^{2,1}$ とし，ノルム $\|u_0\|_{3,0} + \|u_0\|_{2,1} =$

174   11 微分共鳴型非線形 Schrödinger 方程式

ε は十分小さいと仮定する．このとき，初期値問題(11.61)の一意的な時間大域解 $u \in C\left(\mathbb{R}; H^{3,0} \cap H^{2,1}\right)$ が存在する．さらに，次の評価式

$$(11.75) \qquad \sup_{t>0} \|u\|_{\mathbb{X}} < \varepsilon^{\frac{1}{2}}, \quad \sup_{t>0} \|u\|_{\mathbb{Y}} < \varepsilon^{\frac{3}{4}}$$

が成立する． □

　［証明］ 定理 11.16 と，通常の存在時間を延ばす方法を用いて，存在時間を延ばしていく．ある時刻 T が，次の不等式

$$(11.76) \qquad \|u\|_{\mathbb{X}} \leqq 2\varepsilon^{\frac{1}{2}} \quad \text{および} \quad \|u\|_{\mathbb{Y}} \leqq 2\varepsilon^{\frac{3}{4}}$$

を満足する最大時間とする．(11.75)式を区間 $[0, T]$ で示すことができれば，上の仮定に矛盾するから，補題が示せたことになる．局所解の存在定理 11.16 から，区間 $t \geqq 1$ において解の評価を考えれば十分である．ノルム $\mathbb{Y}$ における評価から始める．方程式(11.61)において 3 回微分をとると，

$$Lu_{xxx} = N_{u_x}u_{xxxx} + N_{\overline{u}_x}\overline{u}_{xxxx} + R_0$$

が得られる．ここで，$L = i\partial_t + \dfrac{1}{2}\partial_x^2$ とおいた．評価式(11.76)より，剰余項 R_0 は

$$\|R_0\| \leqq C \|u\|_{2,0,\infty}^2 \|u\|_{3,0} \leqq C\varepsilon^{\frac{7}{4}} \langle t \rangle^{\gamma-1}$$

のように評価されることがわかる．方程式(11.61)の両辺に作用素 $\partial_x I$ を掛けて，交換関係 $LI = (I+2)L$ を用いると，

$$L\partial_x Iu = N_{u_x}\partial_x^2 Iu + N_{\overline{u}_x}\partial_x^2 I\overline{u} + R_1$$

となる．剰余項については，(11.76)式を使って，

$$\|R_1\| \leqq C \|u\|_{2,0,\infty}^2 \left(\|u\|_{3,0} + \|Iu\|_{1,0}\right) \leqq C\varepsilon^{\frac{7}{2}} \langle t \rangle^{\gamma-1}$$

なる評価式が得られる．今，

$$\varphi(t,x) = \frac{1}{\varepsilon}\partial_x^{-1}\left(|u(t,x)|^2 + |u_x(t,x)|^2\right),$$

$$w(t,x) = \frac{1}{\sqrt{\varepsilon}}\sqrt{|u(t,x)|^2 + |u_x(t,x)|^2}$$

とし，これらを用いて，作用素 $S(\varphi) = \cosh(\varphi) - i\sinh(\varphi)H$ を定義する．$h = u_{xxx}$ あるいは $h = \partial_x Iu$ とおいて，補題 11.14 を利用すると，エネルギー不等式

$$(11.77) \quad \frac{d}{dt}\|Sh\|^2 + \left\|wS\sqrt{|\partial_x|}h\right\|^2$$
$$\leqq 2\left|\mathrm{Im}\big(Sh, S\left(N_{u_x}h_x + N_{\overline{u}_x}\overline{h}_x\right)\big)\right| + 2\left|\mathrm{Im}(Sh, SR)\right|$$
$$+ Ce^{2\|\varphi\|_\infty}\left(\|u\|_\infty^6 + \|u\|_{1,0,\infty}^4 + \|\varphi_t\|_\infty\right)\|h\|^2$$

が求まる．ここで，上の議論から剰余項 R については，評価式 $\|R\| \leqq C\varepsilon^{7/2}\langle t\rangle^{\gamma-1}$ を満たすことがわかる．それゆえ，(11.76)式から

$$(11.78) \quad |\mathrm{Im}(Sh, SR)| \leqq e^{2\|\varphi\|_\infty}\|h\|\,\|R\| \leqq C\varepsilon^4\langle t\rangle^{2\gamma-1}$$

が従う．(11.77)式右辺の第1項 $\mathrm{Im}\big(Sh, S\left(N_{u_x}h_x + N_{\overline{u}_x}\overline{h}_x\right)\big)$ を評価するために，補題 11.15 を使うと，

$$(11.79)$$
$$\left|\big(Sh, S\left(N_{u_x}h_x + N_{\overline{u}_x}\overline{h}_x\right)\big)\right| \leqq C\varepsilon\left\|wS\sqrt{|\partial_x|}h\right\|^2 + C\varepsilon^{\frac{5}{2}}\langle t\rangle^{2\gamma-1}$$

となる．(11.78)式，および(11.79)式を(11.77)式に代入すると，

$$(11.80) \quad \frac{d}{dt}\|Sh\|^2 + (1 - C\varepsilon)\left\|wS\sqrt{|\partial_x|}h\right\|^2$$
$$\leqq C^2 e^{2\|u\|_{1,0}^2}\left(\|u\|_{1,0,\infty}^4 + \|u\|_{2,0,\infty}^2 + \|\varphi_t\|_\infty\right)\|Sh\|^2$$
$$+ C\varepsilon^{\frac{5}{2}}\langle t\rangle^{2\gamma-1}$$

が導かれる．また，φ_t に関しては評価式

$$\|\varphi_t\|_\infty = \left\|\partial_t\partial_x^{-1}\left(|u(t,x)|^2 + |u_x(t,x)|^2\right)\right\|_\infty$$
$$= \frac{1}{2}\left\|\int_{-\infty}^x \left((u_{xx} - 2N)\overline{u} - (\overline{u}_{xx} - 2\overline{N})u\right.\right.$$

$$
+(u_{xxx} - 2N_x)\overline{u}_x - (\overline{u}_{xxx} - 2\overline{N}_x)u_x)\,dx \Big\|_\infty
$$

$$
= \frac{1}{2}\Big\| u_x\overline{u} - \overline{u}_x u + u_{xx}\overline{u}_x - \overline{u}_{xx}u_x
$$

$$
-2\int_{-\infty}^{x}\left(N\overline{u} - \overline{N}u + N_x\overline{u}_x - \overline{N}_x u_x\right)dx \Big\|_\infty
$$

$$
\leqq C\,\|u\|_{2,0,\infty}^2\left(1 + \|u\|_{1,0}^2\right) \leqq C\varepsilon\,\langle t\rangle^{2\gamma-1}
$$

が求まる．それゆえ，(11.80)式に Gronwall の不等式を適用すると，$\|h\| < C\varepsilon\,\langle t\rangle^\gamma$ が得られる．この評価式と，恒等式 $Iu = J\partial_x u + 2itLu$ を用いると，

$$
\|u\|_{3,0} + \|J\partial_x u\|_{1,0} \leqq C\varepsilon\,\langle t\rangle^\gamma
$$

となることがわかる．最後に，ノルム $\|Ju\|$ の評価を考える．そのために，方程式(11.64)にエネルギー法を適用し，その結果得られた不等式に，補題 11.12 と不等式(11.76)を用いると，

$$
\frac{d}{dt}\|Ju - 2itN_3\| \leqq \|JN_1\| + \|(I+2)\,N_3\| + \frac{1}{t}\|JN_4\| \leqq C\varepsilon^{\frac{7}{4}}\langle t\rangle^{\gamma-1}
$$

が求まる．それゆえ，評価式 $\|Ju\| \leqq C\varepsilon\,\langle t\rangle^\gamma$ が従う．このように，評価式

$$
(11.81) \qquad\qquad \|u(t)\|_{\mathbb{Y}} < \varepsilon^{\frac{3}{4}}\langle t\rangle^\gamma
$$

が，任意の $t \in [0,T]$ に対して得られたことになる．$\mathbb{X}$ ノルムにおける解の評価を示すために，自由 Schrödinger 発展群を

$$
U(t) = M(t)D(t)\mathcal{F}M(t)
$$

のように掛け算作用素 $M(t) = \exp(ix^2/2t)$, dilation 作用素 $(D(t)\varphi)(x) = (it)^{-1/2}\varphi(x/t)$ を用いて表現する．$(D^{-1}(t)\varphi)(x) = i\,(D\,(1/t)\,\varphi)(x) = \sqrt{it}\varphi(tx)$ であるから，

$$
U(-t) = M(-t)i\mathcal{F}^{-1}D\left(\frac{1}{t}\right)M(-t)
$$

となることがわかる．また，次の関係

$$J = x + it\partial_x = U(t)xU(-t) = M(t)\left(it\partial_x\right)M(-t)$$

を用いる. 今, $E = e^{it\xi^2}$, $V(-t) = \mathcal{F}M(-t)\mathcal{F}^{-1}$, $\mathcal{K} = \mathcal{F}M(t)U(-t)$ と書くと, 上の自由 Schrödinger 発展群の表現から,

$$(11.82) \qquad \mathcal{F}U(-t)\left(\varphi\phi\psi\right) = -\frac{i}{t}V(-t)E\left(\mathcal{K}\varphi\right)\left(\mathcal{K}\phi\right)\left(\mathcal{K}\psi\right),$$

$$\mathcal{F}U(-t)\left(\varphi\phi\overline{\psi}\right) = \frac{1}{t}V(-t)\left(\mathcal{K}\varphi\right)\left(\mathcal{K}\phi\right)\left(\overline{\mathcal{K}\psi}\right),$$

$$\mathcal{F}U(-t)\left(\varphi\overline{\phi\psi}\right) = \frac{i}{t}V(-t)\overline{E}\left(\mathcal{K}\varphi\right)\left(\overline{\mathcal{K}\phi}\right)\left(\overline{\mathcal{K}\psi}\right),$$

$$\mathcal{F}U(-t)\left(\overline{\varphi\phi\psi}\right) = -\frac{1}{t}V(-t)E^{-2}\left(\overline{\mathcal{K}\varphi}\right)\left(\overline{\mathcal{K}\phi}\right)\left(\overline{\mathcal{K}\psi}\right)$$

が求まる. 上の第 1 式, 第 3 式および第 4 式の, E による振動項を取り扱うために, E^ω と $V(-t)$ との交換関係を計算する必要がある.

$$V(t)\varphi = \mathcal{F}^{-1}e^{\frac{i\xi^2}{2t}}\mathcal{F}\varphi = \sqrt{\frac{-t}{2\pi i}}\int e^{-\frac{it}{2}(\xi-y)^2}\varphi(y)dy = U\left(-\frac{1}{t}\right)$$

であるから, $D_\omega\varphi(\xi) = (i\omega)^{-1/2}\varphi(\xi/\omega)$ とすると,

$$(11.83) \qquad V(-t)\left(E^{\frac{\omega-1}{2}}\varphi\right)$$

$$= \frac{\sqrt{t}}{\sqrt{2\pi i}}\int e^{\frac{it}{2}(\xi-y)^2}e^{it\frac{\omega-1}{2}y^2}\varphi(y)\,dy$$

$$= \frac{\sqrt{t}}{\sqrt{2\pi i}}E^{\frac{1}{2}\left(1-\frac{1}{\omega}\right)}\int e^{\frac{it\omega}{2}\left(y-\frac{\xi}{\omega}\right)^2}\varphi(y)\,dy$$

$$= \sqrt{i}\,D_\omega E^{\frac{1}{2}\omega(\omega-1)}V\left(-\omega t\right)\varphi$$

$$= \sqrt{2i}D_\omega E^{\frac{1}{2}\omega(\omega-1)}\varphi + \sqrt{2i}D_\omega E^{\frac{1}{2}\omega(\omega-1)}(V(-\omega t)-1)\varphi$$

となる. また, 作用素 V の定義から, 次の評価式

$$\|V(t)\varphi\| = \|\varphi\|, \quad \|V(t)\varphi\|_\infty \leqq C\sqrt{t}\,\|\varphi\|_1,$$

$$\|(V(t)-1)\,\varphi\|_\infty \leqq \left\|\left(e^{\frac{i\xi^2}{2t}}-1\right)\widehat{\varphi}(\xi)\right\|_1 \leqq Ct^{-\alpha}\,\|\varphi\|_{1,0},$$

$$\|(V(t)-1)\,\varphi\| \leqq Ct^{-2\alpha}\,\|\varphi\|_{1,0}, \quad \alpha \in \left[0, \frac{1}{4}\right)$$

がわかる. これらの評価式を考慮に入れ, 未知関数の変換 $v(t) = \mathcal{F}U(-t)u(t)$

178   11   微分共鳴型非線形 Schrödinger 方程式

をおこなうと,方程式 (11.61) から,

$$(11.84) \qquad iv_t = \frac{1}{t}\left(N_5 + N_6\right) + R, \quad t \in \mathbb{R}, \ \xi \in \mathbb{R}$$

が得られる.ここで,

$$(11.85) \qquad N_5 = \Lambda(\xi)\,|v|^2\,v,$$

$$(11.86) \qquad N_6 = \sqrt{6}\,E^{\frac{1}{3}}\Lambda_1(\xi)v^2 v(3\xi) + \sqrt{6i}\,E^{\frac{2}{3}}\Lambda_2(\xi)\overline{v}^2\overline{v}(-3\xi)$$

$$+ \sqrt{2}\,E\Lambda_3(\xi)\,|v|^2\,\overline{v}(-\xi),$$

$$E = e^{it\xi^2},$$

$$\Lambda(\xi) = \lambda_1 - (\lambda_2 - \lambda_3)\,\xi + (\lambda_4 - \lambda_5)\,\xi^2 - \lambda_6\xi^3,$$

$$\Lambda_1(\xi) = \xi a_1 + i\xi^2 a_2 - \xi^3 a_3,$$

$$\Lambda_2(\xi) = -i\xi b_1 - \xi^2 b_2 + i\xi^3 b_3,$$

$$\Lambda_3(\xi) = \xi\,(\mu_1 - \mu_2) + i\xi^2\,(\mu_3 - \mu_4) - \xi^3\mu_5$$

であり,剰余項 R に関しては,

$$(11.87) \qquad \|R\|_\infty \leqq C\,\langle t\rangle^{-1-\alpha}\left(\|u\|_{2,0} + \|Ju\|_{1,0}\right)^3 \leqq C\varepsilon^{\frac{9}{4}}\,\langle t\rangle^{-1-\alpha}$$

のように評価されることがわかる.文献 [57] における証明と同様にして,非線形項 N_5 は位相の変換によって取り除くことができ,非線形項 N_6 は振動項 E を通して剰余項であると考えることができる.それゆえ,(11.84) 式と (11.87) 式から,

$$(11.88) \qquad \|\mathcal{F}U(-t)u(t)\|_\infty = \|v(t)\|_\infty \leqq C\varepsilon, \quad \|u(t)\| \leqq C\varepsilon$$

となる.同様にして,

$$(11.89) \qquad \|\mathcal{F}U(-t)u_x(t)\|_\infty + \|u_x(t)\| \leqq C\varepsilon$$

が得られる.恒等式

$$\varphi\phi\psi_{xxx} = \frac{1}{it}\varphi\phi\,(J - x)\,\psi_{xx} = \frac{1}{it}\varphi\phi J\psi_{xx} - \frac{1}{it}\phi\psi_{xx}J\varphi + \varphi_x\phi\psi_{xx}$$

を用いれば,$\alpha \in (0, 1/4)$ のとき,剰余項に対する評価式

$$\left\| \xi^2 R \right\|_\infty \leqq C \left\langle t \right\rangle^{-1-\alpha} \left(\|u\|_{3,0} + \|Ju\|_{2,0} \right)^3 \leqq C\varepsilon^{\frac{9}{4}} \left\langle t \right\rangle^{-1-\alpha}$$

がわかる．これを使えば，(11.88)式を求めたのと同様にして，評価式

$$(11.90) \qquad \|\mathcal{F}U(-t)u_{xx}(t)\|_\infty \leqq C\varepsilon + C\varepsilon^{\frac{9}{4}}$$

が得られる．不等式

$$\|\phi\|_\infty = \|M(t)D(t)\mathcal{F}M(t)U(-t)\phi\|_\infty \leqq Ct^{-\frac{1}{2}} \|\mathcal{F}M(t)U(-t)\phi\|_\infty$$
$$\leqq Ct^{-\frac{1}{2}} \left(\|\mathcal{F}U(-t)\phi\|_\infty + \|\mathcal{F}\left(M(t)-1\right)U(-t)\phi\|_\infty \right)$$
$$\leqq Ct^{-\frac{1}{2}} \|\mathcal{F}U(-t)\phi\|_\infty + Ct^{-\frac{1}{2}-\alpha} \|J\phi\|$$

が成立するので，評価式(11.88)-(11.90)をまとめると，

$$(11.91) \qquad \|u(t)\|_{2,0,\infty} \leqq C\varepsilon \left\langle t \right\rangle^{-\frac{1}{2}}$$

が導かれる．(11.81)式と(11.91)式より，任意の $t \in [0, T]$ に対して，評価式 (11.75)が得られる．ゆえに，背理法から補題の結果が示された． ∎

　[定理 11.11 の証明]　次に，初期値問題(11.61)の解 u に対する，漸近公式 (11.62)の証明をおこなう．非線形項の定義(11.85)から，位相関数

$$A = \exp \left(i\Lambda(\xi) \int_1^t \frac{|v(\tau,\xi)|^2}{\tau} \, d\tau \right)$$

を導入し，これを用いて，新しい未知関数 $\eta = Av$ を定義すると，方程式 (11.84)は

$$(11.92) \qquad i\eta_t = \frac{1}{t} AN_6 + AR$$

となる．(11.92)式を時間変数 t に関して積分すると，

$$\eta(t) - \eta(s) = \int_s^t \left(\frac{1}{\tau} N_6 + R \right) A \, d\tau$$

が求まる．文献[57]で用いられた方法と同じように，部分積分を使い，非線形項 N_6 にある振動項 E から時間減衰を引き出すことによって，

180 11 微分共鳴型非線形 Schrödinger 方程式

(11.93)
$$\|\eta(t) - \eta(s)\|_\infty \le C\varepsilon^3 s^{-\alpha}$$

が任意の $t > s > 0$ および $\alpha \in (0, 1/4)$ に対して求まる. それゆえ, 一意的な最終状態 η_+ の存在がわかり, すべての $t > 0$ に対して,

(11.94)
$$\|\eta(t) - \eta_+\|_\infty \le C\varepsilon^3 t^{-\alpha}$$

となる. $|A| = 1$ という事実を用いて, Φ を

(11.95)
$$\int_1^t |v(\tau)|^2 \frac{d\tau}{\tau} = \int_1^t |\eta(\tau)|^2 \frac{d\tau}{\tau} = |\eta_+|^2 \log t + \Phi(t)$$

のように定義する. これから, 剰余項 $\Phi(t)$ に関する漸近的振る舞いについて調べることにする. 上の式から

$$\Phi(t) - \Phi(s) = \int_s^t \left(|\eta(\tau)|^2 - |\eta(t)|^2\right) \frac{d\tau}{\tau} + \left(|\eta(t)|^2 - |\eta_+|^2\right) \log \frac{t}{s}$$

となることがわかる. それゆえ, 評価式 (11.94) を用いれば, 任意の $t > s > 0$ と $\alpha \in (0, 1/4)$ に対して, 評価式 $\|\Phi(t) - \Phi(s)\|_\infty \le C\varepsilon^3 s^{-\alpha}$ が得られる. このことは, 一意的な実数値関数 $\Phi_+ \in L^\infty$ が存在して, すべての $t > 0$ に対して,

(11.96)
$$\|\Phi(t) - \Phi_+\|_\infty \le C\varepsilon^3 t^{-\alpha}$$

となることを意味している. 等式 (11.95) と評価式 (11.96) より, $t > 0$ に対して,

(11.97)
$$\left\| \exp\left(i\Lambda(\xi) \int_1^t |v(\tau)|^2 \frac{d\tau}{\tau}\right) \right.$$
$$\left. - \exp(i\Lambda(\xi)\left(|\eta_+|^2 \log t + \Phi_+\right)) \right\|_\infty \le C\varepsilon^3 t^{-\alpha}$$

が導かれる. このように, $W_+ = \eta_+ \exp(i\Lambda(\xi)\Phi_+)$ としたとき, 漸近公式

$$\mathcal{F}U(-t)u(t) = W_+ \exp\left(-i\Lambda(\xi)|W_+|^2 \log t\right) + O\left(\varepsilon^3 t^{-\alpha}\right)$$

が求まったことになる. 作用素 U が, 作用素 M, D で表現できることを用いれば,

$$u(t) = U(t)U(-t)u(t) = M(t)D(t)\mathcal{F}M(t)\mathcal{F}^{-1}\mathcal{F}U(-t)u(t)$$

$$= M(t)D(t)\mathcal{F}U(-t)u(t) + M(t)D(t)\mathcal{F}(M(t)-1)\mathcal{F}^{-1}\mathcal{F}U(-t)u(t)$$

$$= M(t)\frac{1}{\sqrt{it}}W_+\left(\frac{x}{t}\right)\exp\left(-i\varLambda\left(\frac{x}{t}\right)\left|W_+\left(\frac{x}{t}\right)\right|^2\log t\right) + O\left(\varepsilon^3 t^{-\frac{1}{2}-\alpha}\right)$$

なる評価式が得られ，漸近公式(11.62)が示された．このように，定理11.11は証明された． ∎

上で述べた方法は，分数冪の増大度を持った非線形項にも応用可能である．例えば，非線形項 $\overline{u}^2 u^\alpha u_x, 0 < \alpha \neq 1$ に対して考えてみると，等式

$$\overline{u}^2 u^\alpha u_x = \frac{1}{\alpha-1}\left(\overline{u}^2 u^\alpha u\right)_x - \frac{1}{it(\alpha-1)}\left(u^{\alpha+1}\overline{uJu} - \overline{u}^2 u^\alpha Ju\right)$$

$$= \partial_x N_3 + \frac{1}{it}N_4$$

が

$$N_3 = \frac{1}{\alpha-1}\left(\overline{u}^2 u^\alpha u\right) \quad \text{および} \quad N_4 = -\frac{1}{\alpha-1}\left(u^{\alpha+1}\overline{uJu} - \overline{u}^2 u^\alpha Ju\right)$$

とおいて得られる．それゆえ，等式 $J\partial_x = I + 2 + 2iLt$ を用いて，方程式 $Lu = \overline{u}^2 u^\alpha u_x$ を，方程式(11.64)と類似の形

$$L(Ju - 2it N_3) = (I+2)N_3 + \frac{1}{it}N_4$$

に変換できる．この方程式を用いて，Ju の L^2 ノルムに関する評価を，エネルギー法を使って求めることができ，この評価式を用いて，解の漸近公式を示すことができる．一方，この方法は，すべての $\theta \in \mathbb{R}$ に対して，$N\left(e^{i\theta}u\right) = N(u)$ となる非線形項 $N(u)$ については有効ではない．なぜならば，

$$\mathcal{F}U(-t)N(u) = V(-t)D^{-1}(t)M(-t)N(u)$$

$$= V(-t)\sqrt{it}E^{-\frac{1}{2}}N(M(-t)u)(t\xi)$$

$$= V(-t)\sqrt{it}E^{-\frac{1}{2}}N\left(\frac{1}{\sqrt{it}}D^{-1}(t)M(-t)u\right)$$

$$= V(-t)\sqrt{it}E^{-\frac{1}{2}}N\left(\frac{1}{\sqrt{it}}\mathcal{K}u\right)$$

となり，公式 (11.83) を使うことができない．このことは，振動項 E を利用して，時間減衰評価を求められないことを意味している．3 次の非線形項で，条件 $N\left(e^{i\theta}u\right) = N(u)$ を満たす例としては $|u|^3$，$\left|u^2u_x\right|$，$\left|uu_x^2\right|$，$|u_x|^3$ などがあげられる．

12 2次の非線形項を持つ非線形 Schrödinger 方程式

12.1 解の漸近挙動

この章では，空間 1 次元における 2 次の非線形項を持つ，非線形 Schrödinger 方程式

$$(12.1) \quad \begin{cases} iu_t + u_{xx} = (\overline{u_x})^2, & (t,x) \in \mathbb{R} \times \mathbb{R}, \\ u(0,x) = u_0(x), & x \in \mathbb{R} \end{cases}$$

の初期値問題について，時間大域解，および修正散乱状態（逆修正波動作用素）の存在について示すことにする.

　上記の問題が難しいのは，線形の部分が，非線形の部分よりも速く時間減衰する臨界冪以下の問題と予想されるからである. しかし，以下で紹介するように，方程式(12.1)は非線形項の振動構造により，臨界冪の非線形項を持つ問題となっていることがわかる. この問題におけるもう 1 つの難しさは，非線形項が自己共役的性質を持っていないことにある. それゆえ，作用素 $J = x + 2it\partial_x$ を，直接(12.1)式に用いることができず，散乱問題を扱うのに必要な，作用素 J に関する評価を求めることが難しい. この困難を克服するために，文献[127]によって用いられた normal form の方法と類似の方法を使うことにする.

　ここで用いる normal form の方法とは，2 次の非線形項を持つ非線形問題を適当な変換を用いて，3 次の非線形項を持つ非線形問題に変換する方法である. 文献[19]において，normal form の方法は，方程式(12.1)の研究に用いられ，解の存在時間 T が，下から $C\varepsilon^{-6}$ でもちあがることが示された. ここで ε は適当なソボレフ・ノルムにおける初期値の大きさである. すなわち，こ

184   12   2 次の非線形項を持つ非線形 Schrödinger 方程式

こで述べる結果は，文献 [19] における結果の改良にもなっている.

この章における主結果を述べることにする.

定理 12.1 初期値を $u_0 \in H^{3,1}$ とし，ノルム $\|u_0\|_{3,1}$ を十分小さいとする. このとき，初期値問題 (12.1) の一意的な大域解 $u \in C(\mathbb{R}; H^{3,0})$ が存在する. さらに，任意の初期値 $u_0 \in H^{3,1}$ に対して，一意的な関数 $Q \in L^\infty$ が存在して，次の漸近公式

(12.2)
$$
u(t,x) = \frac{1}{\sqrt{t}} Q\left(\frac{x}{2t}\right) \exp\left(\frac{ix^2}{4t} + \frac{i}{4\sqrt{3}\,\pi}\left(\frac{x}{2t}\right)^2 \left|Q\left(\frac{x}{2t}\right)\right|^2 \log t\right)
$$
$$
+ O\left(t^{-\frac{1}{2}-\gamma}\right)
$$

が $\gamma \in (0, 1/8)$ に対して成立する.   □

次の定理は，通常の散乱状態が存在しないこと，すなわち，問題の非線形項は臨界冪であることを示している.

定理 12.2 定理 12.1 の仮定が満たされているとし，

$$
\lim_{t \to \infty} \|u(t) - U(t)u_+\| = 0
$$

を満たすような最終状態 $u_+ \in H^{2,\delta}$, $\delta > 1/2$ が存在すると仮定すると，u_+ は恒等的に 0 のものしかない.   □

この章の主な考え方は，もとの 2 次の非線形項を持った方程式を，3 次の臨界冪非線形項を持った方程式

(12.3)
$$
L(u - G(\overline{u}, \overline{u})) = 2G\left(\overline{u}, (u_x)^2\right)
$$

に変換することにある. ここで，$L = i\partial_t + \partial_x^2$ とし，適当な核 $g(y, z)$ を持った対称 2 次双対作用素を

$$
G(\phi, \psi) = \iint g(y, z)\phi_x(x - y)\psi_x(x - z)\, dy dz
$$

とする. ここで，文献 [127] で用いられた normal form の方法と類似のやり方で，核 $g(y, z)$ を見つけ，方程式 (12.3) を導くことにする. 形式的な計算によって

$$LG(\overline{u}, \overline{u}) = -2G(\overline{Lu}, \overline{u}) + 2G(\overline{u_x}, \overline{u_x}) + 4G(\overline{u_{xx}}, \overline{u})$$

となるので，方程式(12.1)と G が ϕ と ψ に関して対称であることを考慮に入れると，方程式(12.3)を満たすようにするためには，作用素 G を次の条件

$$(12.4) \qquad \phi_x \psi_x = 2G(\phi_x, \psi_x) + 2G(\phi_{xx}, \psi) + 2G(\phi, \psi_{xx})$$

を満足するように選ぶ必要がある．この式から，核 g を求める．(12.4)式の両辺にフーリエ変換を作用させると，

$$-\frac{1}{\sqrt{2\pi}} \int \widehat{\phi}(\xi - \eta) \widehat{\psi}(\eta)(\xi - \eta)\eta \, d\eta$$
$$= 2\sqrt{2\pi} \int \left((\xi - \eta)^2 + (\xi - \eta)\eta + \eta^2 \right)$$
$$\times \widehat{\widehat{g}}(\xi - \eta, \eta)\widehat{\phi}(\xi - \eta)\widehat{\psi}(\eta)(\xi - \eta)\eta \, d\eta$$

が得られる．ここで，$\widehat{\widehat{g}}(\zeta, \eta)$ は核 $g(y, z)$ の両変数に関するフーリエ変換 $\widehat{\widehat{g}}(\zeta, \eta) = \mathcal{F}_{y \to \zeta} \mathcal{F}_{z \to \eta} g(y, z)$ とする．それゆえ，核に関する条件は

$$\left(\zeta^2 + \zeta\eta + \eta^2 \right) \widehat{\widehat{g}}(\zeta, \eta) = -\frac{1}{4\pi}$$

となるので，これに対してフーリエ逆変換 $\mathcal{F}_{\zeta \to y}^{-1} \mathcal{F}_{\eta \to z}^{-1}$ を施せば，

$$g(y, z) = -\frac{1}{8\pi^2} \iint \frac{e^{iy\zeta + iz\eta}}{\eta^2 + \zeta^2 + \eta\zeta} \, d\eta d\zeta$$

となることがわかる．方程式(12.1)が方程式(12.3)に変換されると予想した理由を理解するために，別の方法で，方程式(12.3)を求めてみよう．文献[53]において用いられたように，初期値問題(12.1)の解 u を，次のように書くことにする：

$$u(t) = U(t)\mathcal{F}^{-1}v(t).$$

フーリエ変換を方程式(12.1)に作用させて，変数変換 $v(t, \xi) = \widehat{u}(t, \xi)e^{it\xi^2}$ をすれば，$A = A(\xi, \eta) = \xi^2 + (\xi - \eta)^2 + \eta^2$ とおいて，

$$(12.5) \qquad v_t(t, \xi) = \frac{i}{\sqrt{2\pi}} \int e^{itA} \overline{v(\tau, \eta - \xi)} \, v(\tau, -\eta)(\xi - \eta)\eta \, d\eta$$

が得られる．(12.5)式を時間 $t > 0$ に関して積分すると，

186 12 2次の非線形項を持つ非線形 Schrödinger 方程式

$$v(t,\xi) = v(0,\xi) + \frac{i}{\sqrt{2\pi}} \int_0^t d\tau \int e^{i\tau A} \overline{v(\tau,\eta-\xi)v(\tau,-\eta)}(\xi-\eta)\eta\, d\eta$$

となることがわかる．それから，τ に関して部分積分を施し，方程式 (12.5) を考慮に入れると，$B = B(\xi,\eta,\zeta) = A(\xi,\eta) - A(\eta,\zeta)$ として，

$$v(t,\xi) + \int e^{itA}\overline{v(t,\eta-\xi)v(t,-\eta)}\frac{(\xi-\eta)\eta}{\sqrt{2\pi}A(\xi,\eta)}\, d\eta$$

$$= v(0,\xi) + \int \overline{v(0,\eta-\xi)v(0,-\eta)}\frac{(\xi-\eta)\eta}{\sqrt{2\pi}A(\xi,\eta)}\, d\eta$$

$$+ \frac{i}{\pi}\int_0^t d\tau \iint e^{i\tau B}\overline{v(\tau,\eta-\xi)}v(\tau,\eta-\zeta)v(\tau,\zeta)\frac{(\xi-\eta)\eta}{A(\xi,\eta)}(\eta-\zeta)\zeta\, d\eta d\zeta$$

が得られる．関数を $u(t,x) = \mathcal{F}_{\xi\to x}^{-1}\left(v(t,\xi)e^{-it\xi^2}\right)$ と元に戻すと，

$$\widehat{\widehat{g}}(\eta-\zeta,\zeta) = -\frac{1}{2\pi A(\eta,\zeta)}$$

とすれば，

$$\widehat{\widehat{g}}(\eta,\zeta) = -\frac{1}{4\pi\left(\eta^2 + \eta\zeta + \zeta^2\right)}$$

であるから，作用素を

$$G(\phi,\psi) = -\sqrt{2\pi}\mathcal{F}_{\eta\to x}^{-1}\int \widehat{\widehat{g}}(\eta-\zeta,\zeta)\widehat{\phi}(\eta-\zeta)\widehat{\psi}(\zeta)(\eta-\zeta)\zeta\, d\zeta$$

とすれば，(12.3) 式が求まる．

定理 12.1 の証明は，次の 2 次の非線形項を持った Schrödinger 方程式

$$Lu = \lambda(\overline{u}_x)^2 + \mu u_x^2, \quad \lambda,\mu \in \mathbb{C}$$

にも応用できる．なぜならば，

$$L\left(u - \frac{\mu}{2}u^2 - \lambda G(\overline{u},\overline{u})\right) = -\mu u(Lu) + 2\lambda G(\overline{Lu},\overline{u})$$

$$= -\lambda\mu u(\overline{u}_x)^2 - \lambda\mu u u_x^2 + 2|\lambda|^2 G(\overline{u},u_x^2) + 2\lambda\overline{\mu}G(\overline{u},\overline{u}_x^2)$$

と書くことができるからである．この方程式の右辺の第 3 項は，この章で取り扱う．第 4 項は第 3 項と同様に考えられる．最初の 2 項を考えるときに，非線形項の中の未知関数の微分の処理が問題となるが，Schrödinger 方程式

の平滑化効果を利用すればよい．すなわち，この章における結果と同様な結果が，上の方程式に対しても成立する．$\lambda = 0$ の場合は，方程式 $Lu = u_x^2$ を Hopf-Cole 変換（文献[103]参照）を用いて線形問題に変換できるので，問題は臨界冪以上の非線形項となることがわかる．

上で述べたように，核 g を

$$\widehat{\widehat{g}}(\eta, \zeta) = -\frac{1}{4\pi(\eta^2 + \eta\zeta + \zeta^2)}$$

で定義し，対称双対作用素を

$$G(\phi, \psi) = -\sqrt{2\pi}\,\mathcal{F}_{\xi \to x}^{-1} \int \widehat{\widehat{g}}(\xi - \eta, \eta)\widehat{\phi}(\xi - \eta)\widehat{\psi}(\eta)(\xi - \eta)\eta \, d\eta$$

で定義する．

次の補題では，定理 12.1 の証明で用いる，作用素 $I = x\partial_x + 2t\partial_t$ を含む作用素 G に関する，いくつかの評価を述べることにする．

補題 12.3　$g(y, z) = \log(y^2 + z^2 - yz)$ としたとき，作用素 G は

$$(12.6) \qquad G(\phi, \psi) = \frac{1}{4\sqrt{3}\,\pi} \iint g(y, z)\phi_x(x - y)\psi_x(x - z)\,dydz$$

のように書くことができる．さらに，次の評価式

$$(12.7) \qquad \left\| I^k G(\phi, \psi) \right\|_p \leqq C \left\| I^k \phi \right\|_p \|\psi\|_{1,0,q} + C \left\| I^k \psi \right\|_p \|\phi\|_{1,0,q}$$
$$+ C \|\phi\|_p \|\psi\|_{1,0,q}$$

が，$k = 0, 1,\ 1 \leqq q < \infty,\ 1 \leqq p \leqq \infty$ に対して成立する．また，

$$(12.8)$$
$$\left\| I^k G(\phi, \psi_x) \right\|_p \leqq C \|\psi\|_{2-j,0,q} \left\| I^k \phi \right\|_{j,0,\frac{pq}{q-p}}$$
$$+ C \|\phi\|_{2-j,0,q} \left\| I^k \psi \right\|_{j,0,\frac{pq}{q-p}} + C \|\phi\|_{2-j,0,q} \|\psi\|_{j,0,\frac{pq}{q-p}}$$

が，$j, k = 0, 1,\ 1 \leqq p \leqq q \leqq \infty$ に対して成立する． $\qquad\square$

[証明]　核 $\widetilde{g}$ を

$$\widetilde{g}(y, z) = -\partial_z \mathcal{F}_{\zeta \to y}^{-1} \mathcal{F}_{\eta \to z}^{-1} \widehat{\widehat{g}}(\zeta, \eta) = \frac{1}{8i\pi^2} \iint \frac{e^{iy\zeta + i\eta z}}{\eta^2 + \zeta^2 + \eta\zeta}\,\eta \, d\eta d\zeta$$

188   12   2次の非線形項を持つ非線形 Schrödinger 方程式

と定義すると，作用素 G は

$$G(\phi, \psi) = \iint \widetilde{g}(y, z) \phi_x(x - y) \psi(x - z) \, dydz$$

となる．核 $\widetilde{g}(y, z)$ は，$g(y, z) = \log(y^2 + z^2 - yz)$ とすると

$$
\begin{aligned}
\widetilde{g}(y, z) &= \frac{1}{8i\pi^2} \iint \frac{e^{iy\left(\zeta + \frac{\eta}{2}\right) + i\eta\left(z - \frac{y}{2}\right)}}{\frac{3}{4}\eta^2 + \left(\zeta + \frac{\eta}{2}\right)^2} \, \eta \, d\eta d\zeta \\
&= \frac{1}{8i\pi^2} \int \eta e^{i\eta\left(z - \frac{y}{2}\right)} \, d\eta \int \frac{e^{iy\xi} \, d\xi}{\xi^2 + \frac{3}{4}\eta^2} \\
&= -\frac{1}{8\sqrt{3}\,\pi^2} \int e^{i\eta\left(z - \frac{y}{2}\right)} d\eta \int \left(\frac{1}{\xi + \frac{\sqrt{3}}{2}i\eta} - \frac{1}{\xi - \frac{\sqrt{3}}{2}i\eta} \right) e^{iy\xi} \, d\xi \\
&= \frac{1}{2\sqrt{3}\,\pi} \int_0^\infty e^{-\frac{\sqrt{3}}{2}|y|\eta} \sin\left(\eta\left(z - \frac{y}{2}\right) \right) \, d\eta = \frac{1}{4\sqrt{3}\,\pi} \partial_z g(y, z)
\end{aligned}
$$

と書けることがわかる．それゆえ，部分積分によって，作用素 G における対称形(12.6)が得られる．評価式(12.7)を示すために，$|y| + |z| \leqq 1$ のとき，$\varphi(y, z) = 1$ で，$|y| + |z| \geqq 2$ のとき，$\varphi(y, z) = 0$ である関数 $\varphi(y, z) \in C^1(\mathbb{R}^2)$ を選ぶことにする．このとき，部分積分より，$1 \leqq p \leqq \infty$, $1 \leqq q < \infty$ に対して，

$$
\begin{aligned}
\|G(\phi, \psi)\|_p &= C \left\| \iint \phi(x - y) \psi_x(x - z) g_y(y, z) \, dydz \right\|_p \\
&\leqq C \left\| \iint \phi(x - y) \psi_x(x - z) \varphi(y, z) g_y(y, z) \, dydz \right\|_p \\
&\quad + C \left\| \iint \phi(x - y) \psi(x - z)((1 - \varphi(y, z)) g_y(y, z))_z \, dydz \right\|_p \\
&\leqq C \|\phi\|_p \|\psi\|_{1,0,q}
\end{aligned}
$$

が得られる．ここで，記号 $\partial_x g = g_x$ を用いた．この評価式は，$k = 0$ のときの(12.7)式を意味している．同様に，Hölder の不等式を用いれば，$1 \leqq p \leqq q \leqq \infty$ に対して，

$$\|G(\phi, \psi_x)\|_p = C \left\| \iint \phi_x(x - y) \psi_x(x - z) g_z(y, z) \, dydz \right\|_p$$

$$\leqq C \left\| \iint \phi_x(x-y)\psi_x(x-z)\varphi(y,z)g_z(y,z)\,dydz \right\|_p$$
$$+ C \left\| \iint \phi_x(x-y)\psi(x-z)\varphi_z(y,z)g_z(y,z)\,dydz \right\|_p$$
$$+ C \left\| \iint \phi(x-y)\psi(x-z)((1-\varphi(y,z))g_{zz}(y,z))_y\,dydz \right\|_p$$
$$\leqq C \left\| \phi \right\|_{1,0,q} \left\| \psi \right\|_{1,0,\frac{pq}{q-p}}$$

が得られる. それゆえ, $j=1$, $k=0$ のときの(12.8)式が従う. $\partial_y^{-1} = \displaystyle\int_{-\infty}^{y} dy'$
としたとき,

$$h(y,z) \equiv \partial_y^{-1}\partial_z^2 g(y,z) = -\frac{y+z}{y^2+z^2-yz}$$

とおけば, 部分積分をおこなうことによって,

$$\|G(\phi,\psi_x)\|_p = C \left\| \iint \phi_{xx}(x-y)\psi(x-z)h(y,z)\,dydz \right\|_p$$
$$\leqq C \left\| \iint \phi_{xx}(x-y)\psi(x-z)\varphi(y,z)h(y,z)\,dydz \right\|_p$$
$$+ C \left\| \iint \phi_x(x-y)\psi(x-z)\varphi_y(y,z)h(y,z)\,dydz \right\|_p$$
$$+ C \left\| \iint \phi(x-y)\psi(x-z)((1-\varphi(y,z))h_y(y,z))_y\,dydz \right\|_p$$
$$\leqq C \left\| \phi \right\|_{2,0,q} \left\| \psi \right\|_{\frac{pq}{q-p}}$$

となり, $j=0$, $k=0$ に対する(12.8)式が成立することがわかる. $k=1$ に対する(12.7)式, (12.8)式の証明を考える.

$$IG(\phi,\psi) = G(I\phi,\psi) + G(\phi,I\psi) + G_1(\phi,\psi)$$

と書けることに注意する. ここで, 作用素 G_1 は核

$$g_1(y,z) = (\partial_y y + \partial_z z)g(y,z)$$

としたとき,

$$G_1(\phi,\psi) = \iint g_1(y,z)\phi(x-y)\psi(x-z)\,dydz$$

のように表現されるものである. 上の事実を利用すれば, $k=0$ のときの

190 12 2次の非線形項を持つ非線形 Schrödinger 方程式

(12.7)式と(12.8)式によって, $k = 1$ のときの(12.7)式と(12.8)式が得られ, 補題 12.3 が示されたことになる. ∎

次の補題で非線形項 $G(\varphi^2, (\varphi_x)^2)$ と, $G(\overline{\varphi}, \varphi(\overline{\varphi_x})^2)$ から, 発散形式で書ける部分を抜き出し, 残りの項は付加的な時間減衰を持ち, 作用素 J を含んだ形で表現されることを示す. これらの表現は, 作用素 $J = x + 2it\partial_x$ を含む解の評価を求めるとき有用であり, 定理 12.1 の証明に用いられる. 作用素を

$$K(\phi, \psi) = \iint ((y - z)\partial_y \partial_z g(y, z)) \phi(x - y)\psi(x - z)\, dy dz$$

のように定義する.

補題 12.4 恒等式

$$G(\varphi^2, (\varphi_x)^2) = \frac{1}{16} \partial_x^2 G(\varphi^2, \varphi^2) - \frac{1}{16it} \big(\partial_x K(\varphi^2, \varphi^2)$$
$$+ 2G(\varphi J\varphi, (\varphi^2)_x) - 6G(\varphi^2, \varphi_x J\varphi) + 2G(\varphi^2, \varphi J\varphi_x) \big)$$

と

$$G(\overline{\varphi}, \varphi(\overline{\varphi_x})^2) = \frac{1}{2} \partial_x G(\overline{\varphi}, (\varphi\overline{\varphi^2})_x) + \frac{1}{4it} \Big(K(\overline{\varphi}, (\varphi\overline{\varphi^2})_x)$$
$$+ G(\overline{J\varphi}, (\varphi\overline{\varphi^2})_x) - 4G(\overline{\varphi}, \overline{\varphi\varphi_x} J\varphi)$$
$$+ 2G(\overline{\varphi}, \varphi\overline{\varphi}\,\overline{J\varphi_x}) - G(\overline{\varphi}, \overline{\varphi^2} J\varphi_x) \Big)$$

が成立する. □

［証明］ $J = x + 2it\partial_x$ であるから,

$$(\varphi_x)^2 = \frac{1}{4}(\varphi\varphi_x)_x - \frac{1}{4it} x\varphi\varphi_x + \frac{3}{8it}\varphi_x J\varphi - \frac{1}{8it}\varphi J\varphi_x$$

となり, このことから,

$$G(\varphi^2, (\varphi_x)^2) = \frac{1}{4} G(\varphi^2, (\varphi\varphi_x)_x) - \frac{1}{4it} G(\varphi^2, x\varphi\varphi_x)$$
$$+ \frac{3}{8it} G(\varphi^2, \varphi_x J\varphi) - \frac{1}{8it} G(\varphi^2, \varphi J\varphi_x)$$

が得られる. 部分積分を用いると,

$$G\left(\varphi^2, x\varphi\varphi_x\right) = G\left(x\varphi^2, \varphi\varphi_x\right) + K\left(\varphi^2, \varphi\varphi_x\right)$$

となることがわかり，関係式 $x = J - 2it\partial_x$ を使えば，

$$-\frac{1}{4it}G\left(\varphi^2, x\varphi\varphi_x\right) = \frac{1}{4}G\left(\left(\varphi^2\right)_x, \varphi\varphi_x\right)$$
$$-\frac{1}{4it}G\left(\varphi J\varphi, \varphi\varphi_x\right) - \frac{1}{4it}K\left(\varphi^2, \varphi\varphi_x\right)$$

が導かれる．それゆえ，補題の最初の公式が従う．次に恒等式

$$\varphi\left(\overline{\varphi_x}\right)^2 = \frac{1}{2}\left(\varphi\overline{\varphi^2}\right)_{xx} + \frac{1}{4it}x\left(\varphi\overline{\varphi^2}\right)_x - \frac{1}{it}\overline{\varphi\varphi_x}J\varphi$$
$$-\frac{1}{4it}\overline{\varphi^2}J\varphi_x + \frac{1}{2it}\varphi\overline{\varphi}\overline{J\varphi_x}$$

から

$$G\left(\overline{\varphi}, \varphi\left(\overline{\varphi_x}\right)^2\right) = \frac{1}{2}G\left(\overline{\varphi}, \left(\varphi\overline{\varphi^2}\right)_{xx}\right) + \frac{1}{4it}G\left(\overline{\varphi}, x\left(\varphi\overline{\varphi^2}\right)_x\right)$$
$$-\frac{1}{it}G\left(\overline{\varphi}, \overline{\varphi\varphi_x}J\varphi\right) - \frac{1}{4it}G\left(\overline{\varphi}, \overline{\varphi^2}J\varphi_x\right)$$
$$+\frac{1}{2it}G\left(\overline{\varphi}, \varphi\overline{\varphi}\overline{J\varphi_x}\right)$$

が得られる．それゆえ，$x\overline{\varphi} = \overline{J\varphi} + 2it\overline{\varphi_x}$ から

$$\frac{1}{4it}G\left(\overline{\varphi}, x\left(\varphi\overline{\varphi^2}\right)_x\right) = \frac{1}{2}G\left(\overline{\varphi_x}, \left(\varphi\overline{\varphi^2}\right)_x\right) + \frac{1}{4it}G\left(\overline{J\varphi}, \left(\varphi\overline{\varphi^2}\right)_x\right)$$
$$+\frac{1}{4it}K\left(\overline{\varphi}, \left(\varphi\overline{\varphi^2}\right)_x\right)$$

となり，補題の2番目の公式が求まったことになり，補題 12.4 は証明された．

次に，作用素 J を含んだ非線形項に関するいくつかの評価式を求める．

補題 12.5 $\gamma \in (0,1), 2 \le q < \infty$ とする．次の評価式

(12.9)

$$\|J\partial_x G\left(\partial_x\overline{\varphi_1}, \varphi_2\varphi_3\right)\| \leqq C \sum_{j=1}^{3} \|\varphi_j\|_{1,0,\infty}^{2} \sum_{k=1}^{3} \left(\|\varphi_k\|_{1,0} + \|J\varphi_k\|_{2,0} \right),$$

および

(12.10)

$$\|JG(\phi,\psi)\| + \|JK\left(\phi,\psi_x\right)\|$$
$$\leqq C \|x\phi\|^{\gamma} \|\phi\|^{1-\gamma} \|\psi\|_1 + C \|J\phi\| \|\psi\|_{1,0,q} + Ct \|\phi\|_{1,0} \|\psi\|_{1,0,\infty}$$

が成立する. $\qquad\qquad\qquad\qquad\qquad\qquad\qquad\qquad\qquad\qquad\qquad\square$

［証明］　等式 $x = -(x-y) + 2(x-z) + (-y+2z)$ を用いれば,

$$JG\left(\overline{\varphi}, \phi\psi\right)$$
$$= (x + 2it\partial_x) \iint g(y,z)\partial_y\partial_z\overline{\varphi(x-y)}\phi(x-z)\psi(x-z)\,dydz$$
$$= \iint g(y,z)\partial_y\partial_z \left(-\phi\left(x-z\right)\psi(x-z)\overline{\left[(x-y)+2it\partial_x\right]\varphi(x-y)}\right.$$
$$+ \overline{\varphi(x-y)}\psi(x-z)\left[(x-z)+2it\partial_x\right]\phi(x-z)$$
$$+ \overline{\varphi(x-y)}\phi(x-z)\left[(x-z)+2it\partial_x\right]\psi(x-z)$$
$$\left. + (-y+2z)\overline{\varphi(x-y)}\phi(x-z)\psi(x-z)\right)dydz$$
$$= -G\left(\overline{J\varphi}, \phi\psi\right) + G\left(\overline{\varphi}, \phi J\psi\right) + G\left(\overline{\varphi}, \psi J\phi\right) + G_2\left(\overline{\varphi}, \phi\psi\right)$$

となることがわかる. ただしここで,

$$G_2(\phi,\psi) = \iint g(y,z)\partial_y\partial_z(-y+2z)\phi(x-y)\psi(x-z)\,dydz$$
$$= \iint g_2(y,z)\phi(x-y)\psi(x-z)\,dydz$$

であり, 核 $g_2(y,z) = (-y+2z)\partial_y\partial_z g(y,z)$ である. 核 $g_2(y,z)$ は原点で特異点を持つが, 特異性が弱いので, 積分可能であり, 部分積分をおこなうことが可能である. それゆえ, (12.8)式の証明と同様に評価式

$$\|\partial_x G_2\left(\partial_x\varphi, \psi\right)\| \leqq C \|\varphi\|_{1,0} \|\psi\|_{1,0,\infty}$$

が求まるので,

$$\|J\partial_x G\left(\partial_x \overline{\varphi_1}, \varphi_2 \varphi_3\right)\| \leqq C \sum_{j=1}^{3} \|\varphi_j\|_{1,0,\infty}^2 \sum_{k=1}^{3} \left(\|\varphi_k\|_{1,0} + \|J\varphi_k\|_{2,0}\right)$$

となる. (12.10)式を証明するために, 表現

$$JG(\phi, \psi) = G(J\phi, \psi) + 2itG(\phi, \psi_x) + G_3(\phi, \psi)$$

および

$$JK(\phi, \psi_x) = K(J\phi, \psi_x) + 2itK(\phi, \psi_{xx}) + G_4(\phi, \psi)$$

を用いる. ただしここで,

$$G_j(\phi, \psi) = \iint g_j(y, z)\phi(x - y)\psi(x - z)\,dydz, \quad j = 3, 4$$

であり, 核 $g_3(y, z) = y\partial_y \partial_z g(y, z)$, $g_4(y, z) = y\partial_z K(y, z)$ とした. Young の不等式を適用すると, $1 \leqq p < 2$ と $1 - p/2 < \gamma < 1$ に対して,

$$\|G_j(\phi, \psi)\| \leqq C \|\phi\|_p \|\psi\|_1 \leqq C \|x\phi\|^\gamma \|\phi\|^{1-\gamma} \|\psi\|_1$$

が得られる. 補題 12.3 の評価式によって

$$\|G\left(J\phi, \psi\right)\| + \|K\left(J\phi, \psi_x\right)\| \leqq C \|J\phi\| \|\psi\|_{1,0,q}$$

および

$$\|G\left(\phi, \psi_x\right)\| + \|K\left(\phi, \psi_{xx}\right)\| \leqq C \|\phi\|_{1,0} \|\psi\|_{1,0,\infty}$$

が $2 \leqq q < \infty$ に対して得られるので, (12.10)式が従う. このように, 補題 12.5 は証明された. ∎

次の補題で, 解の時間に関する漸近評価, あるいは一様ノルムにおける解の正確な時間減衰評価を求めるために必要な評価式を求めておく.

補題 12.6 $v = \mathcal{F}U(-t)w$, $\alpha \in (0, 1/4)$, $k = 0, 2$ とする. このとき, $t \geqq 1$ に対して, 漸近公式

194   12   2 次の非線形項を持つ非線形 Schrödinger 方程式

(12.11)
$$w(t) = MD(t)v + O\left(t^{-\frac{1}{2}-\alpha} \|Jw\|\right)$$

と,

(12.12)
$$\mathcal{F}U(-t)\partial_x^{k+1}G\left(\overline{w_x}, w^2\right)$$
$$= -\frac{ix^2 (ix)^k}{8\sqrt{3}\,\pi t} |v|^2 v + O\left(t^{-1-\alpha}\left(\|w\|_{3,0} + \|Jw\|_{3,0}\right)^3\right)$$

が成立する.   □

［証明］ $U(t) = M(t)D(t)\mathcal{F}M(t)$ であるから, $\check{v} = \mathcal{F}^{-1}v$ とすれば,

$$w(t) = MD(t)v + MD(t)\mathcal{F}(M-1)\check{v}$$

となる. 評価式 $\|(M-1)\check{v}\|_1 \leqq Ct^{-\alpha} \|x\check{v}\|$ を用いれば, $t \geqq 1$, $\alpha \in (0, 1/4)$
に対して,

$$\|MD(t)\mathcal{F}(M-1)\check{v}\|_\infty \leqq Ct^{-\frac{1}{2}} \|(M-1)\check{v}\|_1$$
$$\leqq Ct^{-\frac{1}{2}-\alpha} \|xU(-t)w\| = Ct^{-\frac{1}{2}-\alpha} \|Jw\|$$

となることがわかる. それゆえ,（12.11）式が得られたことになる. 同様に,
次の不等式

(12.13)
$$\|w(t)\|_\infty \leqq Ct^{-\frac{1}{2}} \|\check{v}\|_1$$
$$\leqq Ct^{-\frac{1}{2}} \|\langle x\rangle U(-t)w\|$$
$$\leqq Ct^{-\frac{1}{2}} (\|w\| + \|Jw\|)$$

が成立することに注意する.（12.13）式と補題 12.3, 12.5 から,

$$\left\|\mathcal{F}\left(\overline{M}(t) - 1\right)\mathcal{F}^{-1}D\left(\frac{1}{4t}\right)\overline{M}(t)\partial_x^{k+1}G\left(\overline{w_x}, w^2\right)\right\|_\infty$$
$$\leqq Ct^{-\alpha}\left\|D\left(\frac{1}{4t}\right)\overline{M}(t)\partial_x^{k+1}G\left(\overline{w_x}, w^2\right)\right\|_{1,0}$$
$$\leqq Ct^{-\alpha}\left\|\partial_x^{k+1}G\left(\overline{w_x}, w^2\right)\right\| + Ct^{-\alpha}\left\|J\partial_x^{k+1}G\left(\overline{w_x}, w^2\right)\right\|$$
$$\leqq Ct^{-1-\alpha}\left(\|w\|_{3,0} + \|Jw\|_{3,0}\right)^3$$

であるので，次式

$$\mathcal{F}U(-t)\partial_x^{k+1}G\left(\overline{w_x},w^2\right)=iD\left(\frac{1}{4t}\right)\overline{M}(t)\partial_x^{k+1}G\left(\overline{w_x},w^2\right)$$
$$+O\left(t^{-1-\alpha}\left(\|w\|_{3,0}+\|Jw\|_{3,0}\right)^3\right)$$

が成立する．漸近公式(12.11)，補題 12.3 と，$E=e^{itx^2}$ としたときの等式 $D\left(1/(4t)\right)\overline{M}(t)=\overline{E}D\left(1/(4t)\right)$ を用いると，$k=0$ に対して，

(12.14)
$$iD\left(\frac{1}{4t}\right)\overline{M}(t)\partial_x G\left(\overline{w_x},w^2\right)$$
$$=i\overline{E}D\left(\frac{1}{4t}\right)G\left(\overline{MD\left(t\right)\mathcal{F}U(-t)w_{xx}},(MD(t)\mathcal{F}U(-t)w)^2\right)$$
$$+2i\overline{E}D\left(\frac{1}{4t}\right)G\left(\overline{MD\left(t\right)\mathcal{F}U(-t)w_x},\right.$$
$$\left.(MD(t)\mathcal{F}U(-t)w)\,MD(t)\mathcal{F}U(-t)w_x\right)$$
$$+O\left(t^{-1-\alpha}\left(\|w\|_{3,0}+\|Jw\|_{3,0}\right)^3\right)$$
$$=-\frac{i}{2t}\overline{E}G\left(x^2\overline{E}\overline{v},E^2v^2\right)-\frac{i}{t}\overline{E}G\left(x\overline{E}\overline{v},xE^2v^2\right)$$
$$+O\left(t^{-1-\alpha}\left(\|w\|_{3,0}+\|Jw\|_{3,0}\right)^3\right)$$

と書くことができる．次に，$l=0$ あるいは $l=1$ に対して，漸近公式

(12.15) $\quad \overline{E}G\left(\overline{E}x\phi,E^2\psi\right)$
$$=\frac{x\phi(x)\,\psi(x)}{12\sqrt{3}\,\pi}+O\left(t^{-\frac{1}{4}}\left\|\langle x\rangle^{1-l}\,\phi\right\|_{1,0}\left\|\langle x\rangle^l\,\psi\right\|_{1,0}\right)$$

を示すことにする．左辺を $\overline{E}G(\overline{E}x\phi,E^2\psi)=I_1+I_2$ と 2 つに分解する．こ こで，

$$I_j=\frac{\overline{E}}{4\sqrt{3}\,\pi}\iint e^{-it(x-y)^2+2it(x-z)^2}$$

$$\times (x-y)\phi(x-y)\psi(x-z)\partial_y\partial_z g(y,z)\varphi_j \, dydz$$

と定義し，関数 $\varphi_j(y,z) \in C^2(\mathbb{R}^2)$ は $\varphi_1(y,z) + \varphi_2(y,z) = 1$ であり，$|y|+|z|$ $\leqq t^{-3/4}$ のとき，$\varphi_1(y,z) = 1$ で，$|y|+|z| \geqq 2t^{-3/4}$ のとき，$\varphi_1(y,z) = 0$ とする．積分 I_1 における積分領域が $|y| \leqq 2t^{-3/4}$, $|z| \leqq 2t^{-3/4}$ であるから，$l = 0, 1$ に対して，評価式

$$I_1 = \frac{x\phi(x)\psi(x)}{4\sqrt{3}\,\pi} \iint e^{2itxy - 4itxz}\partial_y\partial_z g(y,z)\varphi_j \, dydz$$
$$+ O\left(t^{-\frac{1}{4}} \left\|\langle x\rangle^{1-l}\phi\right\|_{1,0} \left\|\langle x\rangle^l \psi\right\|_{1,0}\right)$$
$$= \frac{4t^2 x^3}{\sqrt{3}}\phi(x)\psi(x)\widehat{g}(-2tx, 4tx) + O\left(t^{-\frac{1}{4}} \left\|\langle x\rangle^{1-l}\phi\right\|_{1,0} \left\|\langle x\rangle^l \psi\right\|_{1,0}\right)$$
$$= \frac{1}{12\sqrt{3}\,\pi}x\phi(x)\psi(x) + O\left(t^{-\frac{1}{4}} \left\|\langle x\rangle^{1-l}\phi\right\|_{1,0} \left\|\langle x\rangle^l \psi\right\|_{1,0}\right)$$

が成立する．I_2 に関しては，部分積分によって，付加的な時間減衰

$$I_2 = O\left(t^{-\frac{1}{4}} \|\phi\|_{1,0} \|\psi\|_{1,0}\right)$$

を持つことがわかる．このように，漸近公式(12.15)が得られたことになる．(12.15)式を(12.14)式に代入すると，

$$iD\left(\frac{1}{4t}\right)\overline{M}(t)\partial_x G\left(\overline{w_x}, w^2\right)$$
$$= -\frac{ix^2 |v|^2 v}{8\sqrt{3}\,\pi t} + O\left(t^{-1-\alpha}\left(\|w\|_{3,0} + \|Jw\|_{3,0}\right)^3\right)$$

が得られ，$k=0$ の場合の(12.12)式が従う．$k=2$ の場合は，同様に得られるので省略する．このようにして，漸近公式(12.12)が得られたことになる． ∎

補題 12.7 $k = 0, 2$ としたとき，評価式

$$\left\|\mathcal{F}U(-t)\partial_x^{k+1}G\left(\overline{w}, (w\overline{w^2})_x\right)\right\|_\infty \leqq C\left(\|w\|_{3,0} + \|Jw\|_{3,0}\right)\|w\|_{2,0,\infty}^3,$$
$$\left\|\mathcal{F}U(-t)\partial_x^{k+1}G\left(\partial_x G(w,w), w^2\right)\right\|_\infty \leqq C\left(\|w\|_{3,0} + \|Jw\|_{3,0}\right)\|w\|_{2,0,\infty}^3,$$

$$\left\| \mathcal{F}U(-t)\partial_x^{k+2}G\left(w^2, w^2\right)\right\|_\infty \leqq C\left(\|w\|_{3,0} + \|Jw\|_{3,0}\right)\|w\|_{2,0,\infty}^3$$

および

(12. 16)
$$\left\| \mathcal{F}U(-t)\partial_x^{k+1}G\left(\overline{w_x}, wG\left(\overline{w}, \overline{w}\right)\right)\right\|_\infty \leqq Ct^{-\frac{5}{4}+\gamma}(\|\widehat{v}\|_{0,2,\infty} + \|\widehat{v}\|_{1,3})^4$$

が成立する．ここで $\widehat{v} = \mathcal{F}U(-t)w$, $\gamma > 0$ とする． □

[証明]　$\zeta \in \mathbb{R}\setminus 0$, $E = e^{itx^2}$, $M = e^{ix^2/(4t)}$ として，等式

$$\mathcal{F}\overline{M}\mathcal{F}^{-1}D\left(\frac{1}{4t}\right)\overline{M}\phi = \sqrt{i}\,D\left(\frac{\zeta}{2}\right)\overline{E^{\zeta(\zeta-1)}}\mathcal{F}\overline{M}^{\frac{1}{\zeta}}\mathcal{F}^{-1}D\left(\frac{1}{4t}\right)\overline{M}^\zeta\phi$$

を用いると，補題 12.3 から，

$$\left\| \mathcal{F}U(-t)\partial_x^{k+1}G\left(\overline{w}, \left(w\overline{w^2}\right)_x\right)\right\|_\infty$$
$$= \left\| \mathcal{F}\overline{M}(t)\mathcal{F}^{-1}D\left(\frac{1}{4t}\right)\overline{M}(t)\partial_x^{k+1}G\left(\overline{w}, \left(w\overline{w^2}\right)_x\right)\right\|_\infty$$
$$\leqq C\left\| \mathcal{F}M^{\frac{1}{2}}(t)\mathcal{F}^{-1}D\left(\frac{1}{4t}\right)M^2(t)\partial_x^{k+1}G\left(\overline{w}, \left(w\overline{w^2}\right)_x\right)\right\|_\infty$$
$$\leqq C\left\| \partial_x^{k+1}G\left(\overline{w}, \left(w\overline{w^2}\right)_x\right)\right\|$$
$$\quad + C\left\| \partial_x D\left(\frac{1}{4t}\right)M^2(t)\partial_x^{k+1}G\left(\overline{w}, \left(w\overline{w^2}\right)_x\right)\right\|$$
$$\leqq C\left\| \partial_x^{k+1}G\left(\overline{w}, \left(w\overline{w^2}\right)_x\right)\right\| + C\left\| (J-3x)\partial_x^{k+1}G\left(\overline{w}, \left(w\overline{w^2}\right)_x\right)\right\|$$
$$\leqq C\|w\|_{3,0}\|w\|_{2,0,\infty}^3 + C\left\| \partial_x^{k+1}G\left(\overline{Jw}, \left(w\overline{w^2}\right)_x\right)\right\|$$
$$\quad + C\left\| \partial_x^{k+1}G\left(\overline{w}, \left(\overline{w^2}Jw\right)_x\right)\right\| + C\left\| \partial_x^{k+1}G\left(\overline{w}, \left(w\overline{w}\,\overline{Jw}\right)_x\right)\right\|$$
$$\leqq C\left(\|w\|_{3,0} + \|Jw\|_{3,0}\right)\|w\|_{2,0,\infty}^3$$

が得られる．同様にして，

$$\left\| \mathcal{F}U(-t)\partial_x^{k+1}G\left(\partial_x G(w,w), w^2\right)\right\|_\infty$$
$$\leqq C\left\| \mathcal{F}M^{-\frac{1}{5}}(t)\mathcal{F}^{-1}D\left(\frac{1}{4t}\right)M^{-4}(t)\partial_x^{k+1}G\left(\partial_x G(w,w), w^2\right)\right\|_\infty$$

$$\leqq C \left\| \partial_x G \left(\partial_x^{k+1} G \left(w, w \right), w^2 \right) \right\|$$

$$+ C \left\| \left(J + 3x \right) \partial_x^{k+1} G \left(\partial_x G \left(w, w \right), w^2 \right) \right\|$$

$$\leqq C \left\| w \right\|_{3,0} \left\| w \right\|_{2,0,\infty}^3 + C \left\| \partial_x^{k+1} G \left(\partial_x G \left(Jw, w \right), w^2 \right) \right\|$$

$$+ C \left\| \partial_x^{k+1} G \left(\partial_x G \left(w, w \right), wJw \right) \right\|$$

$$\leqq C \left(\left\| w \right\|_{3,0} + \left\| Jw \right\|_{3,0} \right) \left\| w \right\|_{2,0,\infty}^3$$

および

$$\left\| \mathcal{F} U(-t) \partial_x^{k+2} G \left(w^2, w^2 \right) \right\|_\infty$$

$$\leqq C \left\| \mathcal{F} M^{-\frac{1}{5}}(t) \mathcal{F}^{-1} D \left(\frac{1}{4t} \right) M^{-4}(t) \partial_x^{k+2} G \left(w^2, w^2 \right) \right\|_\infty$$

$$\leqq C \left\| \partial_x^{k+2} G \left(w^2, w^2 \right) \right\| + C \left\| \left(J + 3x \right) \partial_x^{k+2} G \left(w^2, w^2 \right) \right\|$$

$$\leqq C \left\| w \right\|_{3,0} \left\| w \right\|_{2,0,\infty}^3 + C \left\| \partial_x^{k+2} G \left(w^2, wJw \right) \right\|$$

$$\leqq C \left(\left\| w \right\|_{3,0} + \left\| Jw \right\|_{3,0} \right) \left\| w \right\|_{2,0,\infty}^3$$

がわかる. 最後の評価式を示すために，フーリエ変換を施し，

$$\mathcal{F}_{x \to p} U(-t) \partial_x^{k+1} G \left(\overline{w_x}, wG \left(\overline{w}, \overline{w} \right) \right)$$

$$= C p^k \iiint e^{-itB(\boldsymbol{\xi})} \varPhi(\boldsymbol{\xi}) \, G(\boldsymbol{\xi}) \, d\xi_1 d\xi_2 d\xi_3$$

を利用する．ここで，

$$\varPhi = \varPhi(\boldsymbol{\xi}) = \prod_{j=1}^4 \widehat{v}(\xi_j)$$

は

$$\boldsymbol{\xi} = (\xi_1, \xi_2, \xi_3, \xi_4)$$

の関数で，次の関係

$$\xi_4 = p - \sum_{j=1}^3 \xi_j, \quad B(\boldsymbol{\xi}) = p^2 - \xi_1^2 + \xi_2^2 + \xi_3^2 + \xi_4^2$$

と

$$G\left(\boldsymbol{\xi}\right) = \frac{p\left(\xi_1 + \xi_2 + \xi_3\right)\xi_2\xi_3\xi_4^2}{A\left(\xi_2,\xi_3\right)A\left(\xi_1 + \xi_2 + \xi_3,\xi_4\right)},$$

$$A\left(\xi_1,\xi_2\right) = \xi_1^2 + \xi_2^2 + \left(\xi_1 + \xi_2\right)^2$$

を満足するものとする. 次のように

$$\xi_1 = -\frac{p}{2} - z - 2x, \quad \xi_2 = \frac{p}{2} + x + y, \quad \xi_3 = \frac{p}{2} + x - y$$

と変数変換すると,

$$\xi_4 = \frac{p}{2} + z, \quad B = \frac{3}{2}p^2 - 4zx - 2x^2 + 2y^2,$$

$$G(\boldsymbol{\xi}) = \frac{2p\xi_2\xi_3\xi_4^2(p - 2z)}{\left(3\left(p + 2x\right)^2 + 4y^2\right)\left(3p^2 + 4z^2\right)}$$

となる. 等式 $e^{-itB} = Y\dfrac{\partial}{\partial y}\left(ye^{-itB}\right), Y = \left(1 - 4ity^2\right)^{-1}$ を使って, y に関して部分積分をおこなうと,

$$\mathcal{F}U(-t)\partial_x^{k+1}G\left(\overline{w_x}, wG\left(\overline{w}, \overline{w}\right)\right) = I_1 + I_2$$

が得られる. ここで I_j は,

$$I_j = Cp^k \iiint e^{-itB}\left(\left(yG_y + 2G(Y - 1)\right)\Phi + yG\Phi_y\right)Y\psi_j(t, x)\,dxdydz$$

であり, ψ_j は $|x| \leqq 1$ のとき, $\varphi(x) = 1$, $|x| \geqq 2$ のとき, $\varphi(x) = 0$ なる関数を用いて,

$$\psi_1(t, x) = \varphi\left(xt^{\frac{3}{4}}\right), \quad \psi_2(t, x) = 1 - \psi_1(t, x)$$

で定義されるものとする. 積分 I_1 の積分領域は, $|x| \leqq 2t^{-3/4}$ であるので, 不等式

$$\left|p^k G\right| \leqq C\sum_{j \neq l}\left|\xi_j\right|^{k+1}\left|\xi_l\right|, \quad |Y| \leqq \left\langle ty^2\right\rangle^{-1}$$

を使って,

$$\|I_1\|_\infty \leqq C\sum_{n=2,3}\sum_{j \neq l}\sup_{p \in \mathbb{R}}\iiint_{|x| \leqq 2t^{-\frac{3}{4}}}\left|\xi_j\right|^{k+1}\left|\xi_l\right|\left(|\Phi| + |y|\left|\Phi_{\xi_n}\right|\right)\frac{dxdydz}{\left\langle ty^2\right\rangle}$$

$$\leqq C t^{-\frac{5}{4}} \left(\|\widehat{v}\|_{0,2,\infty} + \|\widehat{v}\|_{1,3} \right)^4$$

を導くことができる.z に関して積分すると,積分 I_2 は

$$I_2 = \frac{C}{t} p^k \iiint e^{-itB} \left((y G_{yz} + 2 G_z (Y-1)) \varPhi + y G_z \varPhi_y \right) Y \frac{\psi_2}{x} \, dxdydz$$

$$+ \frac{C p^k}{t} \iiint e^{itB} \left((y G_y + 2 G (Y-1)) \varPhi_z + y G \varPhi_{yz} \right) Y \frac{\psi_2}{x} \, dxdydz$$

と書けるので,これを用いて,

$$\|I_2\|_\infty \leqq \frac{C}{t} \sum_{j \neq l} \sup_{p \in \mathbb{R}} \iiint_{|x| \geq t^{-\frac{3}{4}}} |\xi_j|^{k+1} |\xi_l| \, |\varPhi| \, \frac{dxdydz}{|x| \langle ty^2 \rangle}$$

$$+ \frac{C}{t} \sum_{n=1}^{4} \sum_{j \neq l} \sup_{p \in \mathbb{R}} \iiint_{|x| \geq t^{-\frac{3}{4}}} |\xi_j|^{k+1} |\xi_l| \, |\varPhi_{\xi_n}| \, \frac{dxdydz}{|x| \langle ty^2 \rangle}$$

$$+ \frac{C}{t} \sum_{m=1,4} \sum_{n=2,3} \sum_{j \neq l} \sup_{p \in \mathbb{R}} \iiint_{|x| \geq t^{-\frac{3}{4}}} |\xi_j|^{k+1} |\xi_l| \, |\varPhi_{\xi_m \xi_n}| \, \frac{|y| \, dxdydz}{|x| \langle ty^2 \rangle}$$

$$\leqq C t^{\gamma - \frac{5}{4}} \left(\|\widehat{v}\|_{0,2,\infty} + \|\widehat{v}\|_{1,3} \right)^4$$

が導かれる.このように,(12.16)式が得られたので,補題 12.7 が証明された. ∎

12.2 修正散乱状態(逆修正波動作用素)の存在

文献 [49],[78] の方法を用いれば,関数空間

$$\mathbb{Y} = \left\{ \phi \in L^\infty \left((-T, T) ; H^{3,1} \right) ; \|\phi\|_{\mathbb{Y}} < \infty \right\}$$

において,時間局所解を構成することができる.ここで,

$$\|\phi\|_{\mathbb{Y}} = \langle t \rangle^{-\gamma} \left(\|\phi\|_{3,0} + \|I\phi\|_{2,0} \right) + \langle t \rangle^{-\frac{1}{2} - \gamma} \|J\phi\| + \langle t \rangle^{\frac{1}{2}} \|\phi\|_{2,0,\infty}$$

である.局所解の存在定理を述べておく.

定理 12.8 初期値を $u_0 \in H^{3,1}$ とする.このとき,適当な時間 $T > 0$ に対して,初期値問題 (12.1) の一意的な解 $u \in \mathbb{Y}$ が存在する.初期値 $\|u_0\|_{3,1} = \varepsilon$ が十分小さいとすると,初期値問題 (12.1) の一意的な解 $u \in \mathbb{Y}$ は,区間 $[-1, 1]$

上存在し，評価式 $\displaystyle\sup_{t\in[-1,1]}\|u\|_{\mathbb{Y}} < \varepsilon^{\frac{3}{4}}$ を満足する． $\square$

次の補題で，初期値問題(12.1)の大域解の時間減衰評価 $\|u(t)\|_{2,0,\infty} \leqq C\varepsilon\langle t\rangle^{-\frac{1}{2}}$ を示し，それを用いて，$\mathbb{Y}$ における解の先験的評価を示す．

補題 12.9　初期値を $u_0 \in H^{3,1}$ とし，ノルム $\|u_0\|_{3,1} = \varepsilon$ が十分小さいとする．このとき，初期値問題(12.1)の一意的時間大域解 $u \in C(\mathbb{R}; H^{3,0})$ が存在し，$Iu \in L^{\infty}_{\mathrm{loc}}(\mathbb{R}; H^{2,0})$，および評価式

$$(12.17) \qquad \sup_{t>0}\|u\|_{\mathbb{Y}} < \varepsilon^{\frac{3}{4}}$$

を満足する． $\square$

[証明]　簡単のため，時間 t は正とする．定理 12.8 と通常の時間接続の議論を用いると，存在時間を任意に引き延ばすことができる．そのことを示すために，評価式

$$(12.18) \qquad \sup_{t>0}\|u\|_{\mathbb{Y}} \leqq \varepsilon^{\frac{3}{4}}$$

が成立する最大時間を T とし，矛盾を導くことにする．定理 12.8 より，$t \geqq 1$ に対して，評価を考えればよい．$L = i\partial_t + \partial_x^2$ および作用素を

$$G(\phi,\psi) = -\frac{1}{4\pi}\mathcal{F}^{-1}_{\xi\to x}\int\widehat{\phi}(\xi-\eta)\widehat{\psi}(\eta)\,\frac{(\xi-\eta)\eta\,d\eta}{\xi^2-\xi\eta+\eta^2}$$

とおいて，(12.1)式を

$$(12.19) \qquad L(u-G(\overline{u},\overline{u})) = 2G(\overline{u},(u_x)^2)$$

と書き直す．最初に，$\left\|\partial_x^3 u(t)\right\|$ と $\left\|\partial_x^2 Iu(t)\right\|$ の評価をおこなう．(12.19)式を x に関して3回微分して，補題 12.3 とエネルギー法を用いると，$\varphi = u - G(\overline{u},\overline{u})$ とおいて，

$$(12.20) \qquad \frac{d}{dt}\left\|\partial_x^3\varphi(t)\right\| \leqq 2\left\|\partial_x^3 G\left(\overline{u},(u_x)^2\right)\right\|$$

$$\leqq C\|u\|_{3,0}\|u\|_{2,0,\infty}^2 \leqq C\varepsilon^3\langle t\rangle^{\gamma-1}$$

が従う．(12.20)式を時間に関して積分すると，評価式 $\left\|\partial_x^3\varphi(t)\right\| < \varepsilon + \varepsilon^2\langle t\rangle^{\gamma}$ が，任意の $t \in [0,T]$ について得られる．補題 12.3 より，十分小さい $\gamma' > 0$ に対して，

202   12   2次の非線形項を持つ非線形 Schrödinger 方程式

$$\left\|\partial_x^3 G(\overline{u},\overline{u})\right\| \leqq C \left\|u\right\|_{3,0} \left\|u\right\|_{1,0,q} \leqq C\varepsilon^2 \langle t\rangle^{\gamma-\frac{1}{2}+\gamma'}$$

が成立するので

$$\left\|\partial_x^3 u\right\| \leqq \left\|\partial_x^3 \varphi(t)\right\| + \left\|\partial_x^3 G(\overline{u},\overline{u})\right\| \leqq \varepsilon + C\varepsilon^2 \langle t\rangle^{\gamma}$$

が成り立つことがわかる. 同様に, 作用素 $\partial_x^2 I$ を (12.19)式の両辺に作用させ, 交換関係 $LI = (I+2)L$ と, 補題 12.3 を用いると,

$$\frac{d}{dt}\left\|\partial_x^2 I\varphi(t)\right\| \leqq 2\left\|\partial_x^2 (I+2)G(\overline{u},(u_x)^2)\right\|$$

$$\leqq C\left(\left\|Iu\right\|_{2,0} + \left\|u\right\|_{2,0}\right)\left\|u\right\|_{2,0,\infty}^2 \leqq C\varepsilon^3 \langle t\rangle^{\gamma-1}$$

となることがわかる. それゆえ, t に関して積分することによって, 評価式

$$\left\|\partial_x^2 I\varphi(t)\right\| < \varepsilon + \varepsilon^2 \langle t\rangle^{\gamma}$$

が, すべての $t \in [0,T]$ に対して得られる. 補題 12.3 より,

$$\left\|\partial_x^2 IG(\overline{u},\overline{u})\right\| \leqq C\left\|Iu\right\|_{2,0}\left\|u\right\|_{2,0,\infty} \leqq C\varepsilon^2 \langle t\rangle^{\gamma-\frac{1}{2}}$$

となるから,

$$\left\|\partial_x^2 Iu\right\| \leqq \left\|\partial_x^2 I\varphi\right\| + \left\|\partial_x^2 IG(\overline{u},\overline{u})\right\| \leqq \varepsilon + C\varepsilon^2 \langle t\rangle^{\gamma}$$

がわかる. このように, 評価式

(12.21) $$\left\|\partial_x^3 u\right\| + \left\|\partial_x^2 Iu\right\| \leqq 2\varepsilon + C\varepsilon^2 \langle t\rangle^{\gamma}$$

が成立する. $\|u(t)\|$ と $\|Iu(t)\|$ の評価を求めるために, (12.19)式における非線形項 $G(\overline{u},(u_x)^2)$ を発散形式に書き直す. 等式 $2(\psi_x)^2 = \left(\psi^2\right)_{xx} - 2\psi L\psi + i\partial_t \psi^2$ から,

(12.22) $$2G(\overline{\phi},(\psi_x)^2)$$

$$= G(\overline{\phi},(\psi^2)_{xx}) - 2G(\overline{\phi},\psi L\psi) + i\partial_t G(\overline{\phi},\psi^2) + G(\overline{i\phi_t},\psi^2)$$

$$= -2\partial_x G(\overline{\phi_x},\psi^2) + G(\overline{L\phi},\psi^2) - 2G(\overline{\phi},\psi L\psi) + LG(\overline{\phi},\psi^2)$$

となるので, (12.1)式を使って, (12.19)式から, $w = u - G(\overline{u},\overline{u}) -$

$G\left(\overline{u}, u^2\right)$ とすると,

(12.23) $\qquad Lw = -2\partial_x G(\overline{u_x}, u^2) - 2G(\overline{u}, u(\overline{u_x})^2) + G((u_x)^2, u^2)$

となる. エネルギー法を (12.23) 式に適用し, 補題 12.3 を用いると,

$$\frac{d}{dt}\|w(t)\| \leqq 2\left\|\partial_x G\left(\overline{u_x}, u^2\right)\right\| + 2\left\|G\left(\overline{u}, u\left(\overline{u_x}\right)^2\right)\right\|$$
$$+ 2\left\|G\left((u_x)^2, u^2\right)\right\| \leqq C\varepsilon^3 \langle t \rangle^{\gamma-1}$$

となり, これから, 評価式 $\|w(t)\| < \varepsilon + \varepsilon^2 \langle t \rangle^\gamma$ が得られる. それゆえ, 補題 12.3 により,

$$\|u\| \leqq \|w\| + \|G(\overline{u}, \overline{u})\| + \|G(\overline{u}, u^2)\| \leqq \varepsilon + C\varepsilon^2 \langle t \rangle^\gamma$$

が, すべての $t \in [0, T]$ に対して成立する. 同様に作用素 I を (12.23) 式の両辺に作用させて, 補題 12.3 を使えば,

$$\frac{d}{dt}\|Iw\| \leqq 2\left\|(I+2)\,\partial_x G(\overline{u_x}, u^2)\right\| + 2\left\|(I+2)G(\overline{u}, u(\overline{u_x})^2)\right\|$$
$$+ 2\left\|(I+2)G((u_x)^2, u^2)\right\|$$
$$\leqq C\varepsilon^3 \langle t \rangle^{\gamma-1}$$

となることがわかり, このことから, 評価式 $\|Iw(t)\| < \varepsilon + \varepsilon^2 \langle t \rangle^\gamma$ が従う. それゆえ,

$$\|Iu\| \leqq \|Iw\| + \|IG(\overline{u}, \overline{u})\| + \|IG(\overline{u}, u^2)\| \leqq \varepsilon + C\varepsilon^2 \langle t \rangle^\gamma$$

が, すべての $t \in [0, T]$ に対して成立する. このように, (12.21) 式より

(12.24) $\qquad \|u\|_{3,0} + \|Iu\|_{1,0} \leqq 4\varepsilon + C\varepsilon^2 \langle t \rangle^\gamma$

が得られた. 次に, 作用素 $J = x + 2it\partial_x$ を含むノルムの評価をおこなうことにしよう. (12.23) 式において, $w = u - G(\overline{u}, \overline{u}) - G(\overline{u}, u^2)$ とおくと, 臨界冪を持った非線形 Schrödinger 方程式

(12.25) $\qquad Lw = -2\partial_x G(\overline{u_x}, u^2) - 2G(\overline{w}, w(\overline{w_x})^2) + G((w_x)^2, w^2) + R_1$

が得られる．ここで，剰余項 R_1 は

$$R_1 = 2\left(G\left(\overline{w}, w\left(\overline{w_x}\right)^2\right) - G\left(\overline{u}, u(\overline{u_x})^2\right)\right) + \left(G\left((u_x)^2, u^2\right) - G\left((w_x)^2, w^2\right)\right)$$

であり，3次より高い次数の非線形項から成り立っているので，補題 12.5 から，評価式 $\|JR_1\| \leqq C\varepsilon^3 \langle t \rangle^{-1-\gamma}$ を持つ．等式 $J\partial_x = I + 2 + 2iLt$ を用いて，作用素 J を含むノルムに関する評価式を求めることにする．補題 12.4 によって，項 $G(\overline{w}, w(\overline{w_x})^2)$ と $G((w_x)^2, w^2)$ から，発散形式で書ける項を取り出すと，

（12.26）

$$Lw = -2\partial_x G(\overline{u_x}, u^2) - \partial_x G(\overline{w}, (w\overline{w^2})_x) + \frac{1}{16}\partial_x^2 G(w^2, w^2) + R_2$$

が

$$\begin{aligned}
R_2 = R_1 &- \frac{1}{16it}\left(\partial_x K(w^2, w^2) + 8K\left(\overline{w}, \left(w\overline{w^2}\right)_x\right) + 16G\left(\overline{w}, w\overline{w}\,\overline{Jw_x}\right)\right.\\
&+ 2G\left(wJw, \left(w^2\right)_x\right) + 8G\left(\overline{Jw}, \left(w\overline{w^2}\right)_x\right) - 32G\left(\overline{w}, \overline{ww_x}Jw\right)\\
&\left.- 6G(w^2, w_xJw) + 2G(w^2, wJw_x) - 8G\left(\overline{w}, \overline{w^2}Jw_x\right)\right)
\end{aligned}$$

として得られる．補題 12.3 と補題 12.5 から $\|JR_2\| \leqq C\varepsilon^3 \langle t \rangle^{-1-\gamma}$ が従う．作用素 J を（12.26）式の両辺に作用させて，

（12.27）

$$\begin{aligned}
L&\left(Jw + 2it\left(2G(\overline{u_x}, u^2) + G\left(\overline{w}, (w\overline{w^2})_x\right) - \frac{1}{16}\partial_x G(w^2, w^2)\right)\right)\\
&= -(I+2)\left(2G(\overline{u_x}, u^2) + G\left(\overline{w}, (w\overline{w^2})_x\right) - \frac{1}{16}\partial_x G(w^2, w^2)\right)\\
&\quad + JR_2
\end{aligned}$$

が得られる．この方程式にエネルギー法を用いると，

$$\left\|Jw + 2it\left(2G(\overline{u_x}, u^2) + G\left(\overline{w}, (w\overline{w^2})_x\right) - \frac{1}{16}\partial_x G(w^2, w^2)\right)\right\|$$

$$\leqq \varepsilon + C\varepsilon^2 \langle t \rangle^{2\gamma}$$

となり，補題 12.3 から，すべての $t \in [0, T]$ に対して $\|Jw\| \leqq \varepsilon + C\varepsilon^2 \langle t \rangle^{2\gamma}$ となることがわかる．すなわち，この評価式と補題 12.5 により，任意の $t \in [0, T]$ に対して

$$\|Ju\| \leqq \|Jw\| + \|JG(\overline{u}, \overline{u})\| + \|JG(\overline{u}, u^2)\| \leqq \varepsilon + C\varepsilon^2 \langle t \rangle^{\frac{1}{2} + \gamma}$$

となる．次に，任意の $t \in [0, T]$ に対して，$\|u(t)\|_{2, 0, \infty} \leqq 2\varepsilon \langle t \rangle^{-\frac{1}{2}}$ となることを示す．$u = w + G(\overline{u}, \overline{u}) + G(\overline{u}, u^2)$ を (12.26) 式の非線形項 $-2\partial_x G(\overline{u_x}, u^2)$ に代入すると，

$$(12.28) \quad Lw = -2\partial_x G(\overline{w_x}, w^2) - 4\partial_x G(\overline{w_x}, wG(\overline{w}, \overline{w}))$$
$$- 2\partial_x G(\partial_x G(w, w), w^2)$$
$$- \partial_x G(\overline{w}, (w\overline{w^2})_x) + \frac{1}{16} \partial_x^2 G(w^2, w^2) + R_3$$

が

$$R_3 = R_2 + 2\partial_x G(\overline{w_x}, w^2) + 4\partial_x G(\overline{w_x}, wG(\overline{w}, \overline{w}))$$
$$+ 2\partial_x G(\partial_x G(w, w), w^2) - 2\partial_x G(\overline{u_x}, u^2)$$

として得られる．補題 12.5 によって，$\|JR_3\| \leqq C\varepsilon^3 \langle t \rangle^{-1-\gamma}$ となることがわかるので，作用素 $\mathcal{F}U(-t)$ を (12.28) 式の両辺に作用させ，補題 12.6 と 12.7 を用いれば，関数 $v(t, \xi) = \mathcal{F}U(-t)w = \widehat{w}(t, \xi)e^{-it\xi^2}$ に対して

$$(12.29) \quad v_t(t, \xi) = \frac{i\xi^2}{4\sqrt{3}\,\pi t} |v|^2 v + O(\varepsilon^3 t^{-1-\gamma})$$

となることがわかる．正確な時間減衰評価を得るために，(12.29) 式の発散項である，右辺第 1 項を打ち消す変数変換

$$v(t, \xi) = h(t, \xi) \exp\left(\frac{i\xi^2}{4\sqrt{3}\,\pi} \int_1^t |v(\tau, \xi)|^2 \frac{d\tau}{\tau} \right)$$

を用いる．そうすると，評価式 $\|h_t\|_{0, 2, \infty} \leqq C\varepsilon^3 \langle t \rangle^{-1-\gamma}$ が得られ，$\|v\|_{0, 2, \infty} = \|h\|_{0, 2, \infty} \leqq \varepsilon + C\varepsilon^3$，および任意の $1 \leqq s \leqq t$ に対して，

206   12 2 次の非線形項を持つ非線形 Schrödinger 方程式

$$(12.30) \qquad \|h(t) - h(s)\|_{0,2,\infty} \leqq C\varepsilon^3 s^{-\gamma}$$

が成立することがわかる．それゆえ，一意的極限 $Q = \lim\limits_{t\to\infty} h(t)$ が存在する．補題 12.6 より，$\|w\|_{2,0,\infty} \leqq (\varepsilon + C\varepsilon^3)\langle t\rangle^{-1/2}$，そして，補題 12.3 より，評価式

$$(12.31)$$

$$\|u\|_{2,0,\infty} = \left\|w + G(\overline{u},\overline{u}) + G(\overline{u},u^2)\right\|_{2,0,\infty} \leqq (\varepsilon + C\varepsilon^3)\langle t\rangle^{-\frac{1}{2}}$$

が成立する．(12.21)式，(12.24)式，および(12.31)式から，評価式(12.17)が得られる．よって，背理法より補題 12.9 が証明された． ∎

　[定理 12.1 の証明]　補題 12.6 から，$\xi = x/(2t)$ として，漸近公式

$$(12.32)$$

$$w = \frac{1}{\sqrt{t}} M Q(\xi) \exp\left(\frac{i\xi^2}{4\sqrt{3}\,\pi} \int_1^t |h(\tau,\xi)|^2 \frac{d\tau}{\tau}\right) + O\left(t^{-\frac{1}{2}-\gamma}\right)$$

が得られる．漸近公式(12.32)の位相の部分に対して，

$$\xi^2 \int_1^t |h(\tau,\xi)|^2 \frac{d\tau}{\tau} = \xi^2 \int_1^t |v(\tau,\xi)|^2 \frac{d\tau}{\tau} = \xi^2 |Q|^2 \log t + \Phi(t)$$

と書くことにする．ここで，

$$\Phi(t) = \xi^2 \left(|v(t)|^2 - |Q|^2\right) \log t + \xi^2 \int_1^t \left(|v(\tau)|^2 - |v(t)|^2\right)\frac{d\tau}{\tau}$$

とした．任意の $1 < s < t$ に対して，

$$\Phi(t) - \Phi(s) = \xi^2 \int_s^t \left(|v(\tau)|^2 - |v(t)|^2\right)\frac{d\tau}{\tau} + \xi^2 \left(|v(t)|^2 - |Q|^2\right)\log\frac{t}{s}$$

であるから，評価式(12.17)と(12.30)を適用して，$1 < s < t$ に対して，

$$\|\Phi(t) - \Phi(s)\| \leqq C\varepsilon s^{-\gamma}$$

となることがわかる．それゆえ，一意的な極限 $\vartheta = \lim\limits_{t\to\infty} \Phi(t) \in L^\infty$ が存在して，

$$\|\Phi(t) - \vartheta\| \leqq C\varepsilon t^{-\gamma}$$

となる. このように,

$$(12.33) \qquad \left\|\xi^2 \int_1^t |v(\tau,\xi)|^2 \frac{d\tau}{\tau} - \xi^2 |Q|^2 \log t - \vartheta\right\| \leqq C\varepsilon t^{-\gamma}$$

が得られる. $u(t) = w(t) + O\left(t^{-\frac{1}{2}-\gamma}\right)$ であるから, (12.32)式と(12.33)式から, $Q\left(x/(2t)\right)$ によって, $Q\left(x/(2t)\right)\exp(i\vartheta\left(x/(2t)\right))$ を置き換えると, 漸近公式(12.2)式が得られる. 定理 12.1 はこのように示された. ∎

12.3 散乱状態の非存在

[定理 12.2 の証明] 定理を背理法によって示す. そこで, u_+ が恒等的には 0 でないとする. (12.19)式は,

$$L\left(u - G\left(\overline{u}, \overline{u}\right)\right) = 2G\left(\overline{u}, (u_x)^2\right)$$

であるので, 両辺に $U(-t)$ を作用させて, 時間に関して積分すると,

$$U(-t)u(t) - U(-s)u(s) = U(-t)G\left(\overline{u}, \overline{u}\right) - U(-s)G(\overline{u}, \overline{u})$$
$$- 2i\int_s^t U(-\tau)G\left(\overline{u}, (u_x)^2\right)d\tau$$

となる. 非線形項 $N(u) = G\left(\overline{u}, (u_x)^2\right)$ を, 等式 $U(t)\overline{M} = MD\mathcal{F}$ を用いて,

$$N(u) = \left(N(u) - N(U(t)u_+)\right)$$
$$+ \left(N(U(t)u_+) - N\left(U(t)\overline{M}u_+\right)\right) + N\left(MD\widehat{u_+}\right)$$

のように分解する. 公式(12.14)式と(12.15)式より,

$$\left\|N\left(MD\widehat{u_+}\right)\right\| \geqq \frac{1}{t}\left\|\xi^2 |\widehat{u_+}|^2 \widehat{u_+}\right\| - \frac{C}{t^{1+\alpha}}\|u_+\|_{2,\delta}^3$$

が得られ, これらの式と, 解 $u(t)$ に対して, 定理 12.1 によって与えられた評価を用いると,

$$\|U(-t)u(t) - U(-s)u(s)\|$$

$$\geqq \left\| \xi^2 \left| \widehat{u_+} \right|^2 \widehat{u_+} \right\| \int_s^t \frac{d\tau}{\tau} - C \| u_+ \|_{2,\delta}^3 \int_s^t \frac{d\tau}{\tau^{1+\alpha}}$$

$$- \| G(\overline{u}, \overline{u})(t) \| - \| G(\overline{u}, \overline{u})(s) \|$$

$$- C \left(\varepsilon^2 + \| u_+ \|_{2,\delta}^2 \right) \int_s^t \left(\| u(\tau) - U(\tau) u_+ \|_{2,0} + \left\| (\overline{M} - 1) u_+ \right\|_{2,0} \right) \frac{d\tau}{\tau}$$

となることがわかる. これは, 任意の $\theta > 0$ に対して, 適当な時間 $T(\theta)$ が存在して, $t > s > T(\theta)$ ならば,

$$\| U(-t)u(t) - U(-s)u(s) \| \geqq \left(\left\| \xi | \widehat{u_+} |^2 \widehat{u_+} \right\| - \theta \right) \int_s^t \frac{d\tau}{\tau}$$

が成立することを意味する. すなわち, $u_+ = 0$ となり, 矛盾が導かれたので定理 12.2 は示された.

13 | 臨界冪以上の非線形項を持つ Korteweg-de Vries 型方程式

13.1 解の漸近挙動

この章では，臨界冪以上の非線形項を持った，一般化 Korteweg-de Vries 方程式の初期値問題

$$(13.1) \quad \begin{cases} u_t + \left(|u|^{\rho-1}u\right)_x + \dfrac{1}{3}u_{xxx} = 0, & (t,x) \in \mathbb{R} \times \mathbb{R}, \\ u(0,x) = u_0(x), & x \in \mathbb{R},\ \rho > 1 \end{cases}$$

を考える．ここで，$u_x = \partial_x u$ である．

初期値問題(13.1)は，多くの研究者によって数多くの研究がなされている．解の存在および一意性に関しては，文献[39]，[48]，[85]，[88]，[90]，[99]，[123]において，解の平滑化効果は，文献[10]，[22]，[23]に見ることができる．

ここでの目的は，初期値問題(13.1)に対する解の漸近的振る舞いについて研究することである．条件として，非線形項は臨界冪以上の階数 $\rho > 3$ を持つとし，初期値 u_0 は，適当な重み付きのソボレフ空間において，十分小さいとする．

Korteweg-de Vries 方程式，修正 Korteweg-de Vries 方程式($\rho = 3$)など，特別な場合は，逆散乱法によって解くことができ，解の漸近的振る舞いも，文献[2]，[24]によって示されている．逆散乱法は方程式の非線形項の性質に本質的に依存しているので，方程式(13.1)のような一般的な非線形問題には適用できない．

一方，文献[136]において，$\rho > 5$ であれば解が漸近自由であること，すなわち，非線形問題の解が線形問題の解と同じ時間減衰速度を持つことが示

された．この仕事の後，(13.1)式の解の漸近自由に関する仕事は，非線形項の階数について改良された．値 $\rho > (5 + \sqrt{21})/2 \approx 4.79$ に関しては文献[94]，[97]，[126]，[137]，値 $\rho > (9 + \sqrt{73})/4 \approx 4.39$ に関しては文献[121]，そして，値 $\rho > (23 - \sqrt{57})/4 \approx 3.86$ に関しては文献[18]において，解の漸近自由性が示された．文献[18]と[121]の方法は，Airy 方程式の解の，半分微分に関する L^∞ 時間減衰評価 $\|D^{1/2}v\|_{L^\infty} \leqq C(1+t)^{-1/2}$ を基本にしている（文献[121]の系 2.3 参照）．非線形項の冪乗が $3 < \rho < 3.86$ の場合，方程式(13.1)の解の漸近的振る舞いに関しては，文献[54]によってはじめて明らかにされた．

この章では，文献[54]をもとにして，$\rho > 3$ に対する解の漸近的振る舞いを求めることにする．証明方法は，評価式 $\|vv_x\|_\infty \leqq Ct^{-2/3}(1+t)^{-1/3}$ と $\beta \in (4, \infty]$ としたときの評価式 $\|u(t)\|_\beta \leqq C(1+t)^{-\frac{1}{3}(1-\frac{1}{\beta})}$ を基本にしている．(13.1)式の線形部分 $\partial_t + \partial_x^3/3$ と，ほとんど交換可能である作用素 $I\phi(t,x) = x\phi + 3t \int_{-\infty}^x \partial_t\phi(t,y)\,dy$ を用いて，目的の結果を求めることにする．作用素 I は作用素 $J\phi(t,x) = U(-t)xU(t)\phi(t,x) = (x - t\partial^2)\phi(t,x)$ と密接に関係していることに注意しておく．

この章における考察は，線形方程式の解の精密な時間減衰評価に依存しており，この評価を，

$$U(t)\phi = \mathcal{F}^{-1}e^{it\xi^3/3}\widehat{\phi}(\xi) = \frac{1}{2\pi}\int dy\,\phi(y)\int d\xi\, e^{i\xi(x-y)+it\xi^3/3}$$
$$= t^{-\frac{1}{3}}\,\mathrm{Re}\int \mathrm{Ai}\left(\frac{x-y}{t^{\frac{1}{3}}}\right)\phi(y)\,dy$$

によって定義される自由 Airy 発展作用素の漸近評価を用いておこなうことにする．ここで，$\mathrm{Ai}(x) = \frac{1}{\pi}\int_0^\infty e^{ixz+iz^3/3}dz$ は Airy 関数（この実数部分を Airy 関数と呼ぶこともある）である．

結果を述べる前に，分数階の微分作用素（文献[135]参照）を

$$D^\alpha\phi = \mathcal{F}^{-1}\xi^\alpha e^{-\frac{i\pi}{2}(1+\alpha)}\mathcal{F}\phi = \frac{2\pi}{\Gamma(1-\alpha)}\int_0^\infty (\phi(x+y) - \phi(x))\frac{dy}{y^{\alpha+1}}$$

で定義する．ここで，$\alpha \in (0,1)$，$\xi^\alpha = |\xi|^\alpha \exp(i\alpha\arg\xi)$ とする．それゆえ，$\|\phi\|_{\dot{H}^{\alpha,0}} = \|D^\alpha\phi\|$ と書ける．

この章における主結果を述べることにする．結果は $t < 0$ の場合も，同様に求められるが，簡単のため $t \geqq 0$ とする．

定理 13.1 初期値 u_0 が実数で，$u_0 \in H^{1,1}$ かつ $\|u_0\|_{1,1} = \varepsilon$ が十分小さいとする．そのとき，$\rho > 3$ に対して初期値問題(13.1)の一意的な時間大域解 $u \in C(\mathbb{R}; H^{1,1})$ が存在して，任意の $t > 0$ と $\beta \in (4, \infty]$ に対して，評価式

$$\|u(t)\|_\beta \leqq \frac{C\varepsilon}{(1+t)^{\frac{1}{3} - \frac{1}{3\beta}}}, \quad \|uu_x(t)\|_\infty \leqq \frac{C\varepsilon^2}{t^{\frac{2}{3}}(1+t)^{\frac{1}{3}}}$$

を満足する． □

定理 13.2 u を定理 13.1 で示された(13.1)式の解とする．このとき，任意の $u_0 \in H^{1,1}$ に対して，$V(0) = \widehat{u_0}(0)$ を満足する一意的な関数 $V \in L^\infty \cap L^2$ が存在し，$t \geqq 1$, $\gamma \in (0, \min(1/2, (\rho - 3)/3))$ に対して

$$(13.2) \quad \begin{cases} \|\mathcal{F}U(-t)u(t) - V\| \leqq C\varepsilon t^{-\frac{\rho-3}{3}}, \\ \|\mathcal{F}U(-t)u(t) - V\|_\infty \leqq C\varepsilon t^{-\frac{2\gamma(\rho-3)}{3+9\gamma}} \end{cases}$$

を満たす．さらに大きな時間 t に対して，漸近公式

$$(13.3)$$

$$u(t,x) = t^{-\frac{1}{3}} \operatorname{Re}\left(\operatorname{Ai}\left(xt^{-\frac{1}{3}}\right) V(\chi)\right) + O\left(\varepsilon t^{-\frac{1+\gamma}{3}}\left(1 + |x|t^{-\frac{1}{3}}\right)^{-\frac{1}{4}}\right)$$

が成立する．ここで，$x \leqq 0$ のとき，$\chi = \sqrt{-xt^{-1}}$, $x \geqq 0$ のとき，$\chi = 0$ とする． □

注意 13.3 (13.2)式は逆波動作用素の存在を意味している．

注意 13.4 Airy 関数は，$\eta = xt^{-\frac{1}{3}} \to -\infty$ のとき，漸近形

$$\operatorname{Ai}(\eta) = \frac{C}{\eta^{1/4}} \exp\left(-\frac{2}{3}i\sqrt{\eta^3} + i\frac{\pi}{4}\right) + O(\eta^{-\frac{7}{4}})$$

を持つこと，すなわち，$x \to -\infty$ のとき，激しく振動し，ゆっくり減衰することが知られている．このように，(13.3)式の最初の項は，$x \to -\infty$ のとき，主要項となる．しかし，$t^{1/3}$ より速く x が $x \to +\infty$ となるとき，漸近公式(13.3)における剰余項は，主要項よりゆっくり減衰する．なぜならば，Airy 関数は $\eta = xt^{-\frac{1}{3}} \to +\infty$ のとき，

$$\operatorname{Ai}(\eta) = \frac{C}{\eta^{1/4}} e^{-\frac{2}{3}\sqrt{\eta^3}} + O\left(\eta^{-\frac{7}{4}} e^{-\frac{2}{3}\sqrt{\eta^3}}\right)$$

のように，指数関数的に減衰するからである．それゆえ，この領域において定理 13.2 は解の評価を与えたにすぎない．次の定理は，この隙間を埋めるものである．しかし，領域 $x \gg t^{1/3}$ において，正確な漸近公式を書き下すために，初期値に対してより強い仮定をする必要がある．すなわち，初期値 u_0 は，$x \to +\infty$ のとき，指数関数的に減衰するものと仮定する．

定理 13.5 $\rho > 3$ とし，u を定理 13.1 において得られた (13.1) 式の解とする．さらに，定理 13.1 における条件に加えて，初期値 u_0 は，$E^\sigma(x) = e^{\sigma x}$ とおいたとき，$\sigma \geqq 0$ に対して，$\|E^\sigma u_0\|_{1,1}$ が有界とする．このとき，$\sigma \geqq 0$ に対して，一意的な実数値関数 $V(\sigma)$ で，$V(0) = \hat{u}_0(0)$ なるものが存在して，評価式

$$(13.4) \qquad |(\mathcal{F}U(-t)u(t))(t, i\sigma) - V(\sigma)| \leqq C(1+t)^{-\frac{\rho-3}{3}}$$

を $t > 0$ と $\sigma \geqq 0$ に対して満足する．さらに，大きな t と $x \geqq 0$ に対して，漸近公式

$$(13.5)$$

$$u(t,x) = t^{-\frac{1}{3}} \operatorname{Re}\left(\operatorname{Ai}\left(xt^{-\frac{1}{3}} \right) V(\chi) \right)$$
$$+ O\left(e^{-\frac{2}{3}\sqrt{x^3 t^{-1}}} \left(1 + |x|t^{-\frac{1}{3}} \right)^{-\frac{1+\gamma}{4}} t^{-\frac{1+\gamma}{3}} \|E^\chi u_0\|_{1,1} \right)$$

を満たす．ここで，$\chi = \sqrt{xt^{-1}}$ である． $\qquad\qquad$ ☐

注意 13.6 この章における方法は，次の方程式

$$\begin{cases} u_t + (f(u))_x + \dfrac{1}{3}u_{xxx} = 0, & (t,x) \in \mathbb{R} \times \mathbb{R}, \\ u(0,x) = u_0(x), & x \in \mathbb{R} \end{cases}$$

にも応用可能である．ここで，非線形項は原点で 3 次以上の階数を持っている，すなわち，$\rho > 3$ としたとき，$f(u) = O(|u|^{\rho-1}u)$ と小さな u に対して書けるとする．

主結果を証明するために，関数空間 X_T を

$$X_T = \left\{ \phi \in C([0,T]; S'(\mathbb{R})); |||\phi|||_{X_T} = \sup_{t \in [0,T]} M_0 \phi(t) < \infty \right\}$$

のように定義する．ここで，$M_0 \phi(t) = \|\phi(t)\|_{1,0} + \|D^\alpha J \phi(t)\| + \|\partial_x J \phi(t)\|$

$+ |\widehat{\phi}(t,0)|$ とする. また, 関数空間 $Y_{T,\sigma}$ を

$$M_\sigma \phi(t) = e^{-\frac{\sigma^3 t}{3}} \left(\|E^\sigma \phi(t,x)\|_{1,0} \right.$$
$$\left. + \|E^\sigma D^\alpha J\phi(t,x)\| + \|E^\sigma \partial_x J\phi(t,x)\| + |\widehat{\phi}(t,i\sigma)| \right),$$

$E^\sigma(x) = e^{\sigma x}$, および $\sigma \geqq 0$ として,

$$Y_{T,\sigma} = \left\{ \phi \in C([0,T]; S'(\mathbb{R})); |||\phi|||_{Y_{T,\sigma}} = \sup_{t\in[0,T]} M_\sigma \phi(t) < \infty \right\}$$

で定義する.

13.2 Airy 方程式の解の評価

補題 13.7 は, 関数 $u(t,x)$ の時間減衰が $\alpha = 1/2 - \gamma$, $\gamma \in (0, \min(1/2, (\rho-3)/3))$ のとき, 自由 Airy 発展群 $U(t)$ を用いた値によって評価されることを示している.

補題 13.7 $u(t,x)$ を滑らかな関数とし, $M_0 u(t) = \|u(t)\|_{1,0} + \|\partial_x Ju(t)\|$ $+ \|D^\alpha Ju(t)\| + |\widehat{u}(t,0)|$ が, すべての $t>0$ と $\alpha = 1/2 - \gamma$, $\gamma \in (0,1/2)$ に対して, 有界とする. このとき, すべての $t>0$ に対して, 評価式

$$(13.6) \qquad \|u(t)\|_\beta \leqq C(1+t)^{-\frac{1}{3}+\frac{1}{3\beta}} M_0 u(t)$$

および

$$(13.7) \qquad \|uu_x\|_\infty \leqq C t^{-\frac{2}{3}}(1+t)^{-\frac{1}{3}} \left(M_0 u(t) \right)^2$$

が, $\beta \in (4,\infty]$ に対して成立する. さらに, 大きな $t \geqq 1$ に対して, $x \leqq 0$ のとき, $\chi = \sqrt{-xt^{-1}}$, $x \geqq 0$ のとき, $\chi = 0$ として, 漸近公式

$$(13.8) \qquad u(t,x) = t^{-\frac{1}{3}} \operatorname{Re} \left(\operatorname{Ai}\left(xt^{-\frac{1}{3}} \right) \widehat{v}(t,\chi) \right)$$
$$+ O\left(t^{-\frac{1+\gamma}{3}} \left(1 + |x| t^{-\frac{1}{3}} \right)^{-\frac{1}{4}} \|D^\alpha Ju(t)\| \right)$$

が成立する. ここで, $v = U(-t)u(t)$ とした. □

[証明]　Sobolev の不等式から，評価式 $\|u\|_\beta \leqq C\|u\|_{1,0}$ が得られるので，不等式(13.6)は $0 \leqq t \leqq 1$ に対して成立する．それゆえ，(13.6)式，および (13.8)式を，$t \geqq 1$ に対して証明する．$v(t) = U(-t)u(t)$ とおいて恒等式

(13.9)

$$
\begin{aligned}
u(t,x) &= \frac{1}{\pi}\,\mathrm{Re}\int_0^\infty e^{ipx+\frac{ip^3 t}{3}}\widehat{v}(t,p)\,dp \\
&= \frac{1}{\pi}t^{-\frac{1}{3}}\,\mathrm{Re}\int_0^\infty e^{iq\eta+\frac{iq^3}{3}}\left(\widehat{v}(t,\chi) + \left(\widehat{v}\left(t,qt^{-\frac{1}{3}}\right) - \widehat{v}(t,\chi)\right)\right)dq \\
&= t^{-\frac{1}{3}}\,\mathrm{Re}\left(\mathrm{Ai}\left(xt^{-\frac{1}{3}}\right)\widehat{v}(t,\chi)\right) + R(t,x)
\end{aligned}
$$

を考える．ここで，

$$
R(t,x) = \frac{1}{\pi}t^{-\frac{1}{3}}\,\mathrm{Re}\int_0^\infty e^{iq\eta+\frac{iq^3}{3}}\left(\widehat{v}\left(t,qt^{-\frac{1}{3}}\right) - \widehat{v}(t,\chi)\right)dq
$$

であり，変数変換 $q = pt^{1/3}$, $\eta = xt^{-\frac{1}{3}}$ をおこなった．$x \geqq 0$, すなわち，$\eta \geqq 0$ で $\chi = 0$ の場合を考える．$\mu = \sqrt{|\eta|}$ として，等式

(13.10)　　$e^{iq\eta+\frac{iq^3}{3}} = \dfrac{1}{1+iq(q^2+\mu^2)}\partial_q\left(qe^{iq\eta+\frac{iq^3}{3}}\right)$

を用いると，q に関する部分積分より，剰余項 $R(t,x)$ は，

(13.11)

$$
\begin{aligned}
R(t,x) = \frac{1}{\pi}t^{-\frac{1}{3}}\,\mathrm{Re}\int_0^\infty &\left(\frac{iq(3q^2+\mu^2)\left(\widehat{v}\left(t,qt^{-\frac{1}{3}}\right) - \widehat{v}(t,0)\right)}{1+iq(q^2+\mu^2)}\right. \\
&\left. - qt^{-\frac{1}{3}}\left(\partial_p\widehat{v}\right)\left(t,qt^{-\frac{1}{3}}\right)\right)\frac{e^{iq\eta+\frac{iq^3}{3}}dq}{1+iq(q^2+\mu^2)}
\end{aligned}
$$

のように書ける．Hölder の不等式より，

(13.12)

$$
\begin{aligned}
|\widehat{v}(t,p) - \widehat{v}(t,0)| &\leqq \int_0^p |(\partial_p\widehat{v})(t,p)|\,dp \\
&\leqq \left(\int_0^p |p|^{-2\alpha}\,dp\int_0^p |(\partial_p\widehat{v})(t,p)|^2|p|^{2\alpha}\,dp\right)^{\frac{1}{2}} \\
&\leqq C|p|^\gamma\||p|^\alpha(\partial_p\widehat{v})(t,p)\| \leqq C|p|^\gamma\|D^\alpha Ju(t)\|
\end{aligned}
$$

となるので，変数変換 $z = q(1 + \mu^2)$ をおこなって，不等式 $1 + q(q^2 + \mu^2) > (1 + q(1 + \mu^2))/2$ を用いれば，

$$
\begin{aligned}
(13.13) \quad & \int_0^\infty \frac{(1+q)^{1+3\gamma}\, dq}{(1 + q(q^2 + \mu^2))^2} \\
& \leqq C \int_0^\infty \frac{(1+q)^{1+3\gamma}\, dq}{(1 + q(1+\mu^2))^{\frac{5}{3}-\gamma}(1+q^3)^{\frac{1}{3}+\gamma}} \\
& \leqq C(1+\mu^2)^{-1} \int_0^\infty \frac{dz}{(1+z)^{\frac{5}{3}-\gamma}} \leqq C(1+\mu)^{-2}
\end{aligned}
$$

が得られる．再び，Hölder の不等式を用いれば，(13.13)式より，

$$
\begin{aligned}
(13.14) \quad & \int_0^\infty \frac{q^\gamma\, dq}{1 + q(q^2 + \mu^2)} \\
& \leqq \left(\int_0^\infty \frac{(1+q)^{1+3\gamma}\, dq}{(1 + q(q^2 + \mu^2))^2} \int_0^\infty \frac{dq}{(1+q)^{1+\gamma}} \right)^{\frac{1}{2}} \leqq \frac{C}{1+\mu}
\end{aligned}
$$

が求まる．(13.12)式，(13.13)式，および(13.14)式を(13.11)式に用いれば，

(13.15)

$$
\begin{aligned}
|R(t,x)| & \leqq Ct^{-\frac{1}{3}} \int_0^\infty \frac{\left(\left| \widehat{v}\left(t, qt^{-\frac{1}{3}}\right) - \widehat{v}(t,0) \right| + qt^{-\frac{1}{3}} \left| (\partial_p \widehat{v})\left(t, qt^{-\frac{1}{3}}\right) \right| \right) dq}{|1 + iq(q^2 + \mu^2)|} \\
& \leqq Ct^{-\frac{\gamma+1}{3}} \| D^\alpha Ju(t) \| \int_0^\infty \frac{q^\gamma\, dq}{1 + q(q^2 + \mu^2)} \\
& \quad + Ct^{-\frac{1}{3}} \left(\int_0^\infty q^{2\alpha} \left| (\partial_p \widehat{v})\left(t, qt^{-\frac{1}{3}}\right) \right|^2 dq \int_0^\infty \frac{q^{1+2\gamma}\, dq}{(1 + q(q^2 + \mu^2))^2} \right)^{\frac{1}{2}} \\
& \leqq \frac{C \| D^\alpha Ju(t) \|}{1+\mu} t^{-\frac{\gamma+1}{3}}
\end{aligned}
$$

が得られる．次に，$x \leqq 0$ の場合，すなわち，$\eta = -\mu^2 \leqq 0$ の場合を考える．$\mu = \sqrt{|x|}t^{-1/6}$，$\chi = \mu t^{-1/3}$ であることに注意して，恒等式

$$
(13.16) \quad e^{iq\eta + \frac{iq^3}{3}} = \frac{1}{1 + i(q-\mu)^2(q+\mu)} \partial_q \left((q-\mu) e^{iq\eta + \frac{iq^3}{3}} \right)
$$

を用いて，剰余項 $R(t,x)$ を，q に関して部分積分すると，

216 　13　臨界冪以上の非線形項を持つ Korteweg-de Vries 型方程式

(13.17)
$$R(t,x) = \frac{1}{\pi} t^{-\frac{1}{3}} \operatorname{Re} \int_0^\infty \left(\frac{i(q-\mu)^2(3q+\mu)}{1+i(q-\mu)^2(q+\mu)} \left(\widehat{v}\left(t, qt^{-\frac{1}{3}}\right) - \widehat{v}(t,\chi) \right) \right.$$
$$\left. - (q-\mu)t^{-\frac{1}{3}} \left(\partial_p \widehat{v}\right)\left(t, qt^{-\frac{1}{3}}\right) \right) \frac{e^{iq\eta + \frac{iq^3}{3}}}{1+i(q-\mu)^2(q+\mu)} \, dq$$

となる. 変数変換 $z = (q-\mu)\sqrt{\mu}$, $y = q - \mu$ をおこなうと,

(13.18)
$$\int_0^\infty \frac{|q-\mu|^\gamma dq}{1+(q-\mu)^2(q+\mu)}$$
$$\leqq C \int_0^{2\mu} \frac{|q-\mu|^\gamma dq}{1+(q-\mu)^2\mu} + C \int_{2\mu}^\infty \frac{(q-\mu)^\gamma dq}{1+(q-\mu)^3}$$
$$\leqq \frac{C}{\mu^{\frac{1+\gamma}{2}}} \int_{-\mu\sqrt{\mu}}^{\mu\sqrt{\mu}} \frac{|z|^\gamma dz}{1+z^2} + C \int_\mu^\infty \frac{y^\gamma dy}{1+y^3} \leqq \frac{C}{\sqrt{1+\mu}}$$

と

(13.19)
$$\int_0^\infty \frac{(q-\mu)^2 dq}{(1+(q-\mu)^2(q+\mu))^2 q^{2\alpha}}$$
$$\leqq \frac{C\mu^2}{(1+\mu^3)^2} \int_0^{\mu/2} \frac{dq}{q^{2\alpha}} + C \int_{\mu/2}^{2\mu} \frac{|q-\mu|^{2-2\alpha} dq}{(1+(q-\mu)^2\mu)^2}$$
$$+ C \int_{2\mu}^\infty \frac{(q-\mu)^{2-2\alpha} dq}{(1+(q-\mu)^3)^2}$$
$$\leqq C(1+\mu)^{-4} + \frac{C}{\mu^{\frac{3-2\alpha}{2}}} \int_{-\mu\sqrt{\mu}}^{\mu\sqrt{\mu}} \frac{|z|^{2-2\alpha} dz}{(1+z^2)^2}$$
$$+ C \int_\mu^\infty \frac{y^{2-2\alpha} dy}{1+y^6} \leqq \frac{C}{1+\mu}$$

が得られる. (13.18)式, (13.19)式, および Hölder の不等式を, (13.17)式
に用いると, 剰余項に対して, 評価式

(13.20)
$$|R(t,x)| \leqq Ct^{-\frac{1}{3}} \int_0^\infty \left(\left| \widehat{v}\left(t, qt^{-\frac{1}{3}}\right) - \widehat{v}(t,\chi) \right| \right.$$
$$\left. + |q-\mu|t^{-\frac{1}{3}} \left| \left(\partial_p \widehat{v}\right)\left(t, qt^{-\frac{1}{3}}\right) \right| \right) \frac{dq}{|1+i(q-\mu)^2(q+\mu)|}$$

$$\leqq C t^{-\frac{\gamma+1}{3}} \|D^\alpha J u(t)\| \left(\int_0^\infty \frac{|q-\mu|^\gamma \, dq}{1+(q-\mu)^2(q+\mu)} \right.$$
$$\left. + \left(\int_0^\infty \frac{(q-\mu)^2 \, dq}{(1+(q-\mu)^2(q+\mu))^2 q^{2\alpha}} \right)^{1/2} \right)$$
$$\leqq \frac{C\|D^\alpha J u(t)\|}{\sqrt{1+\mu}} t^{-\frac{\gamma+1}{3}}$$

が求まる．このように，評価式(13.15)と(13.20)から，漸近公式(13.8)が得られる．よく知られた Airy 関数に関する評価式 $|\mathrm{Ai}(\eta)| \leqq C(1+|\eta|)^{-1/4}$ を，(13.9)式，(13.12)式，(13.15)式，および(13.20)式に用いれば，

$$(13.21) \qquad |u(t,x)| \leqq C(1+t)^{-\frac{1}{3}} (1+|\eta|)^{-\frac{1}{4}} M_0 u(t)$$

となる．$\beta = \infty$ としたときの最初の評価式(13.6)は，(13.21)式から直ちに従う．変数変換 $\eta = xt^{-1/3}$ と，不等式(13.21)を用いれば，すべての $\beta \in (4,\infty)$ に対して，評価式(13.6)を，

$$\|u(t,x)\|_\beta \leqq C(1+t)^{-\frac{1}{3}} M_0 u(t) \left\| \left(1+|x|t^{-\frac{1}{3}} \right)^{-\frac{\beta}{4}} \right\|_1^{\frac{1}{\beta}}$$
$$\leqq C(1+t)^{-\frac{1}{3}+\frac{1}{3\beta}} M_0 u(t) \left\| (1+|\eta|)^{-\frac{\beta}{4}} \right\|_{L_\eta^1(\mathbb{R})}^{\frac{1}{\beta}}$$
$$\leqq C(1+t)^{-\frac{1}{3}+\frac{1}{3\beta}} M_0 u(t)$$

のように求めることができる．(13.9)式と同様にして，u_x を

$$u_x(t,x) = \frac{1}{\pi} t^{-\frac{1}{3}} \operatorname{Re} \int_0^\infty e^{iq\eta + \frac{iq^3}{3}} \widehat{v}\left(t, qt^{-\frac{1}{3}} \right) iq \, dq$$

と書くことにする．領域 $x \geqq 0$ に対して，恒等式(13.10)を用いると，(13.15)式を導いたのと同様にして，

$$(13.22) \qquad |u_x(t,x)| \leqq C t^{-\frac{2}{3}} \|\widehat{v}\|_\infty \int_0^\infty \frac{q \, dq}{|1+iq(q^2+\mu^2)|}$$
$$+ C t^{-1} \int_0^\infty \frac{q^2 \left| (\partial_p \widehat{v})\left(t, qt^{-\frac{1}{3}} \right) \right| dq}{|1+iq(q^2+\mu^2)|}$$
$$\leqq C t^{-\frac{1}{3}} \left(\|\widehat{v}\|_\infty + \||p|^\alpha \widehat{v}_p(t,p)\| \right)$$

218   13   臨界冪以上の非線形項を持つ Korteweg-de Vries 型方程式

$$\leqq Ct^{-\frac{1}{3}}\left(\|\partial_x Ju(t)\| + \|D^\alpha Ju(t)\|\right)$$

が，すべての $t > 0$ に対して言えることがわかる．領域 $x \leqq 0$ においては，恒等式(13.16)を用いて，不等式(13.20)を求めた方法と同様にして，$t \geqq 1$ のとき，

(13.23)

$$|u_x(t,x)| \leqq Ct^{-\frac{1}{3}}\int_0^\infty \left(\|\widehat{v}\|_\infty + |q - \mu|t^{-\frac{1}{3}}\left|(\partial_p\widehat{v})\left(t, qt^{-\frac{1}{3}}\right)\right|\right)$$
$$\times \frac{q\,dq}{|1 + i(q-\mu)^2(q+\mu)|}$$
$$\leqq C\|\widehat{v}\|_\infty t^{-\frac{1}{3}}\int_0^\infty \frac{q\,dq}{1 + (q-\mu)^2(q+\mu)}$$
$$+ Ct^{-\frac{1}{3}}\||p|^\alpha\,(\partial_p\widehat{v})\,(t,p)\| \left(\int_0^\infty \frac{q^{2-2\alpha}(q-\mu)^2\,dq}{(1 + (q-\mu)^2(q+\mu))^2}\right)^{1/2}$$
$$\leqq Ct^{-\frac{1}{3}}\left(\|\partial_x Ju(t)\| + \|D^\alpha Ju(t)\|\right)\eta^{\frac{1}{4}}$$

が示せる．これは，変数変換 $z = (q - \mu)\sqrt{\mu}$，$y = q - \mu$ を使えば，

$$\int_0^\infty \frac{q\,dq}{1 + (q-\mu)^2(q+\mu)}$$
$$\leqq C\mu\int_0^{2\mu} \frac{dq}{1 + (q-\mu)^2\mu} + C\int_{2\mu}^\infty \frac{(q-\mu)\,dq}{1 + (q-\mu)^3}$$
$$\leqq C\sqrt{\mu}\int \frac{dz}{1 + z^2} + C\int \frac{y\,dy}{1 + y^3} \leqq C\sqrt{1+\mu}$$

および

$$\int_0^\infty \frac{q^{2-2\alpha}(q-\mu)^2\,dq}{(1 + (q-\mu)^2(q+\mu))^2}$$
$$\leqq C\int_0^\infty \frac{q^{1-2\alpha}(q+\mu)(q-\mu)^2\,dq}{(1 + (q-\mu)^2(q+\mu))^2}$$
$$\leqq C\int_0^\infty \frac{q^{2\gamma}\,dq}{1 + (q-\mu)^2(q+\mu)}$$
$$\leqq \int_0^{2\mu} \frac{C\mu^{2\gamma}\,dq}{1 + (q-\mu)^2\mu} + C\int_{2\mu}^\infty \frac{(q-\mu)^{2\gamma}\,dq}{1 + (q-\mu)^3}$$

$$\leqq C\mu^{-\frac{1}{2}+2\gamma} \int_{-\mu\sqrt{\mu}}^{\mu\sqrt{\mu}} \frac{dz}{1+z^2} + C \int \frac{y\,dy}{1+y^3} \leqq C$$

となるからである．それゆえ，$t \geqq 1$ のとき，2 番目の評価式(13.7)が(13.21)式，(13.22)式，および(13.23)式より得られる．$0 < t < 1$, $x \leqq 0$ の場合には，

$$|u_x(t,x)|$$
$$\leqq Ct^{-\frac{1}{3}} \int_0^\infty \left(\left| \widehat{v}\left(t, qt^{-\frac{1}{3}}\right) \right| + |q-\mu|t^{-\frac{1}{3}} \left| (\partial_p\widehat{v})\left(t, qt^{-\frac{1}{3}}\right) \right| \right)$$
$$\times \frac{qt^{-\frac{1}{3}}\,dq}{|1+i(q-\mu)^2(q+\mu)|}$$
$$\leqq Ct^{-\frac{1}{6}} \left(\int_0^\infty |\widehat{v}(t,p)|^2 p^2\,dp \right)^{\frac{1}{2}} \left(\int_0^\infty \frac{dq}{(1+(q-\mu)^2(q+\mu))^2} \right)^{\frac{1}{2}}$$
$$+ Ct^{-\frac{1}{3}} \||p|^\alpha (\partial_p\widehat{v})(t,p)\| \left(\int_0^\infty \frac{q^{2-2\alpha}(q-\mu)^2\,dq}{(1+(q-\mu)^2(q+\mu))^2} \right)^{\frac{1}{2}}$$
$$\leqq Ct^{-\frac{1}{3}} \left(\|\partial_x u(t)\| + \|D^\alpha Ju(t)\| \right)$$

より，(13.22)式を使えば，$t \leqq 1$ に対する(13.7)式が得られる．このように，補題 13.7 は証明された． ∎

次の補題 13.8 は，分数冪ソボレフ空間 $\dot{H}^{\alpha,1}$ において，非線形項を評価するときに必要となる．

補題 13.8 $E^\sigma(x) = e^{\sigma x}$, $\sigma \geqq 0$, $\alpha = 1/2 - \gamma$, $\gamma \in (0, \min(1/2, (\rho-3)/3))$ とする．このとき，評価式

$$(13.24)$$
$$\left\| E^\sigma D^\alpha |u|^{\rho-1} u \right\|^2 \leqq C \left\| E^\sigma |u|^{\rho-1} \right\|^2 \left(\|uu_x\|_\infty + \|u\|_\infty^{6\gamma} \|uu_x\|_\infty^{1-3\gamma} \right)$$

および

$$(13.25) \quad \left| \left(E^\sigma D^\alpha h, E^\sigma D^\alpha |u|^{\rho-1} h_x \right) \right|$$
$$\leqq C \|E^\sigma D^\alpha h\| \left(\|D^\alpha h\| + \|\partial h\| \right) \left(\|u\|_\infty^{\rho-3} \|E^\sigma uu_x\|_\infty \right.$$
$$+ \|u\|_\infty^{\rho-3-2\gamma} \|u\|^{2\gamma} \|E^\sigma uu_x\|_\infty$$
$$\left. + \|u\|_\infty^{\rho-3} \|E^{\frac{\sigma}{2}} u\|_\infty^{2\gamma} \|E^\sigma uu_x\|_\infty^{1-\gamma} \right)$$

220 13 臨界冪以上の非線形項を持つ Korteweg-de Vries 型方程式

$$+ \, \sigma \| E^{\frac{\sigma}{2}} u \|_\infty^2 \| u \|_\infty^{\rho-3} \Big)$$

が成立する. □

注意 13.9 補題 13.8 は, 非線形項の冪 ρ が, 臨界冪 3 に近いときは, 分数冪の微分の階数を 1/2 に近い値にとらなければならないことを意味している. 定理 13.1-13.2 を示すときには, 補題の $\sigma = 0$ の場合だけを用いればよい.

[補題 13.8 の証明] $f(u) = |u|^{\rho-1} u$ とする. このとき, 不等式

$$|f - f_{(z)}| \leqq \rho |z| \| u u_x \|_\infty \left(|u|^{\rho-2} + |u_{(z)}|^{\rho-2} \right)$$

と

$$|f - f_{(z)}| \leqq \left(|u|^\rho + |u_{(z)}|^\rho \right)$$

が容易に求まるので, 任意の $\delta \in [0, 2]$ に対して,

$$(13.26) \qquad |(f(u) - f(u_{(z)}))|^2 \leqq C |z|^\delta \| u u_x \|_\infty^\delta \left(|u|^{2(\rho-\delta)} + |u_{(z)}|^{2(\rho-\delta)} \right)$$

が得られる. ここで, $u_{(z)}(x) = u(x + z)$, $z \geqq 0$ である. (13.26)式に $E^{2\sigma} = e^{2\sigma x}$ を掛けて, すべての $z \geqq 0$, $\sigma \geqq 0$ に対して, 不等式 $E^{2\sigma} = e^{2\sigma x} \leqq (E^{2\sigma})_{(z)} = e^{2\sigma(x+z)}$ が成立することを用いて, x に関して積分すると,

$$(13.27) \qquad \| E^\sigma (f(u) - f(u_{(z)})) \|^2 \leqq C z^\delta \| E^\sigma |u|^{\rho-\delta} \|^2 \| u u_x \|_\infty^\delta$$

が, すべての $z \geqq 0$, $\sigma \geqq 0$ に対して得られる. $\delta = 1$ あるいは $\delta = 1 - 3\gamma$ として, (13.27)式を使えば,

$$\begin{aligned}
\| E^\sigma D^\alpha f(u) \|^2 &= C \left\| E^\sigma \int_0^\infty (f(x+z) - f(x)) \frac{dz}{z^{\alpha+1}} \right\|_{L_x^2}^2 \\
&\leqq C \left(\int_0^\infty \| E^\sigma (f_{(z)} - f) \| \frac{dz}{z^{\alpha+1}} \right)^2 \\
&\leqq C \| E^\sigma |u|^{\rho-1} \|^2 \| u u_x \|_\infty \left(\int_0^1 \frac{dz}{z^{1-\gamma}} \right)^2 \\
&\quad + C \| E^\sigma |u|^{\rho-1+3\gamma} \| \| u u_x \|_\infty^{1-3\gamma} \left(\int_1^\infty \frac{dz}{z^{1+\gamma/2}} \right)^2
\end{aligned}$$

$$\leqq C\|E^\sigma|u|^{\rho-1}\|^2\left(\|uu_x\|_\infty + \|u\|_\infty^{6\gamma}\|uu_x\|_\infty^{1-3\gamma}\right)$$

となることがわかる. このように, 最初の評価式(13.24)式が示された. 等式

$$(13.28)\qquad (E^\sigma D^\alpha h, E^\sigma D^\alpha|u|^{\rho-1}h_x)$$

$$= (E^\sigma D^\alpha h, E^\sigma|u|^{\rho-1}D^\alpha h_x)$$

$$+ (E^\sigma D^\alpha h, E^\sigma(D^\alpha|u|^{\rho-1}h_x - |u|^{\rho-1}D^\alpha h_x))$$

$$= Q_1 + Q_2$$

において, 部分積分をおこなうと,

(13.29)

$$|Q_1| = \left| -\frac{1}{2}\left(E^\sigma D^\alpha h, E^\sigma(|u|^{\rho-1})_x D^\alpha h\right) - \sigma\left(E^\sigma D^\alpha h, E^\sigma|u|^{\rho-1}D^\alpha h\right)\right|$$

$$\leqq \|E^\sigma D^\alpha h\|\|D^\alpha h\|\|u\|_\infty^{\rho-3}(C\|E^\sigma uu_x\|_\infty + \sigma\|E^{\sigma/2}u\|_\infty^2)$$

が得られる. 再び部分積分を用いれば, 等式

$$D^\alpha|u|^{\rho-1}h_x - |u|^{\rho-1}D^\alpha h_x$$

$$= C\int_0^\infty \left(|u(x+z)|^{\rho-1} - |u(x)|^{\rho-1}\right)h_z(x+z)\frac{dz}{z^{1+\alpha}}$$

$$= C\int_0^\infty \left(|u(x+z)|^{\rho-1} - |u(x)|^{\rho-1}\right)(h(x+z) - h(x))_z\frac{dz}{z^{1+\alpha}}$$

$$= C\int_0^\infty \left(|u(x+z)|^{\rho-1} - |u(x)|^{\rho-1}\right)(h(x+z) - h(x))\frac{dz}{z^{2+\alpha}}$$

$$+ C\int_0^\infty (|u|^{\rho-3}uu_x)(x+z)(h(x+z) - h(x))\frac{dz}{z^{1+\alpha}}$$

が得られるので, Schwarz の不等式を用いて,

(13.30)

$$|Q_2| \leqq C\|E^\sigma D^\alpha h\|\left(\left\|E^\sigma\int_0^\infty(|u|^{\rho-3}uu_x)_{(z)}(h_{(z)} - h)\frac{dz}{z^{1+\alpha}}\right\|\right.$$

$$\left.+ \left\|E^\sigma\int_0^\infty(|u|_{(z)}^{\rho-1} - |u|^{\rho-1})(h_{(z)} - h)\frac{dz}{z^{2+\alpha}}\right\|\right)$$

$$
\leqq C\|E^\sigma D^\alpha h\| \left\| \int_0^\infty \frac{(h_{(z)}-h)^2\,dz}{z^{1+\gamma+2\alpha}} \right\|_1^{\frac{1}{2}}
$$

$$
\times \left(\left\| E^{2\sigma} \int_0^\infty (|u|^{2\rho-6}(uu_x)^2)_{(z)} \frac{dz}{z^{1-\gamma}} \right\|_\infty^{\frac{1}{2}} \right.
$$

$$
\left. + \left\| E^{2\sigma} \int_0^\infty ((|u|^{\rho-1})_{(z)} - |u|^{\rho-1})^2 \frac{dz}{z^{3-\gamma}} \right\|_\infty^{\frac{1}{2}} \right)
$$

が求まる．ところで，Hölder の不等式により，

$$
(13.31) \quad \left\| E^{2\sigma} \int_0^\infty (|u|^{2\rho-6}(uu_x)^2)_{(z)} \frac{dz}{z^{1-\gamma}} \right\|_\infty
$$

$$
= \left\| \int_0^1 + \int_1^\infty \right\|_\infty
$$

$$
\leqq 2\|u\|_\infty^{2\rho-6} \|E^\sigma uu_x\|_\infty^2 \int_0^1 \frac{dz}{z^{1-\gamma}}
$$

$$
+ 2 \left\| |u|^{\frac{2\rho-6}{4\gamma}} \right\|^{4\gamma} \|E^\sigma uu_x\|_\infty^2 \left(\int_1^\infty \frac{dz}{z^{\frac{1-\gamma}{1-2\gamma}}} \right)^{1-2\gamma}
$$

$$
\leqq C\|u\|_\infty^{2\rho-6-4\gamma} \|E^\sigma uu_x\|_\infty^2 \left(\|u\|_\infty^{4\gamma} + \|u\|^{4\gamma} \right)
$$

となることがわかり，(13.26)式と(13.27)式を求めたのと同様に，$|z| \leqq 1$ であれば，不等式

$$
\left\| E^\sigma ((|u|^{\rho-1})_{(z)} - |u|^{\rho-1}) \right\|_\infty \leqq C|z| \|u\|_\infty^{\rho-3} \|E^\sigma uu_x\|_\infty
$$

が，そして，$|z| > 1$ のときは，不等式

$$
\|E^\sigma ((|u|^{\rho-1})_{(z)} - |u|^{\rho-1})\|_\infty \leqq C|z|^{1-\gamma} \|u\|_\infty^{\rho-3} \left\| E^{\frac{\sigma}{2}} u \right\|_\infty^{2\gamma} \|E^\sigma uu_x\|_\infty^{1-\gamma}
$$

が成立する．それから，評価式(13.31)と同様に積分区間を $[0,1]$ と $[1,\infty)$ に分けて考えれば，

$$
(13.32) \quad \left\| E^{2\sigma} \int_0^\infty ((|u|^{\rho-1})_{(z)} - |u|^{\rho-1})^2 \frac{dz}{z^{3-\gamma}} \right\|_\infty
$$

$$
\leqq C\|u\|_\infty^{2\rho-6} \|E^\sigma uu_x\|_\infty^{2-2\gamma} \left(\|E^\sigma uu_x\|_\infty^{2\gamma} + \|E^{\frac{\sigma}{2}} u\|_\infty^{4\gamma} \right)
$$

が得られる．(13.31)式と(13.32)式を，(13.30)式に代入すると

$$(13.33) \quad |Q_2| \leqq C\|E^\sigma D^\alpha h\|(\|D^\alpha h\| + \|\partial h\|)$$
$$\times \left(\|u\|_\infty^{\rho-3}\|E^\sigma uu_x\|_\infty + \|u\|_\infty^{\rho-3-2\gamma}\|u\|^{2\gamma}\|E^\sigma uu_x\|_\infty \right.$$
$$\left. + \|u\|_\infty^{\rho-3}\|E^{\frac{\sigma}{2}}u\|_\infty^{2\gamma}\|E^\sigma uu_x\|_\infty^{1-\gamma}\right)$$

がわかる．ここで，不等式

$$\left\|\int_0^\infty \frac{(h_{(z)}-h)^2 dz}{z^{1+\gamma+2\alpha}}\right\|_1^{\frac{1}{2}} \leqq \left(\int_0^\infty \frac{\|h_{(z)}-h\|^2 dz}{z^{1+\gamma+2\alpha}}\right)^{1/2}$$
$$\leqq \|h\|_{\dot{B}_{2,2}^{\alpha+\gamma/2}} \leqq C\|h\|_{\dot{H}^{\alpha+\gamma/2}}$$
$$= C\|D^{\alpha+\gamma/2}h\| \leqq C(\|D^\alpha h\| + \|\partial h\|)$$

が成立することを用いた．評価式 (13.29) と (13.33)，および等式 (13.28) から，補題の 2 番目の評価式 (13.25) が得られ，補題 13.8 は証明された． ∎

13.3 $x > 0$ における Airy 方程式の解の評価

次の補題 13.10 では，領域 $\eta = x/t^{1/3} \to +\infty$ における，漸近形を調べる．

補題 13.10 $E^\sigma(x) = e^{\sigma x}$, $\alpha = 1/2 - \gamma$, $\gamma \in (0, 1/2)$ とし，$u(t,x)$ を滑らかな関数で，値

$$M_\sigma u(t) = e^{-\frac{\sigma^3 t}{3}}\left(\|E^\sigma u(t)\|_{1,0} + \|E^\sigma \partial Ju(t)\| + \|E^\sigma D^\alpha Ju(t)\| + |\widehat{u}(t, i\sigma)|\right)$$

が $t \geqq 0$, $\sigma \geqq 0$ に対して有界であるとする．このとき，$t > 0$, $\beta \in (4, \infty]$, $\sigma \geqq 0$ に対して，評価式

$$(13.34) \qquad \|E^\sigma u\|_\beta \leqq C(1+t)^{-\frac{1}{3}+\frac{1}{3\beta}} e^{\frac{\sigma^3 t}{3}} M_\sigma u(t),$$

および

$$(13.35) \qquad \|E^\sigma uu_x\|_\infty \leqq Ct^{-\frac{2}{3}}(1+t)^{-\frac{1}{3}} e^{\frac{\sigma^3 t}{3}} M_\sigma u(t) M_0 u(t)$$

が成立する．さらに，$t \geqq 1$, $x \geqq 0$ に対して，漸近公式

$$(13.36) \qquad u(t,x) = \frac{1}{t^{1/3}} \operatorname{Re}\left(\operatorname{Ai}\left(\frac{x}{t^{1/3}}\right)\widehat{v}(t, i\chi)\right)$$

$$+ O\left(\frac{\exp\left(-\dfrac{2}{3}\sqrt{\dfrac{x^3}{t}}\right) M_\chi u(t)}{t^{\frac{1+\gamma}{3}}\left(1 + \dfrac{x}{t^{1/3}}\right)^{\frac{1+\gamma}{4}}}\right)$$

がわかる. ここで, $v(t) = U(-t)u(t)$, $U(t)$ は自由 Airy 発展作用素で, $\chi = \sqrt{xt^{-1}}$ とした. $\qquad\qquad\qquad\qquad\qquad\qquad\qquad\qquad\qquad\qquad\square$

注意 13.11 Airy 関数 $\mathrm{Ai}(\eta)$ は, $\eta = xt^{-1/3} \to +\infty$ のとき, 次の漸近形

$$(13.37)\qquad \mathrm{Ai}(\eta) = C\eta^{-\frac{1}{4}} e^{-\frac{2}{3}\sqrt{\eta^3}} + O\left(\eta^{-\frac{7}{4}} e^{-\frac{2}{3}\sqrt{\eta^3}}\right)$$

を持つ. このように, (13.36)式の右辺第 2 項は, 第 1 項より速く減衰するので, 剰余項となる.

[補題 13.10 の証明] Sobolev の不等式より, $\|E^\sigma u\|_\infty \leqq C\|E^\sigma u\|_{1,0}$ であるから, $\beta = \infty$ の場合の不等式(13.34)は, $0 \leqq t \leqq 1$ に対して成立する. 次に, $t \geqq 1$ に対して, $\beta = \infty$ としたときの(13.34)式と漸近公式(13.36)を証明する. 補題 13.7 の証明((13.9)参照)の証明と同様にして, $v(t,x) = U(-t)u(t)$ とおいたとき

(13.38)

$$
\begin{aligned}
u(t,x) &= \frac{1}{2\pi} \operatorname{Re} \int_{-\infty}^{\infty} e^{ipx + \frac{ip^3 t}{3}} \widehat{v}(t,p)\, dp \\
&= \frac{1}{2\pi} t^{-\frac{1}{3}} \operatorname{Re} \int_{-\infty}^{\infty} e^{iq\eta + \frac{iq^3}{3}} \left(\widehat{v}(t,i\sigma) + \left(\widehat{v}\left(t, qt^{-\frac{1}{3}}\right) - \widehat{v}(t,i\sigma)\right)\right) dq \\
&= t^{-\frac{1}{3}} \operatorname{Re}\left(\mathrm{Ai}(\eta)\widehat{v}(t,i\sigma)\right) + R(t,x)
\end{aligned}
$$

と書くことができる. ここで, 剰余項は $q = pt^{1/3}$, $\eta = \mu^2 = xt^{-1/3}$ としたとき,

$$R(t,x) = \frac{1}{2\pi} t^{-\frac{1}{3}} \operatorname{Re} \int_{-\infty}^{\infty} e^{iq\eta + \frac{iq^3}{3}} \left(\widehat{v}\left(t, qt^{-\frac{1}{3}}\right) - \widehat{v}(t,i\sigma)\right) dq$$

となる. 積分路を $i\nu = i\sigma t^{1/3}$ だけずらし, 変数を $r = q - i\nu$ とすると, 剰余項は

$R(t,x)$

$$= \frac{e^{-\sigma x + \frac{\sigma^3 t}{3}} t^{-\frac{1}{3}}}{2\pi} \operatorname{Re} \int_{-\infty}^{\infty} e^{-\nu r^2 + \frac{ir^3}{3} + ir(\mu^2 - \nu^2)} \left(\widehat{v}\left(t, \frac{r + i\nu}{t^{\frac{1}{3}}}\right) - \widehat{v}(t, i\sigma) \right) dr$$

と書くことができる. それゆえ, 補題 13.7 を求めたときと同様にして, 等式

$$e^{-\nu r^2 + \frac{ir^3}{3} + ir(\mu^2 - \nu^2)}$$

$$= \frac{r^2}{-1 - 2\nu r^2 + ir^3 + ir(\mu^2 - \nu^2)} \partial_r \left(\frac{1}{r} e^{-\nu r^2 + \frac{ir^3}{3} + ir(\mu^2 - \nu^2)} \right)$$

を用いて,

(13.39)

$$R(t,x) = \frac{e^{-\sigma x + \frac{\sigma^3 t}{3}} t^{-\frac{1}{3}}}{2\pi}$$

$$\times \operatorname{Re} \int_{-\infty}^{\infty} \left(\frac{(ir^3 - ir(\mu^2 - \nu^2) + 2)\left(\widehat{v}\left(t, \frac{r + i\nu}{t^{1/3}}\right) - \widehat{v}(t, i\sigma) \right)}{-1 - 2\nu r^2 + ir^3 + ir(\mu^2 - \nu^2)} \right.$$

$$\left. - \frac{r}{t^{1/3}} (\partial_p \widehat{v})\left(t, \frac{r + i\nu}{t^{1/3}}\right) \right) \frac{e^{-\nu r^2 + \frac{ir^3}{3} + ir(\mu^2 - \nu^2)} dr}{-1 - 2\nu r^2 + ir^3 + ir(\mu^2 - \nu^2)}$$

を得ることができる. Hölder の不等式を適用すれば, (13.12)式と同様にして,

$$e^{-\nu r^2} \left| \widehat{v}\left(\frac{r + i\nu}{t^{1/3}} \right) - \widehat{v}\left(i\frac{\nu}{t^{1/3}} \right) \right|$$

$$\leqq t^{-\frac{1}{3}} \int_0^r e^{-\nu y^2} \left| (\partial_p \widehat{v})\left(t, \frac{y + i\nu}{t^{1/3}}\right) \right| dy$$

$$\leqq C \left(rt^{-\frac{1}{3}} \right)^{\gamma} \left(\int e^{-\frac{2\sigma^3 t}{3}} \left| (p + i\sigma)^{\alpha} e^{\frac{i(p+i\sigma)^3 t}{3}} (\partial_p \widehat{v})(t, p + i\sigma) \right|^2 dp \right)^{\frac{1}{2}}$$

$$\leqq C \left(rt^{-\frac{1}{3}} \right)^{\gamma} e^{-\frac{\sigma^3 t}{3}} \| E^{\sigma} D^{\alpha} J u(t) \|$$

が求まる. それゆえ, (13.39)式から,

226   13   臨界冪以上の非線形項を持つ Korteweg-de Vries 型方程式

（13.40）

$$|R(t,x)| \leqq Ce^{-\sigma x + \frac{\sigma^3 t}{3}} t^{-\frac{1+\gamma}{3}}$$

$$\times \left(e^{-\frac{\sigma^3 t}{3}} \|E^\sigma D^\alpha J u(t)\| \int_{-\infty}^\infty \frac{|r|^\gamma \, dr}{|1 + 2\nu r^2 + ir^3 + ir(\mu^2 - \nu^2)|} \right.$$

$$\left. + \int_0^\infty \frac{e^{-\nu r^2} \left| (\partial_p \widehat{v}) \left(t, \dfrac{r + i\nu}{t^{1/3}} \right) \right| r \, dr}{|1 + 2\nu r^2 + ir^3 + ir(\mu^2 - \nu^2)|t^{1/3}} \right)$$

$$\leqq Ce^{-\sigma x} t^{-\frac{1+\gamma}{3}} \left(\frac{\|E^\sigma D^\alpha J u(t)\|}{(1 + \mu)^{\frac{1+\gamma}{2}}} \right.$$

$$+ \left(\int_{-\infty}^\infty \frac{r^2 \, dr}{|1 + 2\nu r^2 + ir^3 + ir(\mu^2 - \nu^2)|^2 |r + i\nu|^{2\alpha}} \right)^{\frac{1}{2}}$$

$$\left. \times \left(\int_{-\infty}^\infty \left| (p + i\sigma)^\alpha e^{i(p+i\sigma)^3 t/3} (\partial_p \widehat{v}) (t, p + i\sigma) \right|^2 dp \right)^{\frac{1}{2}} \right)$$

$$\leqq C \frac{e^{-\sigma x}}{(1 + \mu)^{\frac{1+\gamma}{2}}} \|E^\sigma D^\alpha J u(t)\| t^{-\frac{1+\gamma}{3}}$$

$$\leqq C \frac{e^{-\sigma x + \sigma^3 t/3}}{(1 + \mu)^{\frac{1+\gamma}{2}}} t^{-\frac{1+\gamma}{3}} M_\sigma u(t)$$

が得られる．ここで，$\mu \geqq 2\nu$ のとき，評価式

$$\int_{-\infty}^\infty \frac{|r|^\gamma \, dr}{|1 + 2\nu r^2 + ir^3 + ir(\mu^2 - \nu^2)|}$$

$$\leqq C \int_0^\infty \frac{r^\gamma \, dr}{\sqrt{r(\mu^2 - \nu^2)}\sqrt{1 + r^3}} \leqq \frac{C}{1 + \mu}$$

と

$$\int_{-\infty}^\infty \frac{r^2 \, dr}{|1 + 2\nu r^2 + ir^3 + ir(\mu^2 - \nu^2)|^2 |r + i\nu|^{2\alpha}}$$

$$\leqq \int_{-\infty}^\infty \frac{|r|^{1+2\gamma} \, dr}{|1 + 2\nu r^2 + ir^3 + ir(\mu^2 - \nu^2)|^2}$$

$$\leqq C \int_0^\infty \frac{r^{1+2\gamma} \, dr}{r(\mu^2 - \nu^2)(1 + r^3)} \leqq \frac{C}{(1 + \mu)^2}$$

13.3　$x > 0$ における Airy 方程式の解の評価　　227

が成立すること，および $\mu \leqq 2\nu$ の場合，評価式

$$\int_{-\infty}^{\infty} \frac{|r|^{\gamma}\,dr}{|1 + 2\nu r^2 + ir^3 + ir(\mu^2 - \nu^2)|}$$
$$\leqq C \int_0^{\infty} \frac{r^{\gamma}\,dr}{1 + 2\nu r^2 + r|r^2 + \mu^2 - \nu^2|}$$
$$\leqq C(1 + \nu)^{-\frac{1+\gamma}{2}} \leqq C(1 + \mu)^{-\frac{1+\gamma}{2}}$$

と

$$\int_{-\infty}^{\infty} \frac{r^2\,dr}{|1 + 2\nu r^2 + ir^3 + ir(\mu^2 - \nu^2)|^2 |r + i\nu|^{2\alpha}}$$
$$\leqq C \int_0^{\infty} \frac{r^{1+2\gamma}\,dr}{(1 + 2\nu r^2 + r|r^2 + \mu^2 - \nu^2|)^2}$$
$$\leqq C(1 + \nu)^{-(1+\gamma)} \leqq C(1 + \mu)^{-(1+\gamma)}$$

が成立することを用いた．このように，$\sigma = \chi = \sqrt{xt^{-1}}$，すなわち，$\nu = \mu = \sqrt{x}\,t^{-1/6}$ とすれば，漸近公式(13.36)を得ることができる．$x \geqq 0$, $\sigma \geqq 0$ と $t > 0$ に対して，不等式 $e^{-\frac{2}{3}\sqrt{x^3/t}} \leqq e^{-\sigma x + \sigma^3 t/3}$ が成立するから，補題 13.7 を求めたのと同様にして，Airy 関数に関する漸近公式(13.37)，(13.38)式，および(13.40)式から，$x \geqq 0$ に対して，

$$|u(t,x)| \leqq Ct^{-\frac{1}{3}} (1 + |\mu|)^{-\frac{1}{2}} e^{-\sigma x + \frac{\sigma^3 t}{3}} M_\sigma u(t)$$

が得られる．それから，補題 13.7 の評価式を，領域 $x \leqq 0$ に対して用い，最終的に，すべての $x \in \mathbb{R}$ において，

$$(13.41)\qquad e^{\sigma x}|u(t,x)| \leqq C(1 + t)^{-\frac{1}{3}} (1 + |\mu|)^{-\frac{1}{2}} e^{\frac{\sigma^3 t}{3}} M_\sigma u(t)$$

を導くことができる．$\beta = \infty$ としたときの最初の評価式(13.34)は(13.41)式から直ちに従う．再び変数変換 $\eta = x/t^{1/3}$ を用いて，不等式(13.41)を使えば $\beta \in (4, \infty]$ のとき，

$$\|e^{\sigma x}u(t,x)\|_\beta \leqq C(1 + t)^{-\frac{1}{3}} e^{\frac{\sigma^3 t}{3}} M_\sigma u(t) \left\| \left(1 + |x|t^{-\frac{1}{3}}\right)^{-\frac{\beta}{4}} \right\|_1^{\frac{1}{\beta}}$$
$$\leqq C(1 + t)^{-\frac{1}{3} + \frac{1}{3\beta}} e^{\frac{\sigma^3 t}{3}} M_\sigma u(t) \left\| (1 + |\eta|)^{-\frac{\beta}{4}} \right\|_{L^1_\eta(\mathbb{R})}^{\frac{1}{\beta}}$$

228   13   臨界冪以上の非線形項を持つ Korteweg-de Vries 型方程式

$$\leqq C(1+t)^{-\frac{1}{3}+\frac{1}{3\beta}} e^{\frac{\sigma^3 t}{3}} M_\sigma u(t)$$

が得られる．これは評価式(13.34)である．未知関数の微分 u_x に対しては，補題 13.7 の評価式を用いて，

$$|u_x(t,x)| \leqq C t^{-\frac{1}{3}} M_0 u(t)$$

が $t > 0$, $x \in \mathbb{R}$ に対してわかるので，(13.35)式が成立していることになり，補題が証明された． ∎

13.4 時間大域解の存在

次の局所解の存在定理 13.12 については，例えば，文献[22], [39], [85], [88], [90], [103]を参照．

定理 13.12 初期条件 u_0 は，$\|u_0\|_{1,1} = \varepsilon \leqq \varepsilon'$ で，ε' が十分小さいとする．このとき，適当な $T > 1$ と(13.1)式の一意的な解 u が存在して，

$$|||u|||_{X_T} \leqq C\varepsilon'$$

が成立する． □

局所解の先験的評価を示すことにする．

時間局所解の先験的評価を求めることによって時間大域解を示すことに関しての詳しい説明は，文献[103]を参照されるとよい．

補題 13.13 u を定理 13.12 で述べられた初期値問題(13.1)の局所解とする．このとき，任意の $t \in [0,T]$ に対して，

$$M_0 u(t) \leqq C\varepsilon$$

が成立する．ここで，定数 C は解の存在時間 T に依存しない定数である． □

[証明] $Lu = (\partial_t + (1/3)\partial_x^3)u$ とすると，$Lu = -(|u|^{\rho-1}u)_x$ のように，方程式(13.1)を書くことができる．最初に 2 つの保存量 $\|u\| = \|u_0\|$ と $|\widehat{u}(t,0)| = |\widehat{u}_0(0)|$ が成立することに注意する．方程式(13.1)を x に関して微分すると $Lu_x = -(|u|^{\rho-1}u)_{xx}$ が得られる．この方程式の両辺に u_x を掛けて，部分積

分をおこなうと，

$$(13.42) \qquad \frac{d}{dt}\|u_x\|^2 \leqq C\|u\|_\infty^{\rho-3}\|uu_x\|_\infty\|u_x\|^2$$

となる．補題 13.7 の評価式(13.6)–(13.8)と，定理 13.12 を用いると，$\beta \in (4, \infty]$ のとき

$$(13.43)$$

$$\|u(t)\|_\beta \leqq C\varepsilon'(1+t)^{-\frac{1}{3}+\frac{1}{3\beta}}, \quad \|uu_x(t)\|_\infty \leqq C\varepsilon' t^{-\frac{2}{3}}(1+t)^{-\frac{1}{3}}$$

が成立することがわかる．それゆえ，(13.42)式，(13.43)式，および Gronwall の不等式から，$\|u_x\|^2 \leqq C\|u_{0x}\|^2 \leqq C\varepsilon^2$ が従う．このようにして，

$$(13.44) \qquad \|u\|_{1,0} \leqq C\varepsilon$$

が得られた．作用素 I を $I\phi = x\phi + 3t\displaystyle\int_{-\infty}^x \partial_t\phi\,dx'$ で定義すると，作用素 $J\phi = x\phi - t\displaystyle\int_{-\infty}^x \partial_x^3\phi\,dx' = x\phi - t\partial_x^2\phi$ であるから，等式

$$(13.45) \qquad I\phi - J\phi = 3t\int_{-\infty}^x L\phi\,dx'$$

が求まる．また，次の交換関係

$$(13.46)$$

$$[L, J]\phi = 0, \quad [L, I]\phi = 3\int_{-\infty}^x L\phi\,dx', \quad [J, \partial_x]\phi = [I, \partial_x]\phi = -\phi$$

が成立することに注意すると，(13.46)式を用いて，

$$(13.47) \quad I(|u|^{\rho-1}u)_x = x\partial_x(|u|^{\rho-1}u) + 3t\partial_t(|u|^{\rho-1}u)$$
$$= \rho|u|^{\rho-1}(x\partial_x u + 3t\partial_t u) = \rho|u|^{\rho-1}Iu_x$$

となることがわかる．それゆえ，作用素 I を方程式(13.1)に適用して，(13.47)式を使えば，方程式

$$(13.48) \quad LIu = ILu + 3\int_{-\infty}^x Lu\,dx'$$
$$= -I(|u|^{\rho-1}u)_x - 3|u|^{\rho-1}u$$

$$= -\rho|u|^{\rho-1}Iu_x - 3|u|^{\rho-1}u$$
$$= -\rho|u|^{\rho-1}(Iu)_x - (3-\rho)|u|^{\rho-1}u$$

が導かれる．作用素 D^α を (13.48) 式に作用させて，得られた式の両辺に $D^\alpha Iu$ を掛け，$h = Iu$, $\sigma = 0$ としたときの補題 13.8 を使うと，

(13.49)

$$\frac{d}{dt}\|D^\alpha Iu\|^2$$
$$= -2\left(D^\alpha Iu, \rho D^\alpha |u|^{\rho-1}(Iu)_x + (3-\rho)D^\alpha(|u|^{\rho-1}u)\right)$$
$$\leqq C\|D^\alpha Iu\|\Big\{\left(\|D^\alpha Iu\| + \|\partial_x Iu\|\right)$$
$$\times \left(\|u\|_\infty^{\rho-3}\|uu_x\|_\infty\|u\|_\infty^{\rho-3-2\gamma}\|u\|^{2\gamma}\|uu_x\|_\infty + \|u\|_\infty^{\rho-3+2\gamma}\|uu_x\|_\infty^{1-\gamma}\right)$$
$$+ \||u|^{\rho-1}\|\left(\|uu_x\|_\infty^{1/2} + \|u\|_\infty^{3\gamma}\|uu_x\|_\infty^{\frac{1-3\gamma}{2}}\right)\Big\}$$

が成立する．(13.48) 式を求めたのと同様にして，(13.46) 式と (13.47) 式を用いると，

(13.50)

$$LIu_x = ILu_x + 3Lu$$
$$= -I(|u|^{\rho-1}u)_{xx} - 3(|u|^{\rho-1}u)_x$$
$$= -(I(|u|^{\rho-1}u)_x)_x - 2(|u|^{\rho-1}u)_x$$
$$= -\rho\left(|u|^{\rho-1}(Iu_x)_x + (\rho-1)|u|^{\rho-3}uu_xIu_x + 2|u|^{\rho-1}u_x\right)$$

となることがわかるので，(13.50) 式に Iu_x を掛けて，部分積分をおこなうと，評価式

(13.51) $\qquad \dfrac{d}{dt}\|Iu_x\|^2 \leqq C\|u\|_\infty^{\rho-3}\|uu_x\|_\infty\left(\|Iu_x\| + \|u\|\right)\|Iu_x\|$

を得ることができる．(13.43) 式，(13.44) 式，および Gronwall の不等式を (13.49) 式と (13.51) 式に使えば，評価 $\|D^\alpha Iu\| + \|Iu_x\| \leqq C\|u_0\|_{1,1} \leqq C\varepsilon$ が求まる．それゆえ，(13.43) 式，(13.44) 式，(13.45) 式と補題 13.8 より，

(13.52)

$$\|D^\alpha Ju\| + \|\partial_x Ju_x\|$$

$$\leqq \|D^\alpha Iu\| + \|Iu_x\| + \|u\| + 3t(\|D^\alpha |u|^{\rho-1}u\| + \rho\||u|^{\rho-1}u_x\|)$$

$$\leqq C\varepsilon$$

が従う．求める補題は(13.44)式と(13.52)式より得られる． ▮

13.5 散乱状態(逆波動作用素)の存在

定理 13.1-13.2 を証明することにする．

［定理 13.1 の証明］ 補題 13.13 から，$t \in [0, T]$ に対して，

$$\||u\||_{X_T} \leqq C\varepsilon$$

となる．ε を $C\varepsilon \leqq \varepsilon'$ となるようにとると，定数 C が T に依存しないことに注意すれば，標準的な時間接続の議論を用いて，存在時間を延長することによって結果が得られる． ▮

［定理 13.2 の証明］ (13.1)式より，

$$(U(-t)u)_t = -U(-t)\partial_x(|u|^{\rho-1}u)$$

が得られるので，(13.43)式，(13.44)式より，$1 < s < t$ のとき，

(13.53)

$$\|U(-t)u(t) - U(-s)u(s)\|$$

$$\leqq C\int_s^t \|u(\tau)\|_\infty^{\rho-3}\|uu_x(\tau)\|_\infty\|u(\tau)\|d\tau$$

$$\leqq C\varepsilon\int_s^t \tau^{-\rho/3}d\tau \leqq C\varepsilon s^{-\frac{\rho-3}{3}}$$

が成立する．$p = \infty$, $j = 0$, $m = 1$, $r = 1 + \gamma$, $q = 2$, $a = (1 + \gamma)/(1 + 3\gamma)$ として，Sobolev の不等式を用いると，

232   13 臨界冪以上の非線形項を持つ Korteweg-de Vries 型方程式

(13.54)

$$\|\mathcal{F}U(-t)u(t) - \mathcal{F}U(-s)u(s)\|_\infty$$
$$\leqq C\left(\|\partial_x \mathcal{F}U(-t)u(t)\|_r^a + \|\partial_x \mathcal{F}U(-s)u(s)\|_r^a\right)$$
$$\times \|\mathcal{F}U(-t)u(t) - \mathcal{F}U(-s)u(s)\|^{1-a}$$
$$\leqq C\left(\|\mathcal{F}U(-t)Ju(t)\|_r^a + \|\mathcal{F}U(-s)Ju(s)\|_r^a\right)s^{-\frac{2\gamma(\rho-3)}{3+9\gamma}}\varepsilon^{1-a}$$
$$\leqq Cs^{-\frac{2\gamma(\rho-3)}{3+9\gamma}}\left((M_0 u(t))^a + (M_0 u(s))^a\right)$$
$$\times \left(\int_0^\infty (p^\alpha + p)^{-\frac{2+2\gamma}{1-\gamma}}\,dp\right)^{\frac{1-\gamma}{2+6\gamma}}\varepsilon^{1-a}$$
$$\leqq C\varepsilon s^{-\frac{2\gamma(\rho-3)}{3+9\gamma}}$$

が求まる. (13.53)式, (13.54)式から一意的な関数 $V \in L^\infty \cap L^2$ が存在して,

$$\lim_{t\to\infty}\left(\|\mathcal{F}U(-t)u(t) - V\|_\infty + \|\mathcal{F}U(-t)u(t) - V\|\right) = 0$$

となることがわかる. それゆえ, (13.53)式, (13.54)式から(13.2)式が成立することがわかる. 漸近公式(13.3)は(13.9)式, (13.2)式, および評価式(13.52)から従う. 保存量 $\widehat{u}(t,0) = \widehat{u}_0(0)$ を用いれば, 等式 $V(0) = \widehat{u}_0(0)$ が得られ, 定理 13.2 が示されたことになる. ∎

定理 13.5 を証明するために, 次の局所解の存在定理を仮定する(例えば文献[85]参照). 関数 $E^\sigma = e^{\sigma x}$, $\sigma > 0$ は, $t > 0$ における解の平滑化効果の研究で, 文献[85]において用いられたことに注意しておく.

定理 13.14   初期条件 u_0 は, $\|u_0\|_{1,1} = \varepsilon \leqq \varepsilon'$ で, ε' は十分小さいとし, $\|E^\sigma u_0\|_{1,1}$ は, $\sigma \geqq 0$ に対して有界とする. そのとき, 適当な時間 $T > 1$ と, (13.1)式の一意的な解 u が存在して, 評価式

$$|||u|||_{Y_{T,\sigma}} \leqq C$$

を満足する. ただし, ここで $C = C(\sigma, T)$ である.   □

次の補題において, 上の定理 13.14 における定数 C が, 解の存在時間 T に依存しないことを証明する.

13.5 散乱状態(逆波動作用素)の存在　　233

補題 13.15　u を定理 13.14 で述べられた初期値問題(13.1)の局所解とする. このとき, 任意の $t \in [0, T]$ に対して,

$$M_\sigma u(t) \leqq C$$

が成立する. ここで,

$$M_\sigma u(t) = e^{-\frac{\sigma^3 t}{3}} \left(\|E^\sigma u(t)\|_{1,0} + \|E^\sigma D^\alpha J u(t)\| + \|E^\sigma \partial J u(t)\| + |\hat{u}(t, i\sigma)| \right)$$

であり, 定数 $C = C(\sigma)$ は存在時間 T に依存しない定数である.　　□

[証明]　(13.1)式 $Lu = -(|u|^{\rho-1}u)_x$ に $E^{2\sigma}u$ を掛けて, 交換関係 $[L, E^\sigma]$ $= (\sigma^3/3 - \sigma^2\partial + \sigma\partial^2)E^\sigma$ を用いて, 部分積分をおこなうと

$$(13.55) \quad \frac{d}{dt}\|E^\sigma u\|^2 = -2\big(E^\sigma u, E^\sigma(|u|^{\rho-1}u)_x\big)$$
$$+ \frac{2\sigma^3}{3}\|E^\sigma u\|^2 - 2\sigma\|(E^\sigma u)_x\|^2$$
$$\leqq 2\rho\|u\|_\infty^{\rho-3}\|uu_x\|_\infty\|E^\sigma u\|^2 + \frac{2\sigma^3}{3}\|E^\sigma u\|^2$$

が求まる. それから, (13.1)式を x に関して微分した式 $Lu_x = -(|u|^{\rho-1}u)_{xx}$ に, $E^{2\sigma}u_x$ を掛けて, 再び部分積分をおこなうと

$$(13.56) \quad \frac{d}{dt}\|E^\sigma u_x\|^2 = -\rho(\rho-1)\big(E^\sigma u_x, |u|^{\rho-3}uu_x E^\sigma u_x\big)$$
$$+ 2\sigma\rho\big(E^\sigma u_x, |u|^{\rho-3}uu_x E^\sigma u\big)$$
$$+ \frac{2\sigma^3}{3}\|E^\sigma u_x\|^2 - 2\sigma\|(E^\sigma u_x)_x\|^2$$
$$\leqq C\|u\|_\infty^{\rho-3}\|uu_x\|_\infty\|E^\sigma u_x\|(\|E^\sigma u_x\| + \|E^\sigma u\|)$$
$$+ \frac{2\sigma^3}{3}\|E^\sigma u_x\|^2$$

がわかる. 補題 13.13 の証明における評価式(13.43)を用い, (13.55)式, (13.56)式に Gronwall の不等式を用いると,

$$(13.57) \quad e^{-\frac{\sigma^3 t}{3}}\|E^\sigma u\|_{1,0} \leqq C\|E^\sigma u_0\|_{1,0}$$

が従う. 補題 13.13 の証明と同様にして, 作用素 $I\phi = x\phi + 3t\int_{-\infty}^{x}\partial_t\phi\, dx'$

234　13　臨界冪以上の非線形項を持つ Korteweg-de Vries 型方程式

と，作用素 $J\phi = x\phi - t\int_{-\infty}^{x}\partial_x^3\phi\,dx' = x\phi - t\partial_x^2\phi$ を導入する．作用素 D^α を (13.48)式に作用させ，得られた方程式に，$E^{2\sigma}D^\alpha Iu$ を掛け，補題 13.8 を $h = Iu$ とおいて用いれば，

(13.58)

$$\frac{d}{dt}\|E^\sigma D^\alpha Iu\|^2$$

$$= -2\big(E^\sigma D^\alpha Iu, \rho E^\sigma D^\alpha |u|^{\rho-1}(Iu)_x - (3-\rho)E^\sigma D^\alpha(|u|^{\rho-1}u)\big)$$

$$\quad - 2\sigma\|(E^\sigma D^\alpha Iu)_x\|^2 + \frac{2\sigma^3}{3}\|E^\sigma D^\alpha Iu\|^2$$

$$\leqq C\|E^\sigma D^\alpha Iu\|(\|D^\alpha Iu\| + \|\partial Iu\|)$$

$$\quad \times \Big(\|u\|_\infty^{\rho-3}\|E^\sigma uu_x\|_\infty + \|u\|_\infty^{\rho-3-2\gamma}\|u\|^{2\gamma}\|E^\sigma uu_x\|_\infty$$

$$\quad\quad + \|u\|_\infty^{\rho-3}\|E^{\frac{\sigma}{2}}u\|_\infty^{2\gamma}\|E^\sigma uu_x\|_\infty^{1-\gamma} + \sigma\|E^{\frac{\sigma}{2}}u\|_\infty^2\|u\|_\infty^{\rho-3}\Big)$$

$$\quad + C\|E^\sigma D^\alpha Iu\|\|E^\sigma|u|^{\rho-1}\|\Big(\|uu_x\|_\infty^{1/2} + \|u\|_\infty^{3\gamma}\|uu_x\|_\infty^{\frac{1-3\gamma}{2}}\Big)$$

$$\quad + \frac{2\sigma^3}{3}\|E^\sigma D^\alpha Iu\|^2$$

が求まる．さらに，(13.50)式に $E^{2\sigma}Iu_x$ を掛けて，部分積分をおこなえば

(13.59)　　$$\frac{d}{dt}\|E^\sigma Iu_x\|^2$$

$$\leqq C\|u\|_\infty^{\rho-3}\|E^\sigma uu_x\|_\infty(\|Iu_x\| + \|u\|)\|E^\sigma Iu_x\|$$

$$\quad + 2\sigma\rho\|E^{\frac{\sigma}{2}}u\|_\infty^2\|u\|_\infty^{\rho-3}\|E^\sigma Iu_x\|\|Iu_x\| + \frac{2\sigma^3}{3}\|E^\sigma Iu_x\|^2$$

となることがわかる．補題 13.10 の評価式(13.34)–(13.35)と，定理 13.14 から，$\beta \in (4, \infty]$ に対して，

(13.60)

$$\|E^\sigma u\|_\beta \leqq Ce^{\frac{\sigma^3 t}{3}}(1+t)^{-\frac{1}{3}+\frac{1}{3\beta}}, \quad \|E^\sigma uu_x\|_\infty \leqq Ce^{\frac{\sigma^3 t}{3}}t^{-\frac{2}{3}}(1+t)^{-\frac{1}{3}}$$

となるので，(13.58)式と(13.59)式を時間に関して積分し，(13.57)式，(13.60)式，および Gronwall の不等式を適用すれば，評価式

$$e^{-\frac{\sigma^3 t}{3}}(\|E^\sigma D^\alpha Iu\| + \|E^\sigma Iu_x\|) \leqq C\|E^\sigma u_0\|_{1,1}$$

を得ることができる。それゆえ，(13.57)式，(13.60)式，等式(13.45)と補題13.8 から，

$$(13.61) \qquad \|E^\sigma D^\alpha Ju\| + \|E^\sigma \partial Ju_x\|$$

$$\leqq \|E^\sigma D^\alpha Iu\| + \|E^\sigma Iu_x\| + \|E^\sigma u\|$$

$$+ 3t(\|E^\sigma D^\alpha |u|^{\rho-1}u\| + \rho\|E^\sigma |u|^{\rho-1}u_x\|) \leqq Ce^{\frac{\sigma^3 t}{3}}$$

となる。$\widehat{v}(t, i\sigma) = e^{-\frac{\sigma^3 t}{3}}\int e^{\sigma y} u(t, y)\,dy$ であるから，方程式(13.1)に $e^{\sigma x}$ を掛けて，部分積分をおこなうと，

$$\widehat{v}_t(t, i\sigma) = e^{-\frac{\sigma^3 t}{3}}\int e^{\sigma y}(|u|^{\rho-1}u)_y\,dy = -\sigma e^{-\frac{\sigma^3 t}{3}}\int e^{\sigma y}|u|^{\rho-1}u\,dy$$

となるので，(13.60)式を使えば，任意の $t \geqq 0$ に対して，

$$(13.62) \qquad |\widehat{v}_t(t, i\sigma)| \leqq Ce^{-\frac{\sigma^3 t}{3}}\|u\|_\infty^{\rho-3}(\|u\|_\infty^3 + \|E^{\frac{\sigma}{2}}u\|_\infty^3) \leqq C(1+t)^{-\frac{\rho}{3}}$$

が従う。(13.62)式を t に関して積分すれば，

$$(13.63) \qquad |\widehat{v}(t, i\sigma)| \leqq |\widehat{v}(0, i\sigma)| + C\int_0^t (1+\tau)^{-\frac{\rho}{3}}\,d\tau \leqq C$$

となり，求める補題は，(13.57)式，(13.61)式および(13.63)式から得られる。∎

次に定理13.5 を証明する。

[定理13.5 の証明]　$0 \leqq \mu \leqq 1$ のときは，漸近公式(13.3)と(13.5)が一致するので，$\mu = \sqrt{x}\,t^{-1/6} \geqq 1$ の場合だけを考えれば十分である。補題13.15 からすべての $t > 0$ に対して，

$$(13.64) \qquad M_\sigma u(t) \leqq C = C(\sigma)$$

となるので，(13.62)式において $\sigma = \chi$ とし，t に関して積分すれば，

$$(13.65) \qquad |\widehat{v}(t, i\chi) - \widehat{v}(s, i\chi)| \leqq C\int_s^t \tau^{-\frac{\rho}{3}}\,d\tau \leqq Cs^{-\frac{\rho-3}{3}}$$

236   13 臨界冪以上の非線形項を持つ Korteweg-de Vries 型方程式

が $1 < s < t$ に対して得られる．(13.65)式より，一意的な実数値関数 $V(\chi)$ が存在して，$\lim_{t \to \infty} (\widehat{v}(t, i\chi) - V(\chi)) = 0$ となることがわかる．また，(13.65)式から不等式(13.4)がわかり，漸近公式(13.5)は(13.36)式，(13.4)式，および(13.64)式から導かれるので，定理は証明された． ∎

14 修正Korteweg-de Vries方程式

14.1 解の漸近挙動

この章では，修正 Korteweg-de Vries 方程式

$$(14.1) \quad \begin{cases} u_t + \partial_x N(u) + \dfrac{1}{3}u_{xxx} = 0, & (t,x) \in \mathbb{R} \times \mathbb{R}, \\ u(0,x) = u_0(x), & x \in \mathbb{R} \end{cases}$$

に対する解の漸近的振る舞いについて考える．ここで，$u_x = \partial_x u$，初期値 u_0 は実数値関数で $\int u_0(x)\,dx = \int_{-\infty}^{\infty} u_0(x)\,dx = 0$ とし，非線形項は $N(u) = a(t)u^3$，$a(t) \in C^1(\mathbb{R})$ は実数値関数，有界かつ $|a'(t)| \leqq C(1 + |t|)^{-1}$ とする．

初期値問題(14.1)は，多くの研究者によって精力的に研究され，多くの成果が得られている．このことに関しては，第13章を参照．係数 $a(t)$ を付けた方程式を考えるのは，以下に述べる方法が，このような形の方程式に対しても有効であることを明示するためである．一方，逆散乱法はこのような形の方程式に対しては，有効ではないことに注意しておく．

仮定 $\int u_0(x)\,dx = 0$ の役割について述べておくことにしよう．$t > 0$ とする．空間の遠方領域 $x \sim -t$ において，線形 Korteweg-de Vries 方程式の解 u と空間微分 u_x は激しく振動し，$1/\sqrt{t}$ で減衰する．そして，近い領域 $x \sim -t^{1/3}$ において，解 u は $1/t^{1/3}$ の時間減衰をする．また，その空間微分 u_x はより速く $1/t^{2/3}$ の時間減衰をする．修正 Korteweg-de Vries 方程式(14.1)の非線形項の振る舞いを説明するために，解の時間減衰が上で述べた線形のそれと同じであるとしよう．そのとき，非線形項は両方の領域において臨界的時間減衰 u/t を持つことがわかる．さらに，領域 $x \sim -t$ において激しく振動するが，領域 $x \sim -t^{1/3}$ においては，自己相似的な振る舞いをする．仮定 $\int u_0(x)\,dx = 0$ によって，非線形項の減衰は，領域 $x \sim -t^{1/3}$ において臨界

238   14　修正 Korteweg-de Vries 方程式

値から非臨界値に変化する．実際，$u = v_x$ とすれば，v は $x \to \pm\infty$ としたとき，0 に減衰し，非線形項を $a(t)(v_x)^3$ で置き換えた方程式(14.1)を満足する．微分があるので，新しい非線形項は，$v/t^{4/3}$ のようにより速く時間減衰する．それゆえ，領域 $x \sim -t^{1/3}$ においては，線形の解のように振る舞うことが予想される．しかし，領域 $x \sim -t$ においては，漸近的振る舞いは変わらないので，依然として，非線形項は臨界値の時間減衰を持つ．幸いなことに，非線形項の時間無限大での振動構造は，3 次の非線形項を持った Schrödinger 方程式のそれと類似なものとなるので，文献[54]および[55]で導入した方法を使うことができる．このように，仮定 $\int u_0(x)\,dx = 0$ は，証明において本質的な役割を果たすこと，および領域 $x \sim -t$ を考えるだけで十分であることがわかる．

$\int u_0(x)\,dx \neq 0$ の場合，領域 $x \sim -t^{1/3}$ における非線形項の自己相似構造を考慮に入れた，新しい方法を考える必要がある．すなわち，線形解の近傍で解を探すのではなく，非線形方程式の自己相似解の近傍で解を求める必要が出てくる．このことに関しては，文献[58]を参照するとよい．

前章と同様にして，作用素

$$I\phi(t,x) = x\phi + 3t \int_{-\infty}^{x} \partial_t \phi(t,y)\,dy$$

を用いる．この作用素は，方程式(14.1)の線形部分 $L = \partial_t + (1/3)\partial_x^3$ と，ほとんど交換可能であること，また自由 Airy 発展群 $U(t)$ の平滑化効果を研究するために用いられた作用素 $J = U(-t)xU(t) = x - t\partial_x^2$ に関係していることに注意しておく．

この章における目的は，次の 2 つの定理を示すことにある．

定理 14.1　$a(t) \in C^1(\mathbb{R})$ かつ $|a(t)| + (1 + |t|)\,|\partial_t a(t)| \leqq C$ とする．また，初期値 $u_0 \in H^{1,1}$ は実数で，$\int u_0(x)\,dx = 0$ かつ $\|u_0\|_{1,1} = \varepsilon$ は十分小さいとする．そのとき，初期値問題(14.1)は一意的な解 $u \in C\left(\mathbb{R}; H^{1,1}\right)$ を持ち，すべての $t \in \mathbb{R}$ に対して，

(14.2)　$\|u(t)u_x(t)\|_{\infty} \leqq C\varepsilon\,|t|^{-\frac{2}{3}}\,(1 + |t|)^{-\frac{1}{3}}$,

$$\|u(t)\|_{\beta} \leqq C\varepsilon\,(1 + |t|)^{-\frac{1}{2}\left(1 - \frac{2}{\beta}\right)}, \quad 4 < \beta < \infty$$

を満足する.　　　　　　　　　　　　　　　　　　　　　　　□

定理 14.2　u を定理 14.1 で得られた，初期値問題 (14.1) の解とする．このとき，初期値 u_0 に対し，一意的な関数 W と $\Phi \in L^\infty$ が存在し，$t \geqq 1$ に対して，評価式

$$(14.3) \qquad \left\| W - (\mathcal{F}U(-t)u)(t) \exp\left(-3i\pi \int_1^t |\widehat{u}(\tau)|^2 a(\tau) \frac{d\tau}{\tau} \right) \right\|_\infty \leqq C\varepsilon t^{-\lambda},$$

および

$$(14.4) \qquad \left\| \int_1^t |\widehat{u}(\tau)|^2 a(\tau) \frac{d\tau}{\tau} - |W|^2 \int_1^t a(\tau) \frac{d\tau}{\tau} - \Phi \right\|_\infty \leqq C\varepsilon t^{-\lambda}$$

を満足する．ここで，$0 < \lambda < 1/21 - C\varepsilon$ で Φ は実数値関数である．さらに，大きな t に対して，次の漸近公式

$$(14.5)$$
$$u(t,x) = \sqrt{2\pi} t^{-\frac{1}{3}} \operatorname{Re}\Bigg(\operatorname{Ai}\left(xt^{-\frac{1}{3}} \right) W\left(\frac{x}{t} \right)$$
$$\times \exp\left(-3i\pi \left| W\left(\frac{x}{t} \right) \right|^2 \int_1^t a(\tau) \frac{d\tau}{\tau} - 3i\pi\Phi\left(\frac{x}{t} \right) \right) \Bigg)$$
$$+ O\left(\varepsilon t^{-\frac{1}{2} - \lambda} \right)$$

と，評価式

$$(14.6)$$
$$\left\| (\mathcal{F}U(-t)u)(t) - W \exp\left(-3i\pi |W|^2 \int_1^t a(\tau) \frac{d\tau}{\tau} - 3i\pi\Phi \right) \right\|_\infty \leqq C\varepsilon t^{-\lambda}$$

が成立する.　　　　　　　　　　　　　　　　　　　　　　　□

以後，簡単のために正の t だけを考える．

注意 14.3　(14.2) 式の最後の不等式は，方程式 (14.1) の解の時間減衰が，範囲 $\beta \in (2,4]$ と $\beta = \infty$ を除いて，線形 Schrödinger 方程式の解の時間減衰と同じであることを示している.

240   14 修正 Korteweg-de Vries 方程式

14.2 Airy 方程式の解の評価再考

ここでは，臨界冪非線形項を扱うので，前章の自由 Airy 発展群による時間減衰評価を改良する必要がある．補題 13.7 では，関数 $u(t,x)$ の $L^\beta (4 < \beta < \infty)$ 時間減衰評価，および $u(t,x)\partial_x u(t,x)$ の L^∞ 時間減衰評価を，自由 Airy 発展群 $U(t)$ を用いて求めたのであるが，ここでは，値

$$Mu \equiv \left(\|u(t)\|_{1,0} + \|Ju(t)\|_{1,0} \right) \left(1 + |t| \right)^{-\delta}$$
$$+ \sup_{p\in\mathbb{R}} \left| \left(\mathcal{F}U(-t)u(t) \right)(p) \right| \left(1 + |p|^{-\nu} \right),$$
$$\nu = \frac{1}{2} - 3\delta, \quad 0 < \delta < \frac{2}{3\beta}, \quad 4 < \beta < \infty$$

によって，どのように評価されるかを調べる．

補題 14.4 $u(t,x)$ を滑らかな関数とし，$Mu(t)$ がすべての $t > 0$ に対して有界とする．このとき，評価式

$$(14.7) \qquad \|u(t)\|_\beta \leqq C \left(1 + t \right)^{-\frac{1}{2}\left(1 - \frac{2}{\beta}\right)} Mu(t),$$

および

$$(14.8) \qquad \|u(t)u_x(t)\|_\infty \leqq C t^{-\frac{2}{3}} \left(1 + t \right)^{-\frac{1}{3}} \left(Mu(t) \right)^2$$

が成立する．さらに $t \geqq 1$ に対して，漸近公式

$$(14.9) \qquad u(t,x) = \sqrt{2\pi} t^{-\frac{1}{3}} \operatorname{Re}\left(\operatorname{Ai}\left(xt^{-\frac{1}{3}} \right) \widehat{v}(t,\chi) \right)$$
$$+ O\left(t^{-\frac{1}{2}} \left(1 + |x|t^{-\frac{1}{3}} \right)^{-\frac{1}{4}} \|Ju(t)\| \right)$$

が成り立つ．ここで，$v = U(-t)u(t)$ であり，χ は $x \leqq 0$ のとき，$\chi = \sqrt{-xt^{-1}}$，$x \geqq 0$ のとき，$\chi = 0$ とする． □

［証明］ 第 13 章，補題 13.7 の証明と類似の証明方法なので，以降の証明を若干簡略化するが，必要があれば，前章の証明を重複して述べることにす

る. 前章と同様に, $t \geqq 1$ だけを考える. $v(t) = U(-t)u(t)$ とおくと,

$$(14.10) \qquad u(t,x) = \sqrt{2\pi} t^{-\frac{1}{3}} \operatorname{Re}\left(\operatorname{Ai}\left(xt^{-\frac{1}{3}} \right) \widehat{v}(t,\chi) \right) + R(t,x).$$

ここで, 剰余項は

$$R(t,x) = \sqrt{\frac{2}{\pi}} t^{-\frac{1}{3}} \operatorname{Re} \int_0^\infty e^{iq\eta + \frac{iq^3}{3}} \left(\widehat{v}\left(t, qt^{-\frac{1}{3}} \right) - \widehat{v}(t,\chi) \right) dq$$

である. 変数変換 $q = pt^{1/3}$, $\eta = xt^{-1/3}$ をおこない, $x \geqq 0$, すなわち, $\eta \geqq 0$ で $\chi = 0$ の場合を考える. $\mu = \sqrt{|\eta|}$ とおいて, 恒等式

$$(14.11) \qquad e^{iq\eta + \frac{iq^3}{3}} = \frac{1}{1 + iq\left(q^2 + \mu^2\right)} \partial_q \left(q e^{iq\eta + \frac{iq^3}{3}} \right)$$

を用いて, q に関して部分積分をすると, 剰余項 $R(t,x)$ は,

(14.12)

$$R(t,x)$$
$$= \frac{1}{\pi} t^{-\frac{1}{3}} \operatorname{Re} \int_0^\infty \left(\frac{iq\left(3q^2 + \mu^2\right)}{1 + iq(q^2 + \mu^2)} \widehat{v}\left(t, qt^{-\frac{1}{3}} \right) - qt^{-\frac{1}{3}} \widehat{v}_p\left(t, qt^{-\frac{1}{3}} \right) \right)$$
$$\times \frac{e^{iq\eta + \frac{iq^3}{3}} dq}{1 + iq\left(q^2 + \mu^2\right)}$$

のように表現される. 条件 $\int v(t,x)\,dx = 0$ より, $\widehat{v}(t,0) = 0$ であるから, Hölder の不等式を用いて, 評価式

$$(14.13) \qquad |\widehat{v}(t,p)| \leqq \int_0^p |\widehat{v}_p(t,p)|\,dp \leqq \left(\int_0^p dp \int_0^p |\widehat{v}_p(t,p)|^2\,dp \right)^{\frac{1}{2}}$$
$$\leqq C\sqrt{|p|}\,\|\widehat{v}_p(t,p)\| \leqq C\sqrt{|p|}\,\|Ju(t)\|$$

が得られる. 不等式 $1 + q\left(q^2 + \mu^2\right) > \left(1 + q\left(1 + \mu^2\right)\right)/2$ と, 変数変換 $z = q(1 + \mu^2)$ を用いると,

(14.14)

$$\int_0^\infty \frac{(1+q)^{\frac{5}{2}}\,dq}{(1 + q(q^2 + \mu^2))^2} \leqq C \int_0^\infty \frac{(1+q)^{\frac{5}{2}}\,dq}{(1 + q(1 + \mu^2))^{\frac{7}{6}}(1 + q^3)^{\frac{5}{6}}}$$
$$\leqq C\left(1 + \mu^2\right)^{-1} \int_0^\infty \frac{dz}{(1+z)^{\frac{7}{6}}}$$

$$\leqq C(1+\mu)^{-2}$$

がわかる．また，Hölder の不等式と (14.14) 式から，

(14.15)
$$\int_0^\infty \frac{\sqrt{q}\,dq}{1+q(q^2+\mu^2)}$$
$$\leqq \left(\int_0^\infty \frac{(1+q)^{\frac{5}{2}}\,dq}{(1+q\,(q^2+\mu^2))^2} \int_0^\infty \frac{dq}{(1+q)^{\frac{3}{2}}} \right)^{\frac{1}{2}} \leqq C(1+\mu)^{-1}$$

が導かれる．剰余項の表現式 (14.12) に，評価式 (14.13)–(14.15) を適用すると，評価式

(14.16)
$$|R(t,x)| \leqq Ct^{-\frac{1}{3}} \int_0^\infty \frac{\left(\left| \widehat{v}\left(t,qt^{-\frac{1}{3}}\right) \right| + qt^{-\frac{1}{3}} \left| \widehat{v}_p\left(t,qt^{-\frac{1}{3}}\right) \right| \right) dq}{|1+iq\,(q^2+\mu^2)|}$$
$$\leqq \frac{C}{\sqrt{t}} \|Ju(t)\| \int_0^\infty \frac{\sqrt{q}\,dq}{1+q\,(q^2+\mu^2)}$$
$$+ Ct^{-\frac{1}{3}} \left(\int_0^\infty \left| \widehat{v}_p\left(t,qt^{-\frac{1}{3}}\right) \right|^2 dq \int_0^\infty \frac{q^2\,dq}{(1+q\,(q^2+\mu^2))^2} \right)^{\frac{1}{2}}$$
$$\leqq \frac{C\,\|Ju(t)\|}{(1+\mu)\sqrt{t}}$$

が求まる．次に $x \leqq 0$，すなわち，$\eta = -\mu^2 \leqq 0$ の場合を考える．恒等式

(14.17) $\quad e^{iq\eta + \frac{iq^3}{3}} = \dfrac{1}{1+i(q-\mu)^2(q+\mu)} \partial_q \left((q-\mu)e^{iq\eta + \frac{iq^3}{3}} \right)$

を用いて，剰余項を，q に関して部分積分すると

(14.18)
$$R(t,x) = \frac{1}{\pi} t^{-\frac{1}{3}} \operatorname{Re} \int_0^\infty \left(\frac{i(q-\mu)^2(3q+\mu)}{1+i(q-\mu)^2(q+\mu)} \left(\widehat{v}\left(t,qt^{-\frac{1}{3}}\right) - \widehat{v}(t,\chi) \right) \right.$$
$$\left. - (q-\mu)t^{-\frac{1}{3}} \widehat{v}_p\left(t,qt^{-\frac{1}{3}}\right) \right)$$

$$\times \frac{e^{iq\eta + \frac{iq^3}{3}}}{1 + i(q - \mu)^2(q + \mu)} \, dq - \frac{\mu}{\pi} t^{-\frac{1}{3}} \operatorname{Re} \frac{\widehat{v}(t,0) - \widehat{v}(t,\chi)}{1 + i\mu^3}$$

となる. 変数変換 $z = (q - \mu)\sqrt{\mu}$, $y = q - \mu$ をおこなうと,

$$(14.19) \qquad \int_0^\infty \frac{\sqrt{|q - \mu|} \, dq}{1 + (q - \mu)^2(q + \mu)}$$
$$\leqq C \int_0^{2\mu} \frac{\sqrt{|q - \mu|} \, dq}{1 + (q - \mu)^2 \mu} + C \int_{2\mu}^\infty \frac{\sqrt{q - \mu} \, dq}{1 + (q - \mu)^3}$$
$$\leqq \frac{C}{\sqrt{\mu}} \int_{-\mu\sqrt{\mu}}^{\mu\sqrt{\mu}} \frac{\sqrt{|z|} \, dz}{1 + z^2} + C \int_\mu^\infty \frac{\sqrt{y} \, dy}{1 + y^3} \leqq \frac{C}{\sqrt{1 + \mu}},$$

および

$$(14.20)$$

$$\int_0^\infty \frac{(q - \mu)^2 \, dq}{\left(1 + (q - \mu)^2(q + \mu)\right)^2}$$
$$\leqq \frac{C\mu^2}{(1 + \mu^3)^2} \int_0^{\mu/2} dq + C \int_{\mu/2}^{2\mu} \frac{(q - \mu)^2 \, dq}{\left(1 + (q - \mu)^2 \mu\right)^2}$$
$$+ C \int_{2\mu}^\infty \frac{(q - \mu)^2 \, dq}{\left(1 + (q - \mu)^3\right)^2}$$
$$\leqq C(1 + \mu)^{-4} + \frac{C}{\mu^{\frac{3}{2}}} \int_{-\mu\sqrt{\mu}}^{\mu\sqrt{\mu}} \frac{z^2 \, dz}{(1 + z^2)^2} + C \int_\mu^\infty \frac{y^2 \, dy}{1 + y^6} \leqq \frac{C}{1 + \mu}$$

が従う. (14.19)式, (14.20)式, および Hölder の不等式を, 剰余項の表現式 (14.18) に使うと,

$$(14.21)$$

$$|R(t,x)| \leqq Ct^{-\frac{1}{3}} \int_0^\infty \left(\left| \widehat{v}\left(t, qt^{-\frac{1}{3}}\right) - \widehat{v}(t,\chi) \right| \right.$$
$$\left. + |q - \mu|t^{-\frac{1}{3}} \left| \widehat{v}_p\left(t, qt^{-\frac{1}{3}}\right) \right| \right)$$
$$\times \frac{dq}{|1 + i(q - \mu)^2(q + \mu)|}$$
$$+ \frac{C\|Ju(t)\|}{\sqrt{t}\,(1 + \mu)}$$

$$\leqq \frac{C}{\sqrt{t}} \, \|Ju(t)\| \left(\int_0^\infty \frac{\sqrt{|q-\mu|}\, dq}{1+(q-\mu)^2(q+\mu)} \right.$$
$$\left. + \left(\int_0^\infty \frac{(q-\mu)^2 \, dq}{\left(1+(q-\mu)^2(q+\mu)\right)^2} \right)^{\frac{1}{2}} \right)$$
$$\leqq \frac{C\,\|Ju(t)\|}{\sqrt{t}\,\sqrt{1+\mu}}$$

となる. このように, 剰余項の評価式(14.16)および(14.21)から, 漸近公式(14.9)がわかる. よく知られた評価式 $|\mathrm{Ai}(\eta)| \leqq C(1+|\eta|)^{-1/4}$ と, Mu の定義 か ら 従 う 評 価 式 $|\widehat{v}(t,\chi)| \leqq \min(1,|\chi|^\nu)Mu$, 剰 余 項 に 対 す る 評 価 式 (14.16), および(14.21)を(14.10)式に使うと

$$(14.22) \qquad |u(t,x)| \leqq C(1+t)^{-\frac{1}{3}} \left(1+|x|t^{-\frac{1}{3}}\right)^{-\frac{1}{4}}$$
$$\times \left((1+t)^{\delta-\frac{1}{6}} + \min\left(1, \frac{|x|}{t}\right)^{\frac{\nu}{2}} \right) Mu(t)$$

が得られる. 変数変換 $\eta = xt^{-1/3}$ と, (14.22)式より, 以下のように

$$\|u(t)\|_\beta \leqq C(1+t)^{-\frac{1}{2}\left(1-\frac{2}{3\beta}\right)+\delta} Mu(t) \left(\int_0^\infty (1+\eta)^{-\frac{\beta}{4}} \, d\eta \right)^{\frac{1}{\beta}}$$
$$+ C(1+t)^{-\frac{1}{3}\left(1-\frac{1}{\beta}\right)-\frac{\nu}{3}} Mu(t) \left(\int_0^{t^{2/3}} |\eta|^{\frac{\beta\nu}{2}} (1+\eta)^{-\frac{\beta}{4}} \, d\eta \right)^{\frac{1}{\beta}}$$
$$+ C(1+t)^{-\frac{1}{3}\left(1-\frac{1}{\beta}\right)} Mu(t) \left(\int_{t^{2/3}}^\infty (1+\eta)^{-\frac{\beta}{4}} \, d\eta \right)^{\frac{1}{\beta}}$$
$$\leqq C \left((1+t)^{-\frac{1}{2}\left(1-\frac{2}{3\beta}\right)+\delta} + (1+t)^{-\frac{1}{2}\left(1-\frac{2}{\beta}\right)} \right) Mu(t)$$
$$\leqq C(1+t)^{-\frac{1}{2}\left(1-\frac{2}{\beta}\right)} Mu(t)$$

が導かれる. これは, 評価式(14.7)を意味する. (14.10)式と同様にして, u_x は

$$u_x(t,x) = -\sqrt{\frac{2}{\pi}}\, t^{-\frac{2}{3}} \, \mathrm{Im} \int_0^\infty e^{iq\eta+\frac{iq^3}{3}} \widehat{v}\left(t, qt^{-\frac{1}{3}}\right) q \, dq$$

と書ける. 領域を $x \geqq 0$ とする. 恒等式(14.11)を用いると, 評価式(14.16)を求めたのと同様にして,

(14.23)
$$|u_x(t,x)| \leqq Ct^{-\frac{2}{3}} \|\widehat{v}\|_\infty \int_0^\infty \frac{q\,dq}{|1+iq\,(q^2+\mu^2)|}$$
$$+ Ct^{-1} \int_0^\infty \frac{\left|\widehat{v}_p\left(t, qt^{-\frac{1}{3}}\right)\right| q^2\,dq}{|1+iq\,(q^2+\mu^2)|}$$
$$\leqq Ct^{-\frac{2}{3}} (\|\widehat{v}\|_\infty + \|\widehat{v}_p(t,p)\|) \leqq Ct^{-\frac{2}{3}} (\|\widehat{v}\|_\infty + \|Ju(t)\|)$$

となることがわかる. $x \leqq 0$ の場合を考える. $z = (q-\mu)\sqrt{\mu}$, $y = q-\mu$ とおくと,

$$\int_0^\infty \frac{q\,dq}{1+(q-\mu)^2(q+\mu)}$$
$$\leqq C\mu \int_0^{2\mu} \frac{dq}{1+(q-\mu)^2\mu} + C \int_{2\mu}^\infty \frac{(q-\mu)\,dq}{1+(q-\mu)^3}$$
$$\leqq C\sqrt{\mu} \int \frac{dz}{1+z^2} + C \int \frac{y\,dy}{1+y^3} \leqq C\sqrt{1+\mu},$$

および

$$\int_0^\infty \frac{q^2(q-\mu)^2\,dq}{\left(1+(q-\mu)^2(q+\mu)\right)^2}$$
$$\leqq C \int_0^\infty \frac{q(q+\mu)(q-\mu)^2\,dq}{\left(1+(q-\mu)^2(q+\mu)\right)^2}$$
$$\leqq C \int_0^\infty \frac{q\,dq}{1+(q-\mu)^2(q+\mu)} \leqq C\sqrt{1+\mu}$$

となるので, 等式(14.17)を使い, 評価式(14.21)を求めたのと同様にして,

(14.24)
$$|u_x(t,x)| \leqq Ct^{-\frac{2}{3}} \int_0^\infty \left(\left|\widehat{v}\left(t, qt^{-\frac{1}{3}}\right)\right| + |q-\mu| t^{-\frac{1}{3}} \left|\widehat{v}_p\left(t, qt^{-\frac{1}{3}}\right)\right|\right)$$
$$\times \frac{q\,dq}{|1+i(q-\mu)^2(q+\mu)|}$$
$$\leqq C\|\widehat{v}(t)\|_\infty t^{-\frac{2}{3}} \int_0^\infty \frac{q\,dq}{1+(q-\mu)^2(q+\mu)}$$
$$+ Ct^{-\frac{2}{3}} \|\widehat{v}_p(t,p)\| \left(\int_0^\infty \frac{q^2(q-\mu)^2\,dq}{\left(1+(q-\mu)^2(q+\mu)\right)^2}\right)^{\frac{1}{2}}$$

$$\leqq Ct^{-\frac{2}{3}}\left(\|\widehat{v}\|_\infty + \|Ju(t)\|\right)(1+\eta)^{\frac{1}{4}}$$

を求めることができる．このように，$t \geqq 1$ のとき，評価式(14.8)は(14.22)式，(14.23)式，および(14.24)式から従う．一方，$0 < t < 1$，$x \leqq 0$ の場合は，

$$
\begin{aligned}
|u_x(t,x)| &\leqq Ct^{-\frac{1}{3}}\int_0^\infty \left(\widehat{v}\left(t,\frac{q}{t^{1/3}}\right) + |q-\mu|t^{-\frac{1}{3}}\left|\widehat{v}_p\left(t,qt^{-\frac{1}{3}}\right)\right|\right) \\
&\qquad \times \frac{qt^{-\frac{1}{3}}\,dq}{|1+i(q-\mu)^2(q+\mu)|} \\
&\leqq Ct^{-\frac{1}{6}}\left(\int_0^\infty |\widehat{v}(t,p)|^2 p^2\,dp\right)^{\frac{1}{2}}\left(\int_0^\infty \frac{dq}{\left(1+(q-\mu)^2(q+\mu)\right)^2}\right)^{\frac{1}{2}} \\
&\quad + Ct^{-\frac{1}{6}}\|p\widehat{v}_p(t,p)\|\left(\int_0^\infty \frac{(q-\mu)^2\,dq}{\left(1+(q-\mu)^2(q+\mu)\right)^2}\right)^{\frac{1}{2}} \\
&\leqq Ct^{-\frac{1}{6}}\left(\|Ju(t)\|_{1,0} + \|u\|_{1,0}\right)
\end{aligned}
$$

が導き出せる．それゆえ，(14.23)式と，Sobolev の不等式から示せる評価式 $\|u\|_\infty \leqq C\|u\|_{1,0}$ から，評価式(14.8)が，$t \leqq 1$ に対して得られる．このように，補題 14.4 は証明された． ∎

14.3 停留位相法による評価

次の補題では，積分

$$K_j = \iint e^{itS - ix\xi_1 - iy\xi_2 - iz\xi_3}\psi_j(\xi_1,\xi_2)|\xi_1\xi_2\xi_3|^\mu\,d\xi_1 d\xi_2, \quad j=1,2$$

の漸近的振る舞いについて調べる．ここで，

$$S = -\frac{1}{3}\left(1 - \xi_1^3 - \xi_2^3 - \xi_3^3\right), \quad \xi_3 = 1 - \xi_1 - \xi_2$$

とし，$\mu \in [0,1]$，$x,y,z \in \mathbb{R}$，$t \geqq 1$ とする．さらに，関数 ψ_j は停留位相法を用いるので，停留点の近傍で 1，外では 0 となるように定義する．すなわち，$\psi_j(\xi_1,\xi_2) \in C_0^\infty(\mathbb{R}^2)$，$j=1,2$ で，ψ_1 は $|\xi_1 - 1/3| + |\xi_2 - 1/3| < 1/10$ のとき $\psi_1(\xi_1,\xi_2) = 1$，$|\xi_1 - 1/3| + |\xi_2 - 1/3| > 1/5$ のとき $\psi_1(\xi_1,\xi_2) = 0$ とし，ψ_2 は $|\xi_1 - 1| + |\xi_2 - 1| < 1/10$ のとき $\psi_2(\xi_1,\xi_2) = 1$，$|\xi_1 - 1| + |\xi_2 - 1| > 1/5$

のとき $\psi_2(\xi_1, \xi_2) = 0$ と定義する.

次の補題は,非線形項から主要項を引き出すときに用いられる.

補題 14.5 $\alpha, \beta \in (0, 1]$, $\mu \in [0, 1]$ とする.このとき,十分大きな t に対して,漸近公式

(14.25)
$$K_1 = \frac{i\pi\sqrt{3}}{3^{3\mu}t} e^{-\frac{8it}{27} - \frac{i}{3}(x+y+z)} + O\left(\frac{1}{t^{1+\alpha}} + \frac{|x|^{2\beta} + |y|^{2\beta} + |z|^{2\beta}}{t^{1+\beta}}\right),$$

および

(14.26) $$K_2 = \frac{\pi}{t} e^{-i(x+y-z)} + O\left(\frac{1}{t^{1+\alpha}} + \frac{|x|^{2\beta} + |y|^{2\beta} + |z|^{2\beta}}{t^{1+\beta}}\right)$$

が成立する. □

[証明] 積分 K_1 および K_2 における停留点の候補を求めるために,ξ_1, ξ_2 についての 1 回微分が 0 になる点をさがす.すなわち,

$$\nabla S - \left(\frac{x-z}{t}, \frac{y-z}{t}\right)$$
$$\equiv \left((1-\xi_2)(2\xi_1 + \xi_2 - 1) - \frac{x-z}{t}, (1-\xi_1)(\xi_1 + 2\xi_2 - 1) - \frac{y-z}{t}\right) = 0$$

とおく.ここで,$\nabla S = (\partial_{\xi_1} S, \partial_{\xi_2} S) = (S_{\xi_1}, S_{\xi_2})$ である.さらに,この等式を満足する点において,S の 2 回微分ヘシアンが 0 にならない点であるかどうか調べるのであるが,

$$\mathrm{Det}\, S''_{\xi\xi} = |S''_{\xi\xi}| = 4 \begin{vmatrix} 1-\xi_2 & 1-\xi_1-\xi_2 \\ 1-\xi_1-\xi_2 & 1-\xi_1 \end{vmatrix}$$
$$= -4(\xi_1^2 + \xi_2^2 + \xi_1\xi_2 - \xi_1 - \xi_2)$$

が,積分 K_1 および K_2 を定義する積分領域で,0 にならないことがわかる.また S は 2 変数関数として滑らかである.それゆえ,通常の停留位相法を使うことができる(例えば文献[29], [30], [81]等を参照).最初に,

$$\frac{x-z}{t} + \frac{y-z}{t} = O(\omega)$$

で,ω が十分小さい場合を考える.このとき,積分 K_1 における停留点を,

248   14 修正 Korteweg-de Vries 方程式

$\xi^{(1)} = \left(\xi_1^{(1)}, \xi_2^{(1)}\right)$ とおくと,

$$\xi^{(1)} = \left(\frac{1}{3}, \frac{1}{3}\right) + O(\omega)$$

となり, 積分 K_2 における安定点を, $\xi^{(2)} = \left(\xi_1^{(2)}, \xi_2^{(2)}\right)$ とおくと,

$$\xi^{(2)} = (1, 1) + O(\omega)$$

となる. さらに, 計算によって

$$S\left(\xi^{(1)}\right) = -\frac{8}{27} - \frac{x+y+z}{3t} + O(\omega^2),$$

$$\text{sign}\, S''_{\xi\xi}\left(\xi^{(1)}\right) = 2, \quad \text{Det}\, S''_{\xi\xi}\left(\xi^{(1)}\right) = \frac{4}{3} + O(\omega),$$

および

$$S\left(\xi^{(2)}\right) = -\frac{x+y-z}{t} + O(\omega^2),$$

$$\text{sign}\, S''_{\xi\xi}\left(\xi^{(2)}\right) = 0, \quad \text{Det}\, S''_{\xi\xi}\left(\xi^{(2)}\right) = 4 + O(\omega)$$

となることがわかる. ここで, $\text{sign}\, S''_{\xi\xi}$ は, 行列 $\text{Det}\, S''_{\xi\xi}$ の正の固有値と負の固有値の差である. それゆえ, $\alpha, \beta \in (0, 1]$ とすると,

$$\begin{aligned}
K_1 &= \frac{2\pi}{t} \frac{\left|\xi_1^{(1)} \xi_2^{(1)} \xi_3^{(1)}\right|^\mu}{\sqrt{\left|\text{Det}\, S''_{\xi\xi}\right|}} \psi_1\left(\xi^{(1)}\right) e^{itS(\xi^{(1)}) + \frac{i\pi}{4} \text{sign}\, S''_{\xi\xi}(\xi^{(1)})} + O\left(\frac{1}{t^2}\right) \\
&= \frac{i\pi\sqrt{3}}{3^{3\mu}t} e^{-\frac{8it}{27} - \frac{i}{3}(x+y+z)} \left(1 + O\left(\omega + \omega^2 t\right)\right) + O\left(\frac{1}{t^2}\right) \\
&= \frac{i\pi\sqrt{3}}{3^{3\mu}t} e^{-\frac{8it}{27} - \frac{i}{3}(x+y+z)} + O\left(\frac{1}{t^{1+\alpha}} + \frac{|x|^{2\beta} + |y|^{2\beta} + |z|^{2\beta}}{t^{1+\beta}}\right)
\end{aligned}$$

を導くことができる. 同様に,

$$\begin{aligned}
K_2 &= \frac{\pi}{t} e^{-i(x+y-z)} \left(1 + O\left(\omega + \omega^2 t\right)\right) + O\left(\frac{1}{t^2}\right) \\
&= \frac{\pi}{t} e^{-i(x+y-z)} + O\left(\frac{1}{t^{1+\alpha}} + \frac{|x|^{2\beta} + |y|^{2\beta} + |z|^{2\beta}}{t^{1+\beta}}\right)
\end{aligned}$$

が得られる. 次に, $|x-z|/t + |y-z|/t$ が小さくない場合, すなわち, $|x|/t > \omega$ か $|y|/t > \omega$ か $|z|/t > \omega$ の場合を考える. このときは, (14.25)式, およ

び (14.26) 式の最初の項は，評価式 $Ct^{-1} \leqq Ct^{-(1+\beta)}(|x|^{2\beta} + |y|^{2\beta} + |z|^{2\beta})$ により剰余項となるので，評価式 $K_j = O(t^{-1})$ を求めれば十分であるが，これは，部分積分によって得られる．このように，補題 14.5 は証明された． ∎

次の補題では，積分

$$N(t,p) = ip^3(1 + |p|^{-\nu}) \iint e^{itp^3 S} \widehat{v}(t, p\xi_1) \widehat{v}(t, p\xi_2) \widehat{v}(t, p\xi_3)\, d\xi_1 d\xi_2$$

の漸近的振る舞いを考える．ここで，

$$S = -\frac{1}{3}\left(1 - \xi_1^3 - \xi_2^3 - \xi_3^3\right), \quad \xi_3 = 1 - \xi_1 - \xi_2,$$
$$t \geqq 1, \quad p > 0, \quad \nu = \frac{1}{2} - 3\delta, \quad 0 < \delta < \frac{1}{9}$$

とする．

補題 14.6 $v \in C\left((0, \infty); H^{1,1}\right)$, $t \geqq 1$, $p > 0$ とする．このとき，$\gamma \in (0, 1/21)$ とすると，漸近公式

(14.27)
$$N(t,p) = -\frac{\pi\sqrt{3}}{t}(1 + |p|^{-\nu})e^{-\frac{8itp^3}{27}}\widehat{v}^3\left(t, \frac{p}{3}\right)$$
$$+ \frac{3i\pi}{t}(1 + |p|^{-\nu})|\widehat{v}(t,p)|^2 \widehat{v}(t,p) + O\left(t^{-1-\gamma}\|v\|_{1,1}^3\right)$$

が成立する． ∎

[証明] 積分 N には，次の 4 つの停留点がある：(1) $\xi_1 = \xi_2 = \xi_3 = 1/3$，(2) $\xi_1 = \xi_2 = 1$, $\xi_3 = -1$, (3) $\xi_1 = 1$, $\xi_2 = -1$, $\xi_3 = 1$, そして (4) $\xi_1 = -1$, $\xi_2 = \xi_3 = 1$. 被積分関数 $e^{itp^3 S}\widehat{v}(t, p\xi_1)\widehat{v}(t, p\xi_2)\widehat{v}(t, p\xi_3)$ は変数 ξ_1, ξ_2, ξ_3 に関して対称であるから，積分 N を次のように，3 つの積分の和で書くことができる：

(14.28)
$$N = N_1 + 3N_2 + N_3.$$

ここで，$j = 1, 2$ のとき，

$$N_j(t,p) = ip^3(1+|p|^{-\nu}) \iint e^{itp^3 S} \widehat{v}(t,p\xi_1)\widehat{v}(t,p\xi_2)\widehat{v}(t,p\xi_3)\psi_j(\xi_1,\xi_2)\,d\xi_1 d\xi_2,$$

そして,

$$N_3(t,p) = ip^3(1+|p|^{-\nu}) \iint e^{itp^3 S} \widehat{v}(t,p\xi_1)\widehat{v}(t,p\xi_2)\widehat{v}(t,p\xi_3)\psi_3(\xi_1,\xi_2)\,d\xi_1 d\xi_2$$

であり,また,関数 ψ_j は,$\psi_j \in C_0^\infty(\mathbb{R}^2)$ で,以下のように定義する.ψ_1 は,$|\xi_1 - 1/3| + |\xi_2 - 1/3| < 1/10$ のとき,$\psi_1(\xi_1,\xi_2) = 1$.$|\xi_1 - 1/3| + |\xi_2 - 1/3| > 1/5$ のとき,$\psi_1(\xi_1,\xi_2) = 0$ とし,ψ_2 は,$|\xi_1 - 1| + |\xi_2 - 1| < 1/10$ のとき,$\psi_2(\xi_1,\xi_2) = 1$.$|\xi_1 - 1| + |\xi_2 - 1| > 1/5$ のとき,$\psi_2(\xi_1,\xi_2) = 0$ とし,関数 ψ_3 は,$\psi_3(\xi_1,\xi_2) = 1 - \psi_1(\xi_1,\xi_2) - \psi_2(\xi_1,\xi_2) - \psi_2(\xi_2,\xi_3) - \psi_2(\xi_3,\xi_1)$ で定義することにする.$p \in (0,1)$ のとき,$\mu = \nu/3 + \gamma$ とし,$p \geqq 1$ のとき,$\mu = \gamma$ とする.また,$\gamma \in (0, 1/21)$ として,以下の議論を進める.等式 $\widehat{v}(t,\zeta) = \dfrac{|\zeta|^\mu}{\sqrt{2\pi}} \mathcal{F}D^{-\mu}v = \dfrac{|\zeta|^\mu}{\sqrt{2\pi}} \int e^{-ix\zeta} D^{-\mu}v(t,x)\,dx$ を,最初の 2 つの積分 $N_j,\ j=1,2$ に代入すると,

$$N_j(t,p) = \frac{ip^{3+3\mu}}{(2\pi)^{3/2}} (1+|p|^{-\nu}) \iiint dxdydz \iint e^{itp^3 S - ixp\xi_1 - iyp\xi_2 - izp\xi_3}$$
$$\times |\xi_1\xi_2\xi_3|^\mu \psi_j(\xi_1,\xi_2)\,d\xi_1 d\xi_2\, D^{-\mu}v(t,x)D^{-\mu}v(t,y)D^{-\mu}v(t,z)$$

が得られる.それゆえ,$\alpha = \gamma$, $\beta = 3\gamma$ として,補題 14.5 を使うと,

(14. 29)

$$N_1(t,p) = \frac{ip^{3+3\mu}}{(2\pi)^{3/2}} (1+|p|^{-\nu}) \iiint dxdydz$$
$$\times \left(\frac{i\pi\sqrt{3}}{3^{3\mu} tp^3} e^{-\frac{8itp^3}{27} - \frac{ip}{3}(x+y+z)} \right.$$
$$\left. + O\left(\frac{1}{(tp^3)^{1+\gamma}} + \frac{|px|^{6\gamma} + |py|^{6\gamma} + |pz|^{6\gamma}}{(tp^3)^{1+3\gamma}} \right) \right)$$
$$\times D^{-\mu}v(t,x)D^{-\mu}v(t,y)D^{-\mu}v(t,z)$$
$$= -\frac{\pi\sqrt{3}}{t} e^{-\frac{8itp^3}{27}} (1+|p|^{-\nu})\widehat{v}^3\left(t, \frac{p}{3}\right) + O\left(t^{-1-\gamma}\|v(t)\|_{1,1}^3\right),$$

および

(14.30)

$$N_2(t,p) = \frac{ip^{3+3\mu}}{(2\pi)^{3/2}}(1+|p|^{-\nu})\iiint dxdydz$$

$$\times \left(\frac{\pi}{tp^3}e^{-ip(x+y-z)} \right.$$

$$\left. + O\left(\frac{1}{(tp^3)^{1+\gamma}} + \frac{|px|^{6\gamma}+|py|^{6\gamma}+|pz|^{6\gamma}}{(tp^3)^{1+3\gamma}} \right) \right)$$

$$\times D^{-\mu}v(t,x)D^{-\mu}v(t,y)D^{-\mu}v(t,z)$$

$$= \frac{i\pi(1+|p|^{-\nu})}{t}|\widehat{v}(t,p)|^2\widehat{v}(t,p) + O\left(t^{-1-\gamma}\|v\|_{1,1} \right)$$

が求まる. ここで, $1/q > 6\gamma$, $\mu < m = 1/2 - 1/q < 1/2 - 6\gamma$ とし, Sobolev の不等式と条件 $\widehat{v}(0) = 0$ から得られる, 不等式 $|\widehat{v}(\xi)| \leqq \sqrt{|\xi|}\|\widehat{v}_\xi\|$ を用いて導かれる, 評価式

$$\left\| (1+|x|^{6\gamma})D^{-\mu}v \right\|_{L^1}$$

$$\leqq C\|D^{-\mu}v\|_q + C\|xD^{-\mu}v\|_q \leqq C\|D^m xD^{-\mu}v\| + C\|D^{m-\mu}v\|$$

$$\leqq C\left\| |\zeta|^m \partial_\zeta |\zeta|^{-\mu}\widehat{v} \right\| + C\left\| |\zeta|^{m-\mu}\widehat{v} \right\|$$

$$\leqq C\||\zeta|^{m-\mu}\widehat{v}_\zeta\| + C\||\zeta|^{m-\mu}\widehat{v}\| + C\||\zeta|^{m-1-\mu}\widehat{v}\| \leqq C\|v\|_{1,1}^3$$

を用いた. 次に, N_3 が剰余項であることを示す. ベクトル

$$\nabla S = ((1-\xi_2)(\xi_1-\xi_3), (1-\xi_1)(\xi_2-\xi_3))$$

が, 積分 N_3 を定義する積分領域で, 零点を持たないので, $(\nabla S)^2 = S_{\xi_1}^2 + S_{\xi_2}^2$ とおき, 恒等式

$$e^{itp^3 S} = \frac{1}{itp^3(\nabla S)^2}(S_{\xi_1}\partial_{\xi_1} + S_{\xi_2}\partial_{\xi_2})e^{itp^3 S}$$

を使って, 部分積分をおこなうと,

$$N_3(t,p) = \frac{1+|p|^{-\nu}}{t}\iint e^{itp^3 S}$$

$$\times \sum_{j=1,2} \partial_{\xi_j} \left(\frac{S_{\xi_j}\psi_3}{(\nabla S)^2} \widehat{v}(t,p\xi_1)\widehat{v}(t,p\xi_2)\widehat{v}(t,p\xi_3) \right) d\xi_1 d\xi_2.$$

それゆえ，ξ_1 と ξ_2 に関する対称性と，積分変数の変換 $\xi_3 = \xi_1'$, $\xi_2 = \xi_2'$, $\xi_1 = \xi_3'$（$'$ を以降省略）を利用すると，

$$N_3(t,p) = \frac{1 + |p|^{-\nu}}{t} \iint e^{itp^3 S} \left(\varphi_1(\xi_1,\xi_2)\widehat{v}(t,p\xi_1)\widehat{v}(t,p\xi_2)\widehat{v}(t,p\xi_3) \right.$$
$$\left. + \varphi_2(\xi_1,\xi_2) p\widehat{v_\zeta}(t,p\xi_1)\widehat{v}(t,p\xi_2)\widehat{v}(t,p\xi_3) \right) d\xi_1 d\xi_2$$

と書ける．ここで，

$$\varphi_1(\xi_1,\xi_2) = \partial_{\xi_1} \left(\frac{S_{\xi_1}\psi_3}{(\nabla S)^2} \right),$$

および

$$\varphi_2(\xi_1,\xi_2) = \left(\frac{S_{\xi_1}\psi_3}{(\nabla S)^2} \right)(\xi_1,\xi_2) + \left(\frac{S_{\xi_1}\psi_3}{(\nabla S)^2} \right)(\xi_3,\xi_2)$$

とおいた．

$$B = B(\xi_1,\xi_2) = \left(2 + itp^3(1-\xi_1)(\xi_2-\xi_3)^2 \right)^{-1}$$

としたときの恒等式

$$e^{itp^3 S} = B\frac{\partial}{\partial \xi_2} \left((\xi_2 - \xi_3)e^{itp^3 S} \right)$$

を用いて，ξ_2 に関して部分積分をおこなうと，

$$N_3(t,p) = \frac{1 + |p|^{-\nu}}{t} \iint d\xi_1 d\xi_2\, e^{itp^3 S}\, (\xi_2 - \xi_3)\, B$$
$$\times \left(4itp^3\,(1-\xi_1)\,(\xi_2-\xi_3)\,B \right)$$
$$\times \left((\left(\varphi_1\,(\xi_1,\xi_2)\,\widehat{v}\,(t,p\xi_1)\,\widehat{v}\,(t,p\xi_2)\,\widehat{v}\,(t,p\xi_3) \right.\right.$$
$$\left. + \varphi_2\,(\xi_1,\xi_2)\,p\widehat{v_\zeta}\,(t,p\xi_1)\,\widehat{v}\,(t,p\xi_2)\,\widehat{v}\,(t,p\xi_3)) \right.$$
$$+ (\varphi_1(\xi_1,\xi_2))_{\xi_2}\widehat{v}(t,p\xi_1)\widehat{v}(t,p\xi_2)\widehat{v}(t,p\xi_3)$$
$$+ (\varphi_2(\xi_1,\xi_2))_{\xi_2}p\widehat{v_\zeta}(t,p\xi_1)\widehat{v}(t,p\xi_2)\widehat{v}(t,p\xi_3)$$
$$\left. + \varphi_1(\xi_1,\xi_2)\widehat{v}(t,p\xi_1)p\widehat{v_\zeta}(t,p\xi_2)\widehat{v}(t,p\xi_3) \right.$$

$$+ \varphi_1(\xi_1, \xi_2)\widehat{v}(t, p\xi_1)\widehat{v}(t, p\xi_2)p\widehat{v}_\zeta(t, p\xi_3)$$

$$+ p^2\varphi_2(\xi_1, \xi_2)\widehat{v}_\zeta(t, p\xi_1)\widehat{v}_\zeta(t, p\xi_2)\widehat{v}(t, p\xi_3)$$

$$+ p^2\varphi_2(\xi_1, \xi_2)\widehat{v}_\zeta(t, p\xi_1)\widehat{v}(t, p\xi_2)\widehat{v}_\zeta(t, p\xi_3)).$$

すべての $t \geqq 1$ と $p > 0$ に対して，不等式

$$\left| tp^3(1 - \xi_1)(\xi_2 - \xi_3)^2 B \right| \leqq 1$$

が成り立つことと，ξ_1, ξ_2 と ξ_3 に関する対称性を使うと，

$$|N_3(t, p)|$$
$$\leqq \frac{C}{t}\left(1 + |p|^{-\nu}\right)$$
$$\times \iint d\xi_1 d\xi_2 \big(|\widehat{v}(t, p\xi_1)\widehat{v}(t, p\xi_2)\widehat{v}(t, p\xi_3)|\,|B|\,(|\varphi_1| + |\xi_2 - \xi_3|\,|(\varphi_1)_{\xi_2}|)$$
$$+ |p\widehat{v}_\zeta(t, p\xi_1)\widehat{v}(t, p\xi_2)\widehat{v}(t, p\xi_3)|(|B|(|\varphi_2| + |(\varphi_2)_{\xi_2}|\,|\xi_2 - \xi_3|)$$
$$+ |\widetilde{B}|\,|\widetilde{\varphi}_1|\,|\xi_2 - \xi_1| + |\widetilde{\widetilde{B}}|\,|\widetilde{\widetilde{\varphi}}_1|\,|\xi_1 - \xi_3|)$$
$$+ |p\widehat{v}_\zeta(t, p\xi_1)p\widehat{v}_\zeta(t, p\xi_2)\widehat{v}(t, p\xi_3)|\,|B|\,|\xi_2 - \xi_3|(|\varphi_2| + |\widetilde{\varphi}_2|))$$

と書ける．ここで，

$$\widetilde{B} \equiv B(\xi_3, \xi_2) = \left(2 + itp^3(1 - \xi_3)(\xi_2 - \xi_1)^2\right)^{-1},$$

$$\widetilde{\widetilde{B}} \equiv B(\xi_2, \xi_1) = \left(2 + itp^3(1 - \xi_2)(\xi_1 - \xi_3)^2\right)^{-1},$$

$$\widetilde{\varphi}_1(\xi_3, \xi_2) = \left(\partial_{\xi_1}\left(\frac{S_{\xi_1}\psi_3}{(\nabla S)^2}\right)\right)(\xi_3, \xi_2),$$

$$\widetilde{\widetilde{\varphi}}_1(\xi_2, \xi_1) = \left(\partial_{\xi_1}\left(\frac{S_{\xi_1}\psi_3}{(\nabla S)^2}\right)\right)(\xi_2, \xi_1),$$

$$\widetilde{\varphi}_2(\xi_1, \xi_2) = \varphi_2(\xi_1, \xi_3) = \left(\frac{S_{\xi_1}\psi_3}{(\nabla S)^2}\right)(\xi_1, \xi_3) + \left(\frac{S_{\xi_1}\psi_3}{(\nabla S)^2}\right)(\xi_2, \xi_3)$$

とおいた．次の不等式

$$|\varphi_2| + |\widetilde{\varphi}_2| \leqq C\left(1 + \xi_1^2 + \xi_2^2\right)^{-1},$$

$$|\varphi_1| + |\widetilde{\varphi}_1| + |\widetilde{\widetilde{\varphi}}_1| + |(\varphi_2)_{\xi_2}| \leqq C\left(1 + \xi_1^2 + \xi_2^2\right)^{-\frac{3}{2}},$$

および

254   14   修正 Korteweg-de Vries 方程式

$$|(\varphi_1)_{\xi_2}| \leqq C \left(1 + \xi_1^2 + \xi_2^2\right)^{-2}$$

が成立すること，さらに，$t \geqq 1$, $p > 0$, $\mu \in [0,1]$ に対して，

$$|B| \leqq C \left(tp^3|1 - \xi_1|(\xi_2 - \xi_3)^2\right)^{-\mu},$$

および

$$|(\xi_3 - \xi_2)B| \leqq C \left(tp^3|1 - \xi_1|\right)^{-\mu} |\xi_2 - \xi_3|^{1-2\mu}$$

となることに注意すれば，

$|N_3(t,p)|$

$$\leqq \frac{C}{t} \iint d\xi_1 d\xi_2 \left(\frac{|\widehat{v}(t,p\xi_1)|\,|\widehat{v}(t,p\xi_2)|p\xi_2|^{-\nu}|\,|\widehat{v}(t,p\xi_3)(1 + |p\xi_3|^{-\nu})|}{(1 + \xi_1^2 + \xi_2^2)^{3/2} \left(tp^3|1 - \xi_1|(\xi_2 - \xi_3)^2\right)^{\nu/3}} \right.$$

$$\times |p\xi_2|^{\nu}(1 + |\xi_3|^{\nu})$$

$$+ \frac{|p^{2/3}\widehat{v}_\zeta(t,p\xi_1)|\,|\widehat{v}(t,p\xi_2)\,|p\xi_2|^{1/3}|\,|\widehat{v}(t,p\xi_3)(1 + |p\xi_3|^{-\nu})|}{(1 + \xi_1^2 + \xi_2^2)\,|\xi_2|^{1/3}} (1 + |\xi_3|^{\nu})$$

$$\times \left(\left(tp^3|1 - \xi_1|(\xi_2 - \xi_3)^2\right)^{-1/18} + \left(tp^3|1 - \xi_3|(\xi_2 - \xi_1)^2\right)^{-1/18} \right.$$

$$\left. + \left(tp^3|1 - \xi_2|(\xi_1 - \xi_3)^2\right)^{-1/18} \right)$$

$$+ \frac{|p\widehat{v}_\zeta(t,p\xi_1)|\,|p\widehat{v}_\zeta(t,p\xi_2)|\,|(1 + |p\xi_3|^{-\nu})\widehat{v}(t,p\xi_3)|}{1 + \xi_1^2 + \xi_2^2}$$

$$\left. \times \frac{(1 + |\xi_3|^{\nu})\,|\xi_2 - \xi_3|^{1/3}}{t^{1/3}p|1 - \xi_1|^{1/3}} \right)$$

となり，Hölder の不等式を使えば，右辺は

(14.31)

$$\frac{C\|v\|_{1,1}^3}{t^{1+\nu/3}} \iint \frac{|\xi_2|^{\nu}\,d\xi_1 d\xi_2}{(1 + \xi_1^2 + \xi_2^2)^{3/2}\,|1 - \xi_1|^{\nu/3}|\xi_2 - \xi_3|^{2\nu/3}}$$

$$+ \frac{C\|v\|_{1,1}^3}{t^{19/18}} \int \frac{d\xi_2}{|\xi_2|^{1/3}} \left(\int d\xi_1 \frac{(1 + |\xi_3|^{\nu})^2}{(1 + \xi_1^2 + \xi_2^2)^2} \right.$$

$$\times \left(\frac{1}{(|1 - \xi_1|(\xi_2 - \xi_3)^2)^{1/9}} + \frac{1}{(|1 - \xi_3|(\xi_2 - \xi_1)^2)^{1/9}} \right.$$

$$+ \frac{1}{(|1-\xi_2|(\xi_1-\xi_3)^2)^{1/9}}\Bigg)\Bigg)^{\frac{1}{2}}$$

$$+ \frac{C\|v\|_{1,1}}{t^{4/3}} \int d\xi_2 \, \frac{\left|\sqrt{p}\,\widehat{v}_\zeta(t,p\xi_2)\right|}{(1+\xi_2^2)^{7/24}} \int d\xi_1 \, \frac{\left|\sqrt{p}\,\widehat{v}_\zeta(t,p\xi_1)\right|}{(1+\xi_1^2)^{7/24}\,|1-\xi_1|^{1/3}}$$

$$\leqq C\|v\|_{1,1}^3 \, t^{-(1+\gamma)}$$

で評価される. 非線形項の表現式(14.29), (14.30)と評価式(14.31)を(14.28)式に使えば, 補題 14.6 が従う. ∎

14.4 修正散乱状態(逆修正波動作用素)の存在

上の補題を利用して, 定理 14.1-14.2 を証明していく.

最初に, 局所解の存在定理を述べるために, 関数空間 X_T を

$$X_T = \left\{ \phi \in C([0,T]; L^2); \|\|\phi\|\|_{X_T} = \sup_{t\in[0,T]} M\phi(t) < \infty \right\}$$

で定義する. ここで,

$$M\phi(t) = \left(\|\phi(t)\|_{1,0} + \|J\phi(t)\|_{1,0}\right)(1+t)^{-\delta}$$
$$+ \sup_{p\in\mathbb{R}}(1+|p|^{-\nu})|(\mathcal{F}U(-t)\phi(t))(p)|,$$
$$0 < \delta < 1/9, \ \nu = 1/2 - 3\delta$$

とする.

X_T と類似の関数空間は, 臨界冪非線形 Schrödinger 方程式の解の漸近的振る舞いを示したときにも用いた. より正確に述べると,

$$M\phi(t) = \left(\|\phi(t)\|_{\gamma,0} + \||J|^\gamma \phi(t)\|\right)(1+|t|)^{-\varepsilon_1} + \|\mathcal{F}U(-t)\phi(t)\|_\infty$$

としたとき, 関数空間 X_T は, 臨界冪非線形 Schrödinger 方程式

$$i\partial_t u + \frac{1}{2}\Delta u = |u|^{\frac{2}{n}}u, \quad (t,x) \in \mathbb{R} \times \mathbb{R}^n$$

256   14 修正 Korteweg-de Vries 方程式

の研究に用いられた. ここで $n/2 < \gamma < 1 + 2/n$, $n = 1, 2, 3$, また, ε_1 は初期値に依存した十分小さな正の定数である.

一般化 Korteweg-de Vries 方程式 $u_t + (|u|^{\rho-1}u)_x + u_{xxx}/3 = 0$, $\rho > 3$ の解の漸近的振る舞いは, 前章で証明されたが, もし, 条件 $\int u_0(x)\,dx = 0$ を仮定すれば, 前章の証明を簡略化できる. 実際, 局所解の先験的評価を, 空間

$$X_T = \left\{ \phi(t) \in C([0,T]; S'(\mathbb{R})); |||\phi|||_{X_T} = \sup_{t \in [0,T]} (\|\phi(t)\|_{1,0} + \|J\phi(t)\|_{1,0}) < \infty \right\}$$

で証明することができる. このことは, 補題 14.4 の証明と同じようにして, 評価式

$$\|\phi(t)\|_\infty \leqq C(1 + |t|)^{-\frac{1}{2}} |||\phi|||_{X_T}, \quad \|\phi_x(t)\|_\infty \leqq C|t|^{-\frac{1}{2}} |||\phi|||_{X_T}$$

を示すことができるからである.

定理 14.7 $\|u_0\|_{1,1} = \varepsilon \leqq \varepsilon'$, ここで, ε' は十分小さいと仮定する. このとき, 適当な区間 $[0, T]$, $T > 1$ と, 方程式 (14.1) の一意的な解 u が存在して, $|||u|||_{X_T} \leqq C\varepsilon'$ を満足する. □

定理 14.7 の証明については, 例えば, 文献 [22], [39], [85], [88], [90] を参照.

補題 14.8 u を定理 14.7 で与えられた, 初期値問題 (14.1) の局所解とする. $0 < \delta < 1/9$ とすると, 任意の $t \in [0, T]$ に対して, 評価式 $(\|u(t)\|_{1,0} + \|Ju(t)\|_{1,0})(1 + t)^{-\delta} \leqq C\varepsilon$ が成立する. ここで, C は存在時間 T に依存しない定数である. □

[証明] $L = (\partial_t + \partial_x^3/3)$ とすると, 方程式 (14.1) は $Lu = -a(t)\left(u^3\right)_x$ と書くことができる. 最初に, 前章と同様に, 2 つの保存量 $\|u\| = \|u_0\|$ と $|\hat{u}(t,0)| = |\hat{u}_0(0)| = 0$ が成り立つことに注意しておく. 方程式 (14.1) を x に関して微分すると, $Lu_x = -a(t)\left(u^3\right)_{xx}$ となる. この方程式の両辺に, u_x を掛けて部分積分をおこなうと,

$$(14.32) \qquad \frac{d}{dt}\|u_x\|^2 \leqq C\|uu_x\|_\infty \|u_x\|^2$$

となる. 補題 14.4 の評価式 (14.8) と, 定理 14.7 より,

14.4 修正散乱状態(逆修正波動作用素)の存在 257

$$(14.33) \qquad \|u(t)\|_\beta \leqq C\varepsilon'(1+t)^{-\frac{1}{2}\left(1-\frac{2}{\beta}\right)}, \quad 4 < \beta < \frac{2}{3\delta},$$

$$\|u(t)u_x(t)\|_\infty \leqq C(\varepsilon')^2 t^{-\frac{2}{3}}(1+t)^{-\frac{1}{3}}$$

が得られる.それゆえ,(14.32)式,(14.33)式,および Gronwall の不等式から,評価式

$$(14.34) \qquad \|u\|_{1,0} \leqq C\varepsilon(1+t)^{C(\varepsilon')^2} \leqq C\varepsilon(1+t)^\delta$$

が従う.任意の $\phi \in H^{1,1}$ に対して,作用素 $I\phi = x\phi + 3t\int_{-\infty}^x \partial_t \phi \, dx'$,および作用素 $J\phi = x\phi - t\partial_x^2 \phi$ を定義する.2 つの作用素の差は,前章でも述べたように,

$$(14.35) \qquad I\phi - J\phi = 3t\int_{-\infty}^x L\phi \, dx'$$

であり,交換関係

(14.36)

$$[L, J]\phi = 0, \quad [L, I]\phi = 3\int_{-\infty}^x L\phi \, dx', \quad [J, \partial_x]\phi = [I, \partial_x]\phi = -\phi$$

が成り立つことに注意しておく.簡単な計算によって,

$$(14.37) \qquad I\left(a(t)u^3\right)_x = 3ta_t(t)u^3 + 3a(t)u^2 Iu_x$$

となるから,作用素 I を方程式(14.1)に作用させると,

$$
\begin{aligned}
(14.38) \qquad LIu &= ILu + 3\int_{-\infty}^x Lu \, dx' \\
&= -3ta_t(t)u^3 - a(t)I\left(u^3\right)_x - 3a(t)u^3 \\
&= -3ta_t(t)u^3 - 3a(t)u^2 (Iu)_x
\end{aligned}
$$

が求まる.それゆえ,エネルギー法により

$$(14.39) \qquad \frac{d}{dt}\|Iu\|^2 \leqq C\left(\|uu_x\|\|Iu\|^2 + \|u\|_6^4\right)$$

が成立する.(14.38)式と同様に,関係式(14.36)と(14.37)を使うと,

258　14　修正 Korteweg-de Vries 方程式

(14.40)

$$LIu_x = ILu_x + 3Lu$$

$$= -3ta_t(t)\left(u^3\right)_x - a(t)I\left(u^3\right)_{xx} - 3a(t)\left(u^3\right)_x$$

$$= -3ta_t(t)\left(u^3\right)_x - 3a(t)\left(u^2(Iu_x)_x + uu_xIu_x + 2u^2u_x\right)$$

なる等式が得られる．これに，再びエネルギー法を応用すると，

(14.41) $$\frac{d}{dt}\|Iu_x\|^2 \leqq C\|uu_x\|_\infty(\|Iu_x\| + \|u\|)\|Iu_x\|$$

が得られる．(14.33)式，(14.34)式，および Gronwall の不等式を(14.39)式と(14.41)式に使うと，評価式 $\|Iu\| + \|Iu_x\| \leqq C\varepsilon(1+t)^\delta$ が求まる．それゆえ，(14.33)式，(14.34)式，補題 14.4，および等式(14.35)から，評価式

(14.42) $$\|Ju\|_{1,0} \leqq \|Iu\| + \|Iu_x\| + \|u\| + Ct\left(\|u^3\| + \|u^2u_x\|\right)$$

$$\leqq C\varepsilon(1+t)^\delta$$

が従い，補題は(14.34)式と(14.42)式から導かれる． ∎

補題 14.9　u を定理 14.7 で述べられた初期値問題(14.1)の局所解とする．そのとき，$\nu = 1/2 - 3\delta'$，$0 < \delta < 1/100$ とすると，任意の $t \in [0, T]$ に対して，

$$\sup_{p\in\mathbb{R}}(1 + |p|^{-\nu})\left|(\mathcal{F}U(-t)u(t))(p)\right| \leqq C\varepsilon$$

が成立する． □

［証明］　$t \in [0, 1]$ の場合は，Sobolev の不等式より，補題の評価式

$$\sup_{p\in\mathbb{R}}(1 + |p|^{-\nu})\left|(\mathcal{F}U(-t)u(t))(p)\right| \leqq C\varepsilon$$

が得られる．次に，$t \geqq 1$ の場合を考える．方程式(14.1)の両辺に，$U(-t)$ を作用させると，

$$(U(-t)u(t))_t + a(t)U(-t)\left(u^3\right)_x = 0$$

となる．$v(t) = U(-t)u(t)$ と定義して，フーリエ変換を施すと，

$$\widehat{v}_t(t,p) + a(t)ip \iint d\zeta_1 d\zeta_2\, e^{itQ}\, \widehat{v}(t,\zeta_1)\widehat{v}(t,\zeta_2)\widehat{v}(t,\zeta_3) = 0$$

が成り立つ. ここで,

$$\zeta_3 = p - \zeta_1 - \zeta_2, \quad Q = -\frac{1}{3}\left(p^3 - \zeta_1^3 - \zeta_2^3 - \zeta_3^3\right)$$

である. 初期値が実数値関数であるから, 解 $v(t,x)$ も実数値関数となり, $\widehat{v}(t,-\zeta) = \overline{\widehat{v}(t,\zeta)}$ となることがわかり, $p > 0$ だけを考えれば十分である. 積分変数を $\zeta_j = p\xi_j$ と変換し, 補題 14.6 を適用すると, $p > 0'$, $t > 0$ のとき, 関数 $\widehat{v}(t,p)$ に対して, 漸近公式

$$(14.43) \qquad (1 + |p|^{-\nu})\widehat{v}_t(t,p) - \frac{\pi\sqrt{3}\,a(t)}{t}e^{-\frac{8itp^3}{27}}(1 + |p|^{-\nu})\widehat{v}^3\left(t, \frac{p}{3}\right)$$
$$+ \frac{3i\pi a(t)}{t}(1 + |p|^{-\nu})|\widehat{v}(t,p)|^2\widehat{v}(t,p)$$
$$= O\left(t^{-1-\lambda}\left(t^{-\delta}\|v\|_{1,1}\right)^3\right)$$

が求まる. ここで, $\lambda \equiv \gamma - 3\delta > 0$ となるように $\gamma \in (3\delta, 1/21)$ とする. (14.43)式左辺の第 3 項を取り除くために, $\widehat{v} = \widehat{w}E$ と振動項

$$E(t) = \exp\left(-3i\pi \int_1^t |\widehat{v}(\tau,p)|^2 a(\tau)\frac{d\tau}{\tau}\right)$$

を用いて変換する. それから, 式(14.43)を 1 から t まで変数 t に関して積分し, 補題 14.8 を用いれば,

(14.44)

$$(1 + |p|^{-\nu})\widehat{w}(t) = (1 + |p|^{-\nu})\widehat{w}(1)$$
$$- C(1 + |p|^{-\nu})\sqrt{8\pi}\int_1^t E(\tau)e^{-8i\tau p^3/27}\widehat{v}^3\left(\tau, \frac{p}{3}\right)a(\tau)\frac{d\tau}{\tau}$$
$$+ C\varepsilon^3 \int_1^t \tau^{-1-\lambda}d\tau$$

がわかる. それゆえ,

$$(14.45) \qquad \sup_{p\in\mathbb{R}}(1 + |p|^{-\nu})|\mathcal{F}\left(U(-t)u(t)\right)(p)|$$

$$\leqq C\varepsilon^3 + C(1+|p|^{-\nu})\left|\int_1^t E(\tau)e^{-\frac{8i\tau p^3}{27}}\widehat{v}^3\left(\tau,\frac{p}{3}\right)a(\tau)\frac{d\tau}{\tau}\right|$$

が成り立つ．上の式の積分が剰余項であることを示す．部分積分と恒等式

$$e^{-\frac{8i\tau p^3}{27}} = \frac{1}{1-\dfrac{8i\tau p^3}{27}}\frac{d}{d\tau}\left(\tau e^{-\frac{8i\tau p^3}{27}}\right)$$

を使えば，次の等式

(14.46)

$$\left|\int_s^t E(\tau)e^{-\frac{8i\tau p^3}{27}}\widehat{v}^3\left(\tau,\frac{p}{3}\right)a(\tau)\frac{d\tau}{\tau}\right|$$

$$= \left| \left[\frac{a(\tau)E(\tau)e^{-\frac{8i\tau p^3}{27}}\widehat{v}^3\left(\tau,\frac{p}{3}\right)}{1-\dfrac{8i\tau p^3}{27}}\right]_s^t \right.$$

$$-\int_s^t \frac{E(\tau)e^{-\frac{8i\tau p^3}{27}}}{1-\dfrac{8i\tau p^3}{27}}\left(\frac{a(\tau)\widehat{v}^3\left(\tau,\frac{p}{3}\right)\dfrac{8ip^3}{27}}{1-\dfrac{8i\tau p^3}{27}}\right.$$

$$+ 3a(\tau)\widehat{v}^2\left(\tau,\frac{p}{3}\right)\widehat{v}_\tau\left(\tau,\frac{p}{3}\right)$$

$$\left.\left.-\frac{3i\pi a^2(\tau)}{\tau}\widehat{v}^3\left(\tau,\frac{p}{3}\right)|\widehat{v}(\tau,p)|^2 + \tau\left(\frac{a(\tau)}{\tau}\right)_\tau\widehat{v}^3\left(\tau,\frac{p}{3}\right)\right)d\tau\right|$$

が，$1\leqq s\leqq t$，$p>0$ に対して得られる．Sobolev の不等式と補題 14.8 を利用すると，評価式

(14.47)

$$\|\widehat{v}(t)\|_\infty + \|(1+|p|^{-\nu})\widehat{v}(t,p)\|_\infty \leqq C\left(\|Ju\|_{1,0} + \|u\|_{1,0}\right) \leqq C\varepsilon(1+|t|)^\delta$$

が得られ，方程式 (14.43) から $\widehat{v}_t(t,p)$ に対して，

(14.48) $$\|(1+|p|^\nu)\widehat{v}_t(t,p)\|_\infty \leqq C\varepsilon t^{\delta-1}$$

が求まる．(14.47) 式と (14.48) 式を (14.46) 式に代入すると，

$$(14.49) \qquad (1+|p|^{-\nu})\left|\int_s^t E(\tau)e^{-\frac{8i\tau p^3}{27}}\widehat{v}^{\,3}\left(\tau,\frac{p}{3}\right)a(\tau)\frac{d\tau}{\tau}\right| \leqq C\varepsilon^3 s^{-\lambda}$$

となり，(14.45)式右辺の最後の項が剰余項だということがわかる．このように，補題 14.9 は示された． ■

補題 14.8 の証明と同様にして，補題 14.9 から，次の補題がわかる．

補題 14.10 u を定理 14.7 で述べられた初期値問題(14.1)の局所解とする．そのとき，任意の $t \in [0, T]$ に対して $Mu \leqq C\varepsilon$ が成立する． □

次に，定理 14.1-14.2 を証明する．

[定理 14.1 の証明] 補題 14.10 から，

$$\|\|u\|\|_{X_T} \leqq C\varepsilon$$

が成立する．今，ε を $C\varepsilon \leqq \varepsilon'$ を満足するように選ぶと，通常の存在時間を接続する議論より結果が従う． ■

[定理 14.2 の証明] 方程式(14.44)と評価式(14.49)から，

$$(14.50) \qquad \|\widehat{w}(t)-\widehat{w}(s)\|_\infty \leqq C\varepsilon s^{-\lambda}$$

が求まる．それゆえ，一意的な極限関数 $W \in L^\infty$ が存在し，

$$(14.51) \qquad \|W-\widehat{w}(t)\|_\infty \leqq C\varepsilon t^{-\lambda}$$

が成立する．これは，定理 14.2 の評価式(14.3)を意味している．次に，新しい関数 Ψ を

$$\Psi(t) = 3i\pi \int_1^t \left(|\widehat{w}(\tau)|^2 - |\widehat{w}(t)|^2\right)a(\tau)\frac{d\tau}{\tau}$$

と定義すると，$1 < s < \tau < t$ として，

$$\Psi(t) - \Psi(s) = 3i\pi \int_s^t \left(|\widehat{w}(\tau)|^2 - |\widehat{w}(t)|^2\right)a(\tau)\frac{d\tau}{\tau}$$
$$+ 3i\pi \left(|\widehat{w}(t)|^2 - |\widehat{w}(s)|^2\right)\int_1^s a(\tau)\frac{d\tau}{\tau}$$

がわかる．評価式(14.50)を使えば，

262 14 修正 Korteweg-de Vries 方程式

(14.52)

$$\|\Psi(t) - \Psi(s)\|_\infty \le C\varepsilon \int_s^t \tau^{-1-\lambda} d\tau + C\varepsilon s^{-\lambda} \int_1^s a(\tau)\frac{d\tau}{\tau} \le C\varepsilon s^{-\lambda+C\varepsilon}$$

となる. それゆえ, (14.52)式から, 一意的な関数 $\Phi \in L^\infty$ が存在して,

(14.53) $$\|i\Phi - \Psi(t)\|_\infty \le C\varepsilon t^{-\lambda+C\varepsilon}$$

を満たすことがわかる. (14.51)式, (14.53)式と等式

$$3i\pi \int_1^t |\widehat{w}(\tau)|^2 a(\tau)\frac{d\tau}{\tau} = 3i\pi|W|^2 \int_1^t a(\tau)\frac{d\tau}{\tau} + i\Phi + (\Psi(t) - i\Phi)$$
$$+ 3i\pi\left(|\widehat{w}(t)|^2 - |W|^2\right)\int_1^t a(\tau)\frac{d\tau}{\tau}$$

から, 定理 14.2 の評価式(14.4)が従う. また, (14.3)式, (14.4)式から, 評価式(14.6)が求まり, 漸近公式(14.5)は, 漸近公式(14.9), および評価式(14.51), (14.52)と(14.6)から得られる. このように, 定理 14.2 は証明された. ∎

15 Benjamin-Ono型方程式

15.1 解の漸近挙動

この章では，Benjamin-Ono型方程式の初期値問題

$$(15.1) \quad \begin{cases} u_t + (|u|^{\rho-1}u)_x + Hu_{xx} = 0, & (t,x) \in \mathbb{R} \times \mathbb{R}, \\ u(0,x) = u_0(x), & x \in \mathbb{R} \end{cases}$$

の解の漸近的振る舞いについて考える．ここで，

$$Hu = \frac{1}{\pi} \operatorname{Pv} \int \frac{u(t,y)}{y-x} \, dy$$

はヒルベルト変換，Pvは主値積分，初期値u_0は実数値関数．$H\partial_x^2 = \partial_x(-\partial_x^2)^{1/2}$であることに注意しておく．

$\rho = 2$のとき，方程式(15.1)はBenjamin-Ono方程式と呼ばれている．Benjamin-Ono方程式の物理的背景については文献[6], [113], [122], [143]で議論されているのでこれらを参照するとよい．Benjamin-Ono方程式は，ソリトン解(例えば文献[3], [14])を持ち，逆散乱法を用いた多くの研究成果がある．この方面の研究に関しては文献[1], [8], [21], [110]参照．

Benjamin-Ono型方程式の初期値問題(15.1)は，多くの研究者によって研究されてきた．ソボレフ空間H^sにおける解の存在は，文献[45], [82], [83], [118], [120]において，解の平滑化に関しては文献[22], [44], [46], [50], [89], [119], [145]において，研究された．$\rho \geqq 5$の場合，解の時間減衰についての評価と散乱問題の研究が文献[91]においておこなわれたが，解の漸近的振る舞いに関しては，十分研究されているとはいえない．

この章では，初期値が小さいときに初期値問題(15.1)を考え，非線形項が臨界冪以上$\rho > 3$のとき，解は漸近自由であること，すなわち，時間がたつと非

線形問題の解は線形問題の解に収束すること，臨界冪 $\rho = 3$ のとき解は漸近自由にならないが，時間大域的に存在し線形問題の解と同じ L^∞ 時間減衰評価を満足することを示す．また解の漸近的振る舞いを示し，修正散乱状態（逆修正波動作用素）の存在を証明する．

$U(t) = \mathcal{F}^{-1} e^{-it\xi|\xi|} \widehat{\phi}(\xi)$ を自由 Benjamin-Ono 発展群と呼ぶことにする．今，変数変換 $\xi - \eta/2t = z/\sqrt{|t|}$ を考え，関数 E を

$$E(\eta) = \frac{1}{\pi} \int_\eta^\infty e^{-iz^2} dz$$

で定義すると，

$$\begin{aligned}
\frac{1}{2\pi} &\int e^{i\xi\eta - it\xi|\xi|} d\xi \\
&= \frac{1}{\pi} \operatorname{Re}\left(\int_0^\infty e^{i\xi\eta - it\xi^2} d\xi \right) \\
&= \frac{1}{\pi\sqrt{|t|}} \operatorname{Re}\left(e^{\frac{i\eta^2}{4|t|}} \int_{-\frac{\eta\sqrt{|t|}}{2t}}^\infty e^{-iz^2} dz \right) = \frac{1}{\sqrt{|t|}} \operatorname{Re}\left(e^{\frac{i\eta^2}{4|t|}} E\left(\frac{-\eta\sqrt{|t|}}{2t} \right) \right)
\end{aligned}$$

となるので，

$$\begin{aligned}
U(t)\phi &= \frac{1}{2\pi} \int dy\, \phi(y) \int d\xi\, e^{i\xi(x-y) - it\xi|\xi|} \\
&= \frac{1}{\sqrt{|t|}} \operatorname{Re}\left(\int e^{\frac{i(x-y)^2}{4|t|}} E\left(\frac{(y-x)\sqrt{|t|}}{2t} \right) \phi(y)\, dy \right)
\end{aligned}$$

となることがわかる．以後 $\int \cdot\, dx = \int_{-\infty}^\infty \cdot\, dx$ とする．

以降簡単のため，$t > 0$ とする．最初に $\rho > 3$ の場合における主結果を述べることにする．

定理 15.1 $\rho > 3$ とし，初期値 u_0 は実数値関数，$u_0 \in H^{2,0} \cap H^{1,1}$ で $\|u_0\|_{2,0} + \|u_0\|_{1,1} = \varepsilon$ が十分小さいとする．このとき，初期値問題(15.1)の一意的時間大域解 u が存在し，

$$u \in C(\mathbb{R}; H^{2,0} \cap H^{1,1})$$

および，評価式

$$\|u(t)\|_\infty + \|u_x(t)\|_\infty \leqq C\varepsilon(1+|t|)^{-\frac{1}{2}}$$

を満足する. □

定理 15.2 u を定理 15.1 で示された初期値問題 (15.1) の解とする. このとき, 任意の $u_0 \in H^{2,0} \cap H^{1,1}$ に対して, 一意的な関数 $V \in H^{1,0} \cap H^{0,1}$ が存在し, 評価式

(15.2)
$$\|U(-t)u(t) - \mathcal{F}^{-1}V\|_{1,0} + \|U(-t)u(t) - \mathcal{F}^{-1}V\|_{0,1} \leqq C\varepsilon t^{-\frac{\rho-3}{2}}$$

を, $t \geqq 1$ に対して満たす.

さらに, 漸近公式

(15.3)
$$u(t,x) = \sqrt{\frac{2\pi}{t}} \, \mathrm{Re}\left(E\left(-\frac{x}{2\sqrt{t}}\right) V\left(\frac{x}{2t}\right) \exp\left(i\frac{x^2}{4t}\right) \right) + O\left(\varepsilon t^{-\frac{1}{2}-\frac{\rho-3}{2}}\right)$$

が成立する. □

次に $\rho = 3$ の場合における主結果を述べることにする.

定理 15.3 $\rho = 3$ とし, 初期値 u_0 は実数値関数, $u_0 \in H^{3,0} \cap H^{1,2}$ で $\|u_0\|_{3,0} + \|u_0\|_{1,2} = \varepsilon$ は十分小さいとする. このとき, 初期値問題 (15.1) の一意的時間大域解 u が存在し,

$$u \in C(\mathbb{R}; H^{3,0} \cap H^{1,2})$$

および, 評価式

(15.4) $\quad \|u(t)\|_\infty + \|u_x(t)\|_\infty \leqq C\varepsilon(1+|t|)^{-\frac{1}{2}}$

を満足する. □

定理 15.4 u を定理 15.3 で示された初期値問題 (15.1) の解とする. このとき, 任意の $u_0 \in H^{3,0} \cap H^{1,2}$ に対して, 一意的な関数 W, $\Phi \in L^\infty$ が存在し, $t \geqq 1$ に対し, 評価式

266   15   Benjamin-Ono 型方程式

(15.5) $\left\| (\mathcal{F}U(-t)u)(t) \exp\left(3i\pi p \int_1^t |\widehat{u}(\tau)|^2 \frac{d\tau}{\tau}\right) - W \right\|_\infty \leqq C\varepsilon t^{-\alpha}$

および

(15.6) $\left\| \pi p \int_1^t |\widehat{u}(\tau)|^2 \frac{d\tau}{\tau} - \pi p|W|^2 \log t - \Phi \right\|_\infty \leqq C\varepsilon t^{-\alpha}$

を満足する. ここで, α は, $0 < \alpha < 1/4 - C\varepsilon$ を満たし, Φ は実数値関数とする. さらに, 漸近公式

(15.7)

$$u(t,x) = \sqrt{\frac{2\pi}{t}} \operatorname{Re}\left(E\left(-\frac{x}{2\sqrt{t}}\right) W\left(\frac{x}{2t}\right) \right.$$
$$\times \exp\left(i\frac{|x|^2}{4t} - 3i\frac{x}{2t}\pi \left| W\left(\frac{x}{2t}\right)\right|^2 \log t - 3i\Phi\left(\frac{x}{2t}\right) \right) \bigg)$$
$$+ O\left(\varepsilon t^{-\frac{1}{2} - \alpha}\right)$$

および

(15.8)

$$\left\| (\mathcal{F}U(-t)u)(t) - W \exp\left(i3\pi p|W|^2 \log t - 3i\Phi\right) \right\|_\infty \leqq C\varepsilon t^{-\alpha}$$

が成立する.   □

本章における方法は, 非線形項が小さい u に対して $f(u) = O(|u|^{\rho-1}u)$ で $\rho \geqq 3$ のとき, 方程式

$$\begin{cases} u_t + (f(u))_x + Hu_{xx} = 0, & (t,x) \in \mathbb{R} \times \mathbb{R}, \\ u(0,x) = u_0(x), & x \in \mathbb{R} \end{cases}$$

にも使える. また, $\rho > 3$ のときは, 初期値が実数値関数である必要がないことに注意しておく.

次の補題 15.5 では自由 Benjamin-Ono 発展群を使って, 関数の時間減衰評価を求めることにする.

補題 15.5 $U(t)$ を自由 Benjamin-Ono 発展群, $\nu \in [0, 1/2)$ とし, $u(t,x)$ を滑らかな関数とする. このとき評価式

$$\text{(15.9)} \qquad \|u(t)\|_\infty \leqq t^{-\frac{1}{2}} \|U(-t)u(t)\|_{0,1}$$

および

$$\text{(15.10)} \qquad \|u(t)\|_\infty \leqq C t^{-\frac{1}{2}} \|\mathcal{F}U(-t)u(t)\|_\infty + C t^{-\frac{1}{2}-\nu} \|U(-t)u(t)\|_{0,1}$$

が成立する. □

［証明］ 等式

$$\text{(15.11)} \qquad u(t,x) = U(t)U(-t)u(t,x)$$
$$= \frac{1}{\sqrt{t}} \operatorname{Re}\left(\int e^{\frac{i(x-y)^2}{4t}} E\left(\frac{y-x}{2\sqrt{t}} \right) U(-t)u(t,y)\, dy \right)$$

が成立することに注意する. 最初の評価式(15.9)は等式(15.11)から従う. 2番目の評価式(15.10)を求めるために, 等式(15.11)を

$$\text{(15.12)}$$

$$u(t,x) = \operatorname{Re}\left(\frac{e^{\frac{ix^2}{4t}}}{\sqrt{t}} \int e^{\frac{-ixy}{2t}} U(-t)u(t,y) e^{\frac{iy^2}{4t}} E\left(\frac{y-x}{2\sqrt{t}} \right) dy \right)$$
$$= \sqrt{\frac{2\pi}{t}} \operatorname{Re}\left(e^{\frac{ix^2}{4t}} E\left(-\frac{x}{2\sqrt{t}} \right) (\mathcal{F}U(-t)u(t)) \left(t, \frac{x}{2t} \right) \right) + R(t,x)$$

のように書き直す. ここで剰余項 $R(t,x)$ は

$$R(t,x) = \sqrt{\frac{2\pi}{t}} \operatorname{Re}\left(e^{\frac{ix^2}{4t}} \int e^{-\frac{ixy}{2t}} \left(e^{\frac{iy^2}{4t}} E\left(\frac{y-x}{2\sqrt{t}} \right) \right.\right.$$
$$\left.\left. - E\left(-\frac{x}{2\sqrt{t}} \right) \right) U(-t)u(t,y)\, dy \right)$$

である. ν を $0 \leqq \nu < 1/2$ とすると, 評価式

$$\left| e^{\frac{iy^2}{4t}} - 1 \right| = 2 \left| \sin \frac{y^2}{4t} \right| \leqq C \frac{|y|^\nu}{|t|^{\nu/2}}$$

が成り立つ. また平均値の定理より

$$\left| E\left(\frac{y-x}{2\sqrt{t}} \right) - E\left(-\frac{x}{2\sqrt{t}} \right) \right| \leqq C \left| E'(\kappa) \frac{y}{\sqrt{t}} \right|^\nu \leqq C \frac{|y|^\nu}{t^{\nu/2}}.$$

268   15   Benjamin-Ono 型方程式

ここで κ は $(y-x)/(2\sqrt{t})$ と $-x/(2\sqrt{t})$ の間の点である．それゆえ Schwarz の不等式を，剰余項の評価に用いれば

(15.13)
$$\|R\|_\infty \leqq Ct^{-\frac{1}{2}-\frac{\nu}{2}} \||y|^\nu U(-t)u(t,y)\|_1 \leqq Ct^{-\frac{1}{2}-\frac{\nu}{2}} \|U(-t)u(t)\|_{0,1}$$

となることがわかる．等式(15.12)と評価式(15.13)より評価式(15.10)が従う．これで補題 15.5 は証明された． ∎

補題 15.6 および補題 15.7 では積分に関する評価を求める．これは，非線形項が臨界冪のとき，漸近公式を求めるために必要である．今，$\eta, a, \chi \in \mathbb{R}$, $\overline{E}(x) = \dfrac{1}{\pi} \displaystyle\int_x^\infty e^{iy^2} dy$ とし，次の積分
$$\Omega_1 = \max(1,\eta) \int_\eta^\infty e^{ix^2} \overline{E}(ax+\chi)\, dx$$

を考える．

補題 15.6 次の評価式
$$\sup_{\chi,\eta\in\mathbb{R}} |\Omega_1| \leqq C$$

が成立する．ここで C は a のみに依存する定数である． ∎

［証明］ 等式

(15.14)
$$e^{ix^2} = \frac{1}{1+2ix^2} \frac{d}{dx}\left(xe^{ix^2}\right)$$

を用いて，変数 x に関して部分積分をおこなうと

$$\Omega_1 = \max(1,\eta)\left\{ -\frac{\eta e^{i\eta^2}}{1+2i\eta^2}\overline{E}(a\eta+\chi) \right.$$
$$\left. + \int_\eta^\infty \frac{4ix^2 e^{ix^2}}{(1+2ix^2)^2}\overline{E}(ax+\chi)\,dx + \int_\eta^\infty \frac{axe^{ix^2+i(ax+\chi)^2}\,dx}{\pi(1+2ix^2)} \right\}$$

となり，この等式から評価式

$$|\Omega_1| \leqq C\max(1,\eta)\left\{ \frac{1}{1+|\eta|} + \int_\eta^\infty \frac{dx}{1+x^2} \right.$$

$$+ \left| \int_\eta^\infty e^{ix^2(1+a^2)+2ia\chi x} \frac{x\,dx}{1+2ix^2} \right| \Bigg\}$$

が得られる．今，$\eta \geqq 1$ とする．

$$\left| \int_\eta^\infty e^{ix^2(1+a^2)+2ia\chi x} \frac{x\,dx}{1+2ix^2} \right|$$

$$= \left| \int_\eta^\infty e^{ix^2(1+a^2)+2ia\chi x} \left(\frac{1}{2ix(1+2ix^2)} - \frac{1}{2ix} \right) dx \right|$$

$$\leqq C \int_\eta^\infty \frac{dx}{x^3} + C \left| \int_\eta^\infty e^{ix^2(1+a^2)+2ia\chi x} \frac{dx}{x} \right|$$

であるから，右辺第 2 項で再び部分積分を使えば，左辺が上から C/η で評価されることがわかる．このように，$|\Omega_1| \leqq C$ が証明された．$0 < \eta < 1$ の場合も，同様に扱えるので省略する．これで，補題 15.6 は証明された．∎

今，$P, t \geqq 1$，$\eta, \chi \in \mathbb{R}$，$\nu \in (0,1)$ とし，$\sigma = +1$ あるいは -1 とする．次の積分

$$\Omega_2 = P^{1-\nu} t^{-\nu/2} \left(\max(1, \min(\eta, |\chi|)) \right)^\nu \int_\eta^\infty \frac{e^{ix^2} E(\sigma x + \chi)\,dx}{P + (x-\eta)/\sqrt{t}}$$

を考えることにする．

補題 15.7 次の評価式

$$\sup_{P,t \geqq 1,\, \chi, \eta \in \mathbb{R}} |\Omega_2| \leqq C$$

が成立する． □

［証明］ 等式 (15.14) を用いて，変数 x に関して部分積分をおこなうと，

$$\Omega_2 = -P^{1-\nu} t^{-\frac{\nu}{2}} \left(\max(1, \min(\eta, \chi)) \right)^\nu \Bigg\{ \frac{\eta E(\sigma\eta + \chi) e^{i\eta^2}}{P(1+2i\eta^2)}$$

$$- \int_\eta^\infty \left(\frac{4ix^2}{1+2ix^2} + \frac{x}{P\sqrt{t}+x-\eta} \right) \frac{E(\sigma x+\chi) e^{ix^2}\,dx}{(P+(x-\eta)/\sqrt{t})(1+2ix^2)}$$

$$- \frac{\sigma}{\pi} \int_\eta^\infty \frac{e^{-2i\sigma\chi x - i\chi^2} x\,dx}{(P+(x-\eta)/\sqrt{t})(1+2ix^2)} \Bigg\}$$

270   15 Benjamin-Ono 型方程式

となる．それゆえ，

$$(15.15) \qquad |\Omega_2| \leqq C + C \max(1, \eta) \int_\eta^\infty \frac{dx}{1 + x^2}$$
$$+ C(\max(1, \eta))^\nu \int_\eta^\infty \frac{dx}{(1 + |x|)(P\sqrt{t} + x - \eta)} + \Omega_3$$
$$\leqq C + \Omega_3$$

が得られる．ここで，

$$\Omega_3 = P^{1-\nu} t^{-\frac{\nu}{2}} (\max(1, \min(\eta, \chi)))^\nu \left| \int_\eta^\infty \frac{e^{-2i\sigma x\chi} x\, dx}{(P + (x - \eta)/\sqrt{t})(1 + 2ix^2)} \right|$$

である．$|\chi| \leqq 1$ の場合，積分 Ω_3 は次のように評価される：

$$|\Omega_3| \leqq C t^{-\frac{\nu}{2}} \int_\eta^\infty \frac{dx}{(1 + |x|)(P + (x - \eta)/\sqrt{t})^\nu}$$
$$\leqq C \int_\eta^\infty \frac{dx}{(1 + |x|)(1 + x - \eta)^\nu}$$
$$\leqq C \int_\eta^\infty \left((1 + |x|)^{-1-\nu} + (1 + x - \eta)^{-1-\nu} \right) dx \leqq C.$$

そして，$|\chi| \geqq 1$ のとき，変数 x に関して，部分積分をさらにおこなうと，

$$(15.16)$$
$$|\Omega_3| \leqq C P^{1-\nu} t^{-\frac{\nu}{2}} |\chi|^\nu \left| \frac{\eta e^{-2i\sigma\eta\chi}}{2i\chi P(1 + 2i\eta^2)} \right.$$
$$- \int_\eta^\infty \left(\frac{2ix^2 - 1}{1 + 2ix^2} + \frac{x}{P\sqrt{t} + x - \eta} \right)$$
$$\left. \times \frac{e^{-2i\sigma x\chi}\, dx}{2i\chi(1 + 2ix^2)(P + (x - \eta)/\sqrt{t})} \right|$$
$$\leqq C + C \int_\eta^\infty \left(\frac{1}{1 + x^2} + \frac{1}{(1 + |x|)(1 + x - \eta)} \right) dx \leqq C$$

が得られる．(15.15)式，および(15.16)式から，補題 15.7 が得られる． ∎

補題 15.8 は，臨界冪非線形項に関する漸近評価を求めるために必要である．この補題では，積分

$$N(t, p) = (ip)^{k+1} \iint e^{itL} \widehat{v}(t, \xi_1) \widehat{v}(t, \xi_2) \widehat{v}(t, \xi_3) \, d\xi_1 d\xi_2$$

を考える．ここで，

$$L = -p^2 + \xi_1 |\xi_1| + \xi_2 |\xi_2| + \xi_3 |\xi_3|, \quad \xi_3 = p - \xi_1 - \xi_2, \quad k = 0, 1, \quad t, p > 0$$

とおいた．

補題 15.8 v を実数値関数とし，$v \in H^{2,1}$，また $t, p > 0$ とする．このとき，次の漸近公式

(15.17)

$$N(t, p) = \frac{i\pi(ip)^{k+1}}{t\sqrt{3}} e^{-\frac{2itp^2}{3}} \widehat{v}^3 \left(t, \frac{p}{3}\right) + \frac{3\pi(ip)^{k+1}}{t} |\widehat{v}(t, p)|^2 \widehat{v}(t, p) + R(t, p)$$

が成立する．剰余項に関しては，評価

(15.18)
$$\|R\|_\infty \leqq Ct^{-1-\gamma} \|v\|_{2,1}^3$$

が成り立つ．ここで $\gamma \in (0, 1/4)$, $k = 0, 1$ である． □

[証明]　今，関数 L を

$$L = -p^2 + \xi_1 |\xi_1| + \xi_2 |\xi_2| + \xi_3 |\xi_3|, \quad \xi_3 = p - \xi_1 - \xi_2$$

とおくと，関数

$$e^{itL} \widehat{v}(t, \xi_1) \widehat{v}(t, \xi_2) \widehat{v}(t, \xi_3)$$

は，変数 ξ_1, ξ_2, ξ_3 に関して対称であるから，積分 N は，次の3つの積分の和で

(15.19)
$$N = Q_1 + Q_2 + Q_3$$

と書くことができる．ここで，

$$Q_1 = (ip)^{k+1} \iint_{\Lambda_1} e^{itL_1} \widehat{v}(t, \xi_1) \widehat{v}(t, \xi_2) \widehat{v}(t, \xi_3) \, d\xi_1 d\xi_2,$$

$$Q_j = 3(ip)^{k+1} \iint_{\Lambda_j} e^{itL_j} \widehat{v}(t,\xi_1)\widehat{v}(t,\xi_2)\widehat{v}(t,\xi_3)\, d\xi_1 d\xi_2, \quad j = 2,3,$$

$$\Lambda_1 = \{(\xi_1,\xi_2) \in \mathbb{R}^2; \xi_1 > 0,\ \xi_2 > 0,\ \xi_3 > 0\},$$

$$L_1 = -p^2 + \xi_1^2 + \xi_2^2 + \xi_3^2,$$

$$\Lambda_2 = \{(\xi_1,\xi_2) \in \mathbb{R}^2; \xi_1 < 0,\ \xi_2 < 0,\ \xi_3 > 0\},$$

$$L_2 = -p^2 - \xi_1^2 - \xi_2^2 + \xi_3^2,$$

$$\Lambda_3 = \{(\xi_1,\xi_2) \in \mathbb{R}^2; \xi_1 > 0,\ \xi_2 > 0,\ \xi_3 < 0\},$$

$$L_3 = -p^2 + \xi_1^2 + \xi_2^2 - \xi_3^2$$

である. 最初の積分 Q_1 を考える. 変数変換

$$\xi_1 = \frac{p}{3} + \frac{s}{\sqrt{3}} - q, \quad \xi_2 = \frac{p}{3} + \frac{s}{\sqrt{3}} + q,$$

そして

$$\xi_3 = \frac{p}{3} - 2\frac{s}{\sqrt{3}}$$

とすると，積分 Q_1 は

$$Q_1 = \frac{2(ip)^{k+1}}{\sqrt{3}} \int_{-p/\sqrt{3}}^{p/2\sqrt{3}} ds \int_{-p/3-s/\sqrt{3}}^{p/3+s/\sqrt{3}} dq\, e^{it\overline{L}_1} \widehat{v}(t,\xi_1)\widehat{v}(t,\xi_2)\widehat{v}(t,\xi_3)$$

と書くことができる. 積分 Q_2 と Q_3 は変数変換

$$\xi_1 = \frac{p}{3} + r - q, \quad \xi_2 = \frac{p}{3} + r + q, \quad \xi_3 = \frac{p}{3} - 2r$$

によって

$$\begin{aligned}
Q_2 &= 6ip \int_{-\infty}^{-p/3} dr \int_{p/3+r}^{-p/3-r} e^{it\overline{L}_2} \widehat{v}(t,\xi_1)\widehat{v}(t,\xi_2)\widehat{v}(t,\xi_3)\, d\xi_1 d\xi_2 \\
&= 6ip \int_{-\infty}^{-p/3} dr \int_{p/3+r}^{-p/3-r} e^{it\overline{L}_2} (i\xi_1 + i\xi_2 + i\xi_3)^k \\
&\quad \times \frac{1+\xi_3}{1+\xi_3} \widehat{v}(t,\xi_1)\widehat{v}(t,\xi_2)\widehat{v}(t,\xi_3)\, d\xi_1 d\xi_2,
\end{aligned}$$

そして

$$Q_3 = 6(ip)^{k+1} \int_{p/6}^{\infty} dr \int_{-p/3-r}^{p/3+r} dq\, e^{\overline{L}_3} \widehat{v}(t,\xi_1)\widehat{v}(t,\xi_2)\widehat{v}(t,\xi_3)$$

と書き直すことができる．ここで，

$$\overline{L}_1 = -2\frac{p^2}{3} + 2s^2 + 2q^2, \quad \overline{L}_2 = -2p^2 + 2\left(r - 2\frac{p}{3}\right)^2 - 2q^2,$$

および

$$\overline{L}_3 = -2\left(r - 2\frac{p}{3}\right)^2 + 2q^2$$

とした．積分 Q_1 は，原点の周りに $2\pi/3$ 回転しても変わらないので，次のように積分領域を変更してもかまわない：

(15.20)

$$\begin{aligned}
\int_{-p/\sqrt{3}}^{p/2\sqrt{3}} ds \int_{-p/3-s/\sqrt{3}}^{p/3+s/\sqrt{3}} dq &= 3\int_0^{p/2\sqrt{3}} ds \int_{-s\sqrt{3}}^{s\sqrt{3}} dq \\
&= 3\int_0^\infty ds \int_{-s\sqrt{3}}^{s\sqrt{3}} dq - 3\int_{p/2\sqrt{3}}^\infty ds \int_{-s\sqrt{3}}^{s\sqrt{3}} dq \\
&= \iint ds dq - 3\int_{p/2\sqrt{3}}^\infty ds \int_{-s\sqrt{3}}^{s\sqrt{3}} dq.
\end{aligned}$$

それゆえ，

$$\begin{aligned}
Q_1 = &\frac{2e^{-\frac{2itp^2}{3}}(ip)^{k+1}}{\sqrt{3}\,(1+ip)^{k+1}} \left(\iint ds dq - 3\int_{p/2\sqrt{3}}^\infty ds \int_{-s\sqrt{3}}^{s\sqrt{3}} dq\right) e^{2its^2+2itq^2} \\
&\times (1+i\xi_1+i\xi_2+i\xi_3)^{k+1}\widehat{v}(t,\xi_1)\widehat{v}(t,\xi_2)\widehat{v}(t,\xi_3)
\end{aligned}$$

と書ける．積分 Q_3 の積分領域を

(15.21)

$$\begin{aligned}
\int_{p/6}^\infty dr \int_{-p/3-r}^{p/3+r} dq &= \iint dr dq - \int_{-\infty}^{p/6} dr \int dq \\
&\quad - \int_{p/6}^\infty dr \int_{p/3+r}^\infty dq - \int_{p/6}^\infty dr \int_{-\infty}^{-p/3-r} dq
\end{aligned}$$

のように分解する．ξ_1 と ξ_2 に関して対称であるから，(15.21)式右辺の最後の2つの積分は一致する．このように，

$$Q_3 = 6\iint dr dq\, e^{it\overline{L}_3}(i\xi_1+i\xi_2+i\xi_3)^{k+1}\widehat{v}(t,\xi_1)\widehat{v}(t,\xi_2)\widehat{v}(t,\xi_3)$$

$$- \frac{6ip}{1+ip} \int_{-\infty}^{p/6} dr \int dq \, e^{it\overline{L}_3} (i\xi_1 + i\xi_2 + i\xi_3)^k$$
$$\times (1 + i\xi_1 + i\xi_2 + i\xi_3) \widehat{v}(t, \xi_1) \widehat{v}(t, \xi_2) \widehat{v}(t, \xi_3)$$
$$- 12ip \int_{p/6}^{\infty} dr \int_{p/3+r}^{\infty} dq \, e^{it\overline{L}_3} (i\xi_1 + i\xi_2 + i\xi_3)^k$$
$$\times \frac{1 + \xi_2 + \xi_3/2}{1 + \xi_2 + \xi_3/2} \widehat{v}(t, \xi_1) \widehat{v}(t, \xi_2) \widehat{v}(t, \xi_3)$$

とできる. ここで, $\widehat{v} = \mathcal{F}v$ を代入して等式

$$(15.22) \qquad \int e^{it(r-a)^2} dr = \sqrt{\frac{\pi}{t}} e^{i\pi/4}$$

を用いて計算をおこなえば, $\lambda = (x+y-2z)/(4t)$, $\mu = (y-x)(4t)$ とおいて

(15.23)

$$Q_1 = \frac{2e^{-2itp^2/3}}{\sqrt{3}\,(2\pi)^{3/2}} \left(\frac{ip}{1+ip}\right)^{k+1}$$
$$\times \iiint e^{\left(-\frac{ip(x+y+z)}{3} - \frac{i(x^2+y^2+z^2-xy-xz-yz)}{6t}\right)}$$
$$\times \left(\int ds \int dq - 3 \int_{p/2\sqrt{3}}^{\infty} ds \int_{-s\sqrt{3}}^{s\sqrt{3}} dq\right) e^{2it\left(s-\frac{\lambda}{\sqrt{3}}\right)^2 + 2it(q-\mu)^2}$$
$$\times (1 + \partial_x + \partial_y + \partial_z)^{k+1} v(t,x)v(t,y)v(t,z)\,dxdydz$$
$$= \frac{i\pi(ip)^{k+1}e^{-\frac{2itp^2}{3}}}{t\sqrt{3}} \widehat{v}^3\left(t, \frac{p}{3}\right) + G_1 + G_2$$

が求まる. ここで,

$$G_1 = \frac{2i\pi}{t\sqrt{3}\,(2\pi)^{3/2}} \left(\frac{ip}{1+ip}\right)^{k+1} \iiint dxdydz \, e^{\left(-\frac{2itp^2}{3} - \frac{ip(x+y+z)}{3}\right)}$$
$$\times \left(e^{-\frac{i(x^2+y^2+z^2-xy-xz-yz)}{6t}} - 1\right)$$
$$\times (1 + \partial_x + \partial_y + \partial_z)^{k+1} v(t,x)v(t,y)v(t,z),$$
$$G_2 = \frac{2\sqrt{3}}{(2\pi)^{3/2}} \left(\frac{ip}{1+ip}\right)^{k+1} \iiint dxdydz$$
$$\times e^{\left(-\frac{2itp^2}{3} - \frac{ip}{3}(x+y+z) - \frac{i}{6t}(x^2+y^2+z^2-xy-xz-yz)\right)}$$

$$\times \int_{p/2\sqrt{3}}^{\infty} ds \int_{-s\sqrt{3}}^{s\sqrt{3}} dq \, e^{2it\left(s-\frac{\lambda}{\sqrt{3}}\right)^2 + 2it(q-\mu)^2}$$

$$\times (1 + \partial_x + \partial_y + \partial_z)^{k+1} v(t,x)v(t,y)v(t,z)$$

とした. 積分 Q_2 に関しては,

$$Q_2 = \frac{6ip}{(2\pi)^{3/2}} \iiint dxdydz \, e^{\left(-2itp^2 - ip(x+y-z) - \frac{i(z^2+xy-xz-yz)}{2t}\right)}$$

$$\times \int_{-\infty}^{-p/3} dr \frac{e^{2it\left(r-\frac{2p}{3}-\lambda\right)^2}}{1 + \frac{p}{3} - 2r} \int_{p/3+r}^{-p/3-r} dq$$

$$\times e^{-2it(q+\mu)^2} (\partial_x + \partial_y + \partial_z)^k v(t,x)v(t,y)\left(1 - i\partial_z\right)v(t,z),$$

積分 Q_3 に関しては,

(15.24)

$$Q_3 = \frac{6}{(2\pi)^{3/2}} \iiint dxdydz \, e^{\left(-ip(x+y-z) + \frac{i(x-z)(y-z)}{2t}\right)}$$

$$\times \iint drdq \, e^{\left(2it(q-\mu)^2 - 2it\left(r-\frac{2p}{3}+\lambda\right)^2\right)}$$

$$\times (\partial_x + \partial_y + \partial_z)^{k+1} v(t,x)v(t,y)v(t,z)$$

$$- \frac{6ip}{1+ip} \iiint dxdydz \, e^{\left(-ip(x+y-z) + \frac{i(x-z)(y-z)}{2t}\right)}$$

$$\times \int_{-\infty}^{p/6} dr \int dq \, e^{\left(2it(q-\mu)^2 - 2it\left(r-\frac{2p}{3}+\lambda\right)^2\right)}$$

$$\times (\partial_x + \partial_y + \partial_z)^k (1 + \partial_x + \partial_y + \partial_z)v(t,x)v(t,y)v(t,z)$$

$$- 12ip \iiint dxdydz \, e^{\left(-ip(x+y-z) + \frac{i(x-z)(y-z)}{2t}\right)} \int_{p/6}^{\infty} dr \int_{p/3+r}^{\infty} dq$$

$$\times \frac{e^{\left(2it(q-\mu)^2 - 2it\left(r-\frac{2p}{3}+\lambda\right)^2\right)}}{1 + p/2 + q} (\partial_x + \partial_y + \partial_z)^k \left(1 - i\partial_y - \frac{i}{2}\partial_z\right)$$

$$\times v(t,x)v(t,y)v(t,z)$$

$$= \frac{3\pi(ip)^{k+1}}{t} |\widehat{v}(t,p)|^2 \widehat{v}(t,p) + G_3 + G_4 + G_5$$

と書き直すことができる. ここで,

276   15 Benjamin-Ono 型方程式

$$\lambda = \frac{x+y-2z}{4t}, \quad \mu = \frac{y-x}{4t},$$

$$G_3 = \frac{3\pi}{t} \iiint dxdydz\, e^{-ip(x+y-z)}$$
$$\times \left(e^{\frac{i(x-z)(y-z)}{2t}} - 1\right)(\partial_x + \partial_y + \partial_z)^{k+1} v(t,x)v(t,y)v(t,z),$$

$$G_4 = -\sqrt{\frac{\pi}{2t}} \frac{6ipe^{i\pi/4}}{1+ip} \iiint dxdydz\, e^{\left(-ip(x+y-z)+\frac{i(x-z)(y-z)}{2t}\right)}$$
$$\times \int_{-\infty}^{p/6} dr\, e^{-2it\left(r-\frac{2p}{3}+\lambda\right)^2}(\partial_x + \partial_y + \partial_z)^k$$
$$\times (1 + \partial_x + \partial_y + \partial_z)v(t,x)v(t,y)v(t,z),$$

$$G_5 = -12ip \iiint dxdydz\, e^{\left(-ip(x+y-z)+\frac{i(x-z)(y-z)}{2t}\right)} \int_{p/2}^{\infty} dq \int_{q-p/3}^{\infty} dr$$
$$\times \frac{e^{\left(2it(q-\mu)^2 - 2it\left(r-\frac{2p}{3}+\lambda\right)^2\right)}}{1+\frac{p}{2}+q}(\partial_x + \partial_y + \partial_z)^k$$
$$\times (1 - i\partial_x - i\partial_y)v(t,x)v(t,y)v(t,z)$$

とした. $\gamma \in (0, 1/4)$ とすれば, 剰余項 G_1 および G_3 は

$$(15.25) \qquad \|G_1(t)\|_\infty + \|G_3(t)\|_\infty \leqq Ct^{-1-\gamma}\|v\|_{2,1}^3$$

のように評価される. 積分 G_2 が剰余項であることを証明するために, $t \geqq 1$, $p > 0$, $x, y, z \in \mathbb{R}$ に対して, 次の評価式

(15.26)

$$A_1 = \left|\frac{p}{1+ip}\right|^{k+1} \left|\int_{p/2\sqrt{3}}^{\infty} ds \int_{-s\sqrt{3}}^{s\sqrt{3}} dq\, e^{\left(2it\left(s-\frac{\lambda}{\sqrt{3}}\right)^2 + 2it(q-\mu)^2\right)}\right|$$
$$\leqq Ct^{-1-\gamma}(1 + |x| + |y| + |z|)^{2\gamma}$$

を示す. 変数変換

$$s - \frac{\lambda}{\sqrt{3}} = \frac{s'}{\sqrt{2t}}, \quad q - \mu = \frac{q'}{\sqrt{2t}}$$

をおこなうと(簡単のため記号 ′ を省略して)

$$A_1 = \frac{1}{2t} \left|\frac{p}{1+ip}\right|^{k+1} \left|\int_{p\sqrt{t/6}-\lambda\sqrt{2t}}^{\infty} ds\, e^{is^2} \int_{-s\sqrt{3}-(\lambda+\mu)\sqrt{2t}}^{s\sqrt{3}+(\lambda-\mu)\sqrt{2t}} dq\, e^{iq^2}\right|$$

$$= \frac{\pi}{2t} \left| \frac{p}{1+ip} \right|^{k+1} \left| \int_\eta^\infty ds\, e^{is^2} (\overline{E}(as+b) - \overline{E}(-as+\chi)) \right|$$

が得られる．ここで，

$$\eta = p\sqrt{\frac{t}{6}} - \lambda\sqrt{2t}, \quad a = \sqrt{3}, \quad b = (\lambda-\mu)\sqrt{2t}, \quad \chi = -(\lambda+\mu)\sqrt{2t}$$

である．評価式

$$\begin{aligned}
p\sqrt{t/6} &= \eta + \lambda\sqrt{2t} \\
&\leqq \max(1,\eta) + \lambda\sqrt{2t} \\
&\leqq \max(1,\eta)\left(1 + |\lambda\sqrt{2t}|\right) \\
&\leqq \max(1,\eta)(1 + |x| + |y| + |z|)
\end{aligned}$$

を用いると，補題 15.6 から

$$\begin{aligned}
A_1 &\leqq Ct^{-1-\gamma}(1 + |x| + |y| + |z|)^{2\gamma} \max(1,\eta) \\
&\quad \times \left(\left| \int_\eta^\infty e^{is^2}\overline{E}(as+b)\, ds \right| + \left| \int_\eta^\infty e^{is^2}\overline{E}(-as+\chi)\, ds \right| \right) \\
&\leqq Ct^{-1-\gamma}(1 + |x| + |y| + |z|)^{2\gamma}
\end{aligned}$$

が求まり，(15.26)式が得られたことになる．(15.26)式から，積分 G_2 が剰余項となることが，評価式

$$\tag{15.27} \|G_2(t)\|_\infty \leqq Ct^{-1-\gamma}\|v\|_{2,1}^3$$

よりわかる．積分 Q_2 を評価するために，次の評価

$$\tag{15.28}
\begin{aligned}
A_2 &= p \left| \int_{-\infty}^{-p/3} dr\, \frac{e^{2it\left(r - \frac{2p}{3} - \lambda\right)^2}}{1 + \frac{p}{3} - 2r} \int_{p/3+r}^{-p/3-r} dq\, e^{-2it(q+\mu)^2} \right| \\
&\leqq Ct^{-1-\gamma}(1 + |x| + |y| + |z|)^{2\gamma}
\end{aligned}$$

を示す．変数変換

$$\left(r - \frac{2p}{3} - \lambda\right)\sqrt{2t} = -r', \quad (q+\mu)\sqrt{2t} = q'$$

278   15 Benjamin-Ono 型方程式

をおこなうと, 記号 ′ を省略して

$$A_2 = \frac{\pi p}{2t} \left| \int_\eta^\infty dr \, \frac{e^{ir^2}}{1 + \dfrac{2p}{3} + \dfrac{r - \eta}{\sqrt{2t}}} \left(-\overline{E}(r + b_1) + \overline{E}(-r + b_2) \right) \right|$$

となることがわかる. ここで,

$$\eta = (p + \lambda)\sqrt{2t} = \left(p + \frac{x + y - 2z}{4t} \right)\sqrt{2t},$$

$$b_1 = -(p + \lambda - \mu)\sqrt{2t} = -\left(p + \frac{x - z}{2t} \right)\sqrt{2t},$$

$$b_2 = (p + \lambda + \mu)\sqrt{2t} = \left(p + \frac{y - z}{2t} \right)\sqrt{2t}$$

である. 不等式

$$p\sqrt{t} \leqq C \max(1, \min(\eta, |b_1|, |b_2|))(1 + |x| + |y| + |z|)$$

から

(15.29)

$$p \leqq C(1 + p)^{1-2\gamma} t^{-\gamma} (1 + |x| + |y| + |z|)^{2\gamma} \max(1, \min(\eta, |b_1|, |b_2|))^{2\gamma}$$

が従う. この評価式と補題 15.7 を使うと, 評価式 (15.28) が得られる. 評価式 (15.28) から, 積分 Q_2 が剰余項になること, すなわち

(15.30) $$\|Q_2\|_\infty \leqq Ct^{-1-\gamma}\|v\|_{2,1}^3$$

が示せた. 次に積分 G_4 を考える. 次の評価式

(15.31) $$A_3 = \frac{p}{|ip + 1|} \left| \int_{-\infty}^{p/6} dr \, e^{-2it\left(r - \frac{2p}{3} + \lambda\right)^2} \right|$$

$$\leqq Ct^{-\frac{1}{2}-\gamma} (1 + |x| + |y| + |z|)^{2\gamma}$$

を示す. 変数変換

$$\frac{p}{6} - r = r', \quad \lambda - \frac{p}{2} = \frac{x + y - 2z}{4t} - \frac{p}{2} = \lambda'$$

をすると，記号 $'$ を省略して

$$A_3 = \frac{p}{|ip+1|} \left| \int_0^\infty dr\, e^{-2it(r-\lambda)^2} \right|$$

が得られる．2つの場合に分けて考える．$|(x+y-2z)/(4t)| < p/4$ とすると $\lambda < -p/4$ であるから，部分積分をして

$$A_3 = \frac{p}{|ip+1|} \left| \frac{e^{-2it\lambda^2}}{4it\lambda} + \int_0^\infty \frac{e^{-2it(r-\lambda)^2}dr}{4it(r-\lambda)^2} \right| \le \frac{C}{t}$$

が得られる．$|(x+y-2z)/(4t)| \geqq p/4$ のときは，評価式

$$A_3 = \frac{p\pi}{\sqrt{2t}|ip+1|} \left| E(-\lambda\sqrt{2t}) \right| \leqq Cp^\gamma t^{-\frac{1}{2}} \leqq Ct^{-\frac{1}{2}-\gamma}|x+y-2z|^\gamma$$

が求まる．このように，評価式(15.31)が示された．評価式(15.31)から

$$(15.32) \qquad \|G_4\|_\infty \leqq Ct^{-1-\gamma}\|v\|_{2,1}^3$$

が従う．最後に，積分 G_5 が剰余項であることを示すために，評価式

$$(15.33) \qquad A_4 = p \left| \int_{p/2}^\infty dq \int_{q-p/3}^\infty dr\, \frac{e^{\left(2it(q-\mu)^2 - 2it\left(r-\frac{2p}{3}+\lambda\right)^2\right)}}{1+p/2+q} \right|$$

$$\leqq Ct^{-1-\gamma}(1+|x|+|y|+|z|)^\gamma$$

を証明する．変数変換

$$(q-\mu)\sqrt{2t} = q', \qquad \left(r - \frac{2p}{3} + \lambda\right)\sqrt{2t} = r'$$

をおこない，記号 $'$ を省略すると

$$A_4 = \frac{\pi p}{2t} \left| \int_\eta^\infty \frac{e^{iq^2}\overline{E}(q+\chi)\,dq}{1+p+\dfrac{q-\eta}{\sqrt{2t}}} \right|$$

となる．ここで，

$$\eta = \left(\frac{p}{2}-\mu\right)\sqrt{2t}, \qquad \chi = (\mu+\lambda-p)\sqrt{2t}$$

である．(15.29)式と，補題 15.7 を用いれば，評価式(15.33)が得られ，これ

280   15 Benjamin-Ono 型方程式

より，評価式

$$(15.34) \qquad \|G_5\|_\infty \leqq C t^{-1-\gamma} \|v\|_{2,1}^3$$

が求まる．表現式(15.23)，(15.24)と評価式(15.25)，(15.27)，(15.30)，(15.32)，(15.34)を(15.19)式に代入すると，補題 15.8 が得られる．∎

15.2 非線形項が臨界冪以上の場合

関数空間 X_T を

$$X_T = \left\{ \phi \in C([0,T]; S'(\mathbb{R})); \||\phi|\|_{X_T} = \sup_{t \in [0,T]} \|\phi(t)\|_{2,0} \right.$$
$$\left. + \sup_{t \in [0,T]} \|U(-t)\phi(t)\|_{1,1} < \infty \right\}$$

とする．

局所解の存在定理を証明なしで述べておく．

定理 15.9 $\rho > 3$ とする．初期条件 u_0 は $\|u_0\|_{2,0} + \|u_0\|_{1,1} = \varepsilon \leqq \varepsilon'$ で ε' は十分小さいとする．このとき適当な $T > 1$ と，初期値問題(15.1)の一意的な解 u が存在し，

$$\||u|\|_{X_T} \leqq C\varepsilon'$$

を満足する． ▯

定理 15.9 の証明に関しては，文献[82]，[83]，[118]，[120]を参照．

補題 15.10 u を定理 15.9 で述べられた，初期値問題(15.1)の局所解とする．このとき，任意の $t \in [0,T]$ に対して，評価式

$$\|u(t)\|_{2,0} + \|U(-t)u(t)\|_{1,1} \leqq C\varepsilon$$

が成立する． ▯

［証明］ 記号 L を

$$Lu = (\partial_t + H\partial_x^2)u$$

で定義すると，Benjamin-Ono 型方程式 (15.1) は

$$Lu = -(|u|^{\rho-1}u)_x$$

と書ける．最初に保存量

$$\|u\| = \|u_0\|$$

が成立することに注意しておく．方程式 (15.1) を変数 x に関して 2 回微分すると

$$Lu_{xx} = -\left(|u|^{\rho-1}u\right)_{xxx}$$

が得られる．この方程式の両辺に u_{xx} を掛けて，部分積分をおこなうと

$$(15.35) \qquad \frac{d}{dt}\|u_{xx}\|^2 \leqq C(\|u\|_\infty + \|u_x\|_\infty)^{\rho-1}\left(\|u_{xx}\|^2 + \|u\|^2\right)$$

が得られる．$t \leqq 1$ とすると，Sobolev の不等式と定理 15.9 から

$$\|u\|_\infty + \|u_x\|_\infty \leqq C\|u\|_{2,0} \leqq C\varepsilon'$$

が従う．補題 15.5 の評価式 (15.9) と定理 15.9 を再び使えば，

$$(15.36) \qquad \|u\|_\infty + \|u_x\|_\infty \leqq C(1+|t|)^{-\frac{1}{2}}\|U(-t)u\|_{2,1} \leqq C\varepsilon' t^{-\frac{1}{2}}$$

が求まる．それゆえ，(15.35) 式，(15.36) 式と Gronwall の不等式から評価式

$$\|u_{xx}\|^2 \leqq C\|u_{0xx}\|^2 \leqq C\varepsilon^2$$

を導くことができる．この不等式と同様に

$$(15.37) \qquad\qquad \|u\|_{2,0} \leqq C\varepsilon$$

がわかる．作用素 I を

$$I\phi = x\phi + 2t\int_{-\infty}^x \partial_t\phi\,dx'$$

282   15 Benjamin-Ono 型方程式

で，また作用素 J を

$$J\phi = x\phi - 2t\int_{-\infty}^{x} H\partial_x^2\phi\, dx' = x\phi - 2tH\partial_x\phi$$

で定義する．これらの作用素の差は

(15.38)
$$I\phi - J\phi = 2t\int_{-\infty}^{x} L\phi\, dx'$$

となることがわかる．また次の交換関係

(15.39)
$$[L, J]\phi = 0, \quad [L, I]\phi = 2\int_{-\infty}^{x} L\phi\, dx', \quad [J, \partial_x]\phi = [I, \partial_x]\phi = -\phi$$

が成り立つことに注意しておく．交換関係(15.39)を利用すると

(15.40)
$$I(|u|^{\rho-1}u)_x = x\partial_x(|u|^{\rho-1}u) + 2t\partial_t(|u|^{\rho-1}u)$$
$$= \rho|u|^{\rho-1}(x\partial_x u + 2t\partial_t u) = \rho|u|^{\rho-1}Iu_x$$

が得られる．それゆえ，作用素 I を方程式(15.1)に作用させ，交換関係(15.39)と(15.40)式を用いると，方程式

(15.41)
$$LIu = ILu + 2\int_{-\infty}^{x} Lu\, dx'$$
$$= -I(|u|^{\rho-1}u)_x - 2|u|^{\rho-1}u$$
$$= -\rho|u|^{\rho-1}Iu_x - 2|u|^{\rho-1}u$$
$$= -\rho|u|^{\rho-1}(Iu)_x - (2-\rho)|u|^{\rho-1}u$$

が求まる．方程式(15.41)に Iu を掛けて部分積分をおこなうと

(15.42)
$$\frac{d}{dt}\|Iu\|^2 \leqq C(\|u\|_\infty + \|u_x\|_\infty)^{\rho-1}(\|Iu\|^2 + \|Iu\|\|u\|)$$

となる．同様に方程式

(15.43)
$$LIu_x = ILu_x + 2Lu$$
$$= -I(|u|^{\rho-1}u)_{xx} - 2(|u|^{\rho-1}u)_x$$

$$= -(I(|u|^{\rho-1}u)_x)_x - (|u|^{\rho-1}u)_x$$

$$= -\rho\left(|u|^{\rho-1}(Iu_x)_x - (\rho-1)|u|^{\rho-3}uu_x Iu_x - |u|^{\rho-1}u_x\right)$$

から

(15.44) $\quad \dfrac{d}{dt}\|Iu_x\|^2 \leqq C(\|u\|_\infty + \|u_x\|_\infty)^{\rho-1}\left(\|Iu_x\|^2 + \|u\|\|Iu_x\|\right)$

が導かれる. 評価式(15.36), (15.37)と Gronwall の不等式を(15.42)式と(15.44)式に用いると, 評価式

$$\|Iu\| + \|Iu_x\| \leqq C(\|xu_0\| + \|xu_{0x}\|) \leqq C\varepsilon$$

が求まる. それゆえ, 評価式(15.36), (15.37)と等式(15.38)から, 評価式

(15.45) $\quad \|Ju\| + \|Ju_x\|$

$$\leqq \|Iu\| + \|Iu_x\| + Ct(\||u|^{\rho-1}u\| + \||u|^{\rho-1}u_x\|) \leqq C\varepsilon$$

が得られる. 等式

$$\|JU(t)f\| = \|\mathcal{F}JU(t)f\| = \|xf\|$$

から, 等式

$$\|Ju\| = \|JU(t)U(-t)u\| = \|xU(-t)u\|$$

が従うから, 補題は評価式(15.37)と評価式(15.45)から得られる. ∎

[定理 15.1 の証明] 補題 15.10 から, 任意の $t \in [0, T]$ に対して,

$$\||u\||_{X_T} \leqq C\varepsilon$$

となることがわかる. 今, $C\varepsilon \leqq \varepsilon'$ を満たすように ε を選ぶと, 存在時間を延ばす方法によって結果が得られる. ∎

[定理 15.2 の証明] 方程式(15.1)より

$$(U(-t)\partial_x^j u)_t = -U(-t)\partial_x^{j+1}(|u|^{\rho-1}u), \quad j = 0, 1$$

284   15   Benjamin-Ono 型方程式

となり，方程式(15.41)より

$$(U(-t)Iu)_t = -U(-t)(\rho|u|^{\rho-1}(Iu)_x + (2-\rho)|u|^{\rho-1}u)$$

が従う．それゆえ，評価式(15.36)より

(15.46) $\|U(-t)(\partial_x^j u)(t) - U(-s)(\partial_x^j u)(s)\|$

$$\leqq C \int_s^t (\|u(\tau)\|_\infty + \|u_x(\tau)\|)^{\rho-1} \|u(\tau)\|_{2,0} \, d\tau$$

$$\leqq C\varepsilon \int_s^t \tau^{-\frac{\rho-1}{2}} \, d\tau \leqq C\varepsilon \left(s^{-\frac{\rho-3}{2}} + t^{-\frac{\rho-3}{2}} \right)$$

が求まり，評価式(15.36)と評価式(15.45)から

(15.47) $\|U(-t)Iu(t) - U(-s)Iu(s)\|$

$$\leqq C \int_s^t \|u(\tau)\|_\infty^{\rho-1} (\|Iu_x(\tau)\| + \|u(\tau)\|) \, d\tau$$

$$\leqq C\varepsilon \int_s^t \tau^{-\frac{\rho-1}{2}} \, d\tau \leqq C\varepsilon \left(s^{-\frac{\rho-3}{2}} + t^{-\frac{\rho-3}{2}} \right)$$

が導かれる．等式(15.38)に評価式(15.36)を使うと，

(15.48) $\displaystyle \|U(-t)(I-J)u(t)\| \leqq Ct \left\| \int_{-\infty}^x \partial_{x'}(|u|^{\rho-1}u) \, dx' \right\|$

$$\leqq Ct\|u(t)\|_\infty^{\rho-1}\|u(t)\| \leqq C\varepsilon t^{-\frac{\rho-3}{2}}$$

が得られる．評価式(15.46)-(15.48)から一意的な関数 $V \in H^{1,0} \cap H^{0,1}$ が存在して，

$$\lim_{t\to\infty} \left(\|U(-t)u(t) - \mathcal{F}^{-1}V\|_{1,0} + \|U(-t)u(t) - \mathcal{F}^{-1}V\|_{0,1} \right) = 0$$

を満たすことがわかる．これは，(15.2)式を意味している．Hölder の不等式から

(15.49) $\|\mathcal{F}(U(-t)u)(t) - V\|_\infty$

$$= \|\mathcal{F}(U(-t)u)(t) - \mathcal{F}\mathcal{F}^{-1}V\|_\infty$$

$$\leqq C\|U(-t)u(t) - \mathcal{F}^{-1}V\|_1 \leqq C\|U(-t)u(t) - \mathcal{F}^{-1}V\|_{0,1}$$

となるので，漸近公式(15.3)は等式(15.12)，評価式(15.49)と(15.13)から求まる．よって，定理15.2は証明された．∎

15.3 非線形項が臨界冪の場合

ここでは，関数空間 Y_T を

$$Y_T = \left\{ \phi \in C([0,T]; S'(\mathbb{R})); |||\phi|||_{Y_T} = \sup_{t \in [0,T]} (1+|t|)^{-C\varepsilon} \|\phi(t)\|_{3,0} \right.$$
$$+ \sup_{t \in [0,T]} (1+|t|)^{-C\varepsilon} \|U(-t)\phi(t)\|_{2,1}$$
$$\left. + \sup_{t \in [0,T]} \sqrt{1+|t|} \left(\|\phi(t)\|_\infty + \|\phi_x(t)\|_\infty \right) < \infty \right\}$$

とし，ε を初期値の大きさに依存した定数とする．

局所解の存在定理の証明は，臨界冪以上の場合と同じであるので，結果だけを述べる．

定理 15.11 $\rho = 3$ とする．初期値は $\|u_0\|_{3,0} + \|u_0\|_{1,2} = \varepsilon \leqq \varepsilon'$ を満足し ε' は十分小さいとする．このとき適当な $T > 1$ と，初期値問題(15.1)の一意的な解 u が存在し，

$$|||u|||_{Y_T} \leqq C\varepsilon'$$

を満足する． □

補題 15.12 $\rho = 3$ とし，u を定理15.11で述べられた初期値問題(15.1)の局所解とする．このとき，任意の $t \in [0,T]$ に対して，評価式

$$(1+|t|)^{-C\varepsilon'} \left(\|u(t)\|_{3,0} + \|U(-t)u(t)\|_{2,1} \right) \leqq C\varepsilon$$

が成立する． □

[証明] 補題15.10の証明と同様にして，方程式(15.1)を x で3回微分し，u_{xxx} を掛けて，部分積分をおこなうと，

$$\frac{d}{dt}\|u_{xxx}\|^2 \leqq C \left(\|u\|_\infty \|u_x\|_\infty \|u_{xxx}\|^2 + \|u_x\|_\infty^2 \|u_{xx}\| \|u_{xxx}\| \right)$$

$$\leqq C(\varepsilon')^2(1+|t|)^{-1}\left(\|u_{xxx}\|^2+\|u_{xx}\|^2\right)$$

が得られる. ここで,

$$(15.50) \qquad \|u\|_\infty+\|u_x\|_\infty \leqq C\varepsilon'(1+|t|)^{-\frac{1}{2}}$$

を用いた. 同様に,

$$\frac{d}{dt}\|u\|_{3,0}^2 \leqq C(\varepsilon')^2(1+|t|)^{-1}\|u\|_{3,0}^2$$

が成立することがわかる. それゆえ, Gronwall の不等式から

$$(15.51) \qquad \|u\|_{3,0} \leqq C\varepsilon(1+|t|)^{C\varepsilon'}$$

が従う. 等式(15.38), (15.39)と評価式(15.50)より

$$(15.52) \qquad \|Ju\| \leqq \|Iu\|+\left\|2t\int_{-\infty}^x Lu\,dx'\right\|$$
$$\leqq \|Iu\|+C|t|\|u^3\| \leqq \|Iu\|+C(\varepsilon')^2\|u\|,$$

$$(15.53) \qquad \|(Ju)_x\| \leqq \|Iu_x\|+\|u\|+\|2tLu\|$$
$$\leqq \|Iu_x\|+\|u\|+C(\varepsilon')^2\|u\|,$$

$$(15.54)$$
$$\|(Ju)_{xx}\|^2 \leqq |(Ju_{xxx},Iu_x)|+C\|Iu_x\|\|u_{xx}\|+C\|u_x\|^2$$
$$\leqq C\left(\|u\|_{3,0}^2+\|Iu_x\|^2+\|JIu_x\|^2\right)\left(1+(1+|t|)\|u\|_\infty^2\right)$$
$$\leqq C\left((\varepsilon')^2+1\right)\left(\|u\|_{3,0}^2+\|Iu_x\|^2+\|JIu_x\|^2\right)$$

が得られる. そして,

$$\int_{-\infty}^x LIu_x\,dx' = \int_{-\infty}^x L(Iu)_x\,dx'-\int_{-\infty}^x Lu\,dx'$$
$$= u^3+LIu = -u^3-3u^2Iu_x$$

であるから, 評価式

$$(15.55) \qquad \|JIu_x\| \leqq \|I^2 u_x\| + \left\| 2t \int_{-\infty}^{x} LIu_x \, dx' \right\|$$

$$\leqq \|I^2 u_x\| + C|t| \|u^3\| + C|t| \|u^2 Iu_x\|$$

$$\leqq \|I^2 u_x\| + C|t| \|u\|_\infty^2 (\|u\| + \|Iu_x\|)$$

が成立する．(15.55)式を(15.54)式に代入して，(15.52)式，(15.53)式を使えば

(15.56)

$$\|xU(-t)u\|_{2,0}^2 = \|Ju\|_{2,0}^2$$

$$\leqq C \left((\varepsilon')^2 + 1 \right) \left(\|u\|_{3,0}^2 + \|Iu\|^2 + \|Iu_x\|^2 + \|I^2 u_x\|^2 \right)$$

が求まる．評価式(15.42)，(15.44)に(15.50)式を用いると，Gronwall の不等式から

$$(15.57) \qquad \|Iu\| + \|Iu_x\| \leqq C\varepsilon (1 + |t|)^{C\varepsilon'}$$

が従う．次に $\|I^2 u_x\|$ を考える．交換関係(15.39)を使うと

$$LI^2 u_x = ILIu_x + 2 \int_{-\infty}^{x} LIu_x \, dx'$$

$$= I^2 Lu_x - 2I(u^3)_x - 2 \int_{-\infty}^{x} I(u^3)_{xx} \, dx' - 4u^3$$

$$= I^2 Lu_x - 4I(u^3)_x - 2u^3$$

$$= -I^2 (u^3)_{xx} - 4I(u^3)_x - 2u^3$$

となることがわかる．また，簡単な微分計算によって

$$I(\phi\psi)_x = \phi I\psi_x + \psi I\phi_x$$

であるから $I(u^3)_x = 3u^2 Iu_x$ となる．それゆえ

$$I^2 (u^3)_{xx} = I(I(u^3)_x)_x - I(u^3)_x$$

$$= 3I((u^2 Iu_x)_x) - 3u^2 Iu_x$$

$$= 6u(Iu_x)^2 + 3u^2 I(Iu_x)_x - 3u^2 Iu_x$$

288   15 Benjamin-Ono 型方程式

$$= 6u(Iu_x)^2 + 3u^2(I^2u_x)_x - 6u^2Iu_x$$

が求まり

$$LI^2u_x = -6u(Iu_x)^2 - 3u^2(I^2u_x)_x - 6u^2Iu_x - 2u^3$$

が導かれる．この式の両辺に I^2u_x を掛けて，部分積分をすると

(15.58)

$$\frac{d}{dt}\|I^2u_x\|^2 \leqq -2\left(I^2u_x, \left(6u(Iu_x)^2 + 3u^2(I^2u_x)_x + 6u^2Iu_x + 2u^3\right)\right)$$

$$\leqq C\left(\|u\|_\infty + \|u_x\|_\infty\right)^2 \left(\|I^2u_x\|^2 + \|Iu_x\|^2 + \|u\|^2\right)$$

$$+ C\|u\|_\infty\|u_x\|_\infty\|I^2u_x\|\|Iu_x\|$$

となる．等式(15.11)に，Hölder の不等式を用いると $0 < \gamma < 1/2$ に対して，

$$\|\phi\|_\infty \leqq Ct^{-\frac{1}{2}}\|U(-t)\phi\|_1 \leqq Ct^{-\frac{1}{2}}\left(\|\phi\| + \|\phi\|^{\frac{1}{2}-\gamma}\|J\phi\|^{\frac{1}{2}+\gamma}\right)$$

が求まるので，評価式(15.51), (15.55), (15.57)から

(15.59) $$\|Iu_x\|_\infty \leqq Ct^{-\frac{1}{2}}\left(\|Iu_x\| + \|Iu_x\|^{\frac{1}{2}-\gamma}\|JIu_x\|^{\frac{1}{2}+\gamma}\right)$$

$$\leqq Ct^{-\frac{1}{2}}\left(\|Iu_x\| + \|Iu_x\|^{\frac{1}{2}-\gamma}\|I^2u_x\|^{\frac{1}{2}+\gamma}\right)$$

$$\leqq Ct^{-\frac{1}{2}}\left(\|Iu_x\| + \|Iu_x\|^{\frac{2}{1-2\gamma}} + \|I^2u_x\|\right)$$

が従う．評価式(15.50), (15.57), (15.59)を(15.58)式の右辺に代入すると，

$$\frac{d}{dt}\|I^2u_x\|^2 \leq C(\varepsilon')^2 t^{-1}\|I^2u_x\|^2 + C\varepsilon^2 t^{-1+C\varepsilon'}$$

$$+ C\varepsilon' t^{-1}\left(\|Iu_x\|^2 + \|Iu_x\|^{\frac{3-2\gamma}{1-2\gamma}} + \|I^2u_x\|\right)\|I^2u_x\|$$

$$\leqq C\varepsilon' t^{-1}\|I^2u_x\|^2 + C\varepsilon^2 t^{-1+C\varepsilon'}$$

となり，Gronwall の不等式から

(15.60) $$\|I^2u_x\|^2 \leqq C\varepsilon^2(1+|t|)^{C\varepsilon'}$$

が従う. 補題は, 評価式(15.51), (15.56), (15.57)および(15.60)から得られる. ∎

補題 15.13 u を定理 15.11 で述べられた初期値問題(15.1)の局所解とする. このとき, 任意の $t \in [0, T]$ に対して, 評価式

$$\sqrt{1+t}(\|u(t)\|_\infty + \|u_x(t)\|_\infty) \leqq C\varepsilon$$

が成立する. ∎

[証明] 補題 15.12 から, $0 \leqq t \leqq 1$ に対して, 評価式

$$(15.61) \qquad \sqrt{1+t}(\|u(t)\|_\infty + \|u_x(t)\|_\infty) \leqq C\varepsilon$$

が成立する. 次に $t \geqq 1$ の場合を考える. 補題 15.5 と補題 15.12 によって,

$$(15.62)$$

$$\|u(t)\|_\infty + \|u_x(t)\|_\infty$$
$$\leqq C\varepsilon t^{-\frac{1}{2}-\alpha+C\varepsilon'} + Ct^{-\frac{1}{2}} \left(\|\mathcal{F}U(-t)u(t)\|_\infty + \|\mathcal{F}U(-t)u_x(t)\|_\infty \right)$$

が従うことがわかる. (15.62)式右辺第 2 項の評価を考える. 方程式(15.1)の両辺に $U(-t)$ を作用させると,

$$(15.63) \qquad (U(-t)u(t))_t + U(-t)(u^3)_x = 0$$

が得られる. $v(t) = U(-t)u(t)$ と定義し, フーリエ変換を用いると

$$(15.64) \qquad \widehat{v}_t(t,p) + ip \iint d\xi_1 d\xi_2\, e^{itL} \widehat{v}(t,\xi_1)\widehat{v}(t,\xi_2)\widehat{v}(t,\xi_3) = 0$$

となる. ここで,

$$\xi_3 = p - \xi_1 - \xi_2, \quad L = -p|p| + \xi_1|\xi_1| + \xi_2|\xi_2| + \xi_3|\xi_3|$$

とおいた. 解 $v(t,x)$ が実数値であるから $\widehat{v}(t,-p) = \overline{\widehat{v}(t,p)}$. それゆえ, $p > 0$ だけ考えれば十分である. $p > 0$, $t > 0$, $k = 0, 1$ とすると, 補題 15.8 から, $\widehat{v}(t,p)$ に関する方程式

290   15 Benjamin-Ono 型方程式

$$(15.65) \qquad (ip)^k \widehat{v}_t(t,p) + (ip)^{k+1} \frac{i\pi e^{-\frac{2itp^2}{3}}}{t\sqrt{3}} \widehat{v}^3\left(t, \frac{p}{3}\right)$$

$$+ \frac{3(ip)^{k+1}\pi}{t} |\widehat{v}(t,p)|^2 \widehat{v}(t,p) + O\left(t^{-1-\gamma}\|v\|_{2,1}^3\right) = 0$$

が得られる. この(15.65)式の左辺第 3 項を取り除くために,

$$B(t) = \exp\left(-3ip\pi \int_1^t |\widehat{v}(\tau,p)|^2 \frac{d\tau}{\tau}\right)$$

として, 未知関数の変換 $\widehat{v} = \widehat{w}B$ をおこなう. この変換をおこなって(15.65)
式を時間で積分し補題 15.12 を使うと,

$$(15.66)$$

$$(ip)^k \widehat{w}(t) = (ip)^k \widehat{w}(1) - \frac{i(ip)^{k+1}\pi}{\sqrt{3}} \int_1^t B(\tau) e^{-\frac{2i\tau p^2}{3}} \widehat{v}^3\left(\tau, \frac{p}{3}\right) \frac{d\tau}{\tau}$$

$$+ C\varepsilon \int_1^t \tau^{-1-\gamma+C\varepsilon'} d\tau$$

が求まる. それゆえ, 評価式

$$(15.67) \qquad \|\mathcal{F}U(-t)u(t)\|_\infty + \|\mathcal{F}U(-t)u_x(t)\|_\infty$$

$$= \|(1+|p|)\widehat{v}\|_\infty = \|(1+|p|)\widehat{w}\|_\infty$$

$$\leqq C\varepsilon + Cp(1+|p|) \left| \int_1^t B(\tau) e^{-\frac{2i\tau p^2}{3}} \widehat{v}^3\left(\tau, \frac{p}{3}\right) \frac{d\tau}{\tau} \right|$$

が求まる. (15.67)式右辺最後の項を評価するために, 等式

$$e^{-\frac{2i\tau p^2}{3}} = \frac{1}{1 - \frac{2i\tau p^2}{3}} \partial_\tau \left(\tau e^{-\frac{2i\tau p^2}{3}}\right)$$

を使って, 部分積分をおこなえば $1 \leqq s \leqq t$, $p > 0$ に対して, 等式

$$(15.68)$$

$$p(1+p) \left| \int_s^t B(\tau) e^{-\frac{2i\tau p^2}{3}} \widehat{v}^3\left(\tau, \frac{p}{3}\right) \frac{d\tau}{\tau} \right|$$

$$= p(1+p)\left|\left[\frac{B(\tau)e^{-\frac{2i\tau p^2}{3}}\widehat{v}^{\,3}\left(\tau,\dfrac{p}{3}\right)}{1-\dfrac{2i\tau p^2}{3}}\right]_s^t\right.$$

$$-\int_s^t \frac{B(\tau)e^{-\frac{2i\tau p^2}{3}}}{1-\dfrac{2i\tau p^2}{3}}\left(\frac{\widehat{v}^{\,3}\left(\tau,\dfrac{p}{3}\right)\dfrac{2ip^2}{3}}{1-\dfrac{2i\tau p^2}{3}}+3\widehat{v}^{\,2}\left(\tau,\dfrac{p}{3}\right)\widehat{v}_\tau\left(\tau,\dfrac{p}{3}\right)\right.$$

$$\left.\left.-\frac{3ip\pi}{\tau}\widehat{v}^{\,3}\left(\tau,\dfrac{p}{3}\right)|\widehat{v}(\tau,p)|^2\right)\frac{d\tau}{\tau}\right|$$

が導かれる．Sobolev の不等式と，補題 15.12 を使えば，評価式

$$(15.69)\qquad \|(1+|p|)\widehat{v}\|_\infty \leqq \|v\|_1 + \|v_x\|_1 \leqq \|v\|_{2,1} \leqq C\varepsilon(1+|t|)^{C\varepsilon'}$$

が従い，方程式(15.65)から，$\widehat{v}_t(t,p)$ に対する評価式

$$(15.70)\qquad \left\|(ip)^k\widehat{v}_t(t)\right\|_\infty \leqq C\varepsilon t^{C\varepsilon'-1}$$

が求まる．これらの評価式(15.69)と，(15.70)を(15.68)式に使うと，評価式

$$(15.71)\qquad p(1+p)\left|\int_s^t B(\tau)e^{-\frac{2i\tau p^2}{3}}\widehat{v}^{\,3}\left(\tau,\frac{p}{3}\right)\frac{d\tau}{\tau}\right| \leqq C\varepsilon s^{-\gamma+C\varepsilon'}$$

が得られる．評価式(15.62)，(15.67)および(15.71)から補題 15.13 が証明される．∎

補題 15.12 と補題 15.13 から次の補題が従う．

補題 15.14 u を定理 15.11 で述べられた初期値問題(15.1)の局所解とする．このとき任意の $t \in [0,T]$ に対して評価式

$$(1+|t|)^{-C\varepsilon}(\|u(t)\|_{3,0} + \|U(-t)u(t)\|_{2,1}) \leqq C\varepsilon$$

が成立する． □

[定理 15.3 の証明] 補題 15.12，15.14 から定理 15.1 の証明と同じように示される．∎

[定理 15.4 の証明] 方程式(15.66)と，評価式(15.71)から

292   15 Benjamin-Ono 型方程式

(15.72)
$$\|\widehat{w}(t) - \widehat{w}(s)\|_\infty \leqq C\varepsilon s^{-\gamma + C\varepsilon}$$

が従うので，一意的な関数 $W \in L^\infty$ が存在し，

(15.73)
$$\|W - \widehat{w}(t)\|_\infty \leqq C\varepsilon t^{-\gamma + C\varepsilon}$$

を満足することがわかる．これは定理 15.4 の評価式(15.5)である．関数 Ψ を

$$\Psi(t) = ip\pi \int_1^t \left(|\widehat{w}(\tau)|^2 - |\widehat{w}(t)|^2\right) \frac{d\tau}{\tau}$$

で定義する．このとき，$1 < s < \tau < t$ に対して，

$$\Psi(t) - \Psi(s) = ip\pi \int_s^t \left(|\widehat{w}(\tau)|^2 - |\widehat{w}(t)|^2\right) \frac{d\tau}{\tau} + ip\pi \left(|\widehat{w}(t)|^2 - |\widehat{w}(s)|^2\right) \log s$$

となる．この等式に評価式(15.72)を適用すると

(15.74)
$$\|\Psi(t) - \Psi(s)\|_\infty \leqq C\varepsilon \int_s^t \tau^{-1-\gamma+C\varepsilon} d\tau + C\varepsilon s^{-\gamma+C\varepsilon} \log s$$
$$\leqq C\varepsilon s^{-\gamma+C\varepsilon}$$

が得られる．それゆえ，評価式(15.74)から一意的な関数 $\Phi \in L^\infty$，$i\Phi = \lim_{t\to\infty} \Psi(t)$ が存在して，評価式

(15.75)
$$\|i\Phi - \Psi(t)\|_\infty \leqq C\varepsilon t^{-\gamma+C\varepsilon}$$

を満たすことがわかる．評価式(15.73), (15.75)と等式

$$ip\pi \int_1^t |\widehat{w}(\tau)|^2 \frac{d\tau}{\tau} = ip\pi |W|^2 \log t + i\Phi$$
$$+ (\Psi(t) - i\Phi) + ip\pi \left(|\widehat{w}(t)|^2 - |W|^2\right) \log t$$

から，定理 15.4 の評価式(15.6)が得られる．そして(15.5)式，(15.6)式から評価式(15.8)が従い，漸近公式(15.7)は等式(15.12)と評価式(15.13), (15.8)から求まる．それゆえ，定理 15.4 は証明された． ∎

16 臨界冪以上の非線形項を持つ 非線形 Klein-Gordon 方程式

16.1 解の漸近挙動

この章では，文献[70]を参考にして，次の非線形 Klein-Gordon 方程式の初期値問題

$$(16.1) \quad \begin{cases} (\Box + 1)u = N(u, \overline{u}), & (t, x) \in \mathbb{R} \times \mathbb{R}^n, \\ u(0, x) = f(x), \quad u_t(0, x) = g(x), & x \in \mathbb{R}^n \end{cases}$$

を考える．ここで，$\Box = \partial_t^2 - \Delta$，非線形項は $N(u, \overline{u}) = \mu |u|^{p-1} u$ とし，$p > 1 + 2/n$，$\mu \in \mathbb{C}$，$n = 1, 2$ とする．

今，$n \geq 3$ のとき，$p^*(n) = (n+2)/(n-2)$，$n = 1, 2$ のとき，$p^*(n) = \infty$ とする．非線形項の増大度 p が $1 + 4/n < p < p^*(n)$ のとき，係数が $\mu < 0$ を満たすとする．この場合，方程式(16.1)に対する散乱作用素の完全性が，エネルギー空間において，文献[11]，[12]，[43]，[116]，[117]で Morawetz 評価を用いることにより，$n \geq 3$ のとき示されている．これらの結果は，文献[111]によって空間次元 $n = 1, 2$ に対して拡張された．条件 $\mu < 0$ は初期値が小さいという条件をつければ，取り除くことができる．この結果は，文献[137]において示されている．

この章では，非線形項の増大度が $1 + 4/n$ 以下の場合を考えることにしよう．方程式(16.1)の時間大域解の存在，すなわち，逆波動作用素の存在は，$p_0(n)$ を $(n(p-1)p)/2(p+1) = 1$ の正の根としたとき，非線形項の増大度 p が，$p_0(n) < p \leq 1 + 4/n$ のとき，文献[137]において示された．文献[137]において波動作用素の存在も $p_0(n) < p \leq 1 + 4/n$ のときに示されているが，散乱作用素の存在が示されたわけではない．なぜならば，波動作用素の値域と逆

波動作用素の領域が異なっているからである．この章では空間次元 $n = 1, 2$，非線形項の増大度が $1 + 2/n < p < 1 + 4/n$ のとき，散乱作用素が構成できることを示す．文献[34]において，ベクトル場法が改良され，その結果を用いることにより，方程式 (16.1) の時間大域解の存在が $p > 1 + 2/n$，$n = 1, 2, 3$，$\mu \in \mathbb{C}$ に対して示された．ただし，初期値がコンパクトな台を持っていることが仮定されているので，散乱作用素の存在に利用することは難しいと思われる．空間次元が 1 次元で，増大度が臨界冪，すなわち，$p = 3$ のときの研究として，文献[25]，[35] をあげておく．文献[35]において，時間大域解の存在，L^∞ 時間減衰評価が示され，文献[25]において，解の漸近評価が，初期値がコンパクトな台を持ち，滑らかであるという条件のもと示された．しかし，文献[25]，[35] で用いられた方法は，非線形項が滑らかでない場合，すなわち，本章で取り扱うものには有効でないことに注意しておく．空間次元が 2 次元の場合，臨界冪は滑らかな 2 次の非線形項にあたると思われるかもしれないが，そうはならないことにも注意しておく．このことは文献[115]および文献[26]を見ていただければわかる．

　高次元で，臨界冪以下の非線形項における逆波動作用素の非存在，すなわち，初期値問題の解は自由解の周りで安定とはならないことについては，文献[47]，[102]において研究されている．

　今，

$$\begin{pmatrix} u_1 \\ u_2 \end{pmatrix} = \begin{pmatrix} \dfrac{1}{2} \left(1 + \langle i\nabla \rangle^{-1} i\partial_t \right) u \\ \dfrac{1}{2} \left(1 - \langle i\nabla \rangle^{-1} i\partial_t \right) u \end{pmatrix}$$

とおくと，方程式 (16.1) は連立方程式

$$(16.2) \quad \begin{cases} L_+ u_1 = -\dfrac{1}{2i} \langle i\nabla \rangle^{-1} |u_1 + u_2|^{p-1} (u_1 + u_2), \\ u_1(0, x) = \dfrac{1}{2} \left(f + \langle i\nabla \rangle^{-1} ig \right), \end{cases}$$

$$(16.3) \quad \begin{cases} L_- u_2 = \dfrac{1}{2i} \left\langle i\nabla \right\rangle^{-1} |u_1 + u_2|^{p-1} (u_1 + u_2), \\ u_2(0, x) = \dfrac{1}{2} \left(f - \left\langle i\nabla \right\rangle^{-1} ig \right) \end{cases}$$

と書き直すことができる. ここで, 作用素 L_+, L_- は

$$L_+ = \partial_t + i \left\langle i\nabla \right\rangle, \quad L_- = \partial_t - i \left\langle i\nabla \right\rangle$$

と定義されるものとする. これらの作用素と関連のある作用素

$$U(t) = e^{-i\langle i\nabla\rangle t}, \quad \widehat{L_\pm} = \partial_t \pm i \left\langle \xi \right\rangle,$$
$$\widehat{J_{\xi_j}^\pm} = \pm it\xi_j + \left\langle \xi \right\rangle \partial_{\xi_j}, \quad J_{x_j}^\pm = \pm it\partial_{x_j} + \left\langle i\nabla \right\rangle x_j$$

および

$$P_{x_j} = t\partial_{x_j} + x_j\partial_t, \quad \widehat{P_{\xi_j}} = it\xi_j + i\partial_{\xi_j}\partial_t$$

を導入することにする. 簡単な計算によって作用素 $\widehat{P_{\xi_j}}$ と作用素 $\widehat{J_{\xi_j}^\pm}$ の差は

$$\widehat{P_{\xi_j}} \mp \widehat{J_{\xi_j}^\pm} = i\partial_{\xi_j}\partial_t \mp \left\langle \xi \right\rangle \partial_{\xi_j} = i\widehat{L_\pm}\partial_{\xi_j}$$

となることがわかり, 次の交換関係

$$\left[L_\pm, J_{x_j}^\pm \right] = L_\pm J_{x_j}^\pm - J_{x_j}^\pm L_\pm = 0, \quad \left[\widehat{L_\pm}, \widehat{J_{\xi_j}^\pm} \right] = 0$$

が成立する. また,

$$\left[\widehat{L_\pm}, \widehat{P_{\xi_j}} \right] = \pm \frac{\xi_j}{\left\langle \xi \right\rangle} \widehat{L_\pm}$$

が等式

$$\widehat{L_\pm}\widehat{P_{\xi_j}} = i \left(\partial_t \pm i \left\langle \xi \right\rangle \right) \left(t\xi_j + \partial_{\xi_j}\partial_t \right) = i\xi_j \pm \frac{\xi_j}{\left\langle \xi \right\rangle} \partial_t + \widehat{P_{\xi_j}}\widehat{L_\pm}$$
$$= \pm \frac{\xi_j}{\left\langle \xi \right\rangle} \left(\partial_t \pm i \left\langle \xi \right\rangle \right) + \widehat{P_{\xi_j}}\widehat{L_\pm} = \pm \frac{\xi_j}{\left\langle \xi \right\rangle} \widehat{L_\pm} + \widehat{P_{\xi_j}}\widehat{L_\pm}$$

より得られる. 本章で作用素 $J_{x_j}^\pm$ が作用素 $L_\pm$ と交換可能で, 時間減衰評価を得るのに有効であることを示す(補題 16.4 参照). しかし, 作用素 $J_{x_j}^\pm$ は 1 階

296 16 臨界冪以上の非線形項を持つ非線形 Klein-Gordon 方程式

の微分作用素のように非線形項に作用しないので，このままで使うと時間増大項が現れてしまう．そこで作用素 P_{x_j} を用いることにする．この作用素は，作用素 $L_\pm$ とほぼ交換可能で1階の微分作用素のように非線形項に作用する．さらに作用素 P_{x_j} は作用素 $J_{x_j}^\pm$ と，方程式の解を通して関係があり，この事実を主結果の証明に利用することができる．以下述べる最初の結果は，時間大域解の存在，すなわち逆波動作用素の存在に関する結果である．

定理 16.1 初期値を $(u_1(0,x), u_2(0,x)) \in H^{1+n/2,1} \times H^{1+n/2,1}$ とし

$$\|u_1(0)\|_{1+\frac{n}{2},1} + \|u_2(0)\|_{1+\frac{n}{2},1} = \varepsilon$$

が十分小さいとする．このとき (16.2)–(16.3) の一意的な解

$$(U(-t)u_1, U(t)u_2) \in C\left([0,\infty) ; H^{1+\frac{n}{2},1} \times H^{1+\frac{n}{2},1}\right)$$

が存在して $n=1$ のとき $q=\infty$，$n=2$ のとき $q<\infty$ とすると時間減衰評価

$$\sum_{j=1}^2 \|u_j(t)\|_\infty \leqq C (1+t)^{-\frac{n}{2}\left(1-\frac{2}{q}\right)}$$

を満足する．さらに一意的な最終状態 $(u_1^+, u_2^+) \in H^{1+n/2,1} \times H^{1+n/2,1}$ が存在して

$$\|U(-t)u_1(t) - u_1^+\|_{1+\frac{n}{2},1} + \|U(t)u_2(t) - u_2^+\|_{1+\frac{n}{2},1}$$
$$\leqq C\varepsilon^p (1+t)^{-\frac{n}{2}\left(1-\frac{2}{q}\right)(p-1)+1}$$

を満足する． $\qquad\qquad\square$

次の定理は，波動作用素の存在に関するものである．

定理 16.2 最終値を $(u_1^+, u_2^+) \in H^{1+n/2,1} \times H^{1+n/2,1}$ とし，$\|u_1^+\|_{1+n/2,1} + \|u_2^+\|_{1+n/2,1} = \rho$ とおくと，適当な時間 T と，一意的な (16.2)–(16.3) の解

$$(U(-t)u_1, U(t)u_2) \in C\left([T,\infty) ; H^{1+\frac{n}{2},1} \times H^{1+\frac{n}{2},1}\right)$$

が存在し，$n=1$ のとき $q=\infty$，$n=2$ のとき $q<\infty$ とすると，時間減衰評価

$$\sum_{j=1}^2 \|u_j(t)\|_\infty \leqq C (1+t)^{-\frac{n}{2}\left(1-\frac{2}{q}\right)}$$

を満足する．さらに，任意の $t \geqq T$ に対して，漸近公式

$$\left\|U(-t)u_1(t) - u_1^+\right\|_{1+\frac{n}{2},1} + \left\|U(t)u_2(t) - u_2^+\right\|_{1+\frac{n}{2},1}$$
$$\leqq C\rho^p t^{-\frac{n}{2}\left(1-\frac{2}{q}\right)(p-1)+1}$$

を満足する. □

定理 16.2 から, 任意の $\left(u_1^+, u_2^+\right) \in H^{1+n/2,1} \times H^{1+n/2,1}$ に対して, 解

$$(U(-t)u_1(t), U(t)u_2(t)) \in H^{1+\frac{n}{2},1} \times H^{1+\frac{n}{2},1}$$

を対応させる波動作用素 W_+ が, 十分大きな $t \geqq T$ で定義できることがわかる. ρ が十分小さければ, $T = 0$ とすることができるので, 波動作用素

$$W_+ : \left(u_1^+, u_2^+\right) \to (u_1(0,x), u_2(0,x))$$

が, 空間 $H^{1+n/2,1} \times H^{1+n/2,1}$ の原点の近傍で定義できることを示している. さらに, $(u_1(0,x), u_2(0,x))$ が $H^{1+n/2,1} \times H^{1+n/2,1}$ ノルムの意味で十分小さければ, 定理 16.1 は, 負の時間に対しても有効であるから, これを使うことによって, 逆波動作用素

$$W_-^{-1} : (u_1(0,x), u_2(0,x)) \to \left(u_1^-, u_2^-\right)$$

を定義できることがわかる. このように, 散乱作用素

$$S_+ = W_-^{-1} W_+ : \left(u_1^+, u_2^+\right) \to \left(u_1^-, u_2^-\right)$$

が空間 $H^{1+n/2,1} \times H^{1+n/2,1}$ の原点の近傍から, それ自身の近傍への作用素として構成できる.

主結果を示すために線形解の $L^\infty\text{-}L^1$ 時間減衰評価が必要である. $n = 1$ の場合は, 本書の第 7 章において示してあるが, 一般次元に対しては文献[101] において証明されているので, 結果を命題の形で述べておく.

命題 16.3(文献[101], 補題 1) 初期値を $f \in H_1^{\alpha,0}$ とする. このとき

$$\|U(\pm t)f\|_\infty \leqq C t^{-\frac{n}{2}} \|\langle i\nabla\rangle^\alpha f\|_1, \quad \alpha \geqq 1 + \frac{n}{2}$$

が成立する. □

この命題を用いて, 次の時間減衰評価を示す.

298   16 臨界冪以上の非線形項を持つ非線形 Klein-Gordon 方程式

補題 16.4 $\alpha \geqq 1 + n/2$ とする．このとき，$n = 1$ の場合

$$\|f\|_\infty \leqq Ct^{-\frac{1}{2}}\left(\|f\|_{\alpha,0} + \left\|J^{\pm}_{x_1}f\right\|_{\alpha-1,0}\right),$$

$n = 2$ の場合

$$\|f\|_\infty \leqq Ct^{-\frac{n}{2}\left(1-\frac{2}{q}\right)}\sum_{j=1}^{2}\left(\|f\|_{\alpha,0} + \left\|J^{\pm}_{x_j}f\right\|_{\alpha-1,0}\right)$$

が成立する．   □

[証明] 命題 16.3 より，

$$\|f\|_\infty \leqq C\left\|U(t)U(-t)f\right\|_\infty \leqq Ct^{-\frac{n}{2}}\left\|\langle i\nabla\rangle^\alpha U(-t)f\right\|_1$$

および

$$\|f\| = \|U(-t)f\|$$

が成り立つことがわかる．補間定理(文献[7]参照)を用いると，

(16.4) $$\|f\|_q \leqq Ct^{-\frac{n}{2}\left(1-\frac{2}{q}\right)}\left\|\langle i\nabla\rangle^{\alpha\left(1-\frac{2}{q}\right)}U(-t)f\right\|_{\frac{q}{q-1}}$$

が得られる．Hölder の不等式から，$\rho > 0$, $(2qa)/(q-2) > n$, $0 < b < 1$ とすると，

$$\|\phi\|_{\frac{q}{q-1}}^{\frac{q}{q-1}} = \int_{\mathbb{R}^n}\left((\rho+|x|^a)|\phi(x)|\right)^{b\frac{q}{q-1}}(\rho+|x|^a)^{-b\frac{q}{q-1}}|\phi(x)|^{(1-b)\frac{q}{q-1}}dx$$

$$\leqq \|(\rho+|x|^a)\phi\|^{\frac{bq}{q-1}}\left(\int_{\mathbb{R}^n}(\rho+|\cdot|^a)^{-\frac{2bq}{2(q-1)-bq}}|\phi|^{\frac{2(1-b)q}{2(q-1)-bq}}dx\right)^{\frac{2(q-1)-bq}{2(q-1)}}$$

$$\leqq C\|(\rho+|x|^a)\phi\|^{\frac{bq}{q-1}}\|\phi\|_{\frac{q}{q-1}}^{\frac{(1-b)q}{q-1}}\left(\int_{\mathbb{R}^n}(\rho+|\cdot|^a)^{-\frac{2q}{q-2}}dx\right)^{\frac{q-2}{2}\frac{b}{q-1}}$$

$$\leqq C\|(\rho+|x|^a)\phi\|^{\frac{bq}{q-1}}\|\phi\|_{\frac{q}{q-1}}^{\frac{(1-b)q}{q-1}}\rho^{\left(-\frac{2qa}{q-2}+n\right)\frac{q-2}{2}\frac{b}{q-1}}$$

が求まり，これより，

$$\|\phi\|_{\frac{q}{q-1}} \leqq C\|(\rho+|x|^a)\phi\|^b\|\phi\|_{\frac{q}{q-1}}^{1-b}\rho^{(-2qa+n(q-2))\frac{1}{2}\frac{b}{q}}$$

$$\leqq C\||x|^a\phi\|^b\|\phi\|_{\frac{q}{q-1}}^{1-b}\rho^{\left(-a+\frac{n}{2}-\frac{n}{q}\right)b}$$

$$+ C \|\phi\|^b \|\phi\|_{\frac{q}{q-1}}^{1-b} \rho^{\left(-a+\frac{n}{2}-\frac{n}{q}+1\right)b}$$

が従う. 今, $\rho = \||x|^a \phi\| / \|\phi\|$ とおくと,

$$(16.5) \qquad \|\phi\|_{\frac{q}{q-1}} \leqq C \||x|^a \phi\|^{1-\left(a-\frac{n}{2}+\frac{n}{q}\right)} \|\phi\|^{\left(a-\frac{n}{2}+\frac{n}{q}\right)}$$

が得られる. $a = 1$ とすると, (16.4)と(16.5)より,

$$(16.6) \qquad \|f\|_\infty \leqq C t^{-\frac{1}{2}} \|x_1 \langle i\nabla \rangle^\alpha U(-t)f\|^{\frac{1}{2}} \|\langle i\nabla \rangle^\alpha U(-t)f\|^{\frac{1}{2}}$$

および

$$(16.7)$$

$$\|f\|_q \leqq C t^{-\frac{n}{2}\left(1-\frac{2}{q}\right)} \left\| |x| \langle i\nabla \rangle^{\alpha\left(1-\frac{2}{q}\right)} U(-t)f \right\|^{1-\frac{2}{q}} \left\| \langle i\nabla \rangle^{\alpha\left(1-\frac{2}{q}\right)} U(-t)f \right\|^{\frac{2}{q}}$$

が成立することがわかる. 簡単な微分の計算によって,

$$e^{\mp i\langle\xi\rangle t} \partial_{\xi_j} \langle\xi\rangle^\alpha e^{\pm i\langle\xi\rangle t} \widehat{f} = \alpha \langle\xi\rangle^{\alpha-2} \xi_j \widehat{f} + \langle\xi\rangle^{\alpha-1} \widehat{J_{\xi_j}^\pm} \widehat{f}$$

および

$$\mathcal{F}^{-1} \widehat{J_{\xi_j}^\pm} \widehat{f} = \mathcal{F}^{-1} \left(\pm it\xi_j + \langle\xi\rangle \partial_{\xi_j} \right) \mathcal{F} \mathcal{F}^{-1} \widehat{f}$$
$$= -i \left(\pm it\partial_{x_j} + \langle i\nabla \rangle x_j \right) f = -i J_{x_j}^\pm f$$

がわかるので,

$$(16.8)$$

$$-iU(\pm t) x_j U(\mp t) \langle i\nabla \rangle^\alpha f = i\alpha \langle i\nabla \rangle^{\alpha-2} \partial_{x_j} f + \langle i\nabla \rangle^{\alpha-1} J_{x_j}^\pm f$$

となり, このことから,

$$(16.9) \qquad \|x_j \langle i\nabla \rangle^\alpha U(-t)f\| = \left\| \partial_{\xi_j} \langle\xi\rangle^\alpha e^{-i\langle\xi\rangle t} \widehat{f} \right\|$$
$$\leqq C \left(\|f\|_{\alpha-1,0} + \|J_{x_j}^+ f\|_{\alpha-1,0} \right)$$

が従う. 不等式(16.9)と Hölder の不等式を等式(16.8)に適用すれば, 補題の最初の評価式が導かれる. 2 次元の場合は, Sobolev の不等式と(16.7)より,

$$\|f\|_\infty \leqq C \left\| \langle i\nabla \rangle^\beta f \right\|_q$$
$$\leqq C t^{-\frac{n}{2}\left(1-\frac{2}{q}\right)} \left\| |x| \langle i\nabla \rangle^{\alpha\left(1-\frac{2}{q}\right)+\beta} U(-t)f \right\|^{1-\frac{2}{q}}_{\frac{q}{q-1}}$$
$$\times \left\| \langle i\nabla \rangle^{\alpha\left(1-\frac{2}{q}\right)+\beta} U(-t)f \right\|^{\frac{2}{q}}, \quad \beta > \frac{2}{q}$$

が求まり，補題の結果が得られたことになる． ∎

16.2 散乱状態（逆波動作用素）の存在

関数空間

$$v = (v_1, v_2) \in Y = \left\{ v; \|v_1\|_{Y_1} + \|v_2\|_{Y_2} < \infty \right\}$$

を導入する．ここで

$$\|v\|_X = \sup_{t \geqq 0} \left(\|v(t)\|_{1+\frac{n}{2},0} + \|\partial_t v(t)\|_{\frac{n}{2},0} + \sum_{j=1}^n \|P_{x_j} v(t)\|_{\frac{n}{2},0} \right),$$
$$\|v\|_{Y_1} = \|v\|_X + \sup_{t \geqq 0} \left\| J^+_{x_j} v(t) \right\|_{\frac{n}{2},0},$$
$$\|v\|_{Y_2} = \|v\|_X + \sup_{t \geqq 0} \left\| J^-_{x_j} v(t) \right\|_{\frac{n}{2},0}$$

とする．

［定理 16.1 の証明］ 方程式(16.2)-(16.3)の線形化方程式

$$(16.10) \quad \begin{cases} L_+ u_1 = -\dfrac{1}{2i} \langle i\nabla \rangle^{-1} |v_1 + v_2|^{p-1} (v_1 + v_2), \\ u_1(0,x) = \dfrac{1}{2} \left(f + \langle i\nabla \rangle^{-1} ig \right), \end{cases}$$

$$(16.11) \quad \begin{cases} L_- u_2 = \dfrac{1}{2i} \langle i\nabla \rangle^{-1} |v_1 + v_2|^{p-1} (v_1 + v_2), \\ u_2(0,x) = \dfrac{1}{2} \left(f - \langle i\nabla \rangle^{-1} ig \right) \end{cases}$$

を考える．ここで，$\|v_1\|_{Y_1} + \|v_2\|_{Y_2} \leqq \rho$ を仮定する．(16.10)式および (16.11)式の両辺をフーリエ変換し，得られた式の両辺に作用素 $\widehat{P_{\xi_j}}$ を掛ける

と，

(16.12)
$$\widehat{L_\pm}\,\widehat{P_{\xi_j}}\,\widehat{w_\pm} = \pm\frac{\xi_j}{\langle\xi\rangle}\,\widehat{L_\pm}\,\widehat{w_\pm} \pm \widehat{P_{\xi_j}}\,\mathcal{F}\,\langle i\nabla\rangle^{-1}\,N(v_1,v_2)$$
$$= \pm\left(\frac{\xi_j}{\langle\xi\rangle^2} + \widehat{P_{\xi_j}}\,\langle\xi\rangle^{-1}\right)\mathcal{F}N(v_1,v_2)$$
$$= \pm\left(\frac{\xi_j}{\langle\xi\rangle^2} + i\frac{\xi_j}{\langle\xi\rangle^3}\partial_t + \langle\xi\rangle^{-1}\,\widehat{P_{\xi_j}}\right)\mathcal{F}N(v_1,v_2)$$

が得られる．ここで，

$$N(v_1,v_2) = -\frac{1}{2i}\,\langle i\nabla\rangle^{-1}\,|v_1+v_2|^{p-1}\,(v_1+v_2)$$

とし，記号 $w_+ = u_1$ および $w_- = u_2$ を簡単のために用いた．この式から，

$$F(v_1,v_2) = \mathcal{F}^{-1}\left(\frac{\xi_j}{\langle\xi\rangle^2} + i\frac{\xi_j}{\langle\xi\rangle^3}\partial_t + \langle\xi\rangle^{-1}\,\widehat{P_{\xi_j}}\right)\mathcal{F}N(v_1,v_2)$$

とおくと，積分方程式

(16.13)
$$P_{x_j}w_\pm(t) = U(\pm t)\,x\partial_t w_\pm(0) \pm \int_0^t U(\pm(t-s))\,F(v_1,v_2)\,ds$$

が求まる．$H^{n/2,0}$ ノルムをとり，補題 16.4 を使えば

(16.14)
$$\|P_{x_j}w_\pm(t)\|_{\frac{n}{2},0}$$
$$\leqq \|x_j\partial_t w_\pm(0)\|_{\frac{n}{2},0}$$
$$+ C\int_0^t \sum_{j=1}^2 \|v_j(\tau)\|_\infty^{p-1} \sum_{j=1}^2 \left(\|v_j(\tau)\| + \|\partial_t v_j(\tau)\| + \|P_{x_j}v_j(\tau)\|\right)d\tau$$
$$\leqq \|w_0\|_{1+\frac{n}{2},1} + C\varepsilon^p + C\sum_{j=1}^2 \|v_j\|_{Y_j}^p \int_0^t (1+\tau)^{-q(p-1)}\,d\tau$$
$$\leqq \|w_0\|_{1+\frac{n}{2},1} + C\left(\varepsilon^p + \rho^p\right)$$

が成立する．同様に $p > 1 + 2/n$ とし，ε が十分小さいとすれば，

(16.15)
$$\|w_\pm\|_X \leqq 3\|w_0\|_{1+\frac{n}{2},1} + C\sum_{j=1}^2 \|v_j\|_{Y_j}^p \leqq 3\varepsilon + C\rho^p$$

302   16   臨界冪以上の非線形項を持つ非線形 Klein-Gordon 方程式

が得られる. 関係式

$$\widehat{P_{\xi_j}} \mp \widehat{J_{\xi_j}^{\pm}} = i\widehat{L_{\pm}}\partial_{\xi_j}$$

を使えば

$$(16.16) \qquad \left\|J_{x_j}^{\pm}w_{\pm}(t)\right\|_{\frac{n}{2},0} \leqq \left\|P_{x_j}w_{\pm}(t)\right\|_{\frac{n}{2},0} + \left\|L_{\pm}x_jw_{\pm}(t)\right\|_{\frac{n}{2},0}$$

がわかる. $w_{\pm}$ の方程式の両辺に x_j を掛けると,

$$(16.17) \qquad L_{\pm}x_jw_{\pm}(t) + [x_j \pm i\langle i\nabla\rangle]\,w_{\pm}(t) = x_jN(v_1,v_2)$$

となる. 等式 $ix_j = \pm t\langle i\nabla\rangle^{-1}\partial_{x_j} - i\langle i\nabla\rangle^{-1}J_{x_j}^{\pm}$ および Sobolev の不等式を利用すると,

$$\|x_jN(v_1,v_2)\|_{\frac{n}{2},0}$$
$$\leqq C\left\||v_1+v_2|^{p-1}(v_1+v_2)\right\|_{\frac{n}{2},0} + C\left\|x_j|v_1+v_2|^{p-1}(v_1+v_2)\right\|$$
$$\leqq C\rho^p + C\left\||v_1+v_2|^{p-1}\left(t\langle i\nabla\rangle^{-1}\partial_{x_j}v_1 - i\langle i\nabla\rangle^{-1}J_{x_j}^+v_1\right)\right\|_{\frac{n}{2},0}$$
$$\quad + C\left\||v_1+v_2|^{p-1}\left(t\langle i\nabla\rangle^{-1}\partial_{x_j}v_2 + i\langle i\nabla\rangle^{-1}J_{x_j}^-v_2\right)\right\|_{\frac{n}{2},0}$$
$$\leqq C\rho^p + Ct\sum_{j=1}^{2}\|v_j\|_{1,0,2p}^p + C\sum_{j=1}^{2}\|v_j\|_{\infty}^{p-1}\left(\left\|J_{x_j}^+v_1\right\| + \left\|J_{x_j}^-v_2\right\|\right) \leqq C\rho^p$$

が求まる. それゆえ,(16.17)式から

$$(16.18) \qquad \|L_{\pm}x_jw_{\pm}(t)\|_{\frac{n}{2},0} \leqq \|w_{\pm}(t)\|_{\frac{n}{2},0} + C\|x_jN(v_1,v_2)\|_{\frac{n}{2},0}$$
$$\leqq \|w_{\pm}(t)\|_{\frac{n}{2},0} + C\rho^p$$

を導くことができる. (16.16)式の右辺に(16.18)式および(16.15)式を使うと,

$$(16.19) \qquad \left\|J_{x_j}^{\pm}w_{\pm}(t)\right\|_{\frac{n}{2},0} \leqq \|w_{\pm}\|_X + C\rho^p \leqq 3\varepsilon + C\rho^p$$

がわかり,

$$(16.20) \qquad \sum_{j=1}^{2}\|u_j\|_{Y_j} \leqq 20\varepsilon + C\rho^p$$

が従う．それゆえ，$(u_1, u_2) = M(v_1, v_2)$ によって定義された写像 M が Y からそれ自身への写像であることが示せた．そこで，

$$(u_1, u_2) = M(v_1, v_2), \quad (\widetilde{u}_1, \widetilde{u}_2) = M(\widetilde{v}_1, \widetilde{v}_2)$$

とおくと，(16.20)式の証明と同様にして，

$$\sum_{j=1}^{2} \| u_j - \widetilde{u}_j \|_{Y_j} \leqq \frac{1}{2} \rho^{p-1} \sum_{j=1}^{2} \| v_j - \widetilde{v}_j \|_{Y_j}$$

が成立することが証明できる．このように，$\rho = 10\varepsilon$ とおき，ε を十分小さいとすれば，写像 M が Y からそれ自身への縮小写像であることが示されるので，方程式(16.2)-(16.3)の一意的な解 $(u_1, u_2) = M(u_1, u_2) \in Y$ の存在が証明された．解の漸近公式を示すために，(16.13)式の v_k を u_k で置き換え，$t > s > 0$ としたとき，(16.13)式より，評価式

$$\| w_\pm(t) - w_\pm(s) \|_{1+\frac{n}{2},0} + \| P_{x_j} w_\pm(t) - P_{x_j} w_\pm(s) \|_{\frac{n}{2},0}$$
$$\leqq C \int_s^t \sum_{k=1}^2 \| u_k(\tau) \|_\infty^{p-1} \sum_{k=1}^2 \left(\| u_k(\tau) \| + \| \partial_t u_k(\tau) \| + \| P_{x_j} u_k(\tau) \| \right) d\tau$$
$$\leqq C \varepsilon^p s^{-\frac{n}{2} \left(1 - \frac{2}{q}\right)(p-1)+1}$$

が求まる．この不等式と(16.19)を導いた方法と同様にして，

$$\left\| J_{x_j}^\pm w_\pm(t) - P_{x_j} w_\pm(s) \right\|_{1,0} \leqq C \varepsilon^p s^{-\frac{n}{2} \left(1 - \frac{2}{q}\right)(p-1)+1}$$

が得られる．このように，

$$\| U(-t)u_1(t) - U(-s)u_1(s) \|_{1+\frac{n}{2},1} + \| U(t)u_2(t) - U(s)u_2(s) \|_{1+\frac{n}{2},1}$$
$$\leqq C \varepsilon^p s^{-\frac{n}{2} \left(1 - \frac{2}{q}\right)(p-1)+1}$$

が示せた．それゆえ，一意的な関数 $(u_1^+, u_2^+) \in H^{2,1} \times H^{2,1}$ が存在し，定理16.1の漸近公式を満たすことがわかる．これで最初の定理16.1が証明されたことになる．∎

16.3 波動作用素の存在

[定理 16.2 の証明] 最終値 (u_1^+, u_2^+) に対する，最終値問題を考える．

$$(16.21) \qquad L_+ U(t) u_1^+ = 0, \quad L_- U(-t) u_2^+ = 0$$

であることに注意する．方程式

$$(16.22) \qquad L_\pm w_\pm = \mp N(u_1, u_2)$$

の解を $(U(t)u_1^+, U(-t)u_2^+)$ の近傍で探すことにする．そのために，関数空間

$$v = (v_1, v_2) \in Y_T = \left\{ v; \|v_1\|_{Y_1} + \|v_2\|_{Y_2} < \infty \right\}$$

を導入する．ここで，

$$\|v\|_{X_T} = \sup_{t \geq T} \left(\|v(t)\|_{1+\frac{n}{2},0} + \|\partial_t v(t)\|_{\frac{n}{2},0} + \sum_{j=1}^{n} \|P_{x_j} v(t)\|_{\frac{n}{2},0} \right),$$

$$\|v\|_{Y_{1,T}} = \|v\|_{X_T} + \sup_{t \geq T} \left\| J_{x_j}^+ v(t) \right\|_{\frac{n}{2},0},$$

$$\|v\|_{Y_{2,T}} = \|v\|_{X_T} + \sup_{t \geq T} \left\| J_{x_j}^- v(t) \right\|_{\frac{n}{2},0}.$$

そして，$\left(v_1 - U(\cdot) u_1^+, v_2 - U(-\cdot) u_2^+ \right) \in Y_{1,T} \times Y_{2,T}$ および

$$\left\| v_1 - U(\cdot) u_1^+ \right\|_{Y_{1,T}} + \left\| v_2 - U(-\cdot) u_2^+ \right\|_{Y_{2,T}} \leq \rho$$

を仮定する．(16.21)式と(16.22)式の線形化方程式から積分方程式

$$(16.23) \qquad w_+(t) - U(t) u_1^+ = - \int_t^\infty U(t-s) N(v_1, v_2) \, ds,$$

$$w_-(t) - U(-t) u_2^+ = \int_t^\infty U(t-s) N(v_1, v_2) \, ds$$

が従う．非線形項を

$$N(v, \overline{v}) = N(v, \overline{v}) - N\left(U(t)w_+, \overline{U(t)w_+} \right) + N\left(U(t)w_+, \overline{U(t)w_+} \right)$$

のように分割する．定理 16.1 の証明と同様にして，次の不等式を満足する時

間 T が存在することがわかる：

(16.24)
$$\left\|w_+ - U(\cdot)u_1^+\right\|_{X_T} + \left\|w_- - U(-\cdot)u_2^+\right\|_{X_T}$$
$$\leqq C\rho^p \int_T^\infty t^{-\frac{n}{2}\left(1-\frac{2}{q}\right)(p-1)}dt \leqq C\rho^p T^{1-\frac{n}{2}\left(1-\frac{2}{q}\right)(p-1)} \leqq \frac{1}{10}\rho.$$

作用素 $J_{x_j}^\pm$ と作用素 P_{x_j} の関係を利用すると，

(16.25)
$$J_{x_j}^+\left(w_+(t) - U(t)u_1^+\right) = P_{x_j}\left(w_+(t) - U(t)u_1^+\right) + L_+x\left(w_+(t) - U(t)u_1^+\right)$$

がわかり，このことと (16.24) 式から

$$\left\|w_+ - U(\cdot)u_1^+\right\|_{Y_{1,T}} + \left\|w_- - U(-\cdot)u_2^+\right\|_{Y_{2,T}} \leqq \frac{1}{2}\rho$$

が従う．それゆえ，$(w_+, w_-) = M(v_1, v_2)$ によって定義された写像 M が，空間 $Y_{1,T} \times Y_{2,T}$ の $\left(U(\cdot)u_1^+, U(-\cdot)u_2^+\right)$ を中心とする，半径 ρ の閉部分集合から，それ自身への写像であるような時間 T が存在することがわかる．また，定理 16.1 の証明と同様にして，写像 M が縮小写像であるような時間 T の存在も示せるので，問題の解の存在を示すことができたことになる．最後に解の漸近公式を示す．積分方程式 (16.23) から導かれる $t \geqq s > 0$ に対する不等式

(16.26)
$$\left\|w_\pm(t) - w_\pm(s)\right\|_{1+\frac{n}{2},0} + \left\|P_{x_j}w_\pm(t) - P_{x_j}w_\pm(s)\right\|_{\frac{n}{2},0} \leqq Cs^{1-\frac{n}{2}\left(1-\frac{2}{q}\right)(p-1)}$$

と恒等式 (16.25) から

(16.27) $$\left\|J_{x_j}^\pm w_\pm(t) - J_{x_j}^\pm w_\pm(s)\right\|_{\frac{n}{2},0} \leqq Cs^{1-\frac{n}{2}\left(1-\frac{2}{q}\right)(p-1)}$$

が得られる．(16.26) 式，(16.27) 式および等式 (16.8) から，求める漸近公式が従う．以上より定理 16.2 が証明された． ∎

高次元 $n \geqq 3$ の場合にも，非線形 Schrödinger 方程式に対して，文献 [17] で得られた結果のように，非線形項の増大度 p が $1 + 4/(n+2) < p$ の場合には散乱作用素が構成できる．文献 [66] を参照．

17 初期値問題に対する研究の発展

文献[67]において，臨界冪非線形 Klein-Gordon 方程式

$$
\begin{cases}
u_{tt} + u - u_{xx} = \mu u^3, & (t, x) \in \mathbb{R} \times \mathbb{R}, \\
u(0) = u_0, \ u_t(0) = u_1, & x \in \mathbb{R}
\end{cases}
$$

が研究され，漸近公式が示された．ここで，$\mu \in \mathbb{R}$ で，初期値は実数値関数であるが，従来仮定されてきたコンパクトな台を持つという条件は除かれた．

非線形項が消散項として働く場合の研究については，臨界冪のとき，文献[141]で研究されている．また複素数値関数の初期値に対しての研究は，文献[140]で考察されている．

空間1次元，あるいは2次元のときの臨界冪非線形 Klein-Gordon システムについては，非線形項が共鳴現象を起こさない場合には，文献[139]で考察されている．

非線形項が消散項として働く場合の，非線形 Schrödinger 方程式の研究は，臨界冪のとき文献[132]で，臨界冪以下で臨界冪に近いとき文献[92]，[93]で研究がおこなわれている．

5.4節の一般化で考えた，1次元非線形 Schrödinger 方程式の最終値問題と同じ結果を，初期値問題で得られるわけではないことに注意しておく．例えば非線形項が非共鳴項 $u^3, \overline{u}^3, \overline{u}^2 u$ のとき，初期値問題に対する解の漸近解析は十分おこなわれているとはいえない．最終値問題に対しては，文献[72]参照．

また，第9章において述べたシステム方程式(Zakharov 方程式，Maxwell-Schrödinger 方程式，Klein-Gordon-Schrödinger 方程式)の初期値問題に対しても，漸近解析はおこなわれていない．

臨界冪以下の非線形項を持つと考えられている，Korteweg-de Vries 方程式

308   17   初期値問題に対する研究の発展

$$\begin{cases} u_t + \dfrac{1}{3} u_{xxx} = \partial_x u^2, & (t,x) \in \mathbb{R} \times \mathbb{R}, \\ u(0) = u_0, & x \in \mathbb{R}, \end{cases}$$

あるいは Benjamin-Ono 方程式

$$\begin{cases} u_t + \dfrac{1}{2} \left(-\partial_x^2\right)^{\frac{1}{2}} u_x = \partial_x u^2, & (t,x) \in \mathbb{R} \times \mathbb{R}, \\ u(0) = u_0, & x \in \mathbb{R} \end{cases}$$

の解の漸近解析については，未解決問題である.

参考文献

[1] M. J. Ablowitz and A. S. Fokas, The inverse scattering transform for the Benjamin–Ono equation — a pivot to multidimensional problems, *Stud. Appl. Math.*, **68** (1983), pp. 1-10.

[2] M. J. Ablowitz and H. Segur, *Solitons and the Inverse Scattering Transform*, SIAM, 1981.

[3] C. J. Amick and J. F. Toland, Uniqueness and related analytic properties for the Benjamin–Ono equation — a nonlinear Neumann problem in the plane, *Acta Math.*, **167** (1991), pp. 107-126.

[4] J. E. Barab, Nonexistence of asymptotically free solutions for a nonlinear Schrödinger equation, *J. Math. Phys.*, **25** (1984), pp. 3270-3273.

[5] M. Ben-Artzi, H. Koch and J.-C. Saut, Dispersion estimates for fourth order Schrödinger equations, *C. R. Acad. Sci. Paris Sér. I Math.*, **330** (2000), pp. 87-92.

[6] T. B. Benjamin, Internal waves of permanent form in fluids of great depth, *J. Fluid Mech.*, **29** (1967), pp. 559-592.

[7] J. Bergh and J. Löfström, *Interpolation Spaces*, Springer-Verlag, 1976.

[8] T. L. Bock and M. D. Kruskal, A two parameter Miura transformation of the Benjamin–Ono equation, *Phys. Lett. A*, **74** (1976), pp. 173-176.

[9] J. L. Bona and J.-C. Saut, Dispersive blow-up of solutions of generalized Korteweg–de Vries equation, *J. Differential Equations*, **103** (1993), pp. 3-57.

[10] A. de Bouard, N. Hayashi and K. Kato, Gevrey regularizing effect for the (generalized) Korteweg–de Vries equation and nonlinear Schrödinger equations, *Ann. Inst. Henri Poincaré, Analyse non linéaire*, **12** (1995), pp. 673-725.

[11] P. Brenner, On space time means and everywhere defined scattering operators for nonlinear Klein–Gordon equations, *Math. Z.*, **186** (1984), pp. 383-391.

[12] P. Brenner, On scattering and everywhere defined scattering operators for nonlinear Klein-Gordon equations, *J. Differential Equations*, **56** (1985), pp. 310-344.

[13] R. Carles, Geometric optics and long range scattering for one dimensional nonlinear Schrödinger equations, *Commun. Math. Phys.*, **220** (2001), pp. 41-67.

[14] K. M. Case, Benjamin–Ono related equations and their solutions, *Proc. Nat. Acad. Sci. U. S. A.*, **76** (1976), pp. 1-3.

[15] T. Cazenave, *An Introduction to Nonlinear Schrödinger Equations*, Textos de Métodos

Matemáticos, **22**, Universidade Federal do Rio de Janeiro, 1989.

[16] T. Cazenave and F. B. Weissler, The Cauchy problem for the critical nonlinear Schrödinger equation H^s, *Nonlinear Analysis: Theory Method Appl.*, **14** (1990), pp. 807-836.

[17] T. Cazenave and F. B. Weissler, Rapidly decaying solutions of the nonlinear Schrödinger equation, *Commun. Math. Phys.*, **147** (1992), pp. 75-100.

[18] F. M. Christ and M. I. Weinstein, Dispersion of small amplitude solutions of the generalized Korteweg-de Vries equation, *J. Funct. Anal.*, **100** (1991), pp. 87-109.

[19] S. Cohn, Resonance and long time existence for the quadratic nonlinear Schrödinger equation, *Commun. Pure Appl. Math.*, **45** (1992), pp. 973-1001.

[20] S. Cohn, Global existence for the nonresonant Schrödinger equation in two space dimensions, *Canadian Applied Mathematical Quarterly*, **2** (1994), pp. 247-282.

[21] R. R. Coifman and M. V. Wickerhauser, The scattering transform for the Benjamin-Ono equation, *Inverse Probl.*, **6** (1990), pp. 825-861.

[22] P. Constantin and J.-C. Saut, Local smoothing properties of dispersive equations, *J. Amer. Math. Soc.*, **1** (1988), pp. 413-446.

[23] W. Craig, K. Kapeller and W. A. Strauss, Gain of regularity for solutions of KdV type, *Ann. Inst. Henri Poincaré, Analyse non linéaire*, **9**(1992), pp. 147-186.

[24] P. Deift and X. Zhou, A steepest descent method for oscillatory Riemann-Hilbert problems — Asymptotics for the MKdV equation, *Ann. Math.*, **137** (1993), pp. 295-368.

[25] J.-M. Delort, Existence globale et comportement asymptotique pour l'équation de Klein-Gordon quasi-linéaire à données petites en dimension 1, *Ann. Sci. École Norm. Sup.*, **34** (2001), pp. 1-61.

[26] J.-M. Delort, D. Fang and R. Xue, Global existence of small solutions for quadratic quasilinear Klein-Gordon systems in two space dimensions, *J. Funct. Anal.*, **211** (2004), pp. 288-323.

[27] D. B. Dix, *Large-Time Behavior of Solutions of Linear Dispersive Equations*, Lecture Notes in Mathematics, **1668**, Springer-Verlag, 1997.

[28] S. Doi, On the Cauchy problem for Schrödinger type equations and regularity of solutions, *J. Math. Kyoto Univ.*, **34** (1994), pp. 319-328.

[29] M. V. Fedoryuk, *Asymptotics — Integrals and Series*, Mathematical Reference Library, Nauka', 1987.

[30] M. V. Fedoryuk, Asymptotic methods in analysis, *Encycl. of Math. Sciences*, **13**, Springer-Verlag, 1989, pp. 83-191.

[31] A. Friedman, *Partial Differential Equations*, Holt, Rinehart and Winston, 1969.

[32] V. Georgiev, Global solution of the system of wave and Klein-Gordon equations, *Math. Z.*, **203** (1990), pp. 683-698.

[33] V. Georgiev, Decay estimates for the Klein-Gordon equations, *Commun. P. D. E.*, **17** (1992), pp. 1111-1139.

［34］ V. Georgiev and S. Lecente, Weighted Sobolev spaces applied to nonlinear Klein-Gordon equation, *C. R. Acad. Sci. Paris*, **329** (1999), pp. 21-26.

［35］ V. Georgiev and B. Yordanov, Asymptotic behaviour of the one dimensional Klein-Gordon equation with a cubic nonlinearity, preprint, 1996.

［36］ 儀我美一・儀我美保, 非線形偏微分方程式, 共立出版, 1999.

［37］ J. Ginibre and T. Ozawa, Long range scattering for nonlinear Schrödinger and Hartree equations in space dimension $n \geqq 2$, *Commun. Math. Phys.*, **151** (1993), pp. 619-645.

［38］ J. Ginibre, T. Ozawa and G. Velo, On the existence of wave operators for a class of nonlinear Schrödinger equations, *Ann. Inst. H. Poincaré Phys. Théorique*, **60** (1994), pp. 211-239.

［39］ J. Ginibre, Y. Tsutsumi and G. Velo, Existence and uniqueness of solutions for the generalized Korteweg-de Vries equation, *Math. Z.*, **203** (1990), pp. 9-36.

［40］ J. Ginibre and G. Velo, On a class of nonlinear Schrödinger equation. III, *Ann. Inst. H. Poincaré Phys. Théorique*, **28** (1978), pp. 287-316.

［41］ J. Ginibre and G. Velo, On a class of nonlinear Schrödinger equations. I. The Cauchy problem, general case; II. Scattering theory, general case, *J. Funct. Anal.*, **32** (1979), pp. 1-71.

［42］ J. Ginibre and G. Velo, Scattering theory in the energy space of a class of nonlinear Schrödinger equations, *J. Math. Pures Appl.*, **64** (1985), pp. 363-401.

［43］ J. Ginibre and G. Velo, Time decay of finite energy solutions of the nonlinear Klein-Gordon equation, *Ann. Inst. H. Poincaré Phys. Théorique*, **41** (1985), pp. 399-442.

［44］ J. Ginibre and G. Velo, Commutator expansions and smoothing properties of generalized Benjamin-Ono equations, *Ann. Inst. H. Poincaré Phys. Théorique*, **51** (1989), pp. 221-229.

［45］ J. Ginibre and G. Velo, Propriétés de lissage et existence de solutions pour l'équation de Benjamin-Ono généralisée, *C. R. Acad. Sci. Paris*, **308** (1989), pp. 309-314.

［46］ J. Ginibre and G. Velo, Smoothing properties and existence of solutions for the generalized Benjamin-Ono equation, *J. Differential Equations*, **93** (1991), pp. 150-212.

［47］ R. T. Glassey, On the asymptotic behavior of nonlinear wave equations, *Trans. Amer. Math. Soc.*, **182** (1973), pp. 187-200.

［48］ N. Hayashi, Analyticity of solutions of the Korteweg-de Vries equation, *SIAM J. Math. Anal.*, **22** (1991), pp. 1738-1745.

［49］ N. Hayashi, The initial value problem for the derivative nonlinear Schrödinger equation in the energy space, *Nonlinear Analysis: Theory Method Appl.*, **20** (1993), pp. 823-833.

［50］ N. Hayashi, K. Kato and T. Ozawa, Dilation method and smoothing effect of solutions to the Benjamin-Ono equation, *Proceedings of Royal Society of Edinburgh A*, **126** (1996), pp. 273-286.

［51］ N. Hayashi, T. Matos and P. I. Naumkin, Large time behavior of solutions of higher-order nonlinear dispersive equations of KdV-type with weak nonlinearity, *Diff. Integral*

312　参考文献

Eqns., **12** (1999), pp. 23-40.

[52] N. Hayashi and P. I. Naumkin, Asymptotic behavior in time of solutions to the derivative nonlinear Schrödinger equation revisited, *Discrete and Continuous Dynamical Systems*, **3** (1997), pp. 383-400.

[53] N. Hayashi and P. I. Naumkin, Asymptotics in large time of solutions to nonlinear Schrödinger and Hartree equations, *Amer. J. Math.*, **120** (1998), pp. 369-389.

[54] N. Hayashi and P. I. Naumkin, Large time asymptotics of solutions to the generalized Korteweg-de Vries equation, *J. Funct. Anal.*, **159** (1998), pp. 110-136.

[55] N. Hayashi and P. I. Naumkin, Large time asymptotics of solutions to the generalized Benjamin-Ono equation, *Trans. Amer. Math. Soc.*, **351** (1999), pp. 109-130.

[56] N. Hayashi and P. I. Naumkin, Large time behavior of solutions for the modified Korteweg-de Vries equation, *International Mathematics Research Notices*, **1999** (1999), pp. 395-418.

[57] N. Hayashi and P. I. Naumkin, Large time behavior of solutions for derivative cubic nonlinear Schrödinger equations without a self-conjugate property, *Funkcialaj Ekvacioj*, **42** (1999), pp. 311-324.

[58] N. Hayashi and P. I. Naumkin, On the modified Korteweg-de Vries equation, *Mathematical Physics, Analysis and Geometry*, **4** (2001), pp. 197-227.

[59] N. Hayashi and P. I. Naumkin, On the reduction of the modified Benjamin-Ono equation to the cubic derivative nonlinear Schrödinger equation, *Discrete and Continuous Dynamical Systems*, **8** (2002), pp. 237-255.

[60] N. Hayashi and P. I. Naumkin, A quadratic nonlinear Schrödinger equation in one space dimension, *J. Differential Equations*, **186** (2002), pp. 165-185.

[61] N. Hayashi and P. I. Naumkin, Asymptotics of small solutions to nonlinear Schrödinger equations with cubic nonlinearities, *International Journal of Pure and Applied Mathematics*, **3** (2002), pp. 255-273.

[62] N. Hayashi and P. I. Naumkin, Asymptotics in time of solutions to nonlinear Schrödinger equations in two space dimensions, *Funkcialaj Ekvacioj*, **49** (2006), pp. 415-425.

[63] N. Hayashi and P. I. Naumkin, Domain and range of the modified wave operator for Schrödinger equations with a critical nonlinearity, *Commun. Math. Phys.*, **267** (2006), pp. 477-492.

[64] N. Hayashi and P. I. Naumkin, Final state problem for Korteweg-de Vries type equations, *J. Math. Phys.*, **47** (2006), 123501, 16 pp.

[65] N. Hayashi and P. I. Naumkin, Asymptotic properties of solutions to dispersive equation of Schrödinger type, *J. Math. Soc. Japan*, **60** (2008), pp. 631-652.

[66] N. Hayashi and P. Naumkin, Scattering operator for nonlinear Klein-Gordon equations in higher space dimensions, *J. Differential Equations*, **244** (2008), pp. 188-199.

[67] N. Hayashi and P. Naumkin, The initial value problem and asymptotics of solutions

for the cubic nonlinear Klein-Gordon equation, *Zeitschrift für Angewandte Mathematik und Physik*, **59** (2008), pp. 1002-1028.

[68] N. Hayashi and P. Naumkin, Modified wave operators for nonlinear Schrödinger equations with subcritical dissipative nonlinearities, *Inverse Problems and Imaging*, **1** (2008), pp. 391-398.

[69] N. Hayashi and P. I. Naumkin, Final state problem for the cubic nonlinear Klein-Gordon equation, *J. Math. Phys.*, **50** (2009), 103511, 14 pp.

[70] N. Hayashi and P. I. Naumkin, Scattering operator for the nonlinear Klein-Gordon equations, *Commun. Contemporary Math.*, **11** (2009), pp. 771-789.

[71] N. Hayashi, P. I. Naumkin and P. N. Pipolo, Smoothing effects for some derivative nonlinear Schrödinger equations, *Discrete and Continuous Dynamical Systems*, **5** (1999), pp. 685-695.

[72] N. Hayashi, P. I. Naumkin, A. Shimomura and S. Tonegawa, Modified wave operators for nonlinear Schrödinger equations in one and two dimensions, *Electron. J. Diff. Eqns.*, **2004** (2004), pp. 1-16.

[73] N. Hayashi, P. I. Naumkin and H. Sunagawa, On the Schrödinger equation with dissipative nonlinearities of derivative type, *SIAM J. Math. Anal.*, **40** (2008), pp. 278-291.

[74] N. Hayashi, P. I. Naumkin and H. Uchida, Large time behavior of solutions for derivative cubic nonlinear Schrödinger equations, *Publ. RIMS*, **35** (1999), pp. 501-513.

[75] N. Hayashi and T. Ozawa, Scattering theory in the weighted $L^2(\mathbb{R}^n)$ spaces for some Schrödinger equations, *Ann. Inst. H. Poincaré Phys. Théorique*, **48**(1988), pp. 17-37.

[76] N. Hayashi and T. Ozawa, On the derivative nonlinear Schrödinger equation, *Physica D*, **55** (1992), pp. 14-36.

[77] N. Hayashi and T. Ozawa, Modified wave operators for the derivative nonlinear Schödinger equations, *Math. Ann.*, **298** (1994), pp. 557-576.

[78] N. Hayashi and T. Ozawa, Remarks on nonlinear Schrödinger equations in one space dimension, *Diff. Integral Eqns.*, **7** (1994), pp. 453-461.

[79] N. Hayashi and Y. Tsutsumi, Remarks on the scattering problem for nonlinear Schrödinger equations, in I. W. Knowles and Y. Saito (eds.), *Differential Equations and Mathematical Physics*, Lecture Notes in Mathematics, **1285**, Springer-Verlag, 1987, pp. 162-168.

[80] N. Hayashi and Y. Tsutsumi, Scattering theory for Hartree type equations, *Ann. Inst. H. Poincaré Phys. Théorique*, **46** (1987), pp. 187-213.

[81] L. Hörmander, *The Analysis of Linear Partial Differential Operators I. Distribution Theory and Fourier Analysis*, 2nd ed., Springer-Verlag, 1990.

[82] R. J. Iorio, On the Cauchy problem for the Benjamin-Ono equation, *Commun. P. D. E.*, **11** (1986), pp. 1031-1081.

[83] R. J. Iorio, The Benjamin-Ono equations in weighted Sobolev spaces, *J. Math. Anal. Appl.*, **157** (1991), pp. 577-590.

314 　参考文献

[84] 　S. Katayama, A note on global existence of solutions to nonlinear Klein-Gordon equations in one space dimension, *J. Math. Kyoto Univ.*, **39** (1999), pp. 203-213.

[85] 　T. Kato, On the Cauchy problem for the (generalized) Korteweg-de Vries equation, in V. Guillemin (ed.), *Studies in Applied Mathematics: a volume dedicated to Irving Segal*, Advances in Mathematics: Supplementary Studies, **8**, Academic Press, 1983, pp. 93-128.

[86] 　T. Kato, On nonlinear Schrödinger equations, *Ann. Inst. H. Poincaré Phys. Théorique*, **46** (1987), pp. 113-129.

[87] 　D. J. Kaup and A. C. Newell, An exact solution for a derivative nonlinear Schrödinger equation, *J. Math. Phys.*, **19** (1978), pp. 789-801.

[88] 　C. E. Kenig, G. Ponce and L. Vega, On the (generalized) Korteweg-de Vries equation, *Duke Math. J.*, **59** (1989), pp. 585-610.

[89] 　C. E. Kenig, G. Ponce and L. Vega, Oscillatory integrals and regularity of dispersive equations, *Indiana Univ. Math. J.*, **40** (1991), pp. 33-69.

[90] 　C. E. Kenig, G. Ponce and L. Vega, Well-posedness and scattering results for the generalized Korteweg-de Vries equation via contraction principle, *Commun. Pure Appl. Math.*, **46** (1993), pp. 527-620.

[91] 　C. E. Kenig, G. Ponce and L. Vega, On the generalized Benjamin-Ono equation, *Trans. Amer. Math. Soc.*, **342** (1994), pp. 155-172.

[92] 　N. Kita and A. Shimomura, Asymptotic behavior of solutions to Schrödinger equations with a subcritical dissipative nonlinearity, *J. Differential Equations*, **242** (2007), pp. 192-210.

[93] 　N. Kita and A. Shimomura, Large time behavior of solutions to Schrödinger equations with a dissipative nonlinearity for arbitrarily large initial data, *J. Math. Soc. Japan*, **61** (2009), pp. 39-64.

[94] 　S. Klainerman, Long-time behavior of solutions to nonlinear evolution equations, *Arch. Rat. Mech. Anal.*, **78** (1982), pp. 73-98.

[95] 　S. Klainerman, Global existence of small amplitude solutions to nonlinear Klein-Gordon equations in four space-time dimensions, *Commun. Pure Appl. Math.*, **38** (1985), pp. 631-641.

[96] 　S. Klainerman, The null condition and global existence to nonlinear wave equations, *Lectures in Applied Math.*, **23** (1986), pp. 293-326.

[97] 　S. Klainerman and G. Ponce, Global, small amplitude solutions to nonlinear evolution equations, *Commun. Pure Appl. Math.*, **36** (1983), pp. 133-141.

[98] 　小薗英雄・小川卓克・三沢正史編，これからの非線型偏微分方程式，日本評論社，2007.

[99] 　S. N. Kruzhkov and A. V. Faminskii, Generalized solutions of the Cauchy problem for the Korteweg-de Vries equation, *Math. USSR, Sbornik*, **48** (1984), pp. 391-421.

[100] 　S. Machihara, K. Nakanishi and T. Ozawa, Nonrelativistic limit in the energy space for nonlinear Klein-Gordon equations, *Math. Ann.*, **332** (2002), pp. 603-621.

[101] B. Marshall, W. Strauss and S. Wainger, L^p-L^q estimates for the Klein–Gordon equation, *J. Math. Pures Appl.*, **59** (1980), pp. 417–440.

[102] A. Matsumura, On the asymptotic behavior of solutions of semi-linear wave equations, *Publ. RIMS*, **12** (1976/77), pp. 169–189.

[103] 松村昭孝・西原健二, 非線形微分方程式の大域解 — 圧縮性粘性流の数学解析, 日本評論社, 2004; 改訂版, 2015.

[104] W. Mio, T. Ogino, K. Minami and S. Takeda, Modified nonlinear Schrödinger equation for Alfven waves propagating along the magnetic field in cold plasmas, *J. Phys. Soc. Japan*, **41** (1976), pp. 265–271.

[105] 宮寺功, 関数解析 第2版, 理工学社, 1996.

[106] 宮島静雄, ソボレフ空間の基礎と応用, 共立出版, 2006.

[107] E. Mjølhus, On the modulational instability of hydromagnetic waves parallel to the magnetic field, *J. Plasma Phys.*, **16** (1976), pp. 321–334.

[108] K. Moriyama, Normal forms and global existence of solutions to a class of cubic nonlinear Klein–Gordon equations in one space dimension, *Diff. Integral Eqns.*, **10** (1997), pp. 499–520.

[109] K. Moriyama, S. Tonegawa and Y. Tsutsumi, Almost global existence of solutions for the quadratic semilinear Klein–Gordon equation in one space dimension, *Funkcialaj Ekvacioj*, **40** (1997), pp. 313–333.

[110] A. Nakamura, Bäcklund transform and conservation laws of the Benjamin–Ono equation, *J. Phys. Soc. Japan*, **47** (1979), pp. 1335–1340.

[111] K. Nakanishi, Energy scattering for nonlinear Klein–Gordon and Schrödinger equations in spatial dimensions 1 and 2, *J. Funct. Anal.*, **169** (1999), pp. 201–225.

[112] 中西賢次, 非線形分散波動の漸近解析, 数学, **59** (2007), pp. 337–352.

[113] H. Ono, Algebraic solitary waves in stratified fluids, *J. Phys. Soc. Japan*, **39** (1975), pp. 1082–1091.

[114] T. Ozawa, Long range scattering for nonlinear Schrödinger equations in one space dimension, *Commun. Math. Phys.*, **139** (1991), pp. 479–493.

[115] T. Ozawa, K. Tsutaya and Y. Tsutsumi, Global existence and asymptotic behavior of solutions for the Klein–Gordon equations with quadratic nonlinearity in two space dimensions, *Math. Z.*, **222** (1996), pp. 341–362.

[116] H. Pecher, Nonlinear small data scattering for the wave and Klein–Gordon equation, *Math. Z.*, **185** (1984), pp. 261–270.

[117] H. Pecher, Low energy scattering for Klein–Gordon equations, *J. Funct. Anal.*, **63** (1985), pp. 101–122.

[118] G. Ponce, Regularity of solutions to nonlinear dispersive equations, *J. Differential Equations*, **78** (1989), pp. 122–135.

[119] G. Ponce, Smoothing properties of solutions of the Benjamin–Ono equation, in C. Sadosky (ed.), *Analysis and Partial Differential Equations*, Lecture notes in pure and applied

316 参考文献

mathematics, **122**, Marcel Dekker, 1990, pp. 667-679.

[120] G. Ponce, On the global well-posedness of the Benjamin-Ono equation, *Diff. Integral Eqns.*, **4**（1991）, pp. 527-542.

[121] G. Ponce and L. Vega, Nonlinear small data scattering for the generalized Korteweg-de Vries equation, *J. Funct. Anal.*, **90**（1990）, pp. 445-457.

[122] P. M. Santini, M. J. Ablowitz and A. S. Fokas, On the limit from the intermediate long wave equation to the Benjamin-Ono equation, *J. Math. Phys.*, **25**（1984）, pp. 892-899.

[123] J.-C. Saut, Sur quelque généralisations de l'équation de Korteweg-de Vries, *J. Math. Pures Appl.*, **58**（1979）, pp. 21-61.

[124] J. Segata, Modified wave operator for the fourth order nonlinear Schrödinger type equation with subcritical nonlinearity, *Math. Methods Appl. Sci.*, **29**（2006）, pp. 1785-1800.

[125] J. Segata and A. Shimomura, Asymptotics of solutions to the fourth order Schrödinger type equation with a dissipative nonlinearity, *J. Math. Kyoto Univ.*, **46**（2006）, pp. 439-456.

[126] J. Shatah, Global existence of small solutions to nonlinear evolution equations, *J. Differential Equations*, **46**（1982）, pp. 409-425.

[127] J. Shatah, Normal forms and quadratic nonlinear Klein-Gordon equations, *Commun. Pure Appl. Math.*, **38**（1985）, pp. 685-696.

[128] 柴田良弘, ルベーグ積分論, 内田老鶴圃, 2006.

[129] A. Shimomura, Modified wave operator for Maxwell-Schödinger equations in three space dimensions, *Annales Henri Poincaré*, **4**（2003）, pp. 661-683.

[130] A. Shimomura, Scattering theory for Zakharov equations in three space dimensions with large data, *Commun. Contemporary Math.*, **6**（2004）, pp. 881-899.

[131] A. Shimomura, Wave operators for Klein-Gordon-Schrödinger equations in two space dimensions, *Funkcialaj Ekvacioj*, **47**（2004）, pp. 63-82.

[132] A. Shimomura, Asymptotic behavior of solutions for Schrödinger equations with dissipative nonlinearities, *Commun. P. D. E.*, **31**（2006）, pp. 1407-1423.

[133] A. Shimomura and S. Tonegawa, Long range scattering for nonlinear Schrödinger equations in one and two space dimensions, *Diff. Integral Eqns.*, **17**（2004）, pp. 127-150.

[134] A. Sidi, C. Sulem and P. L. Sulem, On the long time behavior of a generalized KdV equation, *Acta Applicandae Math.*, **7**（1986）, pp. 35-47.

[135] E. Stein, *Singular Integrals and Differentiability Properties of Functions*, Princeton Math. Series, **30**, Princeton Univ. Press, 1970.

[136] W. A. Strauss, Dispersion of low-energy waves for two conservative equations, *Arch. Rat. Mech. Anal.*, **55**（1974）, pp. 86-92.

[137] W. A. Strauss, Nonlinear scattering theory at low energy, *J. Funct. Anal.*, **41**（1981）, pp. 110-133.

［138］ W. A. Strauss, *Nonlinear Wave Equations*, Regional Conference Series in Mathematics, **73**, Amer. Math. Soc., 1989.

［139］ H. Sunagawa, On global small amplitude solutions to systems of cubic nonlinear Klein–Gordon equations with different mass in one space dimension, *J. Differential Equations*, **192** (2003), pp. 308–325.

［140］ H. Sunagawa, Remarks on the asymptotic behavior of the cubic nonlinear Klein–Gordon equations in one space dimension, *Diff. Integral Eqns*, **18** (2005), pp. 481–494.

［141］ H. Sunagawa, Large time behavior of solutions to the Klein–Gordon equation with nonlinear dissipative terms, *J. Math. Soc. Japan*, **58** (2006), pp. 379–400.

［142］ 砂川秀明, 非線型 Klein–Gordon 方程式の解の長時間挙動について, 数学, **59** (2007), pp. 367–379.

［143］ M. Tanaka, Nonlinear self-modulation problem of the Benjamin–Ono equation, *J. Phys. Soc. Japan*, **51** (1982), pp. 2686–2692.

［144］ 戸田盛和, 非線形波動とソリトン 新版, 日本評論社, 2000.

［145］ M. M. Tom, Smoothing properties of some weak solutions of the Benjamin–Ono equation, *Diff. Integral Eqns.*, **3** (1990), pp. 683–694.

［146］ S. Tonegawa, Global existence for a class of cubic nonlinear Schrödinger equations in one space dimension, *Hokkaido Math. J.*, **30** (2001), pp. 451–473.

［147］ Y. Tsutsumi, Global existence and asymptotic behavior of solutions for nonlinear Schrödinger equations, Doctoral thesis, University of Tokyo, 1985.

［148］ Y. Tsutsumi, Scattering problem for nonlinear Schrödinger equations, *Ann. Inst. H. Poincaré Phys. Théorique*, **43** (1985), pp. 321–347.

［149］ Y. Tsutsumi, L^2-solutions for nonlinear Schrödinger equations and nonlinear groups, *Funkcialaj Ekvacioj*, **30** (1987), pp. 115–125.

［150］ K. Yajima, Existence of solutions for Schrödinger evolution equations, *Commun. Math. Phys.*, **110** (1987), pp. 415–426.

索　引

欧　字

Airy 型方程式　　vi, 27
Airy 関数　　211, 217, 224
Airy 発展群　　29, 213, 240
Airy 方程式　　213, 223, 240
Benjamin-Ono 型方程式　　xii, 263
Benjamin-Ono 発展群　　264, 266
Benjamin-Ono 方程式　　v
Gronwall の不等式　　8
Hardy-Littlewood-Sobolev の不等式　　7
Hölder の不等式　　6
Klein-Gordon 発展群　　33
Klein-Gordon 方程式　　vi, vii, 33
Korteweg-de Vries 方程式　　v, vi
normal form の方法　　183
Riesz-Thorin の補間定理　　6
Schrödinger 型方程式　　vi, 9
Schrödinger 発展群　　3, 109
Schrödinger 方程式　　vi
Schwarz の不等式　　6
Sobolev の不等式　　6
Strichartz 評価　　10, 47, 97
Young の不等式　　7

ア　行

位相関数　　121, 130, 161
一般化　　57, 82, 99, 163
一般化 Korteweg-de Vries 方程式　　xii, 209

カ　行

掛け算作用素　　3
関数空間　　3
緩増加超関数空間　　3
記号　　3
擬微分作用素　　168
逆修正波動作用素　　xi, 46, 129, 148, 200
逆波動作用素　　xi, 297
急減少関数空間　　3
共鳴現象　　vi
共鳴項　　ix, 67, 87, 89, 164
局所解　　134, 149, 173, 200, 228, 255, 280, 285
近似解　　83, 85, 88, 106
ゲージ変換　　162
交換関係　　166, 174, 257, 282
交換子　　167
固有振動数　　v

サ　行

最終状態　　viii, 103, 105, 110, 180
最終値　　88, 101, 296, 304
最終値条件　　79, 85
最終値問題　　1, 86, 304
散乱作用素　　xi, 293
散乱状態　　184, 231, 300
散乱状態の非存在　　207
時間減衰評価　　143, 173
時間大域解　　85, 174, 183, 211, 228, 264
自己共役的性質　　164, 166, 183
修正 Korteweg-de Vries 方程式　　v, ix,

320　索　引

xii, 65, 237

修正近似解　75

修正最終値　75

修正散乱作用素　xi, 46, 105, 117

修正散乱状態　129, 133, 148, 183, 200, 255, 264

修正波動作用素　ix, 45, 49, 58, 65, 74, 90, 103, 109, 114, 125

主要項　77, 88, 89, 100, 101, 247

消散項　44

初期値問題　xi, 46, 85, 127, 129, 200, 263, 264, 280, 293

漸近解　101

漸近公式　9, 28, 33, 44, 65, 100, 104, 131, 143, 163, 164, 179, 184, 206, 211–213, 240, 247, 249, 265, 266, 271, 296, 305

漸近自由　209, 263

漸近評価　87

先験的評価　134, 149, 166, 201, 228

双対性の議論　49, 97

ソボレフ空間　4

タ　行

対称双対作用素　187

値域　x

定義域　x

停留位相法　14, 15, 37, 246

等距離作用素　4

ハ　行

波動作用素　viii, 293, 296, 304

波動作用素の非存在　45, 55, 66, 81

非共鳴項　x, 67, 87, 164

非線形 Klein–Gordon 方程式　v, vi, ix, xii, 85, 293

非線形 Schrödinger 型方程式　x, 43, 103

非線形 Schrödinger 方程式　v, vi, xi, 103, 129, 183, 203

微分型 Schrödinger 方程式　xi, 143

ヒルベルト変換　167, 263

フーリエ逆変換　3

フーリエ変換　3

分数階の微分　167, 210

平滑化効果　167, 168, 209, 232

ベソフ空間　4, 108

方程式固有の作用素　11

ヤ　行

ユニタリー作用素　135

ラ　行

臨界冪　xi, 44, 85, 88, 103, 129, 184, 203, 264, 285

臨界冪以下　47, 125, 183

臨界冪以上　43, 209, 263, 280

ルベーグ空間　3

林 仲夫

1954 年生まれ.
1986 年早稲田大学理工学研究科数学専攻博士課程退学.
1987 年理学博士(早稲田大学).
現在　大阪大学大学院理学研究科数学専攻教授.
専攻　偏微分方程式論.
主著
　Asymptotics for Dissipative Nonlinear Equations(Lecture Notes in Mathematics), Springer-Verlag, 2006(共著)
　Nonlinear Theory of Pseudodifferential Equations on a Half-line(North-Holland Mathematics Studies), Elsevier, 2004(共著)

岩波数学叢書
非線形分散型波動方程式 —解の漸近挙動

2018 年 7 月 19 日　第 1 刷発行

　　著　者　林　仲夫

　　発行者　岡本　厚

　　発行所　株式会社 岩波書店
　　　　　　〒101-8002 東京都千代田区一ツ橋 2-5-5
　　　　　　電話案内 03-5210-4000
　　　　　　http://www.iwanami.co.jp/

　　印刷・法令印刷　製本・牧製本

© Nakao Hayashi 2018
ISBN978-4-00-029824-7　　Printed in Japan

岩波数学叢書

A5 判・上製
（★はオンデマンド版・並製）

複雑領域上のディリクレ問題 —ポテンシャル論の観点から—	相川弘明	316 頁	本体 4600 円
アラケロフ幾何★	森脇　淳	434 頁	本体 6400 円
ギンツブルク-ランダウ方程式と安定性解析	神保秀一 森田善久	326 頁	本体 5200 円
線形計算の数理★	杉原正顯 室田一雄	392 頁	本体 6200 円
正則関数のなすヒルベルト空間	中路貴彦	252 頁	本体 4600 円
オーリッチ空間とその応用	北　廣男	314 頁	本体 5200 円
特異積分	薮田公三	380 頁	本体 7000 円
放物型発展方程式とその応用（上） 可解性の理論	八木厚志	388 頁	本体 6400 円
放物型発展方程式とその応用（下） 解の挙動と自己組織化	八木厚志	370 頁	本体 6400 円
リジッド幾何学入門★	加藤文元	296 頁	本体 6000 円
高次元代数多様体論	川又雄二郎	314 頁	本体 5500 円
ファイナンスと保険の数理	井上昭彦 中野　張 福田　敬	460 頁	本体 8000 円
岩澤理論とその展望（上）	落合　理	196 頁	本体 4500 円
岩澤理論とその展望（下）	落合　理	394 頁	本体 7400 円
数値解析の原理 —現象の解明をめざして—	菊地文雄 齊藤宣一	352 頁	本体 6800 円
非線形分散型波動方程式 —解の漸近挙動—	林　仲夫	338 頁	本体 7300 円

―――――― 岩波書店刊 ――――――

定価は表示価格に消費税が加算されます
2018 年 7 月現在